Applied Photovoltaics
응용태양전지공학

공역: 정재학, 김동희, 김우경, 박진호, 박태호, 전찬욱
저자: S.R. Wenham, M.A. Green, M.E. Watt, R.Corkish

홍릉과학출판사

역자 서문

이 책은 태양전지 관련 연구의 선구자인 호주의 New South Wales 대학에서 다년간에 걸쳐 이루어진 강의와 호주 전역에 걸친 태양광 응용의 방법에 대한 실증데이터를 바탕으로 만들어진 책이다. 태양전지 분야가 그린에너지의 핵심분야로 떠오르며 새로운 학문분야로 거듭나고 있고 관련 학과 및 전공이 태동되는 시점에 검증된 태양전지 응용에 관한 현실적이고 전문성을 갖춘 인재를 양성하기 위해 매우 적절하고 깊이 있는 교과서로서 손색이 없는 전문서적이다.

태양전지에 관한 원론과 종류, 제조방법을 다루는 전문서적은 종종 찾아 볼 수 있을 만큼 출판되었으나 그 실증과 검증, 그리고 현실에서의 적용 및 태양광 발전시스템을 심도 있게 다룬 전문서적은 거의 없다고 해도 과언이 아니다. 하지만 다행히 책의 내용이 선행지식을 많이 요구하지 않아 태양전지 전공 학생뿐 아니라 관련 기업의 비전공 임직원이 스스로 공부하기에도 무척 용이하게 쓰여진 책이다.

태양전지 원리와 종류, 그 제조방법을 다룬 태양전지의 개론과 더불어 태양전지 전문인이 갖추어야 할 양대 축을 이루는 기본적이고 필수적인 전문지식을 쌓기 위한 필수적인 교재로서 이 책을 권장한다. 그리고 태양전지 관련 학과에서 가장 기본이 되는 교육과정을 위한 교재로써 또는 기타 전문가 양성의 교육과정을 위한 매우 적절하며 필수적인 교재로 이 책을 권장하는 바이다.

본 번역서가 태양전지 전문인 양성에 중요한 역할을 할 수 있을 것이라 기대하며 번역을 완성하게 되었음을 밝혀둔다.

역자일동

Acknomledgements

최근, 본래 New South Wales 대학의 School of Electrical Engineering 소속이었고 현재는 Center for Photovoltaic Engineering 소속의 학부교과목인 태양전지응용(Applied Photovoltaics)이 Dean Travers, Christiana Honsberg, Armin Aberle 그리고 Alistair Sproul에 의해 강의되어 왔다. 이 책은 특히 교정과 데이터의 제공에 있어서 Alistair Sproul으로부터 큰 도움을 받았다. 또 내용과 구성 그리고 부교재의 제공 등에 있어 학생들의 feedback에도 크게 감사한다.

특히, New South Wales 대학의 Center for Photovoltaics Engineering의 Jenny Hansen, Roman Balla, Robert Largent, Matt Edwards 그리고 Robert Passey와 Greenwatt Pty Ltd의 David Roche 등 많은 분들의 타이핑, 포맷팅, 그림과 타이프 세팅 등 이 책에 대한 기여에 심심한 감사를 드린다.

그림들의 적용과 사용에 대해 허가를 해주신 다음 분들에게 감사를 드린다: CSIRO Australia (Fig. 1.11), Australian Bureau of Meteorology (Fig. 1.13), Sandia National Laboratories (Figs. 6.7, 6.8, 7.1, 7.2, 9.3, 11.1, 11.3), G. Grigg, Telstra Australia(Fig. 8.2), IEEE (Figs. 10.8, 10.10, 10.11), M. Sahdev (Fig. 11.5) 그리고 the McGraw-Hill Book Companies (Fig. 11.10). ASTM International 그리고 Daryl Myers와 Keth Emery (NREL)의 표와 부록 A에 대한 도움에도 감사드린다.

Introduction

광전현상(photovoltaics)은 태양전지를 이용하여 햇빛을 직접 전기로 전환시키는 과정이다. 최초의 광전장치는 Edmund Becquerel에 의해 1839년에 소개되었다. 당시 그는 19세로 프랑스에 있는 아버지의 실험실에서 일하고 있었다. 그러나 이 효과에 대한 이해와 탐구는 20세기의 가장 중요한 과학적, 기술적 발전 중의 일부에 의해 이루어졌다. 그 중 하나가 양자역학의 발전이고 또 다른 하나는 양자역학에 의해 발전된 반도체 기술이다. 이것은 광범위한 전자공학 혁명을 일으켰고 광기전학(photonics)의 혁명은 현재 가속화되고 있다. 현대의 광전현상 개발의 흥미로운 역사는 Loferski(1993)에 의해 이루어졌고, 초기의 역사는 1839년으로부터 시작하여 Crossley(1968) 등에 의해 기술적으로 자세히 설명되어졌다.

다행히 확실한 배경으로 인해 태양전지 사용의 간편함과 확실함은 이 기술의 가장 큰 장점 중 하나가 되었다. 이 책의 내용 중 처음 몇 개의 장에서는 이 과정의 가장 중요한 두 가지 요소인 에너지의 원초적 원료의 근원인 햇빛과 이러한 햇빛을 정밀한 내적작용으로 전기로 변환시키는 태양전지 그 자체에 대한 특성을 알아볼 것이다. 그리고 나서 우리는 태양전지 자동차와 같은 특수목적의 응용에서부터 가정 혹은 물 펌프에서의 독립형 전원공급, 큰 규모의 계통 연계형 발전소까지 태양광기전 시스템의 광범위한 적용영역의 확인이전에 태양전지와 모듈의 제조공정을 먼저 살펴 볼 것이다.

이 책의 목적은 이 분야의 종사자들에게 광기전 시스템 작용의 원리를 이해시키고 적절한 응용을 인식시키며 간단한 광기전 시스템 설계를 수행하기 위해 필요한 기본적인 정보를 제공하는 것이다. 본 교재는 광전효과와 태양에너지공학 대학생과 New South Wales 대학의 신재생에너지공학과 전기공학 전공 학생들의 교재에 기반을 두고 있고, 또 계속해서 주요 교과서로 쓰일 예정이다. 태양전지의 개념과 응용에서의 전문가인 졸업생들의 숫자를 늘림으로써 태양전지 산업의 빠른 국제적인 성장에 참여하고 이를 촉진할 수 있는 엔지니어들을 양성하고자 한다.

참고문헌

Crossley, P.A., Noel, G.T. & Wolf, M. (1968), *Review and Evaluation of Past Solar-Cell* Development Efforts, Report by RCA Astro-Electronics Division for NASA, Contract Number NASW-1427, Washington, DC.

Loferski, J.J., (1993), 'The first forty years: A brief history of the modern photovoltaic age', *Progress in Photovoltaics: Research and Applications*, 1, pp. 67-78.

차례

Chapter

1 태양광의 특성

Chapter

2 반도체와 p–n 접합

Chapter

3 태양전지의 거동

Chapter

4 셀 특성과 설계

Chapter

5 PV 셀의 전기적 연결과 모듈 제조

Chapter 6 독립형(Stand-alone) 태양광 시스템의 구성요소

Chapter

7 독립형 태양광 시스템의 설계

Chapter

8 특수목적용 태양광발전

Chapter

9 원거리 전력공급 시스템

Chapter

10 계통 연계형(Grid-Connected) 태양광(PV) 시스템

Chapter

11 태양광 양수 시스템의 구성

Chapter

12 태양광(PV) 양수 시스템의 설계

Appendix

부록

chapter 1

태양광의 특성

1.1 입자-파동 이중성

빛의 속성에 대한 이해는 지난 수세기동안 두 가지 서로 상반되는 관점사이에서 변화해 왔다. 양자이론의 진보에 대한 이해하기 쉬운 설명은 Gribben에 의해 기술된 바 있다(1984). 1600년대 말, 빛은 작은 입자들로 구성되어 있다고 하는 뉴톤의 역학적 관점이 지배하고 있었다. 1800년대 초 Young과 Fresnel은 빛의 간섭실험을 통해 빛의 파동성을 보여 주었다. 1860년 전자기 복사에 대한 Maxwell의 이론에 의하면, 빛은 서로 다른 파장을 가진 넓은 스펙트럼의 전자기파의 일부로 받아들여졌다. 1905년 아인슈타인은 빛이 불연속적인 입자 또는 에너지 quanta로 구성되어 있다는 것을 제안함으로써 광전효과를 설명했다. 이러한 상호보완적인 빛의 성질은 이제 잘 이해되고 있다. 즉, 입자-파동 이중성으로 언급되어지며 다음의 방정식으로 요약된다.

$$E = hf = hc/\lambda \tag{1.1}$$

f=빛의 주파수
λ=빛의 파장
h=Plank' s 상수 (6.626×10^{-34} Js)
c=광속 (3.00×10^{8} m/s) (NIST, 2002)

광전지 혹은 태양전지의 특성을 정의함에 있어 빛은 때때로 파동으로 취급되기도 하고 또 다른 측면으로는 입자 혹은 광자로도 취급된다.

1.2 흑체복사

흑체는 이상적인 빛의 흡수체임과 동시에 또한 방출체이다. 흑체는 가열됨에 따라 밝게 빛나기 시작한다. 즉 전자기파를 방출한다. 보편적인 예로서 금속이 가열되는 경우가 있다. 금속은 뜨거워짐에 따라 보다 짧은 파장의 빛을 방출하고, 초기의 붉은 빛은 점차 백색으로 변화한다. 고전물리학으로는 이러한 가열된 물체로부터 방출되는 빛의 파장 분포를 정확히 표현할 수 없었다. 비록 5년 후 아인슈타인의 광양자에 기반을 둔 연구가 발표되기 이전까지는 숨어 있는 물리학적 원리가 완전히 이해되지는 못했으나, 1900년에 막스 프랑크는 이러한 복사체의 파장 분포를 설명하는 수학적 표현을 유도해냈다. 흑체의 스펙트럼 방출 출력은 파장범위가 λ에서 $\lambda+d\lambda$ 범위에서 단위면적당 방출되는 출력으로, 이는 플랑크 분포로 주어진다(Incropera & DeWitt, 2002).

$$E(\lambda,T)=\frac{2\pi hc^2}{\lambda^5\left[\exp\left(hc/(\lambda kT)\right)-1\right]} \tag{1.2}$$

여기에서 k는 볼츠만 상수이고, E는 단위면적당 단위파장당의 출력의 차원을 가진다. 단위면적당 출력으로 표현되는 총 방출 출력은 전 파장 영역(0으로부터 무한대까지)에 대한 식 (1.2)의 적분으로 주어진다. 이는 $E=\sigma T^4$으로 표현되며, 여기에서 σ는 슈테판-볼츠만 상수이다(Incropera & DeWitt, 2002).

그림 1.1은 서로 다른 흑체온도에서 복사파의 파장분포를 나타낸다. 그래프에서 가장 아래쪽에 있는 곡선은 3000 K로 가열된 흑체의 복사파 분포이고, 이는 백

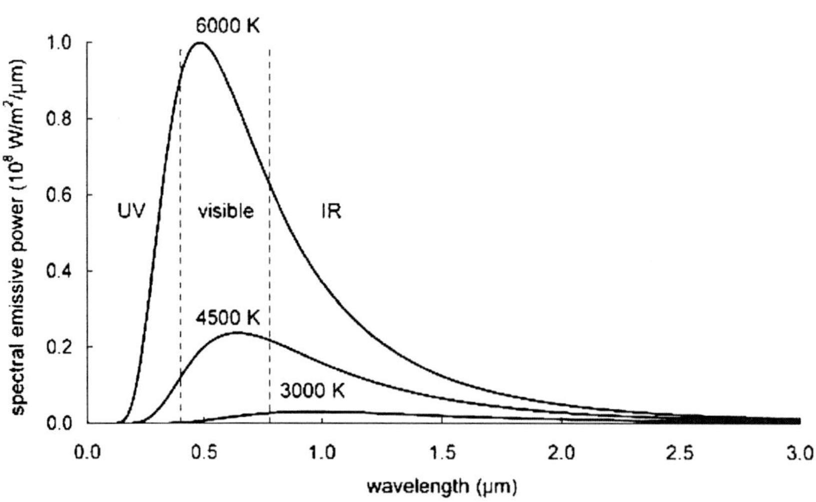

그림 1.1 세 가지 다른 온도의 완전한 흑체 표면으로부터 발산되는 복사파의 분포

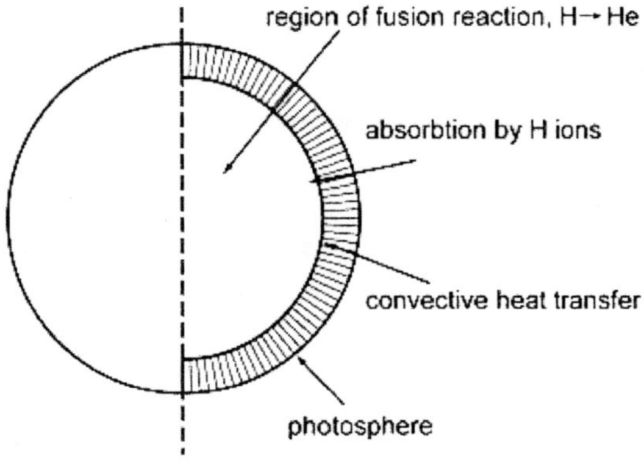

그림 1.2 태양 내부의 각 영역들

열등 안에 있는 텅스텐 필라멘트의 그것과 동일하다. 에너지 방출의 피크에서 파장은 약 1마이크로미터이고 이는 적외선 영역에 속한다. 이 경우 에너지의 아주 적은 양만 가시광 영역(0.4−0.8 μm)에서 방출된다. 이것은 왜 이러한 종류의 백열전구가 비효율적인가를 설명한다. 그러나 대부분의 금속은 녹는점 이상의 높은 온도에서 가시광 영역으로 에너지 방출 피크의 이동이 일어난다.

1.3 태양과 태양복사

태양은 그 중심이 핵융합에 의해 가열된 가스로 가득차 있는 뜨거운 구이다(Quasching, 2003). 내부 온도는 거의 2천만 K에 이른다. 그림 1.2에 나타낸 것처럼 내부로부터 발생한 강렬한 복사는 태양 표면 근처의 수소이온층에 의해 흡수된다. 이 에너지는 또한 대류에 의해 이 광학적 벽을 통과하여 전달된 뒤 태양의 외부표면(photosphere)에서 재복사된다. 이것은 그림 1.3에 나타낸 것처럼 6000 K 온도를 가진 흑체와 근사적으로 유사한 복사를 한다.

1.4 태양광복사

비록 태양 표면으로부터의 복사는 거의 상수이지만(Gueymard, 2004; Wilson & Hudson, 1998), 지구 표면에 도달했을 때에는 대기에 의한 흡수 및 산란에 의해 그 특성이 크게 바뀔 수 있다. 하늘이 맑을 때, 태양이 바로 머리 위에 위치할 때 최대 복사가 지구의 지표면에 도달하며, 이때 태양빛은 가장 짧은 경로로 대기를 통과한다. 이 경로의 길이는 $1/\cos\phi$로 근사되어질 수 있다. 그림 1.4에서 나타낸 것처럼, ϕ는 태양과 머리 위를 통과하는 점 사이의 각이다. 이와 같은 경로의 길이는 일

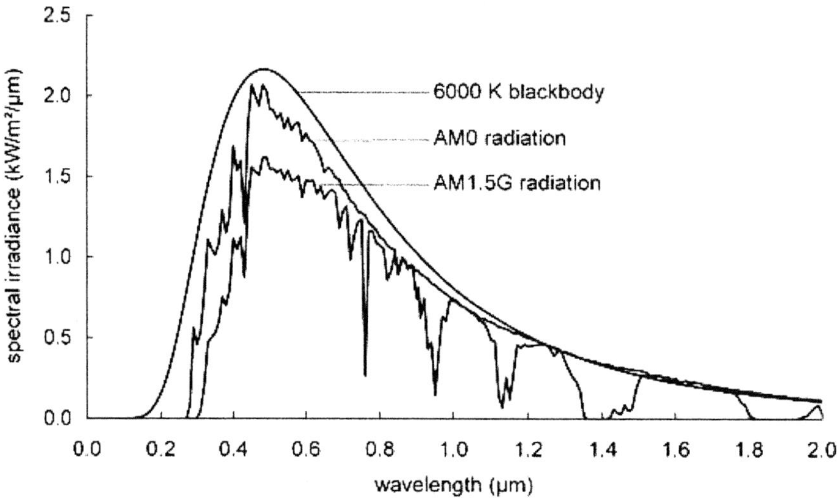

그림 1.3 600 K 흑체로부터의 파장별 복사강도(spectral irradiance)
지구의 대기권 바로 밖에서(AM0 상태) 관찰되는 파장별 복사강도
지구 대기권 두께의 1.5배의 대기권을 통과한(AM1.5 상태) 파장별 복사강도

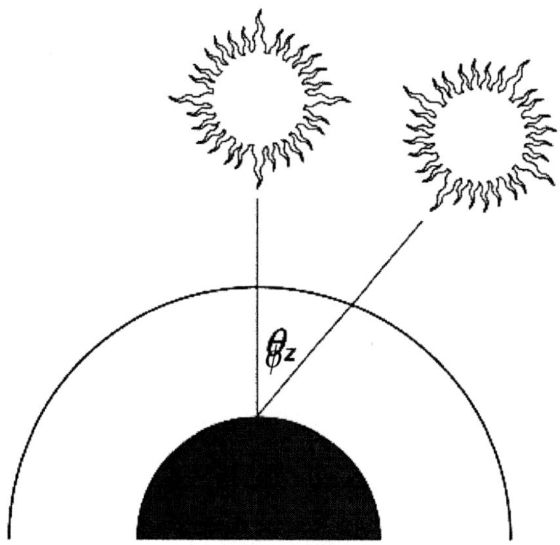

그림 1.4 태양으로부터의 복사가 지구 표면에 도달하기 위해 반드시 통고해야 하는 대기층의 양(공기질량, air mass)은 태양의 위치에 의존한다.

상적으로 공기질량(Air Mass; AM)으로 표현되며, 이는 태양광이 지표면에 도달하기 위해 반드시 통과해야 하는 길이를 의미한다. 그러므로

$$AM = 1/\cos\phi \tag{1.3}$$

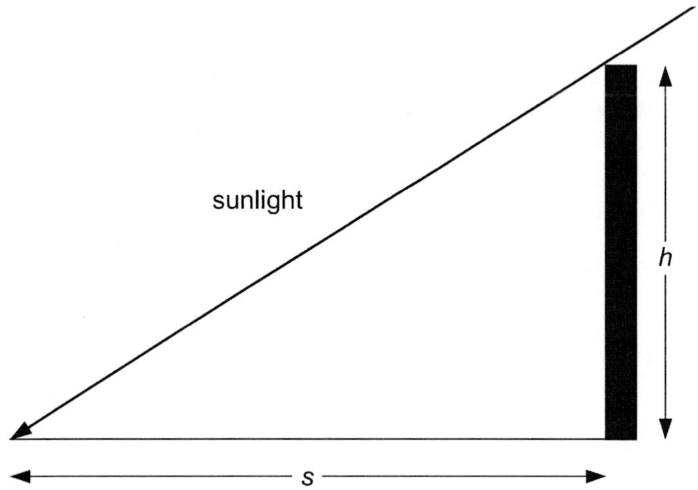

그림 1.5 알려진 높이의 물체에 의해 드리워진 그림자로부터의 Air Mass의 계산

이것은 균일하고 굴절이 없는 대기라는 가정에 근거를 두고 있으며, 지평선 근처에서 약 10%의 오차를 가진다. Iqbal(1983)는 높이에 따라 밀도가 변화하는 대기층을 통한 곡선경로의 경우를 감안한 더 정확한 수식을 제시한다.

$\phi=0$이면 Air Mass는 1과 같게 된다. 즉 AM1의 복사가 들어온다. $\phi=60$일 때 Air Mass는 2, 또는 AM2이다. AM1.5($\phi=48.2$에 대응됨)는 광전지 산업의 표준이 된다. AM은 또한 다음 식을 이용하여 어떤 위치에서도 추정할 수 있다.

$$AM = \sqrt{1+(s/h)^2} \tag{1.4}$$

여기에서 s는 그림 1.5에 보여지는 것과 같이 높이 h를 가진 수직바의 그림자 길이이다. 대기밖의 태양광 스펙트럼 분포(Air Mass Zero or AM0)와 AM1.5의 분포를 그림 1.6에 각각 나타내었다. AM0는 본질적으로 변하지 않으므로, 모든 파장 스펙트럼에 대하여 적분하여 얻을 수 있는 총 출력밀도는 상수로서, 태양상수(solar constant)로 정의되며 일반적으로 받아들여지는 값은(ASTM, 2000, 2003; Gueymard, 2004) 다음과 같다.

$$\gamma = 1.3661\ \mathrm{kW/m^2} \tag{1.5}$$

일반적으로, 태양 원판(disk)으로부터의 직접 복사(direct radiation)와 하늘로부터 산란된 간접 복사(diffuse radiation)는 별도로 고려해야 하는데, 이들의 합을 포괄적 복사(global radition)라 한다. AM1.5 global(AM1.5G)의 적도면에서 복사

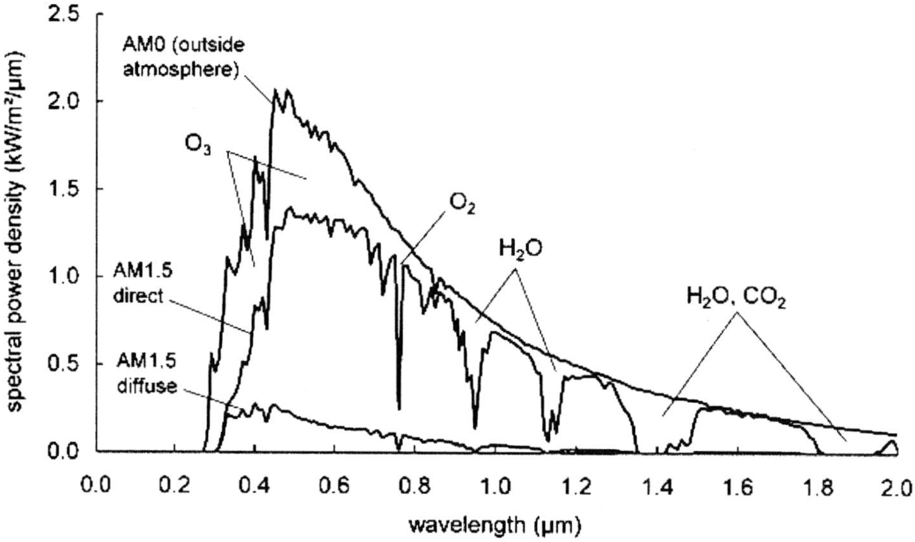

그림 1.6 AM0와 AM1.5 상태에서 태양빛의 파장별 일률 밀도로서 대기 중의 여러 성분들에 의한 흡수를 보여준다.

도 대 파장의 표는 부록 A에 수록되어 있다. 파장에 대하여 서로 다른 광전지는 각각 다르게 반응하기 때문에 부록 A의 표는 서로 다른 전지의 유사한 출력을 평가하는데 사용될 수 있다.

부록 A의 스펙트럼은 총 에너지밀도를 나타낸다. 즉 전체 파장에 대한 출력밀도의 적분값으로서, 이는 약 970 W/m^{2}이다. 이러한 스펙트럼 또는 이에 대응하는 1000 W/m^{2}의 기준(normalized) 스펙트럼은 현재 태양전지 제품의 표준으로 사용되고 있다. 후자는 지구 표면에서 받을 수 있는 최대 출력에 가까운 값이다. 기준 스펙트럼에 대한 출력과 광자 유량 밀도 구성은 부록 A의 값에 1000/970을 곱함으로써 얻을 수 있다.

실제 시스템에서의 태양전지 또는 모듈의 유사한 성능을 평가하기 위해서는, 위에서 논의된 표준 스펙트럼은 반드시 시스템이 설치될 장소에서의 실제적인 태양광량(solar insolation)과 연관지어 검토되어야 한다(그림 1.12는 일별 태양광량 수준의 지구 위치 및 계절별 변화를 나타냄).

1.5 직접 및 간접 복사

태양빛은 지구 대기를 통과하여 지표면에 도달하기까지 약 30% 가량 약해지게 되는데, 이는 아래 효과들에 기인한다(Gast, 1960; Iqbal, 1983).

1. 특별히 짧은 파장에서 대기 중의 분자에 의해 산란되는 레일리(Rayleigh)

산란 효과 ($\sim\lambda^{-4}$)
2. 에어로졸이나 먼지에 의한 산란
3. 산소, 오존, 수증기, 이산화탄소(CO_2)와 같은 대기 내 가스들에 의한 흡수

후자는 그림 1.3에 나타난 흡수 띠들을 만들어 낸다. 0.3 μm보다 짧은 파장의 빛은 오존에 의해 강하게 흡수된다. 대기 중의 오존이 고갈되면 지구에 짧은 파장의 빛이 더 많이 들어오게 되며 이것은 결과적으로 생물계에 유해한 효과를 초래하게 된다. 1 μm 주변의 흡수 띠는 수증기에 의한 흡수에 의해 나타나고 CO_2의 흡수는 더 긴 파장에서 일어난다. 대기 중의 CO_2 양의 변화는 역시 지구의 기후와 생물계에 양향을 끼치게 된다.

그림 1.7은 태양빛의 대기권에서의 산란이 어떻게 하여 하늘의 모든 방향에서 들어오는 간접 복사로 이어지는가를 보여준다. 간접 복사는 보다 짧은 파장에서 효율적인 빛 산란의 효과 때문에 파란색 파장이 주를 이루게 된다. 즉 하늘은 파랗게 보인다.

태양이 머리 바로 위에 있는 AM1 복사의 경우 하늘이 깨끗할 때 간접 복사 성분은 전체의 약 10%를 차지한다. 또한 간접 복사의 구성비는 AM가 증가하거나 하늘이 깨끗하지 않으면 증가한다.

구름이 감싸면 당연히 복사가 감소하고 산란이 증가하는데, 특히 적층되어 있고 큰 낮은 고도의 구름은 태양빛을 가리움에 있어 매우 효과적이다.

그러나, 두꺼운 구름에 의해 가로막힌 직접 복사의 약 1/2 정도는 간접 복사의

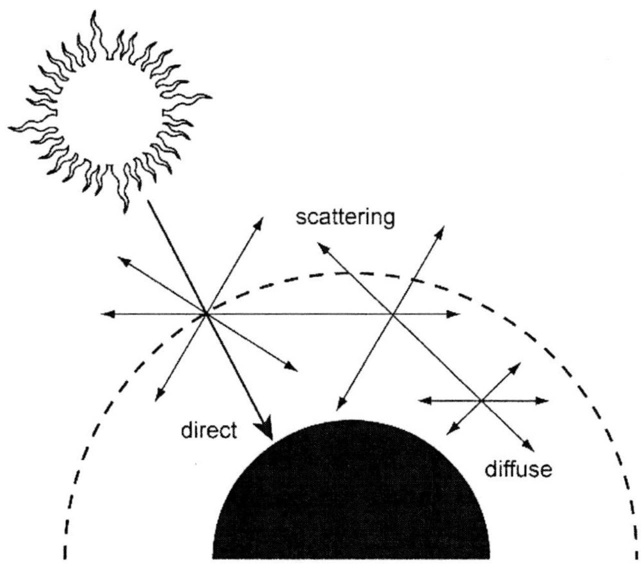

그림 1.7 간접 복사(diffuse radiation)를 야기시키는 대기권의 산란

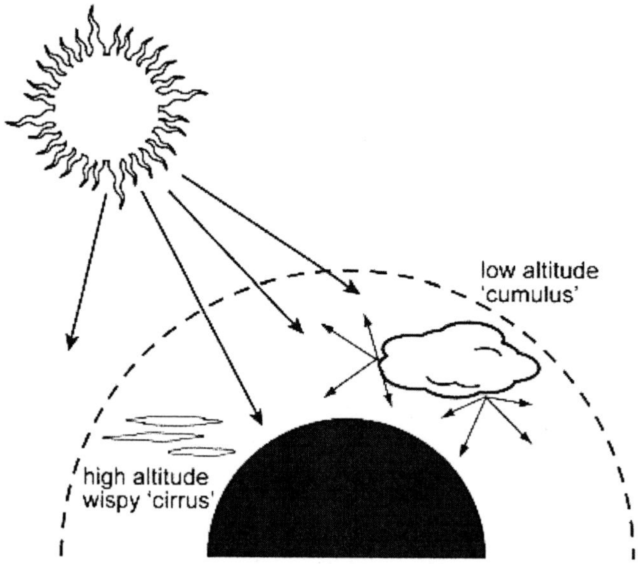

그림 1.8 지구 표면에 도달하는 복사에 미치는 구름 가림의 효과

형태로 회복된다. 권운, 안개나 높은 고도의 구름은 태양빛을 가리는 효과가 크지 않으며, 직접 복사의 2/3 정도가 간접 복사로 전환된다. 태양빛이 전혀 없이 구름이 꽉 끼인 날에는 지구 표면에 도달하는 빛은 대부분 간접 복사된 빛들이다(Liu & Jordan, 1960).

1.6 온실 효과

지구의 온도를 일정하게 유지하기 위해서는 태양으로부터 지구로 들어오는 에너지와 지구로부터 복사되어 나가는 에너지가 같아야 한다. 지표면으로 들어오는 복사가 대기에 의해 영향을 받듯이 지구로부터 나가는 복사도 대기에 의해 간섭받는다. 4~7 μm의 파장 띠는 수증기에 의해 강하게 흡수되고, 13~19 μm의 파장 띠는 이산화탄소에 의해 강하게 흡수되므로 지구를 탈출하는 복사(70%)는 7~13 μm 사이에서 이루어진다.

만약 대기가 없다면 지표면의 평균 온도는 달과 같이 약 −18℃가 될 것이다. 그러나 지구는 자연적으로 대기 중에 270 ppm의 CO_2를 기본 수준으로 보유하고 있기 때문에 지구의 평균 온도는 15℃이고 이는 달보다 33℃ 높은 값이다. 그림 1.9는 태양과 지구가 이상적인 흑체일 때 들어오는 복사에너지와 나가는 복사에너지의 파장 분포를 보여준다.

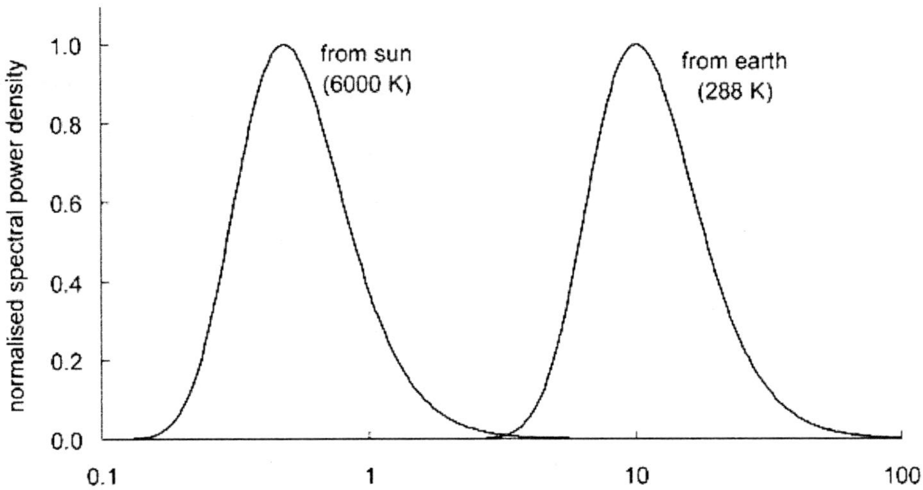

그림 1.9 지구와 태양이 모두 흑체로 간주되었을 때의 지구로 들어오는 복사와 지구를 나가는 복사의 파장별 분포(두 곡선의 피크는 크기가 같게 조정되었으며 수평축의 스케일은 로그 단위임)

인류의 활동으로 발생하는 대기권 내 인류가스들 즉, 이산화탄소, 메탄, 오존, NO, chlorofluoro carbons(CFCs) 등은 7~13 μm 파장 영역의 빛을 흡수한다. 이러한 가스들은 보통 때에는 지구를 탈출하던 파장대의 빛을 흡수하여 지구의 평균 온도를 증가시키는 원인으로 인식되고 있다. McCarthy et al(2001)에 의하면, 세계적으로 평균을 낸 지표면 온도가 20세기에 들어 0.6±0.2℃ 증가했고, 평균 공기의 온도가 1990년의 수준에 비해 2100년이 되면 1.4~5.8℃ 정도 더워질 것이라고 모델에 의해 예측한다. 이러한 전망은 지역에 따라 온난화 정도가 다를 것을 예측하고 있으며, 따라서 지역에 따라 강수량의 증가나 감소도 변화할 것으로 예측한다. 더우기 기후의 변동성이 변화하고 극심한 기상이변의 주기와 강도도 변화할 것으로 예측된다. 이는 이미 증가된 가뭄과 홍수로 나타나고 있고 인류와 자연계에 대한 넓은 범위에서의 심각한 충격으로 이어질 수 있는 것으로 예상된다.

명백히, 인간의 활동은 이미 행성의 자정작용에 충격을 주는 스케일에 도달했다. 그 부작용은 치명적일 것이므로 다가올 수십 년 동안은 환경에 영향을 덜 미치고 온실가스 배출을 줄이는 기술이 보다 중요해질 것이다. 에너지 부문에서 온실가스의 주요 생산자는 화석연료의 연소이기 때문에 태양광 전지와 같이 화석연료의 대용으로 사용될 수 있는 기술들이 보다 많이 사용되어야 한다(Blakers et al., 1991).

1.7 관찰되는 태양의 이동

고정된 관찰자의 위치에 대하여 위도 35° S(또는 N) 위치에서 관찰되는 태양의 이동(Iqbal, 1983; Sproul, 2002)과 태양 절정의 위치는 그림 1.10에 나타나 있다. 태양의 경로는 일 년 내내 변화하는데, 그 극한 경로들인 동지, 하지와 춘분과 추분에서의 경로들이 그림에 나타나 있다. 춘분과 추분(3월 21일과 9월 23일 근방)에는 태양이 정동에서 뜨고 정서로 지며, 태양정점의 고도는 90°에서 위도를 뺀 값이다. 동지와 하지(남반구에서는 6월 21일과 12월 22일 근방이며 북반구에서는 이와 반대)에서의 태양정점의 고도는 지구 종축의 기울임 정도(23°27′)에 따라 증가하거나 감소한다. 시간 및 지점에 따른 태양의 위치를 계산해주는 식들은 부록 B에 수록하였다. 태양의 관찰 궤적은 때때로 극좌표계의 형태(그림 1.11)나 원통형 좌표계의 형태로 표시된다. 후자는 특히 가까운 물체에 의해 그늘지는 효과를 같이 나타내는데 유용하다(Duffie & Beckman, 1991; Quaschning & Hanitsch, 1995; Skiba et al., 2000). 오레곤 대학 태양 복사 관측소(University of Oregon Solar Radiation Monitoring Laboratory)에 인터넷으로 접속하면 원통형 좌표계에서 태양의 궤적을 온라인으로 계산할 수 있다(University of Oregon, 2003).

1.8 일사량(Insolation) 데이터와 이의 추정

이 분야에 대한 좋은 조사 자료들의 예는 Duffie and Beckman(1991), Iqbal(1983), Reddy(1987), Perez et al.(2001), Lorenzo(1989, 2003) 등이 있다. 대기권 밖에서의 복사강도는 기하학과 태양상수에 의해(식 1.5 참조) 알려지지만 지구상에서의 세기는 잘 정의되어 있지 않다.

태양광 전지 시스템 설계자는 종종 임의의 경사면에 떨어지는 일사율의 추정을 필요로 한다. 대부분의 경우 월평균 1일 일사율 값이면 충분하며(Lorenzo, 2003), 매월 중 중간 근방의 특정 일들이 주로 월평균 값들을 정의하는데 사용된다(부록 C). 이 책에서 별표는 특정 일에 근거를 둔 변수들을 표시하고 있으며, 글자 위 윗줄은 월평균을 표시한다. 구분된 직접과 간접 성분값들이 모듈의 경사에 의한 효과를 추정하는 데 있어 보통 요구되나, 이들이 각각 측정되지 않을 경우에는 지구 평균치로부터 추정할 필요가 있다. 따라서 3가지 기본적인 문제점이 있다.

1. 가용한 측정량으로부터 주어진 위치의 수평면 위로의 지구 전체의 복사량을 추정하는 것
2. 지구 전체 값으로부터 수평면의 직접 및 간접 성분을 추정하는 것

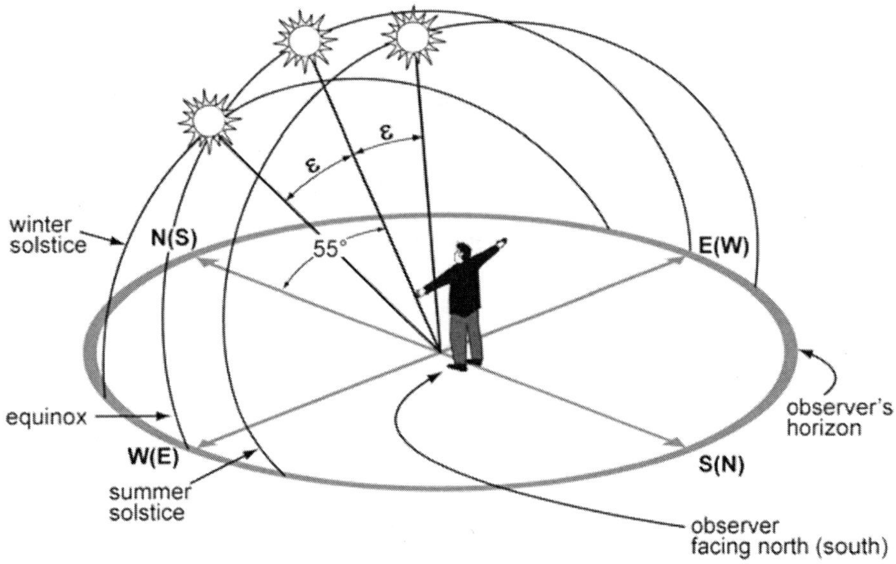

그림 1.10 남위 및 북위 35°에 있는 관찰자가 본 태양의 외견상 운동(여기서 ε는 지구의 자전축이 태양 주위로의 공전 평면에 대해 경사진 각도, 23.45°)

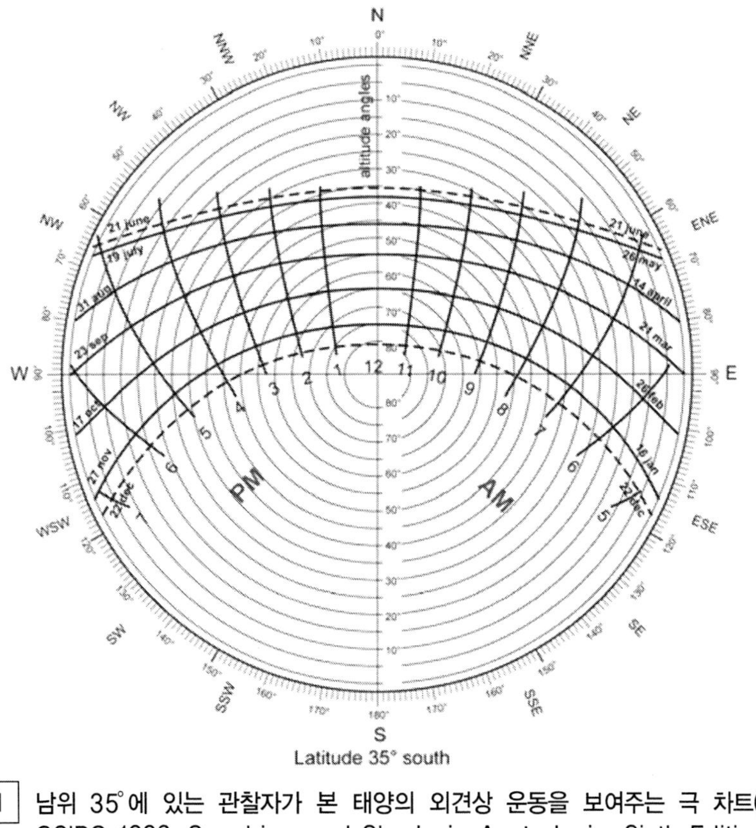

그림 1.11 남위 35°에 있는 관찰자가 본 태양의 외견상 운동을 보여주는 극 차트(저작권 © CSIRO 1992, Sunshine and Shade in Australasia, Sixth Edition, CSIRO Australia Technical report 92/2, Canberra)

3. 수평면 값으로부터 경사면의 이들 성분들을 추정하는 것

1.8.1 외계의 복사

R_0, 즉 수평면 상의 외계(대기권 밖)의 복사는 태양상수를 시간당 들어오는 에너지로 표현한 γ_E로부터 계산될 수 있다.

$$\gamma_E = 3.6\gamma \quad \left(\mathrm{kJ/m^2/h}\right) \tag{1.6}$$

태양과 지구의 기하적 계산으로부터(Igbal, 1983, p.65)

$$R_0 = \left(\frac{24}{\pi}\right)\gamma_E e_0 \cos\varphi \cos\delta \left[\sin\omega_s - \left(\frac{\pi\omega_s}{180}\right)\cos\omega_s\right] \tag{1.7}$$

$$e_0 \approx 1 + 0.033\cos\left(\frac{2\pi d}{365}\right) \tag{1.8}$$

여기에서, e_0는 궤도의 이심도(eccentricity)로서, 지구 반경 벡터의 제곱의 역수이다(Igbal, 1983). 이심도에 대한 보다 정확한 식은 Lorenzo(1989)의 논문에도 나타나 있으며, ω_s는 태양이 뜨는 시간의 각도로서 아래와 같이 정의된다.

$$\cos\omega_s = -\tan\varphi \tan\delta \tag{1.9}$$

d는 1월 1일이 $d=1$로 정의되는 일수이며(2월은 항상 28일로 간주되며 따라서 윤년의 경우 약간의 오차를 일으킨다), δ는 태양적위(declination)로서 아래와 같이 주어진다. 이때 ε는 23.45° 이다.

$$\delta \approx \sin^{-1}\left\{\sin\varepsilon.\sin\left[\frac{(d-81)360}{365}\right]\right\} \approx \varepsilon\sin\left[\frac{(d-81)360}{365}\right] \tag{1.10}$$

태양적위는 태양과 지구의 중심을 서로 연결하는 직선과 지구의 적도면이 이루는 각도로서 주야평분시(equinox)에서 0의 값을 가진다(Igbal, 1983). 보다 복잡하고 정확한 표현도 있다(부록 B 참조).

대기권 밖에서 수평면에 떨어지는 하루 동안의 지구 전체 복사량의 월평균은 아래와 같다.

$$\overline{R_0} = \left(\frac{24}{\pi}\right)\gamma_E e_0^* \cos\varphi \cos\delta^* \left[\sin\omega_s^* - \left(\frac{\pi\omega_s^*}{180}\right)\cos\omega_s^*\right] \tag{1.11}$$

1.8.2 수평면 위로의 대기권 내 지구 복사

일사량의 정도를 측정하는 여러 가지 기기들이 있다(Iqbal, 1983; Tindell & Weir, 1986). 가장 간단한 것이 일조계(heliograph)인데, 이것은 회전하는 도표에 집광된 밝은 태양빛에 의해 구멍이 생기는 데까지 걸리는 시간을 측정하는 장치이다.

Si 태양전지 자체도 그 다음으로 정교한 장치의 하나로 사용된다. 열전효과(서로 다른 재료 간 접합에서 열 차이에 의해 전압이 생성되는 현상)는 빛의 파장에 민감하게 반응하지 않으므로 보다 정교한 장치들(고온계, 태양열 측정 장비)의 근간이 된다.

정확한 일사량 데이터를 적절한 형태로 얻는 것은 태양전지 시스템을 디자인하는 데 있어 매우 중요하지만, 이것은 때때로 어려운 과제이다. 가장 널리 사용되는 데이터 형식 중 하나는 수평 또는 경사면에 떨어지는 일간, 월간, 분기별, 년별 평균 총 지구(직접과 간접) 복사이다. 그림 1.12의 예는 각 분기당 분기 평균 지구 전체 등 복사(isoflux) 윤곽을 1일당 MJ/m^{2}의 단위로 나타낸 것이다. 이와 비슷한 그래프는 Sandia 국립연구소로부터 얻을 수 있다(1991). 가능하다면 보다 정확한 데이터는 특정 지역에서 찾는 것이 좋은데 이때는 직접(direct)과 간접(diffuse) 복사 성분을 각각 얻는 것이 총(global) 복사량을 얻는 것보다 좋다.

일부 출처의 일사량 자료를 부록 D에 수록하였다. 직접과 간접 성분들로 측정되며 몇몇 위치에 대해 알려져 있다. 몇몇 호주 지역에서의 데이터가 태양에너지 엔지니어와 건축가에게 유용한 형태로 처리된 바 있다(Lee et al., 2003).

태양광 최대 직달 시간

각 월에 대하여 일간 평균 일사량 값은 때때로 태양광 최대 직달 시간(peak sun hours)으로 표현된다. 개념적으로 볼 때 하루에 받는 총에너지는 오전에는 약하고 정오에 최대이며 오후로 갈수록 감소하는 모든 에너지를 합한 것인데, 이를 정오의 양으로 대표하여 이의 지속시간으로 압축하여 나타낼 수 있다는 것이다(Samdia National Laborations, 1991). 만약 정오의 일사량(peak sun)의 강도가 약 1.0 kW/m^{2}라면 최대 직달 시간(peak sun hours)의 수는 kWh/m^{2}으로 측정된 하루의 총 일사량과 같게 된다.

햇빛 시간(Sunshine hours) 데이터

태양 일사량 데이터로서 흔히 사용되는 형태의 하나는 'sunshine hours' (SSH)이다(Twidell & Weir, 2006). 이 용어는 주어진 기간(주로 1개월) 동안 특정 강도(약 210 W/m^2) 이상의 태양빛이 쪼여지는 일간 시간을 나타내는데, 이는 절대량은 나타내지 못하고 태양빛의 직접 복사 성분만을 나타낸다. 햇빛시간의 측정은 Campbell-Stokes 햇빛 시간 측정기로 측정되는데, 이는 움직이는 테이프의 작은 지역으로 평행광을 집광하여 태양이 밝게 빛날 때 테이프가 타는 것을 이용한다. 간접(diffuse) 복사는 같은 방식으로 집광되지 않으므로 이는 기록되지 못한다. 결과 데이터는 그다지 높은 질을 가지지 못하므로 추천할 만한 자료는 아닌데, 복사가 기록되지 않은 많은 지역에서 이 자료가 알려져 있고, 데이터가 복사강도와 의미있게 연관되어 있는 경우는 유용할 수도 있다(Standards Australia, 2002).

PV 시스템 디자인에 있어서는 SSH 데이터를 사용가능한 형태로 변환시키는데 어려움이 있다. 여기에서는 SSH 데이터로부터 수평면에 떨어지는 일간 총 복사량의 월간 평균을 추정하는 기술에 대해 고찰해 본다(Iqbal 1983).

$$\overline{R} = \overline{R}_0(a + b\,\overline{n}\,/\,\overline{N}_d) \tag{1.12}$$

여기서, $\overline{R}_o$는 식 (1.11)로 정의된다. $\overline{n}$는 Campbell-Stokes 장치로 측정된 일간 밝은 햇빛 시간의 월간 평균이며, a와 b는 다양한 지역에서 측정한 데이터로부터 추출된 회귀상수들이다. 그리고 $\overline{N}_d$는 일 길이의 평균으로 $2/15\omega_s$*이다. 이 모델은 Telecom(지금은 Telstra) Australia에 의해 사용되었으며(Muirhead & Kuhn, 1990), a와 b의 값들은 표 1-1에 수록되어 있다. 비록 위도에 따른 의존도가 있지만 호주에서의 평균값은 아래와 같다.

$$a = 0.24,\quad b = 0.48 \tag{1.13}$$

부록 D에는 세계 여러 지역에서 얻어진 a와 b 값들에 대한 몇몇 소스가 있다. 호주의 전 지역에 걸친 여러 곳과 고립된 섬 그리고 남극에 대한 많은 기록이 알려져 있다.

보다 복잡한 표현(Reitveld, 1978)은 식 (1.14)와 같은데,

$$a = 0.10 + 0.24\,\overline{n}/\overline{N}_d,\quad b = 0.38 + 0.08\,\overline{n}/\overline{N}_d \tag{1.14}$$

이는 세계 전 지역에서 생성된 데이터를 사용하여 얻어진 것이다. 이는 세계적으로 응용 가능하고 구름낀 조건에서는 다른 관계식에 비해 월등한 것으로 간주된다(Iqbal, 1983). 위도 의존성(위도가 60° 이상인 경우)은 Glover와 McCul-

표 1.1 호주의 각 지역에 대한 회귀 데이터(Muirhead & Kuhn, 1990)

site	latitude	*a*	*b*
Adelaide	27.5	0.23	0.46
Alice Springs	27.5	0.23	0.46
Brisband	27.5	0.23	0.46
Adelaide	27.5	0.23	0.46
Alice Springs	27.5	0.23	0.46
Brisband	27.5	0.23	0.46
Adelaide	27.5	0.23	0.46
Alice Springs	27.5	0.23	0.46
Brisband	27.5	0.23	0.46

loch(1958)에 의해 소개되었으며 아래와 같다.

$$\overline{R} = \overline{R}_o\,[0.29\cos\varphi + 0.52\,(\overline{n}\,/\,\overline{N}_d)] \qquad (1.15)$$

단, 여기서 문헌으로부터 얻은 a와 b 값을 사용할 때는 주의해야 한다. 왜냐하면, 식의 유도에 있어 여러 가지 기하 및 일사량 계수들이 사용되었고, 측정된 데이터가 다양한 방법의 다양한 계측기에 의해 얻어졌으며, 서로 다른 방법으로 얻은 데이터가 때때로 혼합되거나 같은 형태인 것처럼 취급되었을 수 있기 때문이다.

SSH 데이터로부터 총 복사를 추정해내는 또다른 방법은 $\overline{n}/\overline{N}_d$ 값을 맑은 날들(sunny day)의 퍼센트로 간주하고 $(\overline{N}_d - \overline{n})/\overline{N}_d$ 값을 흐린 날들(coudy days)의 퍼센트로 간주하는 방법으로서, 주어진 위도와 연중 시간에 대한 매일의 공기질량(airmass) 값들을 사용하여 아래 식 (1.20)에 의해 일사량의 직접 성분을 정확히 추정해낼 수 있다. 간접 성분은 맑은 날 일사량의 10%가 간접 성분이고 흐린 날의 평균 태양 강도가 맑은 날의 20%라고 가정함으로써 계산된다.

대표적인 기상학적 년(Typical meteorological year(TMY)) 데이터

일사량 데이터는 가끔 'typical meteorological year'(TMY) 데이터의 형태로 주어지기도 한다(Hall, 1978; Perez, 2001; Lorenzo, 2003). 이것은 '대표적인' 역사적 기록들로부터 선택된 매 달들의 값을 합쳐 얻어지는 1년 전체의 데이터이다. 몇몇 선택법들이 있으며, 서로 다른 년도의 데이터를 같은 달들로 연결시킴으로써 야기

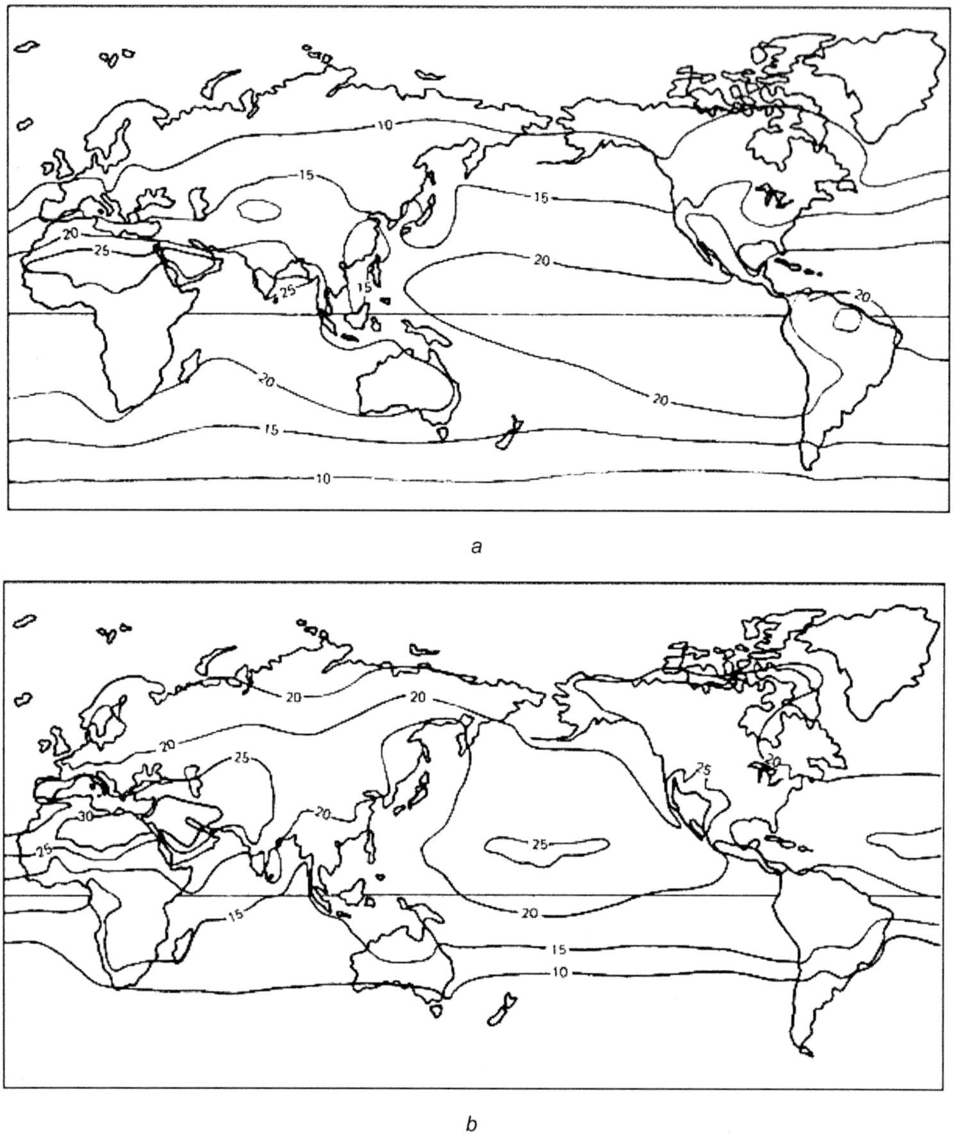

그림 1.12 수평면에 떨어지는 MJ/m²(1 MJ/m²=0.278 kWh/m²) 단위의 1일당 총 일사량의 평균적인 분기별 총 등플럭스도(global isoflux contour) a) 3월 분기, b) 6월 분기(Meinel & Meinel, 1976).

될 수 있는 데이터의 불연속성을 감소시키기 위해 완화(smoothing) 기법이 사용되기도 한다(Perez, 2001). Lorenzo(2003)는 그의 상세한 설명에서, 비록 TMY 데이터가 시간별 값들로 구성될 수 있지만 모델에서 이를 사용하는 것이 12개월 값들을 사용하는 것에 비해 반드시 더 정확한 결과를 내는 것은 아니라고 주장하고 있다.

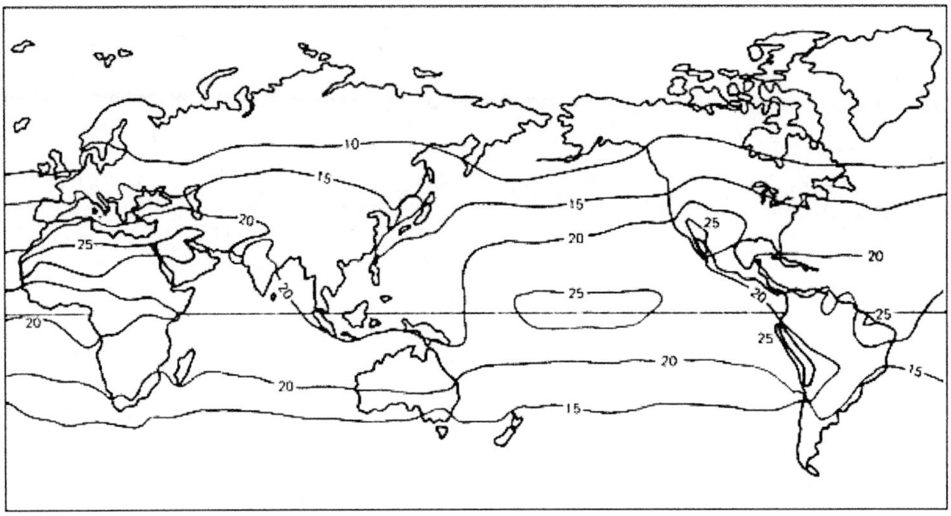

c

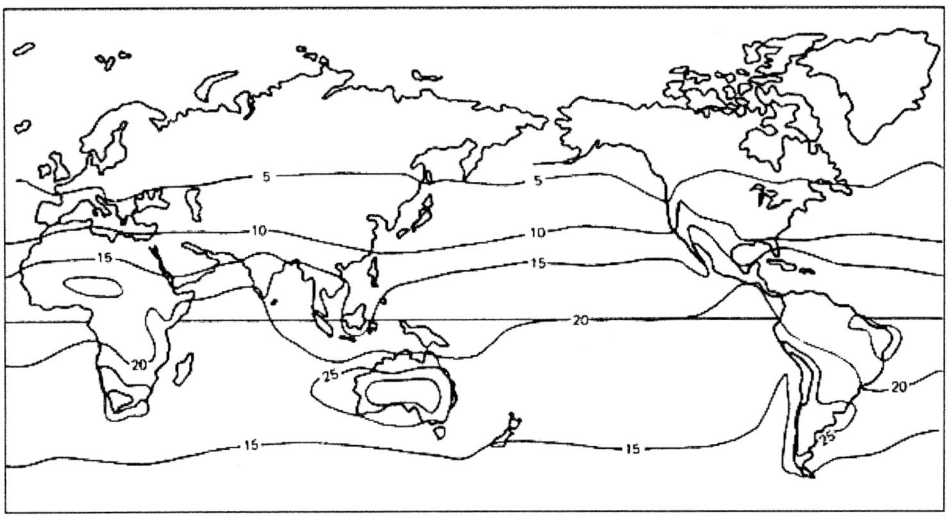

d

그림 1.12 수평면에 떨어지는 MJ/m^2(1 MJ/m^2=0.278 kWh/m^2) 단위의 1일당 총 일사량의 평균적인 분기별 총 등플럭스도(global isoflux contour) c) 9월 분기, d) 12월 분기(Meinel & Meinel, 1976).

위성 구름가림(Satellite cloud cover) 데이터

위성 구름가림 데이터는 호주 기상국에서 매시간 업데이트하고 있다(2004). 그림 1.13과 같은 사진에 상응하는 디지털화된 데이터도 역시 주어지며 이는 2.5 km의 선명도를 가진다. 이러한 데이터는 컴퓨터로 바로 입력되어 처리되고 분석되며 이

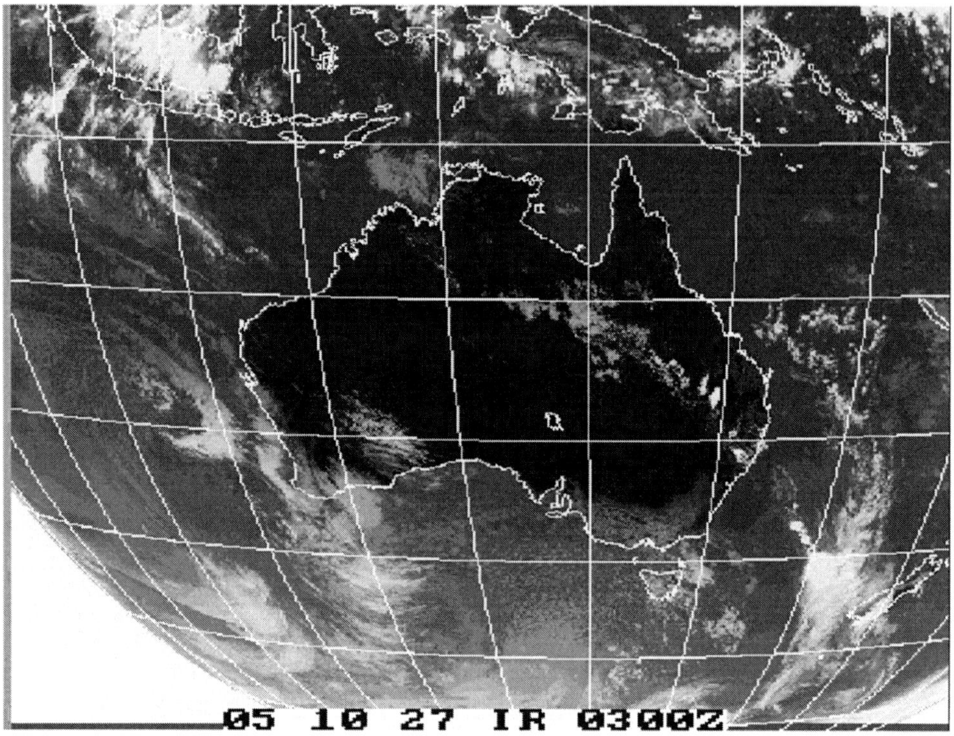

그림 1.13 2006년 8월 16일에 촬영한 적외선 위성 구름가림 사진(Bureau of Meteorology, 2005).

로부터 흐린 날과 맑은 날의 비율에 대한 매우 정확한 추정이 이루어진다(Beyer et al., 1992). 수년에 걸쳐 쌓인 이러한 위성 데이터를 아래 식 (1.19) 및 부록 B에 있는 식들과 연계하여 사용함으로써 일사량 정도를 추정해낼 수 있다. 구름에 의해 하늘이 가려진 분율인 흐림지수(cloudiness index)는 총 복사량(Lorenzo, 1989) 및 구름가림(하늘가림) 데이터와 연관되어진다. 또한 이는 Iqbal(1983)에 의해 논의된 바 있는데, 그는 이러한 형태의 데이터가 햇빛시간 관계들에 비해서는 덜 믿을만 하다고 하고 있다.

몇몇 지역에서는 또한 구름분석 차트(nephanalysis chart)가 주어지기도 하는데, 이는 표준화된 기호들과 약속에 의해 구름 데이터를 형상화한 것으로서, 구름의 형태, 양과 크기 그리고 구름간의 공간과 여러 형태의 구름 선과 띠들을 모두 보여준다.

구름이 가리는 정도는 위성사진과 지상 관측을 서로 연계함으로써 결정된다. 구름 분석에서 구름의 형태는 층상(stratiform), 작은 입자형(cirriform) 및 적란운형(cumulonimbus)으로 지정되는데, 이들 각각의 형태는 입자되는 일사량에 미치는 영향에 따라 특징지어질 수 있다.

위성에 의한 일사량 추정

NASA(2004a)는 자유롭게 사용 가능한 위성에 의한 세계 총 일사량 추정치를 만들어내고 있는데, 이는 각각 위도 1도와 경도 1도의 칸으로 나뉘어진 그리드(grild)별로 주어진다.

이 데이터는 지상 측정 데이터를 대체할 목적으로 사용되지는 않고, 주로 지상 측정 데이터가 없는 경우 그 빈 곳을 채우는 목적이나 서로 다른 지역의 지상 측정치들을 상호보완할 목적으로 사용된다. 이러한 데이터는 예비 타당성 조사에 사용할 수 있는 정도의 정확도를 가지고 있다.

간접 및 직접 성분과 경사면에서의 총 복사량을 추정하기 위해 여러 가지 모델들이 적용되며, 이 방법들은 명확히 기재되어 있다(NASA, 2004b).

1.8.3 총 성분 및 간접 성분

간접 일사량은 흡수하고 산란하는 대기와 흡수하고 반사하는 지구 표면의 복잡한 상호작용에 의해 생산된다.

간접 일사량을 측정하는데 있어서는 직접 태양광을 막을 수 있도록 그림자 밴드에 맞춰진 피라노미터(pyranometer)와 같은 장치를 필요로 하는데, 이는 총 일사량의 측정에 비해 훨씬 적은 수의 위치에서만 가능하다. 따라서 일사량의 간접 성분을 총 일사량으로부터 측정해 내는 방법들이 개발되었다.

맑음 지수

Liu와 Jordan (1960)은 $\overline{K_T}$로 정의된 월 평균 맑음 지수(clearness index)로부터 태양빛의 간접 일사량 성분을 추정하였다.

$$\overline{K_T} = \overline{R}/\overline{R_o} \tag{1.16}$$

즉, 이는 월 평균 1일간 간접 일사량과 대기권 밖의 총 일사량 간의 비(ratio)이다.

월 평균 수평면에 떨어지는 1일간 간접 복사량을 발표되거나 측정된 $\overline{R}$값으로부터 추정하는 과정은 아래와 같다.

1. 식 (1.17)을 사용하여 매달의 $\overline{R_0}$를 계산한다.

$$\overline{K_d} = \overline{R_d}/\overline{R_o} \tag{1.17}$$

여기서 $\overline{R}_d$는 바라는 결과이다. 뒤쪽의 표현은 K_d와 K_T가 서로 연관되어질 경우 보다 보편적으로 측정되는 값인 R로부터 간접 성분인 R_d를 계산할 수 있게 해준다. 이러한 상호단계는 몇몇 관계식이 문헌에 알려져 있는데, 그 중 위도 40° 이하에서 가장 정확한 것으로 알려진 것은 아래 주어진 Page(1961)의 식이다(Lorenzo, 2003).

$$\overline{K}_d = 1 - 1.13\overline{K}_T \tag{1.18}$$

2. 식 (1.16)을 사용하여 매월에 대한 $\overline{K}_T$를 계산한다.
3. 식 (1.18)을 사용하여 매월에 대한 $\overline{K}_d$를 계산한다.
4. 식 (1.17)을 사용하여 매월에 대한 $\overline{R}_d$를 계산한다.

식 (1.18)과 같은 상호관계 모델은 평균을 내는 기간(즉 1개월 또는 적게는 1시간)에 따라 여러 가지가 문헌에 나와있는데, 이 모델들은 평균을 내는 기간에 강하게 의존하므로 서로 다른 평균 기간의 데이터를 사용하는데 있어 적용되면 안 된다(Perez et al., 2001).

통신 모델

간접 및 직접 일사량 성분들이 각각 따로 알려져 있지 않을 경우에는 대부분의 위치에서 월간 총 일사량을 맑은 날과 흐린 날의 적절한 수에 대해 이론적으로 계산한 총 일사량으로 간주함으로써 각 성분들을 근사하게 추정할 수 있으며, 그 계산 과정은 다음과 같다.

1. **맑은 날들**−1일간의 태양 빛 중 직접 성분의 세기는 실험식으로 주어지는 공기질량(Air Mass)의 함수로부터 결정할 수 있다(Meinel & Meinel, 1976).

$$I = 1.3661 \times 0.7^{(AM)^{0.678}} \text{ kW/m}^2 \tag{1.19}$$

위 식에서는 현재 통용되는 태양 상수값(원래 값이 아닌)이 사용되었으며, I는 태양광과 수직한 면에 떨어지는 직접 성분의 세기이다. 공기질량 값은 위도와 1년 중 시간 및 하루 중 시간의 함수로서 부록 B에 있는 알고리즘에 의해 계산될 수 있다.

특정 일에 대하여 I값을 결정함으로써 일간 직접 일사량이 계산될 수 있다. 이 값은 또한 간접 성분을 고려하기 위해 10% 만큼 증가되는데 그 근거는 그림 1.14에 나타나 있다. 이는 이어서 주어진 위치와 연간 시간에 대한 맑은 날에 예상되는 일간 일사량이 된다.

2. **흐린 날들**–입사되는 모든 빛은 간접 일사량으로 간주되며 수평면에서의 세기는 보통 식 (1.19)에서 계산된 값의 20%로 간주된다. 결과적으로 흐린 날의 하루 일사량(모두 간접 성분임)이 추정될 수 있다.

직접 성분과 간접 성분은 1.8.2.1절에 설명된 바와 같이 주어진 맑은 날의 적절한 수와 주어진 흐린 날의 수 그리고 해당 일사량들을 모두 합하여 얻어

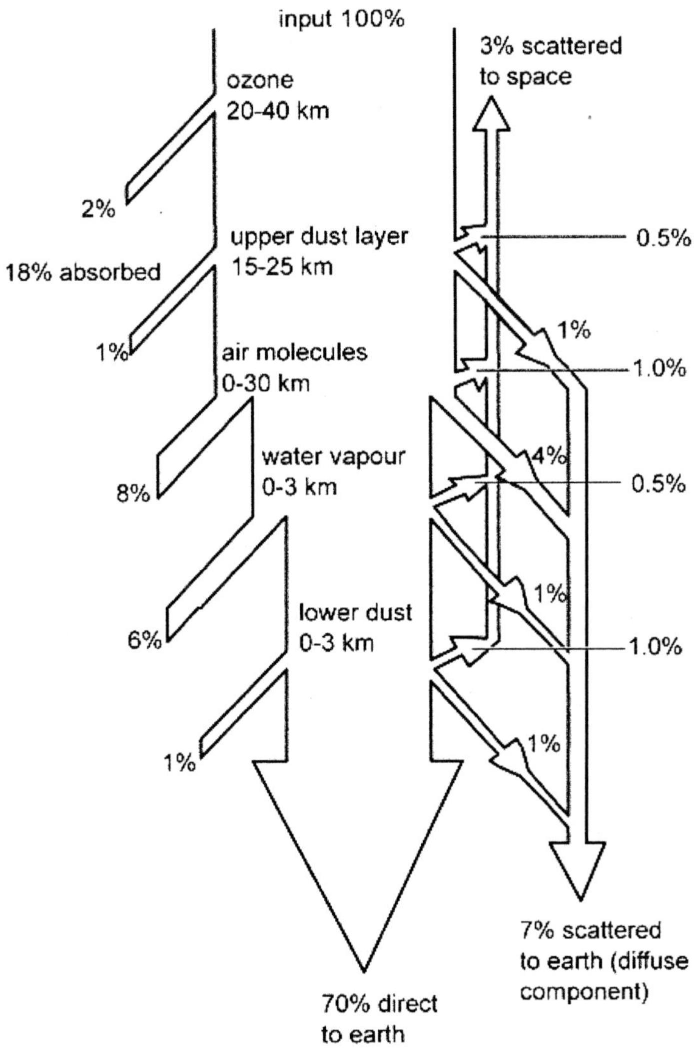

그림 1.14 전형적인 AM1의 맑은 하늘에서의 입사되는 태양빛의 흡수와 산란(Hu & White, 1983)

지는 값으로 알려진 평균 총 일사량을 나타낼 수 있다고 가정함으로써 결정될 수 있다.

한편 식 (1.19)는 일사 파장에 관계없이 쓰여졌는데 실제로는 서로 다른 파장의 빛은 다른 정도로 약해지며 이는 실험적으로 아래 식에 의해 근사될 수 있다(Hu & White, 1983).

$$I_{\mathrm{AM}K}(\lambda) = I_{\mathrm{AM0}}(\lambda)\left|\frac{I_{\mathrm{AM1}}(\lambda)}{I_{\mathrm{AM0}}(\lambda)}\right|^{AM^{0.678}} \tag{1.20}$$

여기서 λ는 빛의 파장이다. 태양빛 스펙트럼 내용의 변화는 태양전지의 출력에 중대한 효과를 미칠 수 있다. 하지만 이 효과는 종종 무시되는데, 그 이유는 실리콘 태양전지가 1.1마이크로미터보다 긴 파장의 빛은 전혀 흡수하지 않으며 모듈 반사가 입사량의 경사각에 따라 증가하기 때문이다(이는 보다 긴 파장과 공기질량의 질량에 해당된다).

1.8.4 경사면으로의 복사

광전지 모듈은 보통 고정된 경사에 설치되므로 이러한 경사면으로의 일사량을 수평면으로의 일사량으로부터 가끔 추정할 필요가 있다. 이 경우 위에 설명한 바와 같이 직접 및 간접 성분을 각각 알아야 한다. 다양한 가정에 근거한 간접 복사의 하늘 내 분포를 예측하는 여러 모델들이 있다(Durrie & Beckman, 1991; NASA, 2004a). 예를 들어 햇빛 시간 데이터 등과 같이 입력 데이터 자체가 모델링에 의해 유도되는 경우에는 간단한 모델이 선호된다(Perez et al., 2001). 비록 모델들은 임의의 방향에 대하여 표현되어 있지만, 여기서는 우선 적도 방향으로 경사진 면에 대해서만 고려하기로 한다(Lorenzo, 1989).

통신법

직접 및 간접 성분의 형태로 일사량 데이터가 존재하는 경우 다음 방법에 의해 수평면과 β의 각도를 이루도록 경사진 태양광 판넬에 떨어지는 일사량을 결정할 수 있다(after Mack, 1979).

먼저 확산 성분 D가 경사각에 의존하지 않는다고 가정할 수 있다(이는 경사각이 45°보다 크게 크지 않은 경우 합리적인 가정이다(Lorenzo(2003). 예를 들어 태양 원판(solar disk) 근처로 갈수록 또한 맑은 하늘의 지평선 근처로 갈수록 빛의 세기가 강해진다는 점을 고려한 여러 가지 복합적인 모델들에 대해서 논의하고 있다.

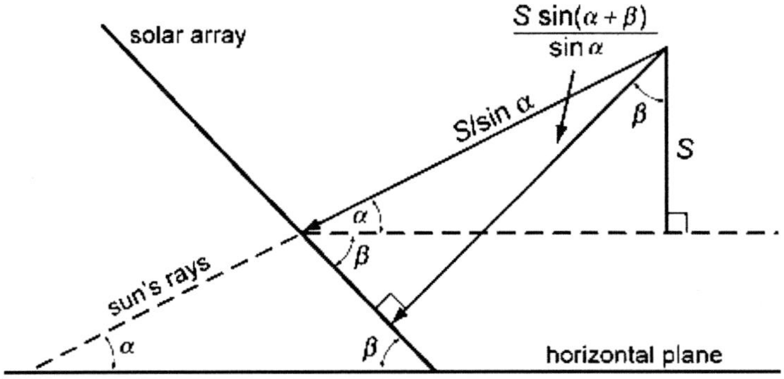

그림 1.15 수평에 대하여 경사진 표면에 입사되는 빛(after Mack, 1979).

둘째로, 수평면 S로의 직접 성분은 수평면과 β의 각을 이루는 경사면으로의 직접 성분 S_β로 변화될 수 있다(그림 1.15에 나타남). 최종적으로는 식 (1.21)의 결과를 얻는다.

$$S_\beta = \frac{S\sin(\alpha+\beta)}{\sin\alpha} \tag{1.21}$$

여기서 α는 정오의 태양의 고도이며(즉, 태양과 수평면 사이의 각), 식 (1.22)와 같이 주어진다.

$$\alpha = 90^\circ - \theta - \delta \tag{1.21}$$

여기서 θ는 남위(southern latitude)이다.

위는 남반구에서 북쪽으로 향하는 태양광 모듈의 경우이다. 북반구에서 남쪽을 향하는 경우는 $\alpha=90-\theta+\delta$가 사용되는데 이러한 경우 θ는 북위(northern latitude)이다.

식 (1.21)은 엄격히 말해 정오에만 정확한 식이다. 그러나 종종 수평면에 떨어지는 평균 일간 태양광 복사의 직접 성분을 β의 각도로 경사진 태양광 패널의 그것으로 변환시키기 위하여 크기를 조정하는 시스템에서도 사용된다. 단 이 경우는 작은 오차가 발생한다.

그림 1.16은 겨울의 맑은 날과 흐린 날의 전형적인 1일 태양광 세기의 프로파일들이다. 흐린 날의 빛의 세기는 맑은 날에 비해 약 10% 정도이다. 이는 맑은 날의 경우 태양광 모듈 어레이(array)가 수평면에 대해 60°의 각도를 이룸으로써 간접 성분에 비해 직접 성분이 보다 강화되기 때문이다. 그림 1.17은 위도 23.5°N의 맑은 하늘의 지역에서 일간 태양에너지 입사가 태양광 전지 모듈 어레이의 경사각

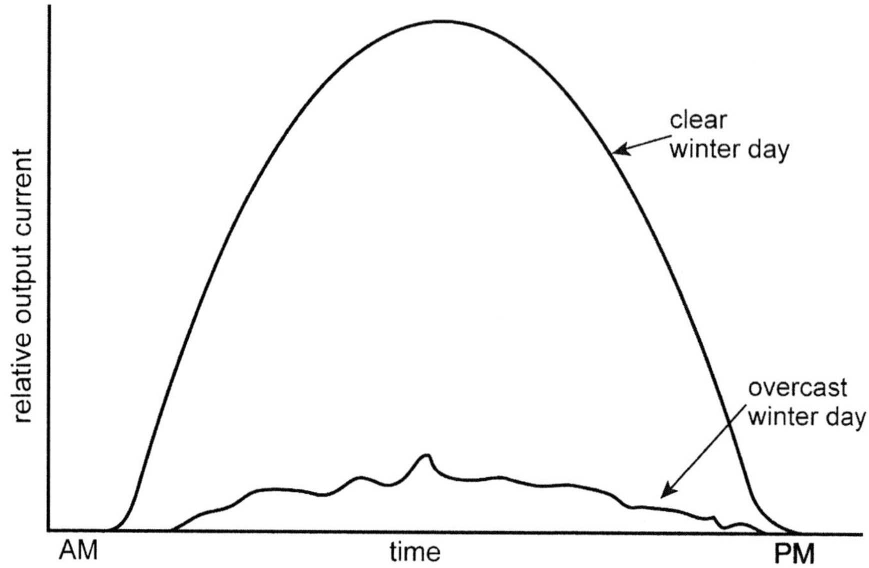

그림 1.16 멜버른(남위 38°)의 겨울의 맑은 날과 흐린 날에 60° 각도로 기울어진 태양광 어레이로부터 측정된 상대적인 출력 전류

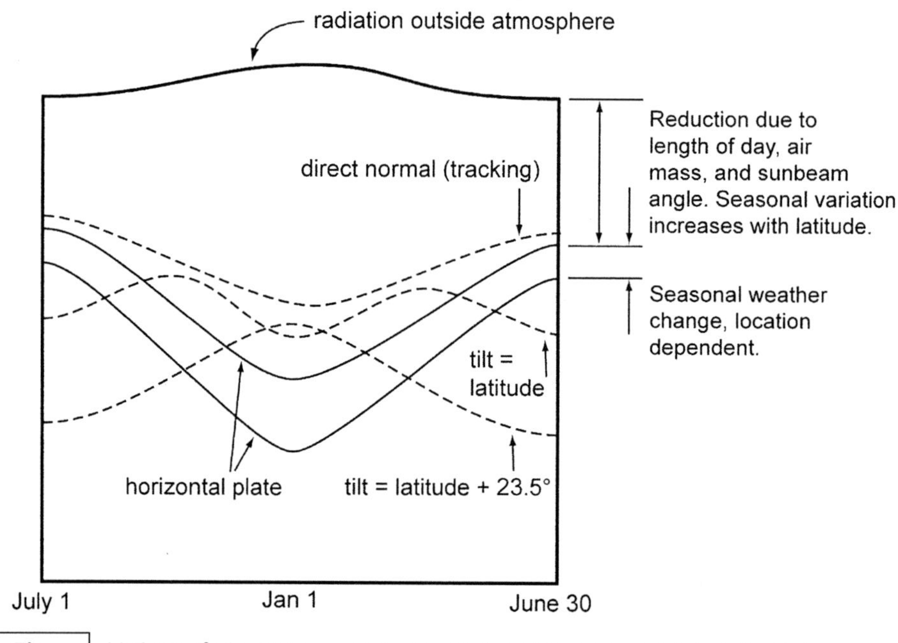

그림 1.17 북위 23.4°의 지역에서 1일당 받는 총 일사량의 어레이 경사에 의한 영향

에 의존하는 효과를 보여준다. Meinel and Meinel(1976, p.108)은 대표적인 두 위도에서 하지와 동지 그리고 춘분과 추분에 대하여 일련의 고정된 방향과 트래킹 방향에서의 맑은 하늘의 이론적인 1일 에너지 흡수량을 표로 정리하였다.

적도 방향으로의 경사

Lorenzo(2003)는 수평면 위의 월 평균 1일 복사량을 임의의 경사면의 월 평균 1일 복사량으로 변환시키는 일반적인 방법에 대해 설명하고 있다. 이에 있어서는 수평면에 대한 시간당 총량, 직접 및 간접 성분 값에 대한 추정과 이의 1일간의 적분이 필요하다. 이러한 과정은 많은 계산량을 필요로 하므로 P 시스템을 사이징하는 컴퓨터 프로그램에 의해 수행된다.

하지만, Duffie와 Beckman(1991, Section 2.19)에 의해 언급된 바 같이 지평선 방향으로 기울어진 평평한 표면과 같은 특별한 경우에 대해서는 Liu와 Jordan (1962)이 고안하고 Klein(1977)에 의해 확장된 간단한 근사식을 사용할 수 있다. 즉, 식 (1.23)이 그것이다.

$$\overline{R}(\beta) = \overline{R}_b\left(1 - \frac{\overline{R}_d}{\overline{R}_0}\right) + \overline{R}_d\left(\frac{1+\cos\beta}{2}\right) + \overline{R}\left(\frac{1-\cos\beta}{2}\right)\rho \tag{1.23}$$

여기서 ρ는 땅의 반사도이고, 비 $\overline{R}_d/\overline{R}_o$는 1.8.3.1절에서 논의된 바 같이 $\overline{K}_T$와 연관되며, $\overline{R}_b$는 수평면에 대한 경사면으로의 1일간 직접 일사량의 비이다. 이 비는 이에 상응하는 대기권 밖의 값들의 같은 비에 의해 근사되어질 수 있다. 남반구에서 이 비는 아래 식으로 주어진다.

$$\overline{R}_b = \frac{\cos(\varphi+\beta)\cos\delta\sin\omega^*_{s,\beta} + \left(\frac{\pi}{180}\right)\omega^*_{s,\beta}\sin(\varphi+\beta)\sin\delta}{\cos\varphi\cos\delta\sin\omega^*_s + \left(\frac{\pi}{180}\right)\omega^*_s\sin\varphi\sin\delta} \tag{1.24a}$$

$$\omega^*_{s,\beta} = \min\begin{cases}\cos^{-1}(-\tan\varphi\tan\delta) \\ \cos^{-1}(-\tan(\varphi+\beta)\tan\delta)\end{cases} \tag{1.24b}$$

여기서 식 (1.24b)는 해당 달의 특정 일에 대한 경사면의 일몰시간 각도이다. 북반구에서는 아래와 같다.

$$\overline{R}_b = \frac{\cos(\varphi-\beta)\cos\delta\sin\omega^*_{s,\beta} + \left(\frac{\pi}{180}\right)\omega^*_{s,\beta}\sin(\varphi-\beta)\sin\delta}{\cos\varphi\cos\delta\sin\omega^*_s + \left(\frac{\pi}{180}\right)\omega^*_s\sin\varphi\sin\delta} \tag{1.24c}$$

$$\omega^*_{s,\beta} = \min\begin{cases}\cos^{-1}(-\tan\varphi\tan\delta) \\ \cos^{-1}(-\tan(\varphi-\beta)\tan\delta)\end{cases} \tag{1.24d}$$

Duffie와 Beckman(1991)은 여러 경사각에 대하여 구한 $\overline{R}_b$값들을 표와 도표로 나타내었다.

1.9 태양에너지와 광기전성

광기전성은 양자역학의 발전과 밀접하게 연계되어 있다. 태양전지는 광미립자 즉, 양자에 반응한다. 그러나 전지 셀의 디자인에 있어 빛의 파동-입자 양면성을 간과해서는 안 된다.

태양빛 자체는 지구 대기권 밖에서 이상적인 흑체 복사와 근사하다. 이러한 흑체 복사를 고전 이론으로 설명할 수 없었던 것이 바로 양자역학의 발전을 가능하게 했고, 또한 그것이 태양전지의 작동을 이해하는데 필요하게 되었다. 지구는 태양으로부터 오는 빛을 반사할 뿐만 아니라 그 자체도 흑체와 비슷하게 빛을 복사한다. 다만 그 중심 파장은 비교적 낮은 온도로 인해 보다 장파장에 치우쳐 있다.

지구의 대기권에서의 빛의 흡수와 산란은 지표면에 도달하는 빛의 세기와 파장 분포를 감소시킨다. 또한 이들은 지구로부터 복사되는 에너지와 서로 간섭함으로써 달보다 높은 지구 온도를 야기시키며, 지구 온도의 인류활동에 의한 온실 가스(anthropogenic green house gas)들에 대한 민감성도 초래한다.

대기권 내 태양빛의 이러한 세기 및 파장 분포의 가변성 때문에 표준 태양광 스펙트럼이 태양광전지 제품들을 평가하는데 사용된다. 현재 대부분의 지구내 응용에 있어 표준으로 사용되는 것은 부록 A에 정리되어 있는 총 공기질량(global air mass) 1.5의 스펙트럼이다.

연/습/문/제

1.1. 태양이 수평으로부터 30° 의 고도상에 위치하고 있다. 이에 상응하는 공기질량(air mass)은 얼마인가?

1.2. AM1.5 조도에서 1 m 짜리 수직 막대에 의해 드리워지는 그림자의 길이는 얼마인가?

1.3. 6월 21일 정오의 시드니(위도 34° S)와 샌프란시스코(위도 38° N)에서의 태양의 고도를 계산하시오.

1.4. 뉴멕시코 알버커키시(위도 35° N)에서 한 하지의 정오에 태양의 방향과 수직한 표면에 떨어지는 직접 복사량은 90 mW/cm^{2}이다. 수평면에 대하여 남쪽으로 40° 기울어진 표면에 떨어지는 직접 복사량을 계산하시오.

1.5. 적절하게 광기전 시스템을 디자인하기 위해서는 각 특정 위치에서의 일사량 (insolation)에 대한 좋은 데이터가 필수적이다. 각자의 지역에서 구할 수 있는 일사량 데이터의 특성과 그 출처를 나열해 보시오.

참/고/문/헌

Updated World Wide Web links can be found at www.pv.unsw.edu.au/apv_book_refs.

ASTM (2000), 'Standard solar constant and air mass zero solar spectral irradiance tables', Standard No. E 490-00.

ASTM (2003), *G173-03 Standard Tables for Reference Solar Spectral Irradiances: Direct Normal and Hemispherical on 37° Tilted Surface* (www.astm.org).

Australian Bureau of Meteorology (2004) (www.bom.gov.au/weather/satellite).

Beyer, H.G., Reise, C. & Wald, L. (1992), 'Utilization of satellite data for the assessment of large scale PV grid integration', Proc. 11th EC Photovoltaic Solar Energy Conference, Montreux, Switzerland, pp. 1309–1312.

Blakers, A., Green, M., Leo, T., Outhred, H. & Robins, B. (1991), *The Role of Photovoltaics in Reducing Greenhouse Gas Emissions*, Australian Government Publishing Service, Canberra.

Bureau of Meteorology (1991), Australia.

Duffie, J.A. & Beckman, W.A. (1991), *Solar Engineering of Thermal Processes*, 2nd Edition, Wiley-Interscience, New York.

Gast. P.R., (1960), 'Solar radiation', in Campen *et al.*, *Handbook of Geophysics*, McMillan, New York, pp. 14-16–16-30.

Glover, J. & McCulloch, J.S.G. (1958), *Quarterly Journal of the Royal Meteorological Society,* **84**, pp. 172–175.

Gribben, J. (1984), *In Search of Schrödinger's Cat,* Corgi Books, Transworld Publishers, London.

Gueymard, C.A. (2004), 'The sun's total and spectral irradiance for solar energy applications and solar radiation models', *Solar Energy*, **76**, pp. 423–453.

Hall, I.J., Prairie, R.R., Anderson, H.E., Boes, E.C. (1978), 'Generation of a typical meteorological year', Proc. 1978 annual Meeting of the American Section of the International Solar Energy Society, Denver, **2**, p. 669.

Hu, C. & White, R.M. (1983), *Solar Cells: From Basic to Advanced Systems*, McGraw-Hill, New York.

Incropera, F.P. and DeWitt, D.P. (2002), *Fundamentals of Heat and Mass Transfer*, 5th Edn., Wiley, New York.

Iqbal, M. (1983), *An Introduction to Solar Radiation,* Academic, Toronto.

Klein, S.A. (1977), 'Calculation of monthly-average insolation on tilted surfaces', *Solar Energy*, **19**, p. 325.

Lee, T., Oppenheim, D. & Williamson, T. (2003), *Australian Solar Radiation Handbook* (AUSOLRAD), Australian and New Zealand Solar Energy Society, Sydney (www.anzses.org/Bookshop/Asr.html).

Liu, B.Y. & Jordan, R.C. (1960), 'The inter-relationship and characteristic distribution of direct, diffuse and total solar radiation', *Solar Energy*, **4**, pp. 1–19.

Liu, B.Y. & Jordan, R.C. (1962), 'Daily insolation on surfaces tilted toward the equator', *ASHRAE Journal*, **3**, p. 53.

Lorenzo, E. (1989), 'Solar radiation', in Luque, A. (Ed.), *Solar Cells and Optics for Photovoltaic Concentration*, Adam Hilger, Boston and Philadelphia, pp. 268–304.

Lorenzo, E. (2003), 'Energy collected and delivered by PV modules', in Luque, A. & Hegedus, S. (Eds.), *Handbook of Photovoltaic Science and Engineering*, Wiley, Chichester, pp. 905–970.

Mack, M. (1979), 'Solar power for telecommunications', *The Telecommunication Journal of Australia*, **29**(1), pp. 20–44.

McCarthy, J., Canziani, O.F., Leary, N.A., Dokken, D.J. & White, K.S. (Eds.) (2001), *Climate Change 2001: Impacts, Adaptation, and Vulnerability*, Contribution of Working Group II to the Third Assessment Report of the Intergovernmental Panel on Climate Change, Geneva.

Meinel, A.B. & Meinel, M.P. (1976), *Applied Solar Energy: An Introduction*, Addison Wesley Publishing, Reading.

Muirhead, I.J. & Kuhn, D.J. (1990), 'Photovoltaic power system design using available meteorological data', Proc. 4th International Photovoltaic Science and Engineering Conference, Sydney, 1989, pp. 947–953.

NASA (2004*a*), 'Surface meteorology and solar energy' (eosweb.larc.nasa.gov/sse).

NASA (2004*b*), 'NASA surface meteorology and solar energy: methodology' (eosweb.larc.nasa.gov/cgi-bin/sse/sse.cgi?na+s08#s08).

NIST (2002), *CODATA Internationally recommended values of the fundamental physical values*, National Institute of Standards and Technology (physics.nist.gov/cuu/Constants).

NREL (2005), *US Solar Radiation Resource Maps*, (rredc.nrel.gov/solar/old_data/nsrdb/redbook/atlas).

Page, J. (1961), 'The estimation of monthly mean values of daily total short-wave radiation on vertical and inclined surfaces from sunshine records for latitudes 40°N–40°S', UN Conference on New Energy Sources, paper no. S98, **4**, pp. 378–390.

Perez, R., Aguiar, R., Collares-Pereira, M., Diumartier, D., Estrada-Cajigal, V., Gueymard, C., Ineichen, P., Littlefair, P., Lune, H., Michalsky, J., Olseth, J.A., Renne, D., Rymes, M., Startveit, A., Vignola, F. & Zelenka, A. (2001), 'Solar resource assessment: A review', in Gordon, J. (Ed.), *Solar Energy: The State of the*

Art, James & James, London.

Quaschning, V. & Hanitsch, R. (1995), 'Quick determination of irradiance reduction caused by shading at PV-locations', Proc. 13th European Photovoltaic Solar Energy Conference, pp. 683–686.

Quaschning, V. (2003), 'Technology fundamentals: The sun as an energy resource', *Renewable Energy World*, **6**(5), pp. 90–93.

Reddy, T.A. (1987), *The Design and Sizing of Active Solar Thermal Systems*, Oxford University Press, Chapter 4.

Reitveld, M.R. (1978), 'A new method for estimating the regression coefficients in the formula relating solar radiation to sunshine', *Agricultural Meteorology*, **19**, pp. 243–252.

Sandia National Laboratories (1991), *Stand-Alone Photovoltaic Systems. A Handbook of Recommended Design Practices* (SAND87-7023) (www.sandia.gov/pv/docs/Programmatic.htm).

Skiba, M., Faller, F.R., Eikmeier, B., Ziolek, A. and Unge, H. (2000), 'Skiameter shading analysis', Proc. 16th European Photovoltaic Solar Energy Conference, James & James, Glasgow, pp. 2402–2405.

Sproul, A. B. (2002), 'Vector analysis of solar geometry', Proc. Solar 2002, Conference of the Australian and New Zealand Solar Energy Society, Newcastle.

Standards Australia (2002), *Stand-Alone Power Systems. Part 2: System Design Guidelines*, AS 4509.2.

Twidell, J. & Weir, T. (2006), *Renewable Energy Resources*, 2nd Edn., Taylor and Francis, Abingdon and New York.

University of Oregon (2003), 'Sun chart program, University of Oregon Solar Radiation Monitoring Laboratory' (solardat.uoregon.edu/SunChartProgram.html).

Willson, R.C. & Hudson, H.S. (1988), 'Solar luminosity variations in solar cycle 21', *Nature*, **332**, pp. 810–812.

chapter 2

반도체와 $p-n$ 접합

2.1 반도체

1839년 Becquerel은 빛에 노출되면 전기가 흐르는 물질을 발견하였다. 이것이 광발전 효과이며, 모든 태양전지의 기초가 되고 있다.

태양전지는 반도체 소자로 만들어지고, 이 물질은 낮은 온도에서는 절연체로 작용하나 에너지나 열이 가해지면 전도체로 작용한다. 최근, 많은 태양전지는 실리콘으로 만들어지고, 이와 관련한 대부분의 기술이 정립되어 있다. 한편 다른 물질들에 대해서는 현재 활발한 연구가 진행 중이며 훗날 실리콘을 대체할 수 있을 것으로 전망된다.

반도체의 전기적인 특성은 bond와 band의 두 가지로 설명된다. 이 두 가지를 다음에 간략하게 설명하였다(더 자세한 내용은 참고문헌 참조: Green, 1992 and Neville, 1978).

2.1.1 Bond 모델

Bond 모델은 반도체 내에서 Si 원자의 공유결합으로 나타낼 수 있다. 그림 2.1에서 실리콘 격자의 bonding과 전자의 이동을 나타내었다.

낮은 온도에서 실리콘은 절연체이다. 그러나 높은 온도에서 몇몇 결합은 깨어지게 되고 다음의 두 가지 전도가 일어난다.

1. 결합에서 깨어진 전자가 자유롭게 움직인다.

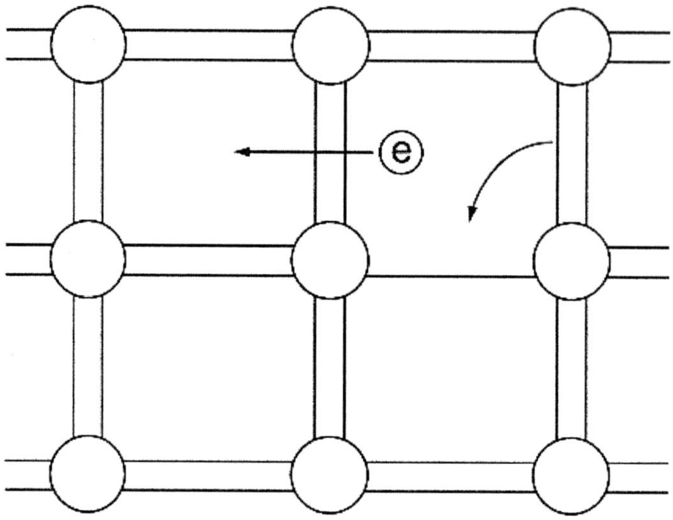

그림 2.1 실리콘 결정에서 공유결합 개략도

2. 전자가 빠져나간 자리에는 홀이 생성되고, 깨어진 결합과 홀은 양전하를 띄게 된다.

홀 움직임의 개념은 액상에서의 거품과 유사하다. 비록 실제로 액체의 움직임이지만, 반대방향으로 움직이는 거품으로 설명하는 것이 더 쉽다.

2.1.2 Band 모델

Band 모델은 반도체상의 valence와 conduction 에너지 레벨 차이에 의해 설명된다. 그림 2.2에서 설명하였다.

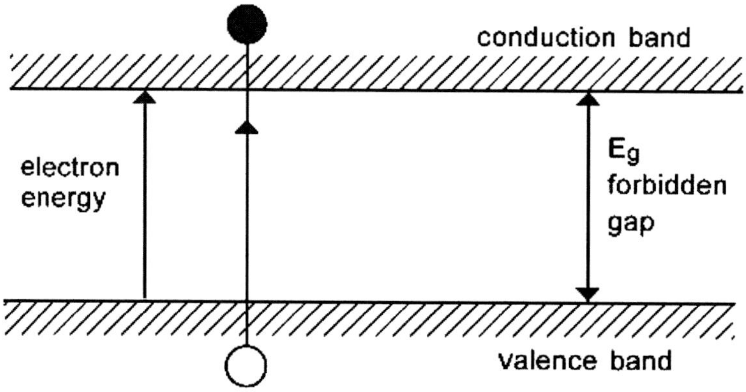

그림 2.2 고체에서 전자의 에너지 band 개략도

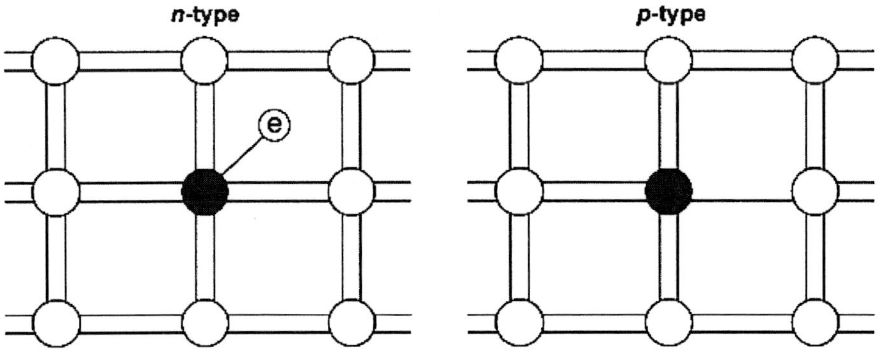

그림 2.3 n형 반도체와 p형 반도체를 제조하기 위해 불순물을 첨가한 실리콘 결정구조의 개략도

공유결합의 전자는 valence band와 유사한 에너지를 가진다. Conduction band의 전자는 자유롭게 이동한다. 공유결합에서 conduction band로 전자를 방출하는 최소에너지는 forbidden gap과 일치한다. 앞의 bond 모델에서와 같이 홀은 valence band에서 반대현상으로 설명할 수 있다.

2.1.3 도핑

실리콘 격자에서 전자와 홀은 다른 원자의 '도핑'에 의해 생성될 수 있다. 하나의 전자가 추가되면 n형의 반도체가 만들어지고, 하나의 전자가 빠지면 p형의 반도체가 만들어진다. 그림 2.3에 설명되어 있다.

2.2 반도체의 종류

실리콘을 비롯한 여러 반도체 물질들은 crystalline, multicrystalline, polycrystalline, microcrystalline(amorphous) 구조로 태양전지에 이용된다. 비록 차이가 있는 항목이지만, 우리는 Basore의 평면상 결정크기에 따라 정의할 것이다. Micro 물질은 결정의 크기가 1 μm 미만, poly는 1 mm 미만, multi 구조는 10 cm 미만이다. 이 구조는 서로 다른 종류로 그림 2.4에 나타내었다.

2.2.1 결정질 실리콘

결정질 실리콘은 각 원자들이 이상적으로 배치된 규칙적인 구조를 가진다. 앞 절에서 언급하였듯이 결정질 물질은 이론적으로나 기술적으로 사용 가능한 상태이

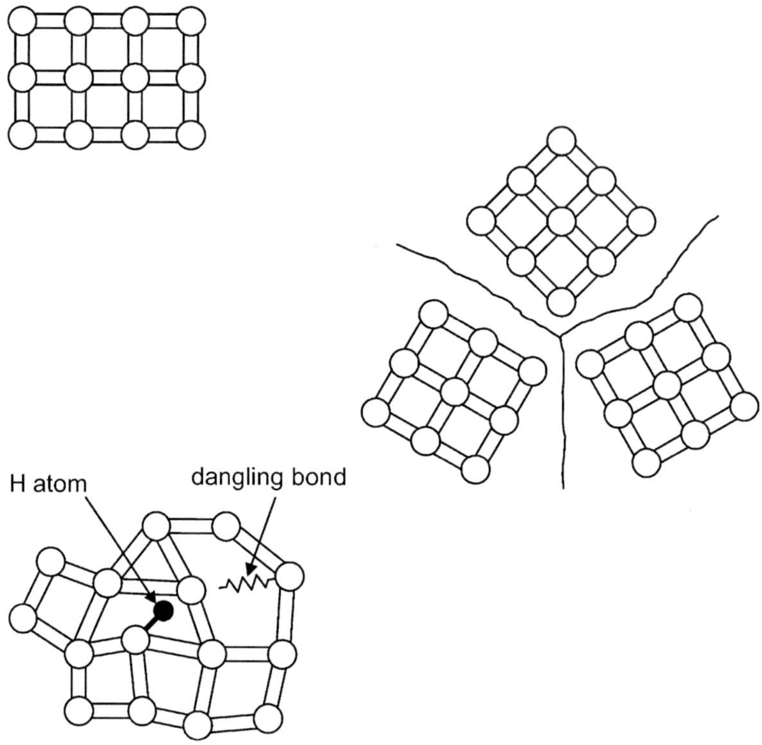

그림 2.4 단결정, 다결정 그리고 비정질 실리콘의 구조

고 예측이 가능하다. 그러나 실리콘 타입 중 가장 비싼 재료로 만들기가 까다롭고 또한 비싸다. 이상적인 구조는 아니나 multicrystalline, polycrystalline, amorphous 실리콘의 사용이 증가되는 이유가 그 때문이다.

2.2.2 다결정 실리콘

다결정 실리콘은 생산기술이 단결정 실리콘에 비해 그리 까다롭지 않고, 따라서 가격이 보다 저렴하다. 결정립 경계들은 전하 캐리어의 흐름을 방해하고 금지 갭(forbidden gap) 내에 추가 에너지 레벨들을 허용함으로써 전지 효율을 감소시킨다. 왜냐하면 금지 갭 내의 추가 에너지 레벨들은 유효 재결합 장소를 제공하며 *p*-*n* 접합을 가로지르는 전류 흐름을 위한 분로(shunting path)를 제공하기 때문이다.

결정립 경계에서의 현저한 재결합 손실을 피하기 위해서는 mm 이상의 결정립 크기가 요구되어진다(Card & Yang, 1977). 이 정도의 크기는 한 개의 결정립이 셀의 전면으로부터 후면까지 연결되는 정도로서, 이것은 carrier flow에 적은 저항을 제공하고 일반적으로 단위 셀 당 결정립 경계들의 길이를 줄여준다. 이러한 다결정 물질들이 상용화된 태양전지의 생산에 널리 사용되고 있다.

2.2.3 비정질 실리콘

비정질 실리콘은 이론적으로는 poly-silicon보다 더 저렴하게 생산될 수 있다. 비정질 실리콘은 원자의 구조적 배열에 있어 장거리 구획성(long-range order)이 없으며, 그 결과 물질 내부에 불포화 또는 미결합(dangling bond) 영역이 존재한다. 이것은 또한 금지 갭 내에 추가 에너지 레벨들을 초래하는데, 이 때문에 순수한 반도체의 경우 도핑이 불가능하고 태양전지 구조에서 어느 정도 이상의 전류를 얻기가 어려워진다.

그러나 수소원자를 비정질 실리콘에 5~10% 수준으로 주입하면 dangling bond가 포화되며 재료 물성이 증진되는 것으로 알려져 있다. 또한 이는 밴드 갭을 결정질 실리콘의 1.1eV에서 1.7eV로 증가시켜 재료의 광흡수를 높이며, 그 결과 태양전지로서 기능하는데 필요한 재료의 두께를 훨씬 작게 만든다.

이와 같은 실리콘-수소 합금(a-Si:H) 내의 소수캐리어 확산 길이는 1 μm보다 훨씬 작다. 따라서 공핍층(depletion region)이 셀에서 활성 캐리어를 포집하는 주요 공간이 된다. 앞에서 언급된 결정질의 실리콘의 다른 디자인의 접근법이 여전히 사용되는데, 특히 가능한 큰 공핍층을 얻기 위한 디자인이 강구된다. 그림 2.5에 a-Si:H 태양전지의 일반적인 디자인을 나타내었다.

유리나 다른 기판 위에 매우 얇은 반도체 물질막을 증착시켜 만드는 비정질 실리콘이나 다른 박막 태양전지 제조기술은 시계나 계산기 같은 소형 제품의 제조에 많이 사용되고 있고, 점차 대형 용도로도 확장되고 있다. 비록 결정질 실리콘에 비해 현재는 효율과 수명에서 뒤떨어지나 박막 태양전지는 근본적으로 전자의 생산 비용을 매우 작게 할 수 있다. 박막이나 다른 잠재적인 저가형 태양전지 재료에 대한 연구를 통해 향후 수십년 내에 이러한 박막기술이 태양전지 시장을 주도할 수 있을 것으로 예측된다.

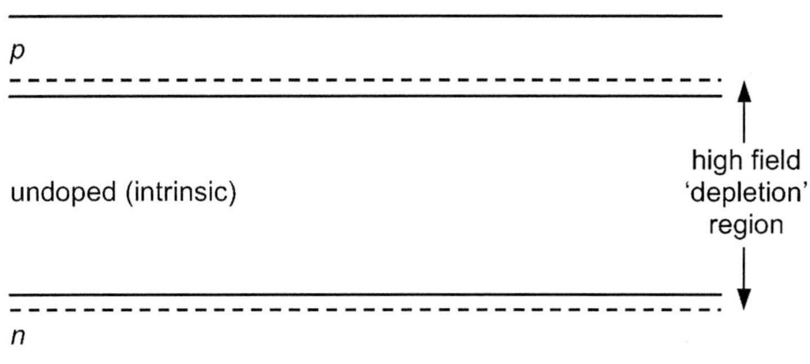

그림 2.5 a-Si:H 태양전지의 개략도

2.2.4 박막 결정질 실리콘

이질적인 기판 위에 증착시킨 박막 실리콘 태양전지를 개발하기 위해 매우 광범위한 방법들이 조사되었다(Green, 2003). 비정질 실리콘을 증착하는 가스 내의 실란(SiH_4) 대비 수소의 비가 증가하면 재료는 결정립 막대들이 비정질 영역에 의해 구분되어 있는 형태인 마이크론 결정상태(microcrystalline)가 된다. 이 경우 재료의 광학적, 전기적 성질은 벌크 실리콘과 그것과 유사하다. 이러한 재료는 비정질 실리콘을 활용한 하이브리드 구조에서 실리콘-게르마늄 합금의 대체 재료로 사용된다. 빛에 의해 야기되는 열화(degradation)를 피하면서도 직렬 연결된 마이크로 결정 셀로 유사한 전류를 생산하기 위해 비정질 막을 얇게 유지시키는 특별한 방법들이 필요하다. 실험실 규모의 조건에서 마이크로 결정/비정질 tandem 구조로 11% 정도의 효율이 구현된 바 있다.

한 회사는 textured glass superstrate(상하가 바뀐 구조) 위에 증착한 박막 실리콘 셀의 상업적 생산에 근접하고 있다. 레이저를 사용하여 활성층(광흡수층)을 뚫고 골을 만들어 유리기판에 가까운 n형 층과 접촉(contact)을 형성한다. 비교적 질이 나쁜 재료가 증착되나 이후 진행되는 열처리 단계를 거치면서 막질이 개선된다.

2.3 빛의 흡수

반도체 물질에 빛이 도달하는 경우 밴드갭 에너지보다 낮은 에너지를 갖는 photon은 약한 상호작용을 하거나 투명한 것처럼 통과한다. 그러나 photon이 밴드갭 에너지보다 큰 에너지를 가지면 공유결합하고 있던 전자가 떨어져 나와 전자-홀 쌍이 이루어진다. 이를 그림 2.6에 나타내었다. 또한 그림 2.7에서 보듯이 높은 에너지의 photon은 낮은 에너지보다 반도체의 표면에 더 가까이 흡수된다. 전자-홀 쌍

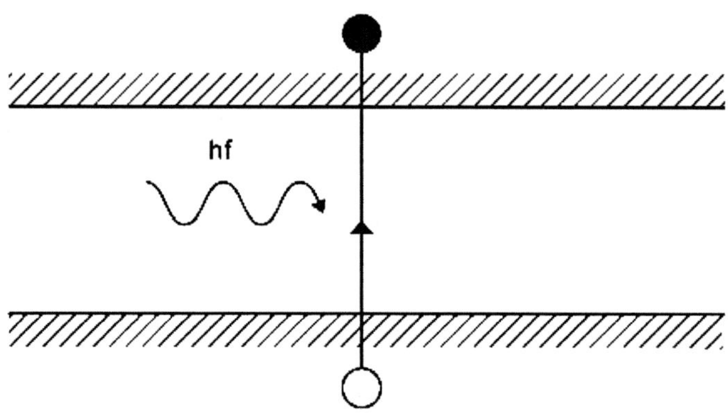

그림 2.6 $E_{ph}>E_g$일 때 $E_{ph}=hf$ 에너지를 가지는 빛을 비추었을 때 전자–홀 쌍의 생성

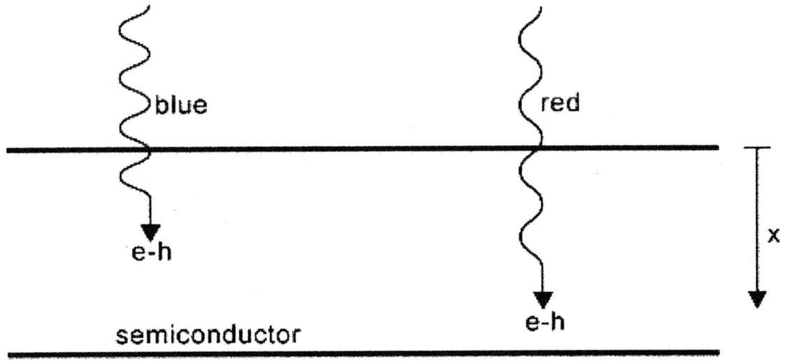

그림 2.7 전자-홀 생성의 빛에너지 의존도

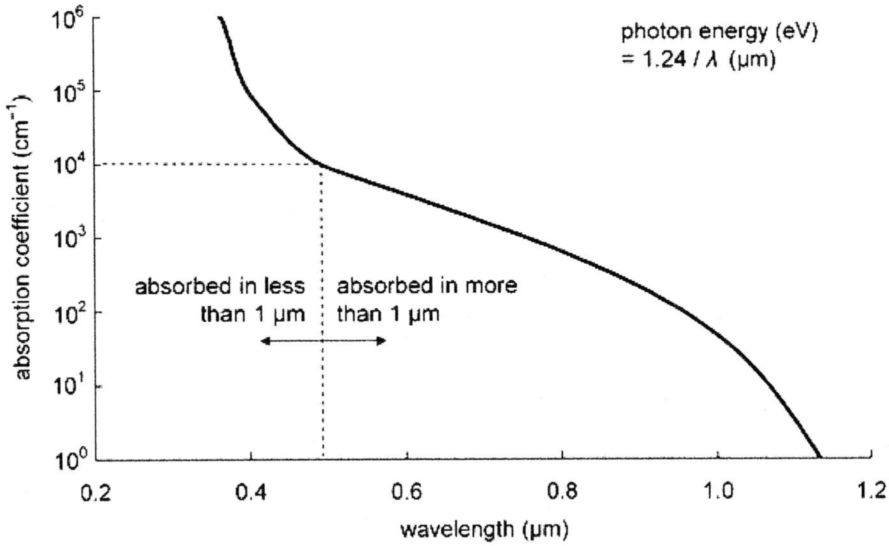

그림 2.8 주파수 함수로서의 300 K 온도에서의 실리콘의 광흡수계수(α)

의 생성속도는 다음과 같이 정의된다.

$$G = \alpha N e^{-\alpha x} \tag{2.1}$$

여기서, N은 photon의 유량(초당 이동거리), α는 흡수계수, x는 표면으로부터의 거리이다. 그림 2.8에 실리콘의 300 K에서의 파장에 따른 α의 변화를 나타내었다.

2.4 재결합

빛이 사라지면 시스템이 평형상태로 가야하므로, 빛에 의해 생성된 전자-홀 쌍은 사라져야 한다. 외부 에너지가 없으면 전자와 홀은 다시 만나 재결합될 때까지 주위를 돌아다니게 된다. 반도체의 내부나 표면에 존재하는 결함이나 불순물은 재결합을 촉진시킨다.

캐리어의 수명은 전자-홀 쌍 재결합의 평균 시간으로 정의될 수 있다. 실리콘의 경우 대체로 1 μs이다. 이와 유사하게 캐리어 확산 거리는 일반적으로 캐리어가 재결합하기 전까지의 이동하는 거리로 볼 수 있다. 대체로 100~300 μm이다. 이 두 가지 사항은 태양전지 재료의 질과 적당성 유무를 나타낸다. 그러나 전자에 방향성이 주어지지 않는 반도체는 어떤 에너지도 생산하지 않는다. 그러므로 태양전지에서는 대체적으로 물질간의 *p-n* 접합을 형성한다.

2.5 *P–N* 접합

p-n 접합은 그림 2.9에서 나타내듯이 *n*형 물질과 *p*형 물질의 접합으로 이루어진다.

접합이 이루어지면 접합면을 가로지르는 농도 구배에 의해 *p*형 물질에서 잉여된 홀이 확산에 의해 *n*형 물질로 흐르고, 전자는 *n*형에서 *p*형으로 흐르게 된다. 전자와 홀이 떨어져 나간 도핑원자 위치에는 이온들이 노출도며 이들은 결정격자에 교정되어 있게 된다. 이는 일명 공핍층(depletion region)을 형성하고 접합면 주위로 전기장($\hat{E}$)을 형성하여 확산에 의해 캐리어의 흐름을 멈추게 하는 역할을 한다. 사용된 재료의 특성에 따라 서로 다른 에너지를 갖는 잠재(built-in) 포텐셜(V_{bi})이 형성

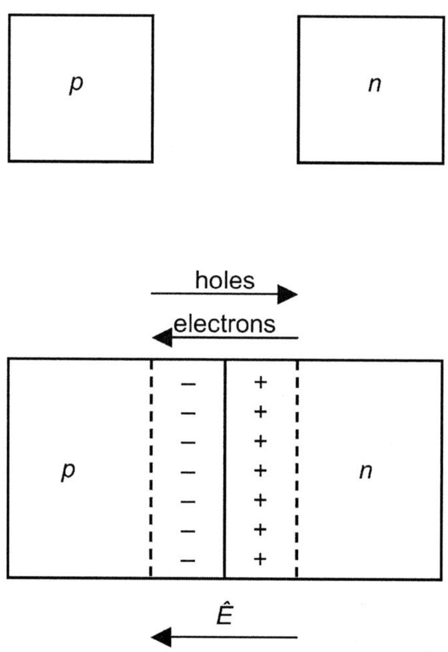

그림 2.9 *p–n* 접합 구조

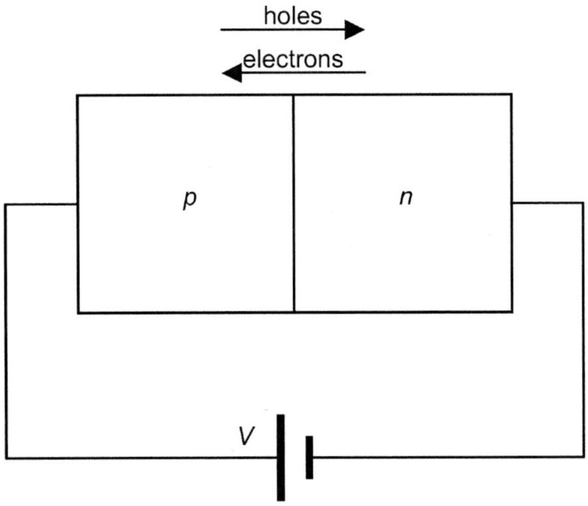

그림 2.10 *p–n* 접합에서 전압

된다. 전압이 접합면에 가해지면 그림 2.10에서 볼 수 있듯이 $\hat{E}$는 감소한다. $\hat{E}$가 전자와 홀의 흐름을 멈출 수 있을 만큼 충분히 크지 못하면 전류가 생성된다. 잠재 포텐셜은 $V_{bi}-V$로 감소하고 전류 흐름은 인가된 전압에 따라 지수적으로 증가한다. 그 결과 이러한 현상은 이상적 다이오드 법칙(ideal diode law)에 따르게 된다.

$$I = I_0\left[\exp\left(\frac{qV}{kT}\right)-1\right] \tag{2.2}$$

I는 전류, I_0는 dark 포화전류(빛이 없는 상태에서의 다이오드의 누설전류), V는 가해진 전압, q는 전자의 전하량, k는 볼츠만 상수, 그리고 T는 절대 온도이다.

- I_0는 T가 증가할수록 증가한다.
- I_0는 재료의 질이 높아질수록 감소한다.
- 300 K에서, $kT/q=25.85$ mV이며, 이를 열전압(thermal voltage)이라 한다.

실제 다이오드에서는 식 (2.2)는 아래와 같이 된다.

$$I = I_0\left[\exp\left(\frac{qV}{nkT}\right)-1\right] \tag{2.3}$$

n은 이상성 지수(ideality factor)이고 1과 2 사이의 숫자로 전류가 감소하면 일반적으로 증가한다. 실리콘의 다이오드 법칙은 그림 2.11에 나타내었다.

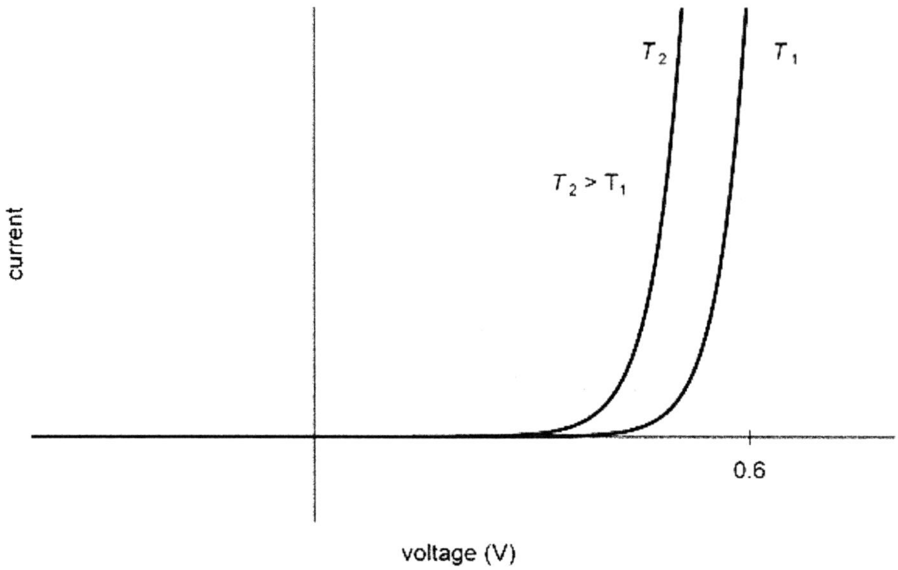

그림 2.11 실리콘에 대한 다이오드 법칙: T_1과 T_2($T_2 > T_1$) 온도에서 전압의 함수로서의 전류. 주어진 전류에서 곡선은 2 mV/°C 정도 이동한다.

연/습/문/제

2.1. 실리콘의 흡수계수는 0.3 μm 파장에서 1.65×10^6 cm^{-1}이고, 0.6 μm 파장에서 4400 cm^{-1}, 1.1 μm 파장에서 3.5 cm^{-1}로 감소한다. 300 μm 두께의 실리콘 전지가 각 파장에서 앞 · 뒤면 모두 반사가 없다고 가정할 때, 전자-홀 쌍의 비율을 계산하고 그려보시오.

2.2. 에너지 밴드갭의 전기적 특성에서 광자에너지가 증가하면 왜 흡수계수가 증가하는지를 설명하여라.

참/고/문/헌

Basore, P.A. (1994), 'Defining terms for crystalline silicon solar cells', *Progress in Photovoltaics: Research & Applications*, **2**, pp. 177–179.

Becquerel, E. (1839), 'Memoire sur les effets electriques produits sous l'influence es rayons solaires (Note on the electric effects produced under the influence of sunlight)', *Comptes Rendus Hebdomadaires des Séances de l'Académie des Sciences*, **IX**, pp. 561–567; 'Recherches sur les efféts de la radiation chimique de la lumière solaire, au moyen des courants électriques (Studies of the effect of actinitic radiation of sunlight by means of electric currents)', *Bibliotheque Universelle de Geneve*, **XXII**, pp. 345–366.

Card, H.C. & Yang, E.S. (1977), 'Electronic processes at grain boundaries in polycrystalline semiconductors under optical illumination', *IEEE Transactions on Electron Devices* ED-24, pp. 397–402.

Green, M.A. (1992), *Solar Cell: Operating Principles, Technology and System Applications*, University of NSW, Kensington, Australia.

Green, M.A. (2003), 'Thin-film photovoltaics', *Advances in Solar Energy*, **15**, American Solar Energy Society.

Neville, R.C. (1978), *Solar Energy Conversion: The Solar Cell*, Elsevier, Amsterdam.

chapter 3

태양전지의 거동

3.1 빛의 효과

실리콘 태양전지는 p형 실리콘과 n형 실리콘으로 형성된 다이오드이다. 태양전지에서 빛은 그림 3.1에서와 같이 여러 가지 방법으로 행동한다. 최대 전력을 얻기 위해 흡수율을 최대로 하거나(3) 반사 후의 흡수를 최대로(5) 할 수 있도록 디자인

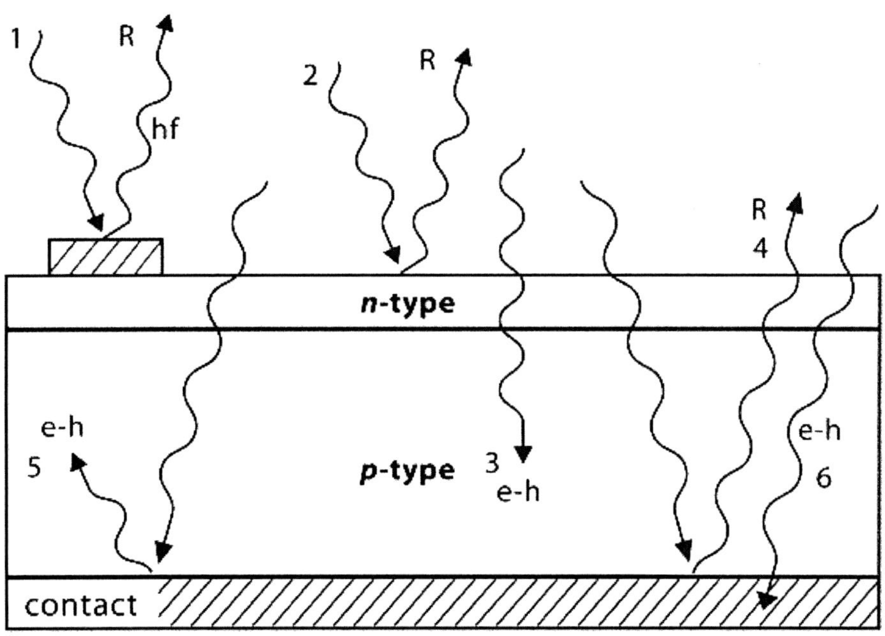

그림 3.1 태양전지에 비추어진 빛의 거동. (1) 상부 전극에서의 반사와 흡수 (2) 셀 표면에서의 반사 (3) 흡수 (4) 셀 후면에서의 반사 (5) 반사 후 흡수 (6) 후면 전극에서의 흡수

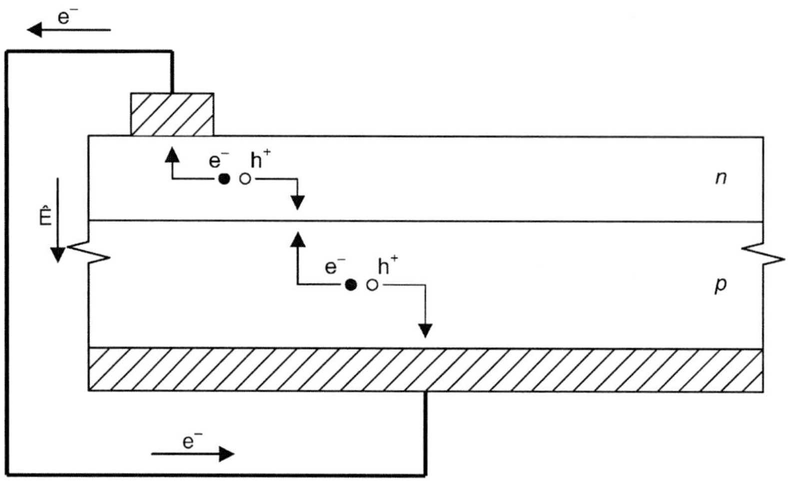

그림 3.2 p–n 접합에서 전자와 정공의 이상적인 단락회로

한다.

p-*n* 접합에서 전기장은 전자들을 *n*형 쪽에서 *p*형 쪽으로 흐르게 한다. 단락회로(short circuit)에서의 이상적인 흐름을 그림 3.2에 나타내었다. 반면 몇몇 전자-정공쌍(electron-hole pair: EHP)은 수집(collection)되기 전에 소멸되는데 이는 그림 3.3에 나타내었다.

일반적으로, EHP는 생성 지점이 *p*-*n* 접합에 가까울수록, 수집 가능성이 더 높아진다. 수집된 캐리어(collected carriers)들은 $V=0$일 때 미세한 전류를 만들게 된다. 2장에서 논의된 것처럼, EHP가 접합의 확산거리 내에서 생성될 경우 수집의 가능성은 현저하게 높아진다.

다이오드의 I와 대응하는 V를 이용하여 만든 특성커브(characteristic curve)는 그림 3.4에서와 같이 빛이 없는 상태에서의 전류인 I_o를 보여준다. 태양전지에서는

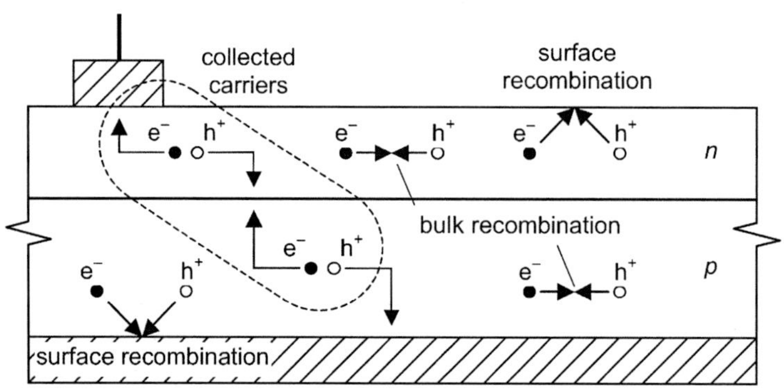

그림 3.3 전자–정공의 재결합 방식

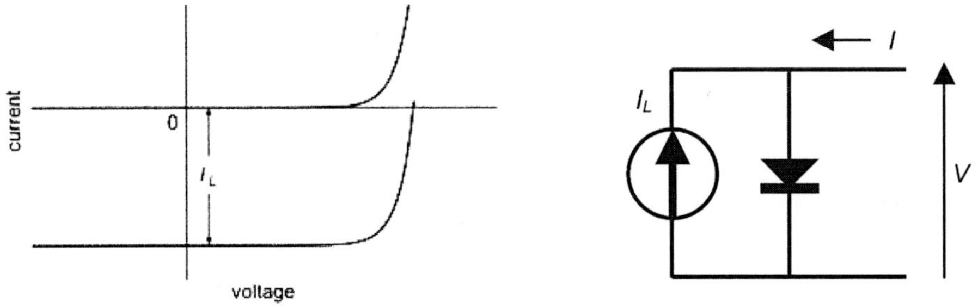

그림 3.4 *p–n* 접합의 전류-전압 특성에 대한 광효과

빛이 없는 전류항이 추가되므로 다이오드에 관한 식은 다음과 같다.

$$I = I_0\left[\exp\left(\frac{qV}{nkT}\right) - 1\right] - I_L \tag{3.1}$$

여기서 I_L은 광생성전류(light-generated current)이다.

빛은 *I-V* 커브를 4사분면으로 떨어뜨리는 효과를 주는데, 그림 3.4에서 보여지듯이, 이로부터 전력이 다이오드로부터 추출된다.

I-V 커브에서 태양전지의 특성으로 출력되는 전력은 4사분면 바닥에 생기는 직사각형의 넓이와 같다. 이 *I-V* 커브는 그림 3.5처럼 뒤집어서 잘 나타내며 이렇게 하면 1사분면에 출력 커브가 나타난다. 이를 다시 나타내면 다음과 같다.

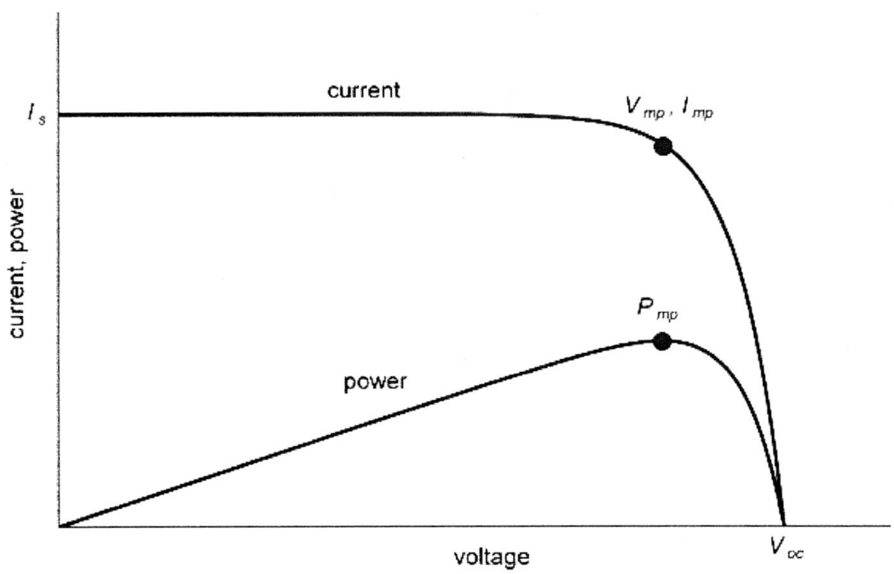

그림 3.5 최대 전력 정보뿐만 아니라 단락전류 및 개방전압을 포함하는 *I-V* 곡선의 전형적인 형태

$$I = I_L - I_0\left[\exp\left(\frac{qV}{nkT}\right) - 1\right] \tag{3.2}$$

주어진 복사, 동작 온도 및 면적에서 태양전지의 출력을 평가하는 두 가지 제한된 계수는 다음과 같다.

1. **단락전류(I_{SC})** – 전압이 0일 때 최대전류. V=0일 때 $I_{SC}=I_L$이면 이상적이다. 주의할 점은 I_{SC}는 이용가능한 태양광에 직접 비례한다는 것이다.
2. **개방전류(V_{OC})** – 전류가 0일 때 최대전압. I_{SC}의 가치는 태양광의 증가에 대해 대수적으로 증가한다. 이 특징은 충전에 이상적인 태양전지를 만든다.

수식일 때 다음에 주의해야 한다.

$$V_{oc} = \frac{nkT}{q}\ln\left(\frac{I_L}{I_0} + 1\right) \tag{3.3}$$

I-V 커브의 각각의 지점에서 전류와 전압의 곱은 그 조건에서의 출력 전력을 나타낸다. 또한 태양전지는 $V_{mp}\times I_{mp}$이 최대가 되는 지점에 의해 특성화되어진다. 태양전지의 최대 출력 전력은 *I-V* 커브 아래에 그려질 수 있는 최대 직사각형에 의해 주어진다.

$$\frac{d(IV)}{dV} = 0$$

$$V_{mp} = V_{oc} - \frac{nkT}{q}\ln\left(\frac{V_{mp}}{(nkT/q)} + 1\right) \tag{3.4}$$

예를 들어, 일반적인 실리콘 태양전지의 특성인 n=1.3, V_{OC}=600 mV일 때 V_{mp}는 V_{OC} 보다 작은 93 mV이다.

강한 태양광(1 kW/m^2) 아래에서 최대 전력지점의 출력 전력은 "peak power"라 불린다. 그러므로 태양전지 패널에서는 주로 태양전지의 peak watts(W_p)를 조건으로 평가된다.

Fill factor(*FF*)는 접합의 품질과 태양전지의 일련 저항을 평가한다. 이것은 다음과 같이 정의된다.

$$FF = \frac{V_{mp}I_{mp}}{V_{oc}I_{sc}} \tag{3.5}$$

따라서,

$$P_{mp} = V_{oc} I_{sc} FF \tag{3.6}$$

Fill factor가 1에 가까워질수록, 태양전지의 품질은 높아진다. 이상적으로 태양전지의 품질은 개방전류만의 함수이고, 경험식을 이용하여 근사적으로 계산하는 것이 가능하다(Green, 1982).

$$FF_0 = \frac{v_{oc} - \ln(v_{oc} + 0.72)}{v_{oc} + 1} \tag{3.7}$$

여기서 V_{OC}는 정규화된 V_{OC}로 정의되며, 이는 다음과 같다.

$$v_{oc} = \frac{V_{oc}}{(nkT/q)} \tag{3.8}$$

위의 식은 저항 손실이 없는 이상적인 경우에만 적용될 수 있다. 그리고 이 경우 소수 네 자리에서 한 자리까지 정확하다.

3.2 스펙트럼 반응

포톤 에너지(E_{ph})가 밴드갭(Eg) 에너지보다 클 경우, 태양전지는 입사광의 개개의 포톤들에 반응하여 포톤을 흡수함으로써 EHP를 생성하게 된다. 밴드갭 에너지를 초과하는 포톤 에너지는 그림 3.6에서와 같이 열로서 빠르게 방출된다.

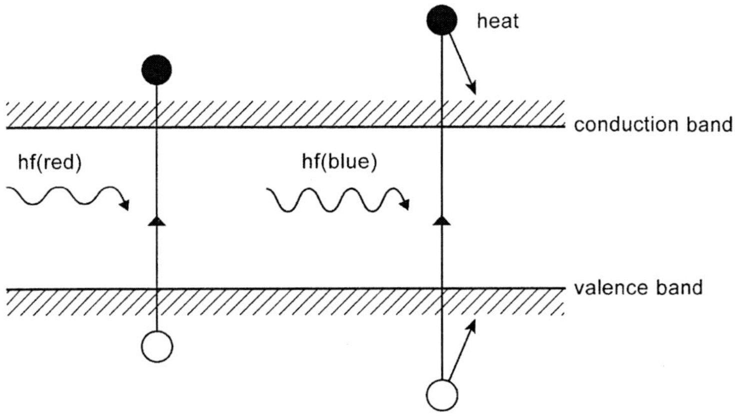

그림 3.6 전자-정공쌍의 생성과 E_g 초과시의 에너지 소멸

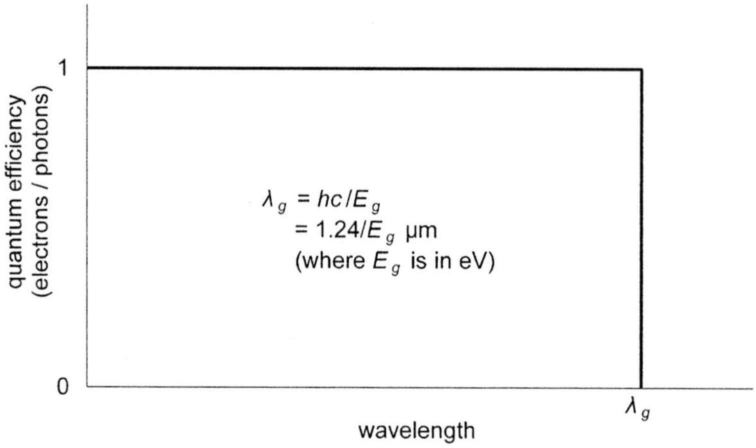

그림 3.7 실리콘 태양전지의 양자효과에 대한 Bandgap

태양전지에서 양자효율(QE)은 입사 포톤 당 가전도 밴드에서 전도 밴드로 움직이는 전자의 수로 정의된다. 양자효율이 유한한 최대 파장은 밴드갭에 의해 제한된다. 밴드갭이 1.0－1.6 eV 사이일 때, 입사광이 최대로 활용될 수 있다. 다만, 이 효과만 고려할 경우 태양전지는 최대 44%의 효율을 달성할 수 있다(Schockley & Queisser, 1961). 1.1 eV인 실리콘의 밴드갭은 최적조건에 가까우나, 밴드갭이 1.4eV인 GaAs가 이론적으로는 최적조건에 더 가깝다. 그림 3.7은 이상적인 양자효율의 밴드갭 의존성을 나타낸다.

또한 흥미로운 것은 태양전지의 Spectral responsivity인데, 이는 입사광의 watt 당 생성되는 ampare로 정의된다(그림 3.8). 이상적으로 이는 파장에 따라 증가한

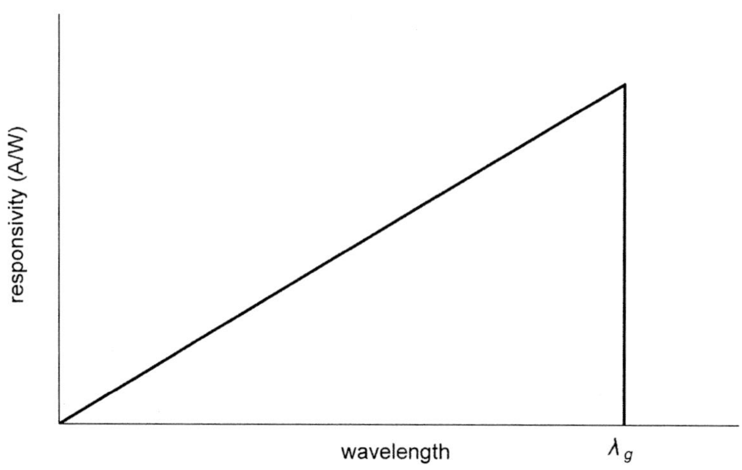

그림 3.8 The quantum limit of spectral responsivity as a function of wavelength.

다. 짧은 파장에서는 전지가 광자의 모든 에너지를 사용할 수 없고, 반면 긴 파장에는 대부분의 광자가 전하수집 접합으로부터 멀리 떨어진 곳에서 흡수되며 유한한 전지 재료 내의 확산거리에 따라 전지의 감응은 제한된다(약한 광흡수).

Spectral responsivity(SR)는 다음 식에 의해 계산 가능하다.

$$SR = \frac{I_{sc}}{P_{in}(\lambda)} = \frac{q \times n_e}{\frac{hc}{\lambda} \times n_{ph}} = \frac{q\lambda}{hc} EQE \tag{3.9}$$

여기서 n_e는 단락전류 조건에서 외부회로에 흐르는 단위시간당 전자의 훌럭스(flux)이다. I_{sc}는 단락전류이고, n_{ph}는 단위 시간당 전지에 입사된 파장(λ)의 포톤 훌럭스이며, P_{in}은 입사광의 전력이다. $EQE = (1-R) \times IQE$는 외부 효율인데, 이는 상층 표면으로부터 반사된 빛의 분율(R)을 제외한 내부 양자효율(IQE)과는 다른 것이다. λ가 0으로 근접하면 SR도 0으로 근접하게 되는데, 이는 입사광의 각 watt 당 가용한 포톤이 거의 없어지기 때문이다. 이러한 SR의 파장에 대한 강한 의존도는 전지성능을 태양광의 분광특성에 강하게 의존하게 한다. 게다가 광학적 손실과 재결합 손실은 실제 전지가 이러한 이상에 가까워지게 한다.

3.3 온도의 영향

태양전지의 작동 온도는 주위의 공기 온도와 encapsulated 모듈의 특성, 바람의 속도와 같은 다른 변수에 의해 결정된다. 암포화전류(I_0)는 다음의 방정식에 따라 온도와 함께 증가한다.

$$I_0 = BT^{\gamma} \exp\left(\frac{-E_{g0}}{kT}\right) \tag{3.10}$$

여기서 B는 온도에 의존하고, E_{g0}은 전지를 구성하는 반도체를 선형적으로 외삽한 0 K에서의 밴드갭이며, γ는 I_0에 의해 결정된 남아있는 파라미터의 온도 의존성을 포함한다. 밴드갭 에너지의 감소와 EHP를 생성하기에 충분한 에너지를 가지는 포톤이 더 많기 때문에 단락전류는 온도와 함께 증가한다. 그러나 이 영향은 작으며 실리콘에서는 다음과 같다.

$$\frac{1}{I_{sc}} \frac{dI_{sc}}{dT} \approx +0.0006\ ^{\circ}\mathrm{C}^{-1} \tag{3.11}$$

실리콘 태양전지에서 증가된 온도에 더 큰 영향은 개방전압, FF 그리고 전지

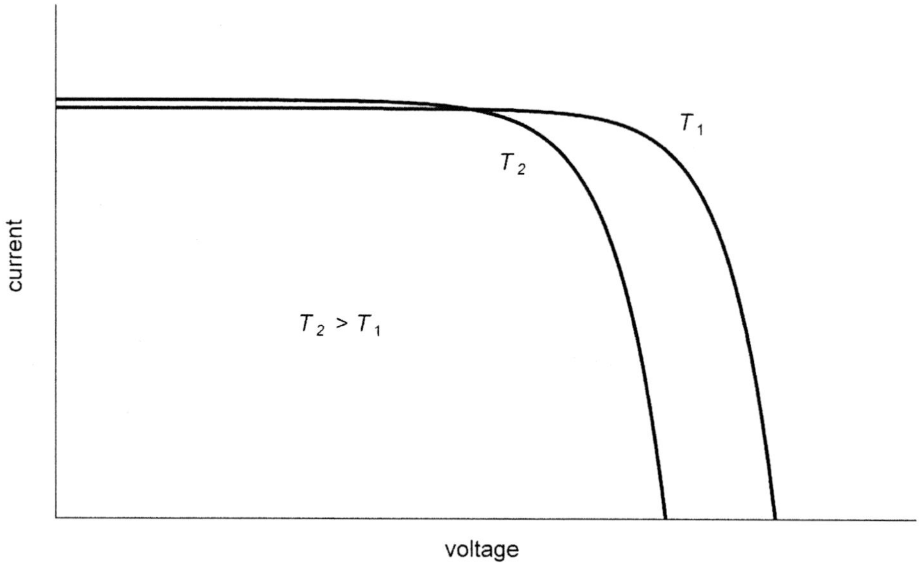

그림 3.9 태양전지의 $I-V$ 특성에 대한 온도의 영향

출력의 감소이다. 이 영향을 그림 3.9에 나타내었다. 실리콘의 개방전압과 FF의 온도 의존성은 대략적으로 다음 식에 의해 나타내어진다.

$$\frac{dV_{oc}}{dT} = \frac{-\left[V_{g0} - V_{oc} + \gamma(kT/q)\right]}{T} \approx -2\ \text{mV/°C} \tag{3.12}$$

$$\frac{1}{V_{oc}}\frac{dV_{oc}}{dT} \approx -0.003\ \text{°C}^{-1} \tag{3.13}$$

$$\frac{1}{FF}\frac{d(FF)}{dT} \approx \frac{1}{6}\left[\frac{1}{V_{oc}}\frac{dV_{oc}}{dT} - \frac{1}{T}\right] \approx -0.0015\ \text{°C}^{-1} \tag{3.14}$$

실리콘의 경우 최대 출력 전력에서 온도의 영향은 다음과 같다.

$$\frac{1}{P_{mp}}\frac{dP_{mp}}{dT} \approx -(0.004 \sim 0.005)\text{°C}^{-1} \tag{3.15}$$

즉, V_{oc}가 커질수록 예상되는 온도 의존성은 작아진다. 온도의 영향은 Emery 외(1996)와 King 외(1997) 그리고 Radzienska(2003)에 의해 자세하게 논의되어 졌다.

3.4 Parasitic 저항의 영향

일반적인 태양전지는 그것들과 관련된 기생(Parasitic) 직류 · 단락 저항을 가지며 그림 3.10에 이를 나타내었다. Parasitic 저항의 두 가지 타입의 행동은 FF를 줄여준다. 직렬 저항의 중요 기여자는 반도체 재료의 벌크 저항인데, 이는 금속 접촉, 상호접속, 윗 확산층을 통한 캐리어 수송 그리고 금속 접촉과 반도체 사이의 접촉 저항이다. 이 직렬 저항의 효과는 그림 3.11에 나타내었다. 단락 저항(R_{sh})은 비이상적인 *p-n* 접합과 특히 전지의 모서리와 같은 접합의 일부분에서 불순물 때문에 생긴다. 단락 저항의 효과는 그림 3.12에 나타낸 것과 같다.

FF는 전지의 출력 전력을 결정하기 때문에 최대 출력 전력은 직류 저항과 관련되며, 이는 근사적으로 다음과 같이 나타낼 수 있다.

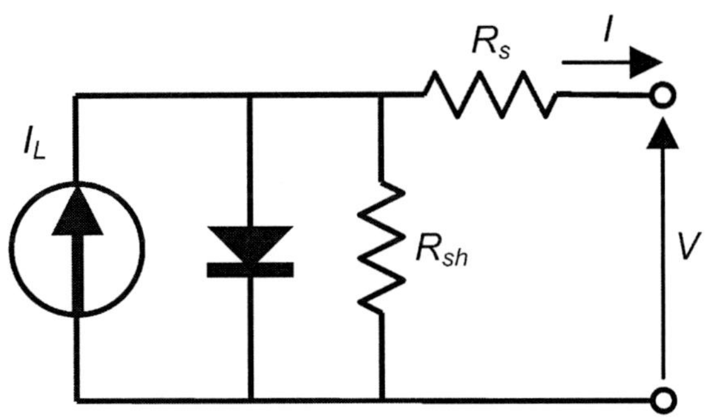

그림 3.10 태양전지 회로에서 단락 저항

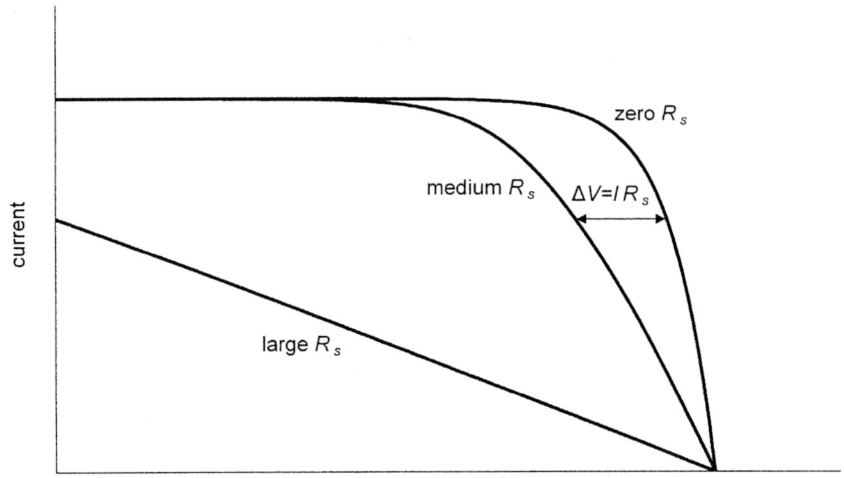

그림 3.11 fill factor에 대한 직렬 저항의 영향

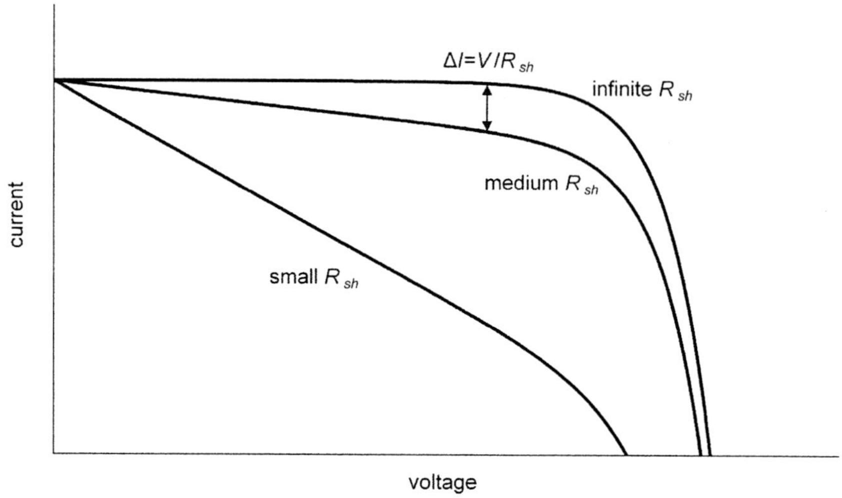

그림 3.12 태양전지에서 fill factor에 대한 단락 저항의 영향

$$
\begin{aligned}
P_m &\approx \left(V'_{mp} - I'_{mp}R_s\right)I'_{mp} \\
&\approx P_{mp}\left(1 - \frac{I'_{mp}}{V'_{mp}}R_s\right) \\
&\approx P_{mp}\left(1 - \frac{I_{sc}}{V_{oc}}R_s\right).
\end{aligned}
$$

만약 태양전지의 특성 저항이

$$R_{ch} = \frac{V_{oc}}{I_{sc}} \tag{3.17}$$

로 정의된다면, 이것은 정규화된 R_s로 정의될 수 있고, 이는 다음과 같다(Green, 1982).

$$r_s = \frac{R_s}{R_{ch}} \tag{3.18}$$

그러므로

$$FF \approx FF_0\left(1 - r_s\right) \tag{3.19}$$

또는 경험적이지만 좀 더 정확한

$$FF_s \approx FF_0(1-1.1r_s)+\frac{r_s^2}{5.4} \tag{3.20}$$

식으로 나타낼 수 있다. 여기서 R_s<0.4, V_{oc}>10이다.

단락 저항에 관해 유사하게 다음과 같이 정의할 수 있다.

$$r_{sh}=\frac{R_{sh}}{R_{ch}} \tag{3.21}$$

그리고

$$FF \approx FF_0\left(1-\frac{1}{r_{sh}}\right) \tag{3.22}$$

또는 좀 더 정확하게 다음과 같이 나타낼 수 있다(Green, 1992).

$$FF_{sh}=FF_0\left[1-\frac{v_{oc}+0.7}{v_{oc}}\frac{FF_0}{r_{sh}}\right] \tag{3.23}$$

여기서 r_{sh} >0.4일 때 유효하다.

직렬 저항과 단락 저항 두 가지 모두 태양전지의 I-V 커브는 다음과 같이 주어진다.

$$I=I_L-I_0\left[\exp\left(\frac{V+IR_s}{(nkT/q)}\right)-1\right]-\frac{V+IR_s}{R_{sh}} \tag{3.24}$$

직렬 저항과 단락 저항 모두에 영향을 미치고, FF_{sh}를 유추하기 위해 FF_0 대신에 FF_s를 사용하였다(Green, 1992).

연/습/문/제

3.1. (a) 실리콘의 밴드갭은 1.12 eV이고, 그림 3.7과 그림 3.8로 양자효율을 추측할 수 있다. 300 K에서 실리콘 태양전지의 단락 전류밀도의 최대치를 계산하라(AM 1.5 기준, 부록 B 참조).

(b) 동작 온도 근처에서 실리콘의 밴드갭은 0.273 mV/℃씩 감소한다. 300 K에서 전류의 일반적인 온도 효율을 계산하라.

$$\frac{1}{I_{sc}}\frac{dI_{sc}}{dT}$$

3.2. (a) 실리콘 태양전지(밴드갭 1.12 eV)는 800 nm의 단색화 된 파장과 20 mW/ cm^{2}의 강도를 나타낸다. 이 파장에서 양자효율은 0.80인데, 만약 셀의 넓이가 4 cm^{2}이라면 이때의 단락전류는 얼마인가?

(b) 만약 양자효율이 같고, 반도체의 밴드갭 크기가 다음과 같을 때 전류는 얼마가 되는가?

i) 0.7 eV

ii) 2.0 eV

(c) 문제 a의 실리콘 전지에서, 주어진 이상적인 factor가 1.2이고 암포화 전류가 1 ρA/cm^{2}일 때 개방 전압, FF, 에너지 전환 효율을 계산하라.

(d) FF와 에너지 변환 효율이 5% 이하일 때 상대적인 강소로 의해 생기는 다음 값의 범위를 계산하라.

i) 직렬 저항

ii) 병렬 저항

3.3. (a) 전지의 온도가 300 K이고 조도가 1 kW/m^{2}일 때 100 cm^{2}의 실리콘 태양전지는 600 mV의 개방 전압과 3.3 A의 단락전류를 가진다. 이상적인 태양전지일 경우 최대 전력 지점에서의 에너지 변환 효율을 구하라.

(b) 만약 직렬 저항이 0.1 Ω이고 병렬 저항이 3 Ω이라면 corresponding 효율은 얼마인가?

참/고/문/헌

Emery, K., Burdick, J., Caiyem, Y., Dunlavy, D., Field, H., Kroposki, B. & Moriarty, T. (1996), in Proc. 25th IEEE Photovoltaic Specialists Conference, Washington, 13–17 May 1996, IEEE, New York, pp. 1275–1278.

Green, M.A. (1982), 'Accuracy of analytical expressions for solar cell fill factors', *Solar Cells*, **7**, pp. 337–340.

Green, M.A. (1992), *Solar Cells: Operating Principles, Technology and System Applications*, University of NSW, Kensington, Australia.

King, D. L., Kratochvil, J. A. & Boyson, W. E. (1997), in Proc. 26th IEEE Photovoltaic Specialists Conference, Anaheim, 30 September–3 October 1997, IEEE, New York, pp. 1183–1186.

Radziemska, E. (2003), 'The effect of temperature on the power drop in crystalline silicon solar cells', *Renewable Energy*, **28**(1), pp. 1–12.

Shockley, W. & Queisser, H.J. (1961), 'Detailed balance limit of efficiency of *p-n* junction solar cells', *Journal of Applied Physics*, **32**, pp. 510–519.

chapter 4

셀 특성과 설계

4.1 효율

현재의 최첨단 기술을 적용하면 실험실 조건에서 24% 이상의 효율을 가진 단결정 태양전지를 제조할 수 있다. 그러나, 상용화된 양산 셀은 통상 13~14%의 효율을 가진다. 여러 가지 이유 중에서 최우선적으로 실험실에서 제조된 셀은 효율이 최상의 목표인 반면, 비용, 공정의 복잡성, 양산성 등은 무시되기 때문에 실험실 기술은 일반적으로 산업체에 적용되기 어렵다.

태양전지 연구는 지속적으로 셀 효율을 이론적 한계인 30%까지 향상시키고 있다. 상용화 제품은 실험실 결과에 도달하는 데까지는 몇년의 격차를 가지나, 조만간 20% 이상의 상용모듈 효율이 달성될 것으로 기대된다. 더 높은 효율은 태양광 발전을 전력공급원으로 사용하기 위한 비용 측면에서 극적인 효과를 갖는다. 왜냐하면 원하는 출력을 얻기 위해 사용해야 하는 모듈 수가 적어지기 때문이다. 태양광 발전에 의해 생산된 전력의 비용은 초기 비용, 수명, 운전 비용, 전력생산량 뿐만 아니라 금융 비용과 감가상각률에도 의존한다. 이러한 요인들은 표준화된 경제학적으로 산출된 현금수지할인식으로 나타낼 수 있다.

$$C = \frac{\sum_t \left[\left(ACC_t + O\&M_t + FUEL_t \right) (1+r)^{-t} \right]}{\sum_t \left[E_t (1+r)^{-t} \right]} \tag{4.1}$$

여기서 ACC_t는 t년간 자본 비용, $Q\&M_t$는 t년간 운전 및 유지 총 비용, $FUEL_t$

는 t년간 연료 비용, E_t는 t년간 생산된 에너지, r은 할인율이다.

효율 증대와 웨이퍼 저가화가 전체적인 태양광 발전 단가를 낮추는데 핵심적인 요소이다. 현재의 단결정 혹은 다결정 실리콘 기술에서는 연간 10MW급의 양산수준에서조차 웨이퍼 비용이 최종모듈 비용의 절반을 차지한다(Darkazalli, 1991). 셀 효율을 좌우하는 인자에 대해서는 아래에 설명하기로 한다.

4.2 광학적 손실

광학적 재결합 손실은 2장과 3장에서 언급한 이상적인 효율에서부터 벗어난 셀 효율의 원인이 된다. 태양전지에서의 광학적 손실 과정은 그림 4.1에 묘사되어 있다.

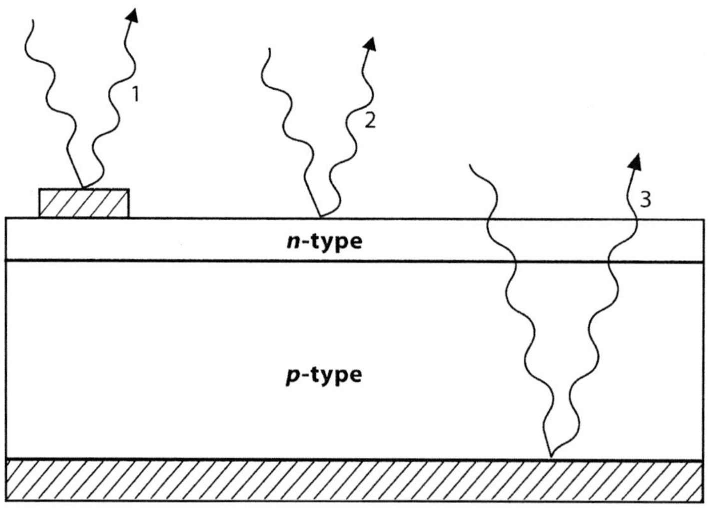

그림 4.1 태양전지에서 광학적 손실의 원인. (1) 상부컨택에 의한 빛가림, (2) 표면 반사, (3) 후면컨택 반사

이러한 손실을 줄이기 위한 방법은 다음과 같다.

1. 셀 표면을 덮고 있는 컨택의 면적을 최소화한다(이 방법은 직렬 저항을 증가시키는 단점이 있다).
2. 셀 표면에 반사방지막을 설치한다. 1/4 파장 반사방지막 코팅으로서 두께 d_1, 굴절률 n_1을 가진 투명박막이 다음의 관계를 만족하도록 한다.

$$d_1 = \frac{\lambda_0}{4n_1} \tag{4.2}$$

이상적인 상황에서 상부 표면에서 반사된 빛과 반사방지막/반도체 계면에서 반사된 빛은 상쇄간섭을 일으켜 180° 위상반전이 일어난다(그림 4.2).

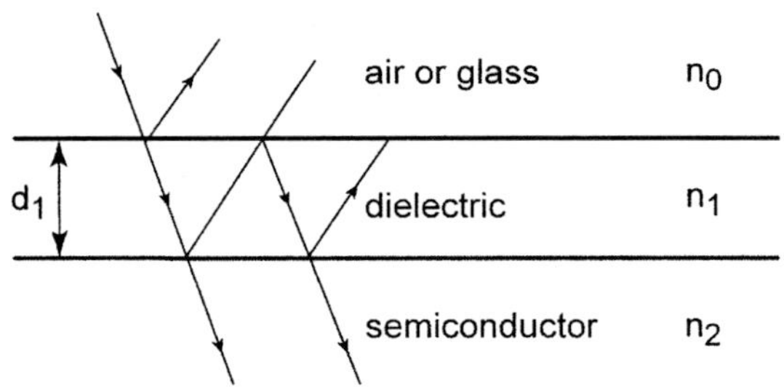

그림 4.2 표면반사를 상쇄시키기 위한 1/4 파장 반사방지막

반사방지막의 굴절률이 유리와 반도체의 중간굴절률을 가질 경우 반사는 더 줄어들 수 있다. 즉,

$$n_1 = \sqrt{n_0 n_2} \tag{4.3}$$

표면반사는 이 상황에서 0이 된다(그림 4.3).

3. 표면 텍스처링(surface texturing)이 있을 경우 반사가 줄어든다. 표면의 거칠기(roughning)는 반사된 빛이 공기 중으로 빠져나가지 않고 표면으로 향

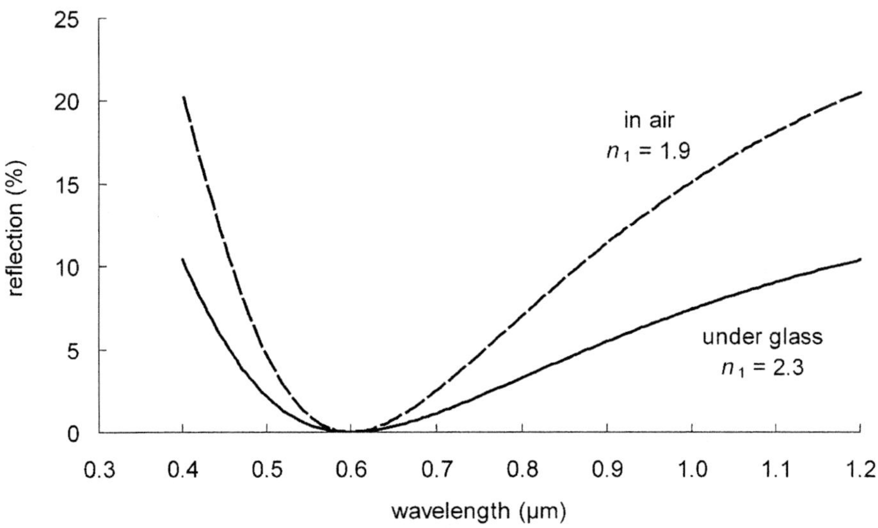

그림 4.3 공기(n_0=0) 중 혹은 유리(n_0=1.5) 아래에 놓인 실리콘 셀(n_2=3.8)이 0.6μm 파장의 빛에 대해 반사를 최소화할 수 있도록 두께와 굴절률을 갖게 한 반사방지막이 설치된 경우의 표면반사

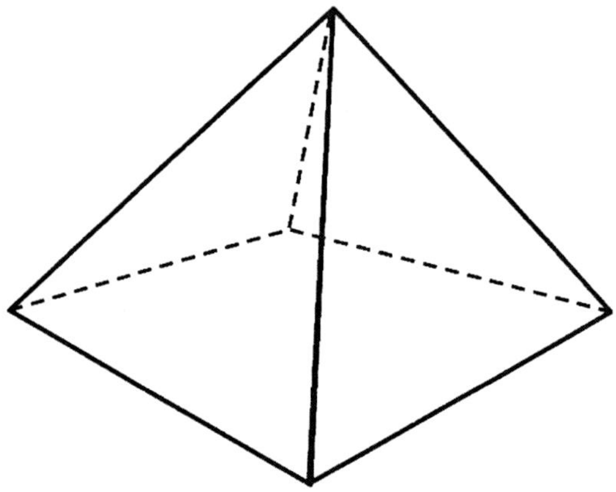

그림 4.4 4각형 밑면을 가진 피라미드 구조에 의해 결정질 실리콘 표면은 적절한 텍스처를 가진다.

그림 4.5 텍스처링된 실리콘 표면의 전자현미경 사진

하도록 만들어주기 때문에 반사 손실을 줄여준다. 결정질 실리콘의 표면은 결정면을 노출시키는 에칭을 통해 균일하게 텍스처링을 가할 수 있다. 실리콘의 결정구조 때문에 그림 4.4와 같이 피라미드 형태의 표면조직이 만들어지게 된다(Chitre, 1978). 텍스처를 가진 실리콘 표면에 대한 전자현미경 사진이 그림 4.5에 나타나 있다.

거칠어진 혹은 텍스처링된 표면이 가지는 추가적인 장점은 광이 스넬의 법칙(Snell' s law)을 따라 비스듬하게 실리콘쪽으로 입사하게 된다는 것이다.

$$n_1 \sin\theta_1 - n_2 \sin\theta_2 \tag{4.4}$$

여기서, θ_1과 θ_2는 계면에 입사하는 광의 입사각을 계면의 수직방향에 대해 측정한 값으로서, 각각 n_1과 n_2를 가진 매질에서 측정한 값이다.

4. 셀의 후면에서 일어나는 강한 반사는 후면 컨택의 흡수를 감소시키므로 광을 다시 셀쪽으로 반사시켜 흡수를 도와준다. 후면 반사판이 반사광의 진행방향을 무작위적으로 분포시킬 경우 반사광은 전반사에 의해 셀 내에 갇힐 수 있다. 이러한 방법으로 광흡수는 급격히 증가할 수 있게 된다. 왜냐하면, 광트래핑(light trapping)에 의해 입사광의 경로가 $4n^2$(~50)배 만큼 길어지기 때문이다(Yablonovitch & Cody, 1982). 후면 반사는 그림 4.6에 설명되어 있다.

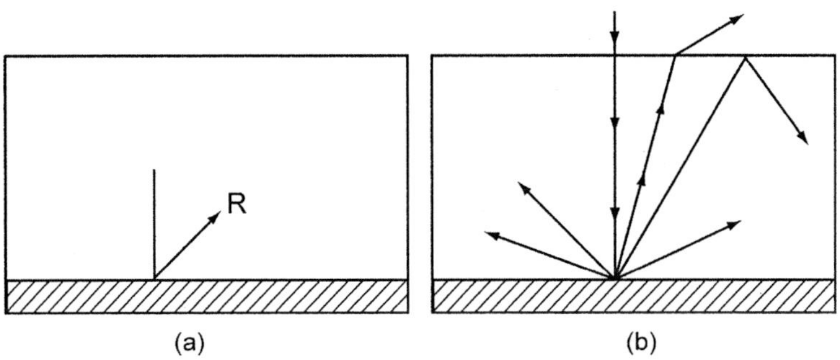

그림 4.6 (a) 후면으로부터의 반사, (b) 무작위 반사로 인한 광트래핑

더 긴 파장을 가진 빛의 사용 효율은 후면전기장(back surface field, BSF)을 추가함으로써 커질 수 있다. BSF는 후면에서의 재결합 속도(recombination velocity)를 감소시킨다. 이는 통상 셀 뒷면에 Al을 스크린 프린팅하는 것처럼 고농도로 도핑된 영역을 추가함으로써 얻어진다. 이 층과 약하게 도핑된 벌크영역 사이의 계면은 재결합 속도가 낮은 표면처럼 거동한다.

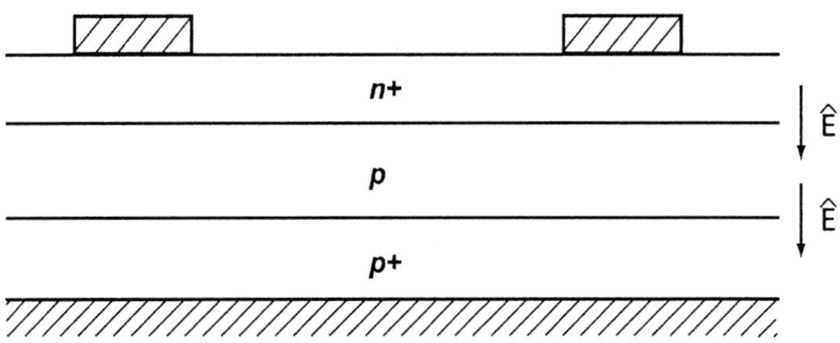

그림 4.7 표면 재결합 속도를 감소시키기 위해 사용하는 후면전기장

4.3 재결합 손실

전자-정공 쌍이 포집되기 전에 재결합되면 태양전지의 효율은 감소한다(Green, 1986). 그림 4.8에 다양한 재결합 자리를 나타내었다.

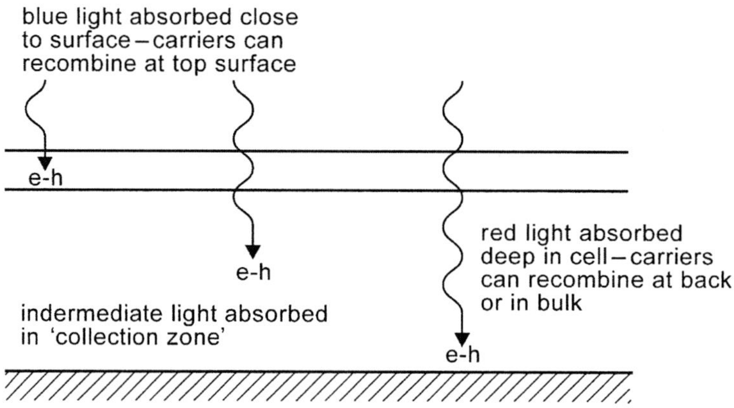

그림 4.8 PV 셀 내에 존재하는 e-h쌍의 재결합 자리

재결합 기구는 다음과 같이 다양하다.

1. **발광성 재결합(Radiative recombination)** – 흡수의 반대 현상. 높은 에너지 상태의 전자는 더 낮은 에너지 상태로 돌아갈 때 빛에너지를 방출한다. 이러한 형태의 재결합은 반도체 레이저 혹은 발광소자에 이용되나 실리콘 태양전지에서는 특별히 중요하지 않다.
2. **오제 재결합(Auger recombination)** – 충돌이온화(impact ionization)의 반대(Hu & White, 1983). 정공과 재결합하는 전자는 잉여 에너지를 다른 전자에 전달하면서 원래의 에너지 상태로 돌아가며 이 때 포톤을 방출한다. 오제 재결합은 특히 고농도로 도핑된 물질에서 주로 발생하며, 불순물 농도가 $10^{17}cm^{-3}$을 초과할 때 주요한 재결합 과정으로 작용한다.
3. **트랩을 통한 재결합** – 반도체 내 불순물 혹은 표면에 존재하는 계면 트랩이 금지밴드 내에 에너지준위를 형성할 때 발생할 수 있다. 전자는 2단계를 거쳐 정공과 재결합한다. 먼저 결함 에너지준위로 떨어진 다음 가전자 밴드로 내려간다.

실제 셀에서는 위에서 언급한 손실인자들이 복합적으로 작용하며, 그림 4.9에 나타낸 스펙트럼 분포를 갖게 된다. 따라서, 셀 설계자들은 스펙트럼 분석을 이용하여 이들 손실을 줄임으로써 셀 성능을 향상시킬 수 있다.

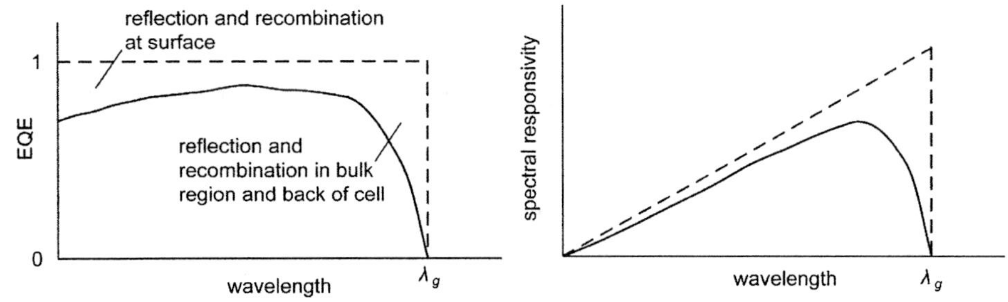

그림 4.9 광학적 혹은 재결합 손실에 따라 실제 태양전지가 가지게 되는 전형적인 외부 양자효율(external quantum efficiency)과 감도(responsivity) 곡선

4.4 상부컨택 설계

상부의 금속컨택은 태양전지가 생산하는 전류를 포집하기 위해 필요하다. 버스바(busbar)는 외부 전선과 바로 연결되며, 핑거(finger)는 전류를 포집하여 버스바로 운반하는 미세한 금속화 영역이다. 간단한 상부컨택의 설계를 그림 4.10에 나타내었다. 상부컨택은 내부 저항과 빛가림에 의한 손실을 최소화할 수 있도록 설계되어야 한다.

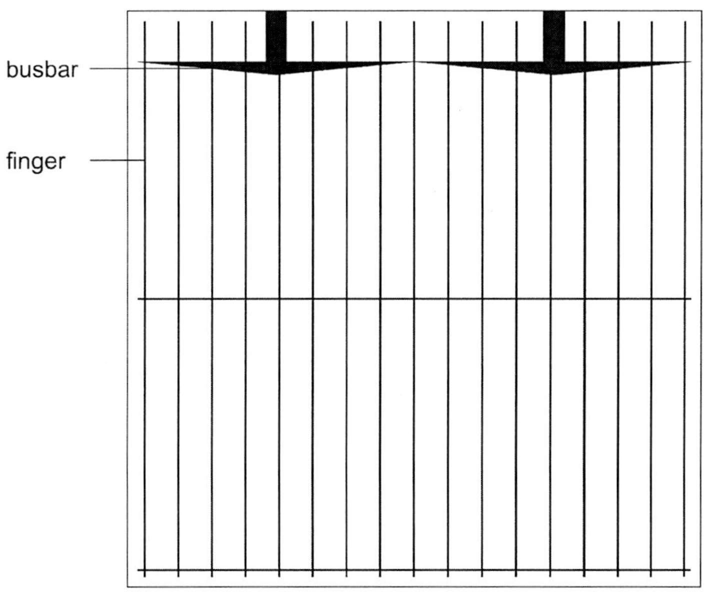

그림 4.10 태양전지의 상부컨택 설계

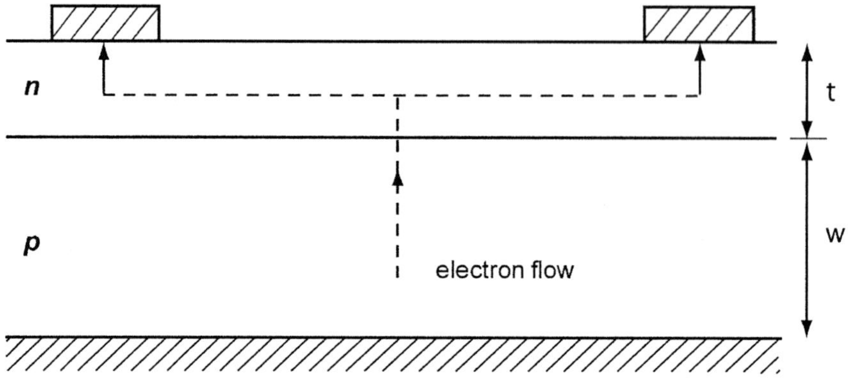

그림 4.11 생성 지점으로부터 외부컨택까지의 전류 흐름

4.4.1 벌크저항과 면저항

생성된 전류는 벌크 영역으로부터 셀 표면까지 수직방향으로 먼저 흐른 다음, 상부의 도핑된 영역을 통해 횡방향으로 흘러서 상부컨택에 의해 포집된다(그림 4.11).

셀의 벌크 전류성분에 대한 저항, 혹은 벌크저항(bulk resistance, R_b)은 다음과 같이 정의된다.

$$R_b = \frac{\rho l}{A} = \rho_b \frac{w}{A} \tag{4.5}$$

여기서 l은 전도성 경로의 길이, ρ_b는 벌크 물질(통상 0.5~5.0)의 벌크비저항(전도도의 역), A는 셀 면적, w는 벌크 영역의 폭이다(그림 4.13).

유사한 방법으로, 상부 n형 층에 대한 면저항(sheet resistivity, $\rho_\square$)은 다음과 같이 정의된다.

$$\rho_\square = \frac{\rho}{t} \tag{4.6}$$

여기서 ρ는 이 층의 비저항이다. 면저항은 통상 ohms/square 혹은 Ω/□로 표시한다.

불균일 도핑된 n형 층은 불균일 ρ를 가진다.

$$\rho_\square = \frac{1}{\int_0^t \frac{dx}{\rho(x)}} \tag{4.7}$$

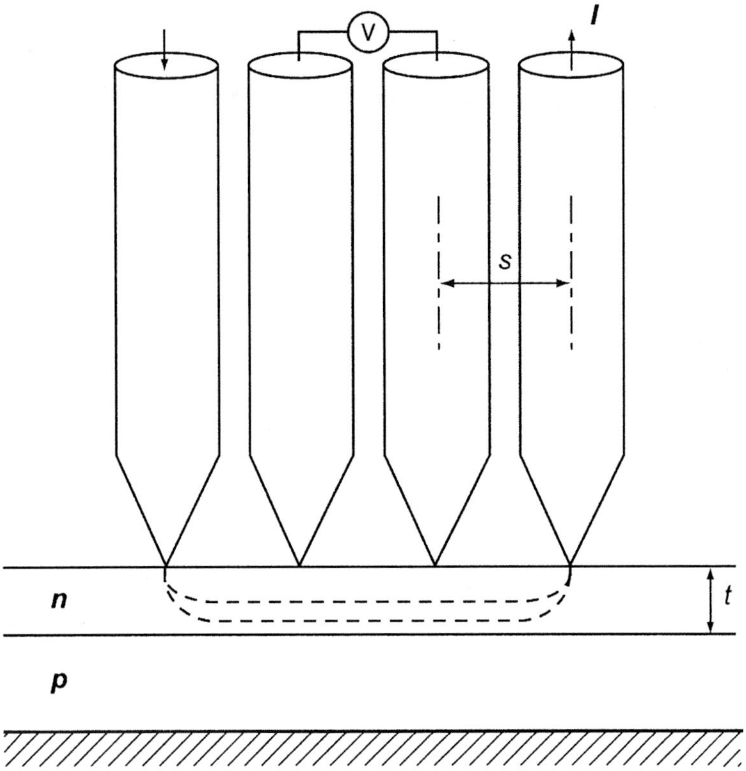

그림 4.12 태양전지의 면저항을 측정하기 위한 4점탐침법

면저항 측정은 4점탐침법(four point probe)을 이용하면 쉽게 측정된다(그림 4.12).

탐침으로부터 읽은 전압과 전류를 이용하면,

$$\rho_{\square} = \frac{\pi}{\ln 2}\frac{V}{I} \quad (\Omega/\square) \tag{4.8}$$

여기서 $\pi/\ln 2 = 4.53$이다.

실리콘 태양전지의 전형적인 면저항 값은 대략 30~100Ω/□이다.

4.4.2 그리드 간격

면저항은 상부컨택의 간격을 결정하기 때문에 매우 중요하다(그림 4.13).

그림 4.13의 dy 구간에서 발생하는 전력 손실 증감분은 다음과 같이 주어진다.

$$dP = I^2 dR \tag{4.9}$$

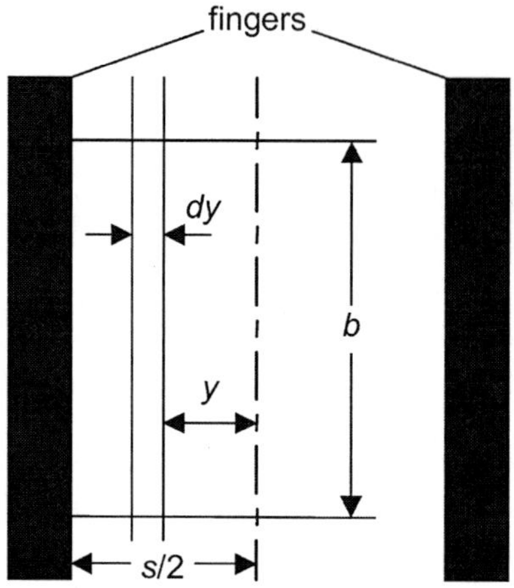

그림 4.13 상부 층의 횡방향 저항 성분에 의해 생기는 전력 손실을 계산하기 위한 수치

여기서 $dR = \rho_{\square} dy/b$, $I(y)$는 횡방향 전류로서 격자선 사이에서 0이고, 격자선 상에서 최대가 되는 선형적인 값으로서 균일한 광조사 조건에서 최대값은 Jby이 된다. J는 전류밀도이다.

따라서, 총 전력 손실은

$$P_{loss} = \int I^2 dR = \int_0^{s/2} \frac{J^2 b^2 y^2 \rho_{\square} dy}{b} = \frac{J^2 b \rho_{\square} s^3}{24} \tag{4.10}$$

이다. 여기서 s는 그리드선의 간격이다.

최대전력 지점에서 생성된 전력은

$$P_{gen} = \frac{V_{mp} J_{mp} bs}{2} \tag{4.11}$$

이므로, 전력 손실 비율은 다음과 같다.

$$\frac{P_{loss}}{P_{gen}} = \frac{\rho_{\square} s^2 J_{mp}}{12 V_{mp}} \tag{4.12}$$

따라서, 상부컨택 그리드의 최대 간격을 계산할 수 있게 된다. 예를 들어, 전형적인 실리콘 태양전지의 경우, $\rho_{\square} = 40\,\Omega/\square$, $J_{mp} = 30\text{mA/cm}^2$, $V_{mp} = 450\text{mV}$로서,

횡방향 저항에 따른 전력 손실이 4% 이하로 하기 위해서는 $s<4$mm이어야 한다.

4.4.3 기타 손실

버스바와 핑거는 앞서 언급한 횡방향 전류 손실 이외에 다양한 손실의 원인이 된다. 빛가림 손실, 저항 손실과 컨택저항 손실 등이 그것이다. 그림 4.14(a)와 같은 대칭적 컨택의 경우, 그림 4.14(b)와 같이 단위 셀로 세분할 수 있다.

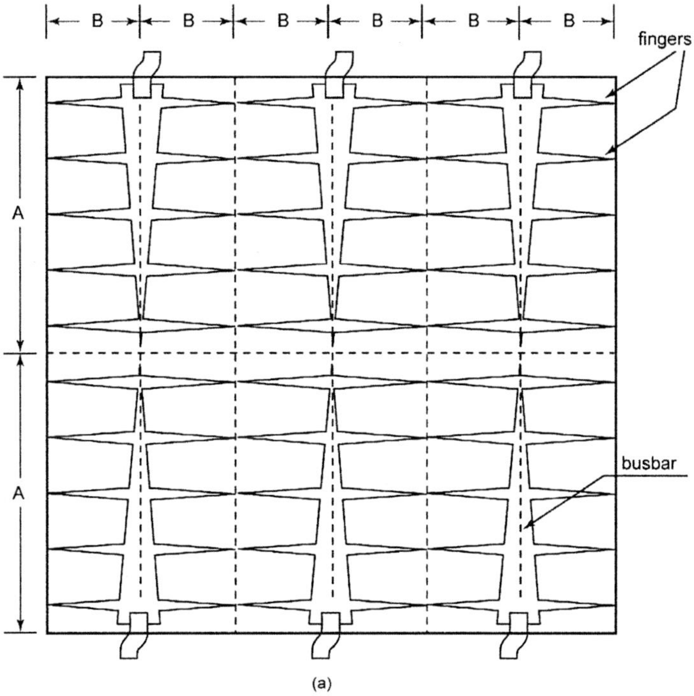

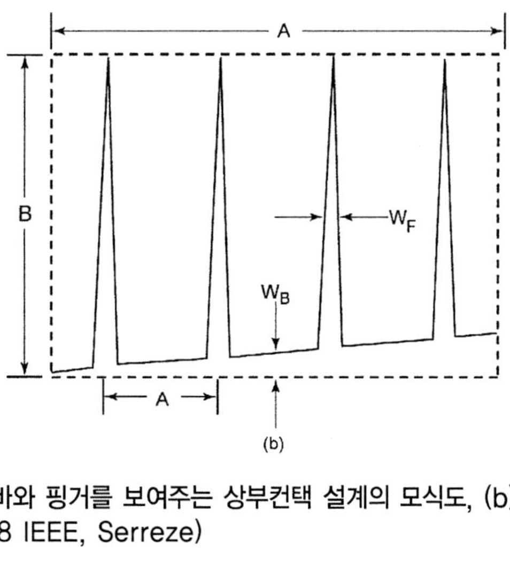

그림 4.14 (a) 버스바와 핑거를 보여주는 상부컨택 설계의 모식도, (b) 전형적인 단위 셀의 중요 치수(1978 IEEE, Serreze)

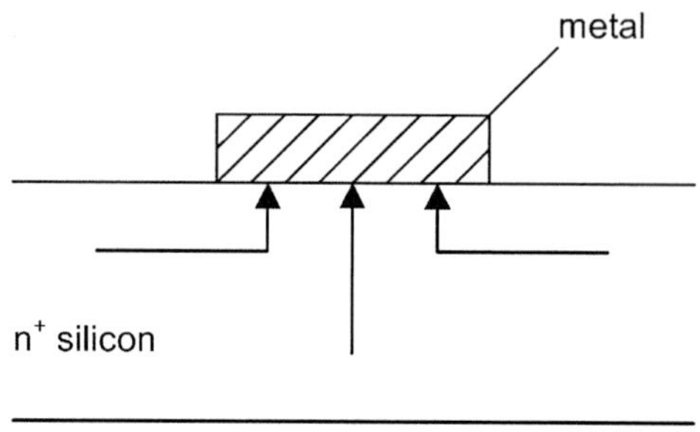

그림 4.15 컨택저항 손실이 나타나는 지점. 그리드 선과 반도체 사이의 계면

간단히 요약하면 다음의 사실이 증명된다(Serreze, 1978).

1. 버스바의 최적 폭(W_b)은 버스바의 저항 손실이 빛가림 손실과 같을 때의 값이다.
2. 경사진 버스바는 사각형 버스바보다 적은 손실을 가진다.
3. 단위 셀, 핑거 폭(W_f), 핑거 간격(s)이 적을수록 손실도 적어진다.

세번째 항목은 더 많은 빛이 셀로 입사해야 한다는 측면과 실제 양산 측면에서 보면 분명히 적절하지 않다. 그리드 선과 반도체 사이의 계면에서 발생하는 컨택저항 손실은 버스바보다는 핑거에서 더 중요하다(그림 4.15). 상부컨택 손실을 낮추기 위해서는 상부의 n^+층이 최대한 높은 수준으로 도핑되어야 한다. 이렇게 하면 작은 면저항과 낮은 컨택저항 손실을 얻을 수 있다.

그러나, 높은 도핑은 또다른 문제를 야기할 수 있다. 고농도의 인(P)은 실리콘으로 확산되어 들어갈 수 있으며, 잉여의 인은 셀의 표면에 잔류하여 광생성 캐리어가 포집되지 못하는 쓸모없는 영역(dead layer)을 생성시킨다. 많은 상용 셀이 이러한 dead layer 때문에 청색에 대한 응답성이 매우 낮다.

4.5 실험실 셀과 산업체의 요구

실리콘 태양전지를 제조하는 실험실에서 최고 효율을 얻기 위해 사용되는 기술과 설계특성은 다음과 같다.

- 인을 약하게 확산 도핑한 에미터(emitter)를 사용하여 재결합 손실을 최소화하고 셀 표면에서의 dead layer 형성을 막는다.
- 금속선을 촘촘히 배열시켜 에미터의 횡방향 저항 손실을 최소화한다.
- 폴리싱 혹은 연마된 표면을 사용하여 상부 금속 그리드패턴 형성을 위해 사

진식각공정을 적용한다.
- 소면적 소자와 높은 전도성을 가진 금속을 사용하여 금속 그리드에서의 저항 손실을 최소화한다.
- 작은 금속컨택 면적과 금속컨택 직하의 실리콘 표면을 고농도로 도핑하여 재결합을 최소화한다.
- 타이타늄-팔라듐-은 등과 같은 정교한 금속화 공정을 사용하여 매우 낮은 컨택 저항을 얻는다.
- 양질의 후면 페시베이션을 사용하여 재결합을 최소화한다.
- 반사방지막을 사용하여 표면반사를 30%에서 10% 이하로 감소시킨다.

다음과 같은 기술은 추가적인 공정단계 및 비용 문제로 산업체에서 적용하기 어렵다.

- 사진식각기술
- Ti-Pd-Ag 증발 컨택
- 이중 반사방지막
- 소면적 소자
- 폴리싱 혹은 연마된 웨이퍼

상용화 제품을 위해서 산업체는 다음을 요구한다.

- 저렴한 소재 및 공정
- 단순한 기술 및 공정
- 높은 양산성
- 대면적 소자
- 대면적 컨택
- 텍스처링된 표면에 적합한 공정

전형적인 양산 태양전지는 다음의 공정순서를 거친다.

1. 피라미드 형성을 위한 표면 텍스처링. 입사광이 셀로부터 반사되는 비율을 33%에서 11%로 감소시킨다. 피라미드 표면에서 반사된 빛은 적어도 한 번 이상 다른 피라미드 표면에 충돌한 후 표면을 빠져나간다.
2. 상부 표면으로부터 인의 확산. 얇고 고농도 도핑된 n형 층을 형성시킨다.
3. 셀 뒷면에 Al 혹은 Al 도핑된 은 페이스트를 스크린프린팅한 후 굽기(firing). 후면 전기장과 후면 금속컨택을 형성시킨다.

4. 화학적 세정
5. 전면 은 금속컨택을 스크린프린팅 후 굽기
6. 전면과 후면 금속컨택 간 전도성 경로를 제거하기 위한 가장자리 접합 제거

4.6 레이저 그루브(laser grooved), 매립형 컨택(buried contact) 태양전지

레이저를 이용한 그루브(groove)들이 전면 금속전도체의 위치와 단면 형상을 결정하게 되는 새로운 배선 방법이 뉴사우스웨일즈 대학에서 개발되었다. 이 기술은 스페인에 있는 BP Solar에 의해 대규모 양산에 적용되고 있으며 "Saturn" 셀로 명명되어 있다. 새로운 셀 구조는 '레이저 그루브 매립형 컨택 태양전지(Laser Grooved, Buried Contact Solar Cell; BCSC)' 로 불리며 그림 4.16에 단면구조가 설명되어 있다.

범용 셀 제조방법 대비 BCSC의 장점은 다음과 같다.

- 금속배선의 큰 종횡비(컨택 두께/폭)
- 매우 정교한 상부컨택 그리드 선(20μm 폭)
- 빛가림 손실 감소가 대면적 소자에서 10~15% 정도이며, 스크린프린팅이 적용된 셀에서는 2~3% 정도

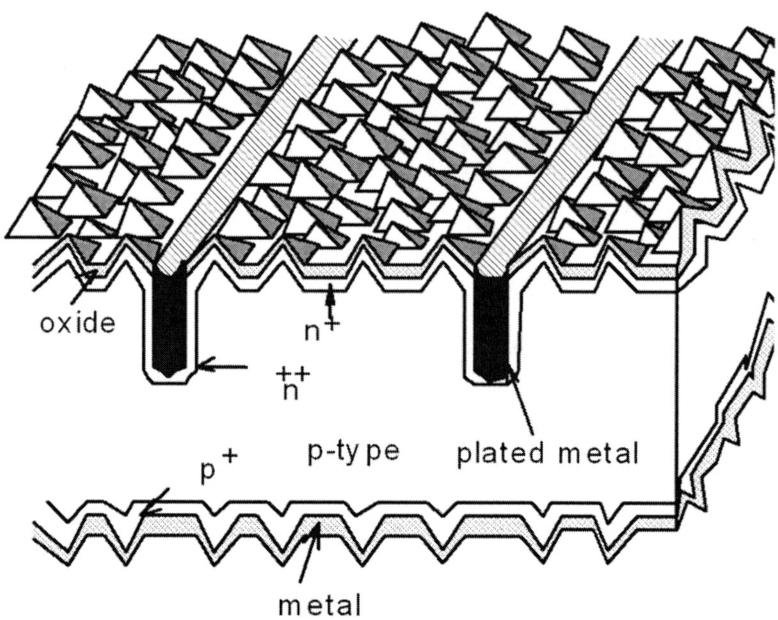

그림 4.16 레이저 그루브 매립형 컨택 태양전지의 단면구조

- 배선의 저항 손실이 낮고 컨택저항이 낮기 때문에 충진율(fill factor)이 매우 우수하다.
- 성능 손실없이 소자면적을 크게 할 수 있다.
- 사진식각공정, 반사방지막, 폴리싱 등이 필요없고, Ti-Pd-Ag 배선 등과 같은 비싼 소재를 사용하지 않는다.
- 공정이 매우 단순하다.
- 표준 스크린프린팅 순서보다 훨씬 더 낮은 비용으로 전력을 생산할 수 있다 (Jordan & Nagle, 1994).
- 20% 효율을 가진 대면적 태양전지와 18% 효율을 가진 모듈이 시현되었다. 스크린프린팅 기술로 제작된 14%와 11%를 비교하면 매우 높은 값에 해당한다.

집광형 태양전지로 사용할 경우 추가적인 장점이 기대된다(Wohlgemuth & Narayanan, 1991).

- 저비용 다결정 혹은 단결정 기판을 이용하여 더 높은 효율을 얻을 수 있다.
- 저비용의 Ni-Cu 도금 배선을 사용할 수 있다.
- 자동정렬 공정이다.
- 홈 내부로 깊숙히 침투하는 확산에 의해 금속배선이 에미터로부터 완전히 격리된 형태를 가지는 동시에 에미터는 약한 도핑상태를 유지할 수 있으므로 고효율 에미터 조건을 유지할 수 있다.
- 약한 도핑 상태의 에미터가 사용되므로 상부표면의 dead layer 형성을 피할 수 있기 때문에 단파장 광에 대한 응답성이 급격히 향상된다.
- 도금된 면적이 넓고 고농도로 도핑된 컨택 영역을 갖고 있으므로 컨택저항이 매우 낮다.

레이저 그루브 매립형 컨택 태양전지의 제조순서는 다음과 같다.

1. 표면 텍스처링
2. 인 확산 및 표면산화
3. 그루브 형성을 위한 레이저스크라이빙
4. 화학적 세정
5. 그루브 벽면을 통한 인의 고농도 확산
6. 후면 알루미늄 코팅 및 굽기
7. 전면과 후면 컨택의 동시 무전해도금(Ni-Cu-Ag)

8. 가장자리 접합 제거

BCSC를 위한 향상된 공정이 1993년에 개발되어 더 낮은 비용으로 더 높은 효율을 얻을 수 있게 되었다. 주요한 차이점은 후면에 보론을 확산시킨 그루브를 사용하는 대신 알루미늄의 증착 및 굽기 공정을 생략한 것이다(Honsberg, 1993).

연/습/문/제

4.1. (a) 실리콘 기판 형성을 위해 현재 사용되고 있는 전반적인 기술에 대해 설명하라.

(b) 각각의 장점과 단점은 무엇인가?

(c) 결정질 실리콘 기판이 장기적으로 유망한가?

4.2. (a) 태양전지 제조를 위해서 실리콘 이외에 어떤 기판물질을 이용할 수 있는가?

(b) 각각의 장점과 단점은 무엇인가?

(c) 특정 기판 물질이 다른 것들에 비해 응용분야 및 환경 측면에서 더 적합하다고 생각하는가?

4.3. 석영광석을 실리콘 태양전지로 만들기 위한 공정단계를 블럭다이어그램 형태로 기술하라.

4.4. (a) 전형적인 상용 태양전지의 단면구조를 작도하고, 관련된 중요 부분에 대해 표시하라.

(b) 태양전지의 동작원리를 간단히 설명하라.

(c) 효율에 영향을 미치는 태양전지 설계의 중요 항목에 대해 약술하라.

4.5. 상용화된 지상용 태양전지는 실험실에서 제조된 셀에 비해 항상 매우 낮은 발전효율을 보인다. 이유에 대해 설명하고 두 가지 환경이 갖는 차이점을 접근방법 및 공정기술 측면에서 기술하고 성능과 어떠한 연관성이 있는지 설명하라.

4.6. 어떤 기술은 $1/Wp의 비용으로 밝은 태양광 아래(1kW/m^2)에서 10% 효율을 가진 태양광 모듈을 제조할 수 있다. 특정 응용분야에서 어레이 면적에 의존하는 주변장치(Balance of System; BOS) 비용은 $80/m^{2}이다. 각각의 경우에서 다른 비용은 동일하다고 가정할 때, 또다른 제조기술을 적용한 5% 효율의 모듈 가격을 얼마로 책정해야 전체적인 시스템 비용을 유사한 수준으로 맞출 수 있는가?

4.7. (a) 실리콘 태양전지에서 확산에 의해 만들어진 상부층의 횡방향 전류에 기인한 전력손실 분율을 계산하는 관계식을 유도하라.

(b) 범용 셀은 상부층의 면저항이 35Ω/□이고, 420mV와 28mA/cm^{2}에서 최대 출력을 얻을 수 있다. 핑거 간격이 3mm일 때 확산 상부층의 횡방향 전류에 기인된 출력손실 분율을 계산하라.

(c) 기판의 벌크비저항이 1Ωcm이고 기판의 두께는 350μm이다. 기판에서의 전류에 기인된 출력손실 분율을 계산하라.

4.8. 실리콘 태양전지에 있어서 파장에 따른 스펙트럼 감도(단락전류/입사 단색광의 출력)의 상한선을 계산하고 설명하라.

참/고/문/헌

Chitre, S.R. (1978), 'A high volume cost efficient production macrostructuring process', Proc. 14th IEEE Photovoltaic Specialists Conference, Washington, DC, pp. 152–154.

Darkazalli, G., Hogan, S. & Nowlan, M. (1991), 'Sensitivity analysis and evaluation of manufacturing cost of crystalline silicon PV modules', Proc. 22nd IEEE Photovoltaic Specialists Conference, Las Vegas, pp. 818–821.

Green, M.A. (1986), *Solar Cells: Operating Principles, Technology and System Applications*, University of NSW, Kensington, Australia.

Heavens, E.S. (1955), *Optical Properties of Thin Solid Films*, Butterworths, London.

Honsberg, C.B., Yun, F., Ebong, A., Taouk, M., Wenham, S.R. & Green, M.A. (1993), '685 mV open circuit voltage laser grooved silicon solar cell', Technical Digest of the International PVSEC-7, Nagoya, Japan, pp. 89–90.

Hu, C. & White, R.M. (1983), *Solar Cells: From Basic to Advanced Systems*, McGraw-Hill, New York.

Jordan, D. & Nagel, J.P. (1994), 'New generation of high efficiency solar cells: Development, processing and marketing', *Progress in Photovoltaics*, **2**, pp. 171–176.

Serreze, H.B. (1978), 'Optimising solar cell performance by simultaneous consideration of grid pattern design and interconnect configurations', Proc. 13th IEEE Photovoltaic Specialists Conference, Washington, DC, pp. 609–614.

Wohlgemuth, J.H. & Narayanan, S. (1991), 'Buried contact concentrator solar cells', Proc. 22nd IEEE Photovoltaic Specialists Conference, Las Vegas, pp. 273–277.

Yablonovitch, E. & Cody, G.D. (1982), 'Intensity enhancement in textured optical sheets for solar cells', *IEEE Transactions on Electron Devices*, **ED-29**, pp. 300–305.

chapter 5

PV 셀의 전기적 연결과 모듈 제조

5.1 모듈 및 회로 설계

태양전지는 개별적으로 사용되는 예가 거의 없다. 유사한 성능을 가진 셀들을 서로 연결하고 봉합한 모듈 형태로 제조하는 것이 일반적이며, 이 모듈이 태양광 어레이 설치시 가장 기본이 되는 단위에 해당한다.

하나의 실리콘 태양전지로부터 형성될 수 있는 최대전압은 겨우 600mV에 불과하기 때문에, 태양전지들을 직렬로 연결하여 원하는 전압을 얻게 된다(Mack, 1979). 통상 36장의 태양전지들을 직렬로 연결하여 12V 충전시스템에 사용한다.

태양광이 최대로 조사될 때(100mW/cm^2) 하나의 태양전지가 만들어내는 최대전류는 대략 30mA/cm^{2}이다. 따라서 원하는 전류를 얻기 위해서는 전지들을 병렬로 연결해야 한다. 그림 5.1은 전형적인 연결방식과 관련 용어들을 나타내고 있다.

125개의 상용화된 모듈의 특성을 포함한 데이터베이스가 샌디아국가지정연구실(Sandia National Laboratories, 2002)의 온라인 사이트를 통해 제공되고 있다.

5.2 동일한 태양전지의 연결

이상적으로, 하나의 모듈을 구성하는 태양전지들은 동일한 특성을 가져야 하며, 이 때 모듈의 전류-전압 곡선은 축의 눈금만 변할 뿐 개별 태양전지와 동일한 모양을 갖게 될 것이다. 따라서, N개의 직렬연결 태양전지와 M개의 병렬연결 태양전지가 있을 경우, 다음 식이 성립한다.

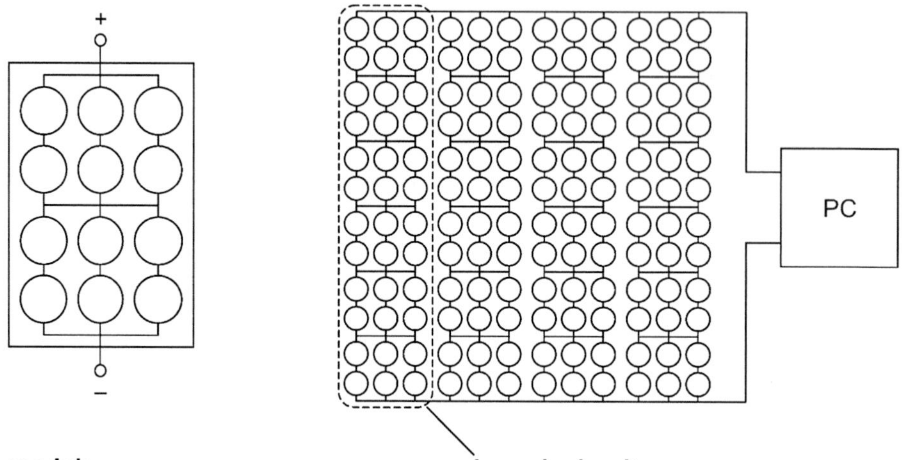

그림 5.1 모듈회로 설계에 사용되는 전형적인 배선 방법과 관련 용어

$$I_{total} = MI_L - MI_0\left[\exp\left(\frac{qV_{total}}{nkTN}\right) - 1\right] \tag{5.1}$$

5.3 동일하지 않은 태양전지의 연결

실제로, 모든 태양전지는 고유의 특성을 가지고 있으며, 모듈 출력은 가장 낮은 출력을 가진 태양전지에 의해 결정된다. 태양전지의 최대출력과 실제로 얻어진 출력 사이의 차이를 부정합 손실(mismatch loss)이라고 한다.

병렬로 연결된 부정합 태양전지를 그림 5.2에 나타내었다. 그림 5.3과 5.4는 최종 전류와 개방전압을 결정하는 방식을 설명하고 있다.

직렬로 연결된 부정합 태양전지는 그림 5.5에 나타나 있고, 그림 5.5와 5.6은 최종 전압과 단락전류를 결정하는 방법을 설명하고 있다.

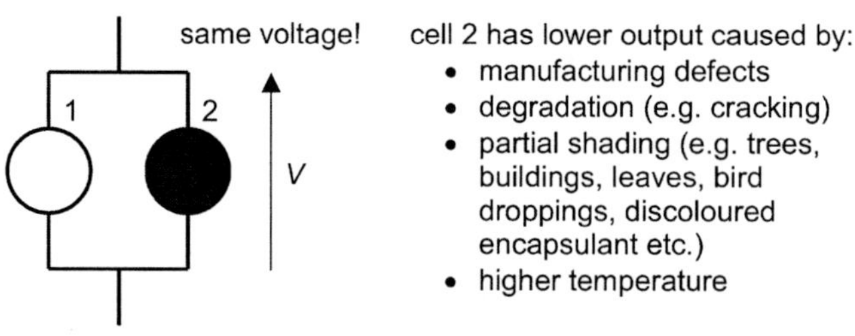

그림 5.2 병렬연결된 부정합 태양전지

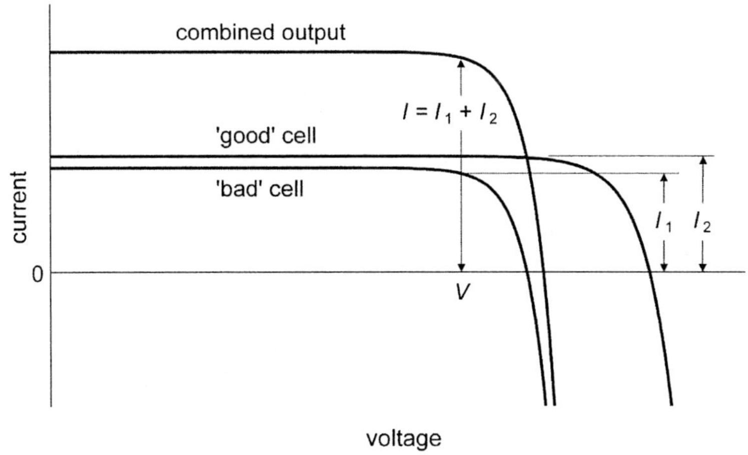

그림 5.3 병렬연결된 부정합 태양전지의 전류. 혼합곡선은 두 개의 전류 I_1, I_2를 더하여 얻어진다.

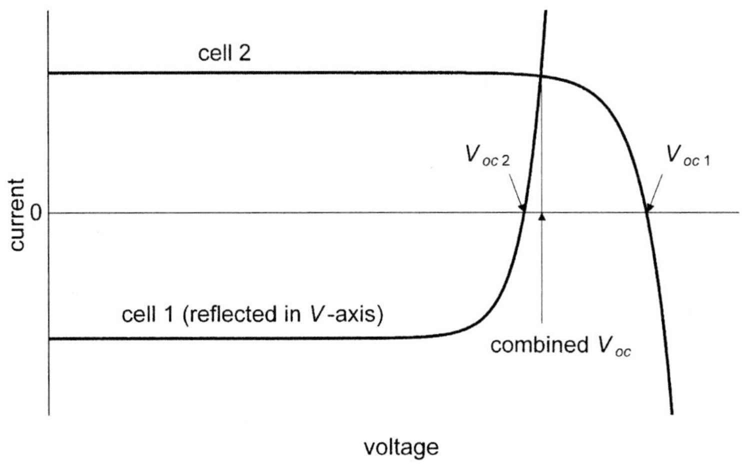

그림 5.4 병렬연결된 부정합 태양전지의 혼합개방전압, V_{OC}를 결정하는 쉬운 방법. 태양전지 하나의 곡선을 전압축을 대칭으로 뒤집고, 전압축 절편($V_1 + V_2 = 0$)을 구하면 병렬연결에서의 V_{OC}가 된다.

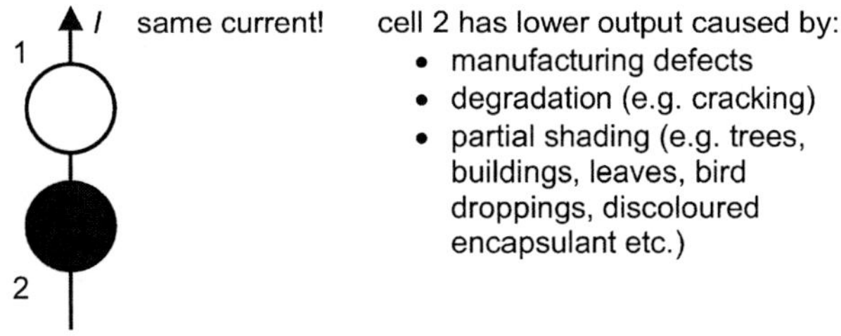

그림 5.5 직렬연결된 부정합 태양전지

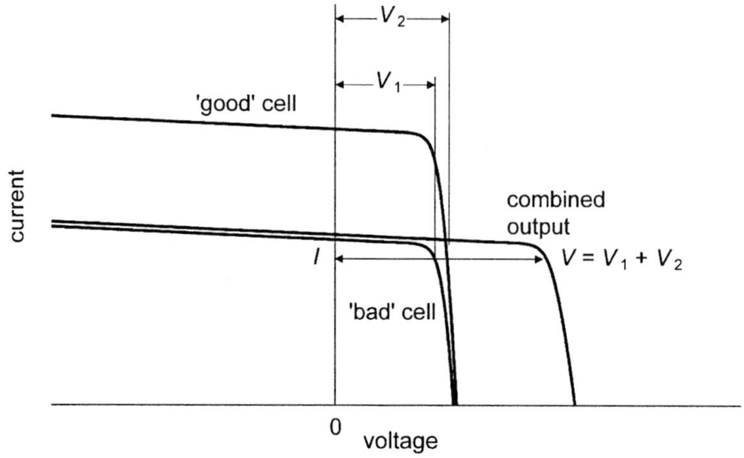

그림 5.6 직렬연결된 부정합 태양전지의 전류. 혼합곡선은 두 개의 전압 V_1와 V_2를 더하여 얻어진다.

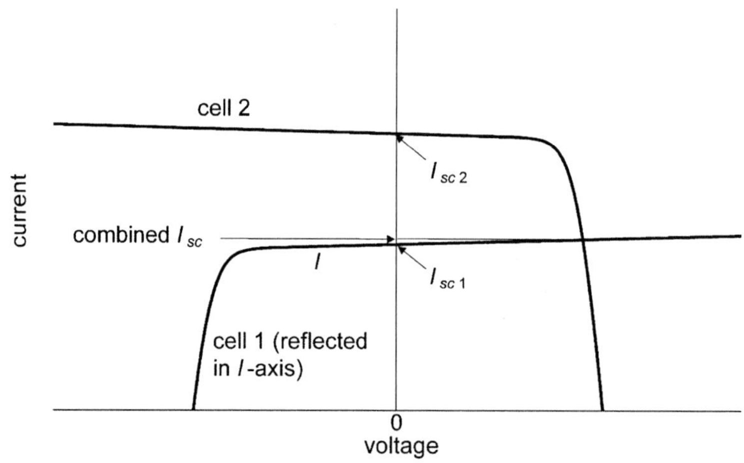

그림 5.7 직렬연결된 부정합 태양전지의 혼합개방전압, I_{SC}를 결정하는 쉬운 방법. 태양전지 하나의 곡선을 전류축을 대칭으로 뒤집고, 전류축 절편($I_1+I_2=0$)을 구하면 직렬연결에서의 I_{SC}가 된다.

5.4 동일하지 않은 모듈의 연결

5.3절에서 셀 대신 모듈을 위치시킬 경우에도 똑같은 효과가 나타날 것이다.

똑같은 전류 등급을 가진 태양전지 혹은 모듈이라 하더라도 서로 다른 제조사에 의해 만들어졌다면 상이한 분광응답성을 가지기 때문에 부정합 문제가 나타날 수 있다.

5.5 열점 가열 현상

모듈이 가진 부정합 태양전지 중 일부는 전력을 생산하지만 일부는 전력을 소모하게 된다. 모듈 혹은 모듈의 일부 스트링이 단락된 상황에서 최악의 경우, 양품 태양전지들의 총 출력이 불량 태양전지에서 모두 소모될 수 있게 된다. 그림 5.8은 한 줄의 태양전지에서 단 하나의 불량이 있는 상황을 도식화하고 있다. 그림 5.9는 불량 태양전지가 모듈 출력에 미치는 영향을 나타낸다. 그림 5.10과 같이 불량 태양전지에는 양품 셀들과는 반대의 전압이 인가된다.

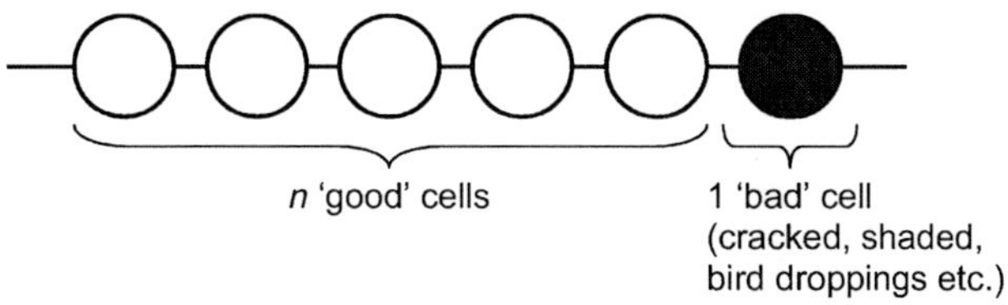

그림 5.8 하나의 불량 태양전지가 있을 경우, 양품 태양전지들에 흐르는 전류가 감소하므로 더 높은 전압이 형성되어 불량 태양전지에 역방향 전압이 형성될 수 있다.

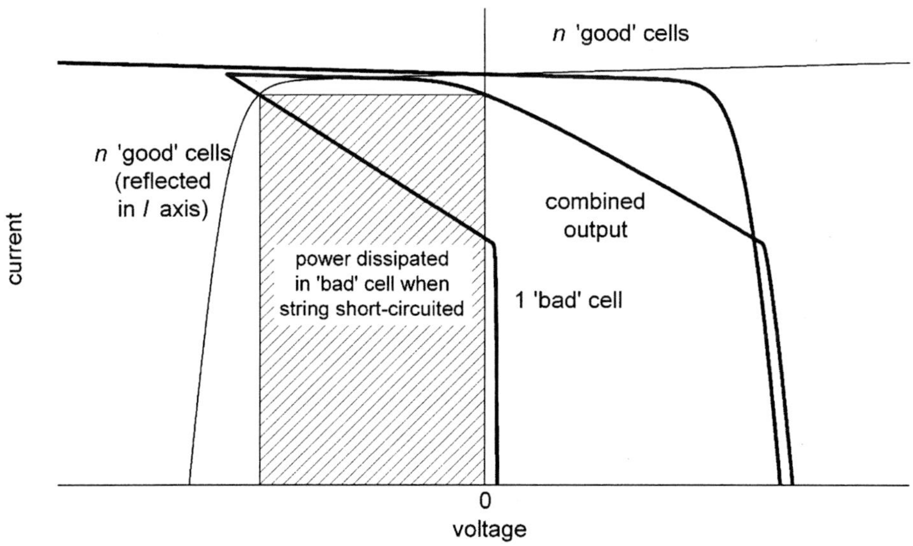

그림 5.9 양품 셀로 이루어진 한 줄의 태양전지에 불량 셀이 들어 있을 경우, 불량 셀이 모듈효율에 미치는 영향

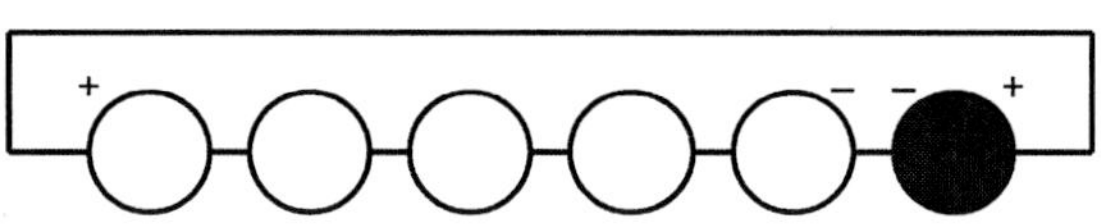

그림 5.10 한 줄의 태양전지에서 불량 셀에 걸리는 역방향 전압. 이 현상은 양품 셀들이 불량 셀이 수용할 수 있는 전류값보다 큰 전류가 흐르는 방향으로 동작하기 때문에 나타난다.

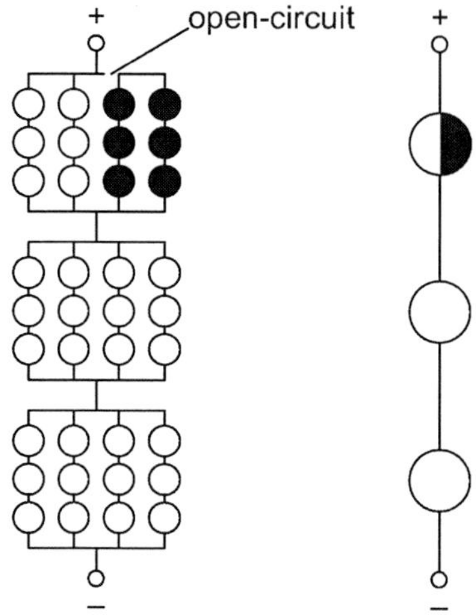

그림 5.11 셀 그룹에서 열점이 발생할 수 있는 상황. 좌측에 있는 셀들의 조합은 우측에 보이는 바와 같이 하나의 불량 셀을 가진 세 개의 직렬연결 셀 상황과 유사하다(Ross & Smokler, 1986).

전력을 소모하는 불량 셀은 국부적인 *p-n* 접합 영역에서 항복현상을 일으킬 수 있다. 매우 큰 전력이 적은 면적을 통해 일어나기 때문에 국부적인 과열 혹은 열점을 형성하여 셀 혹은 유리의 크랙이나 솔더 물질의 용융 등의 파괴적인 증상을 보이게 된다. 유사한 현상이 셀 그룹에서도 일어날 수 있으며, 그림 5.11에서와 같다.

부정합 셀과 열점 문제에 대한 한 가지 해법은 바이패스 다이오드(bypass diode)를 회로에 연결시키는 것이다(Standards Australia, 2005). 그림자가 없는 통상의 조건에서, 각각의 다이오드가 역방향으로 연결되어 있어서 각 셀이 모두 전력을 생산한다. 하나의 셀에 그림자가 생기면 그 셀은 발전을 멈추고 저항체인 것처럼 거동하며 다른 셀들에 의해 역전압이 걸리게 된다. 따라서 그 셀을 지나쳐서 다이오드로 전류가 흐르게 하면 그림자 진 셀은 건너뛰게 된다. 그림 5.12는 바이패스 다이오드가 한 개의 잘못된 셀을 가지고 있는 회로에 있을 경우를 나타내고 있

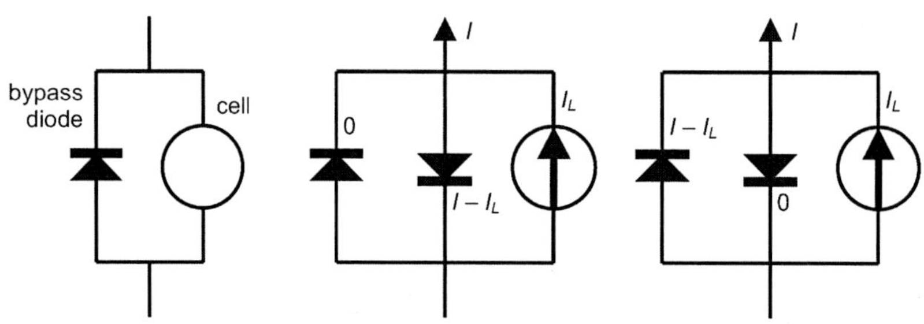

그림 5.12 바이패스 다이오드가 셀과 병렬로 연결되어 있다. 전체 전류가 이 셀의 I_L을 초과할 때 바이패스 다이오드가 동작한다.

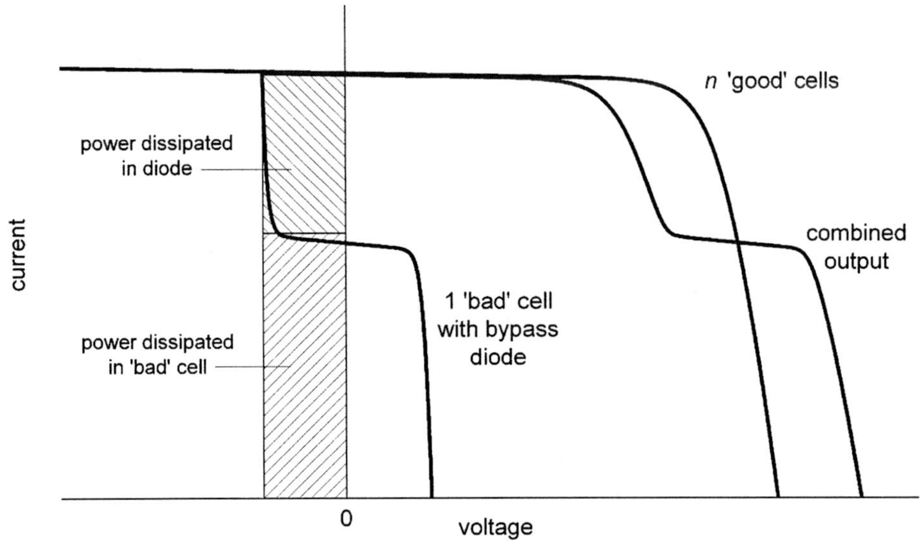

그림 5.13 바이패스 다이오드와 불량 셀이 전체 출력에 미치는 영향. 이러한 조합을 단락시킬 때, 불량 셀과 바이패스 다이오드가 소모하는 총 출력은 하나의 양품 셀의 출력과 대략 일치한다.

다. 잘못된 셀 하나가 어레이의 출력에 미치는 영향은 그림 5.13에 나타나 있다.

실제로, 셀 당 하나의 다이오드를 설치하는 것은 지나치게 비싸므로 다이오드는 통상 셀 그룹에 하나씩 설치된다(그림 5.14). 그림자가 진 셀에서 소모되는 최대 전력은 그 그룹내 모든 셀이 만들어내는 전력과 대략 일치한다.

실리콘 태양전지에 있어서 다이오드 당 셀 그룹의 최대 크기는 대략 10~15개이다. 통상 36셀 모듈의 경우, 3개의 바이패스 다이오드를 설치하여 모듈이 열점

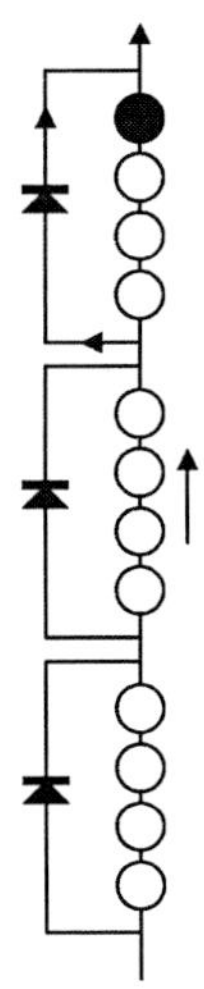

그림 5.14 모듈 내 셀 그룹마다 설치된 바이패스 다이오드

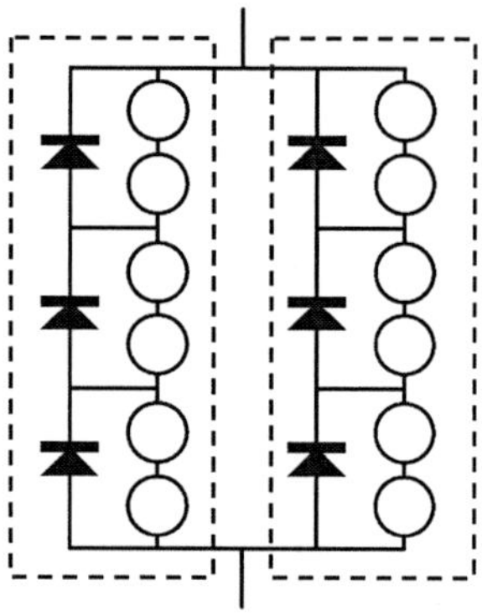

그림 5.15 병렬 모듈에서 바이패스 다이오드

손상에 견딜 수 있도록 한다.

모든 상용화 모듈이 바이패스 다이오드를 가지는 것은 아니다. 이 경우, 모듈의 일부가 주변 구조물이나 이웃한 어레이에 의해 그림자진 채로 장시간 단락되지 않도록 주의를 기울여야 한다. 각 셀 내에 다이오드를 집적하는 것도 시도해볼 수 있다. 이렇게 하면 개별 셀을 보호하는 저렴한 방법을 제공할 수 있다(Green, 1980).

그림 5.15와 같은 병렬연결된 모듈에 있어서, 바이패스를 사용할 경우 열폭주(thermal runaway)라는 추가적인 문제가 예상된다. 한 줄의 바이패스 다이오드가 다른 줄에 비해서 뜨거울 경우, 더 많은 전류를 끌어들이므로 더욱 더 가열될 수 있다. 따라서, 모듈의 병렬전류를 감당할 정도의 대용량 다이오드를 설치해야 한다.

Standards Australia(2005)가 제시한 바이패스 다이오드 사용에 대한 스펙에 의하면 보호대상 모듈의 개방전압보다 2배 높은 전압과 1.3배 이상의 단락전류 조건에서 견뎌야 한다.

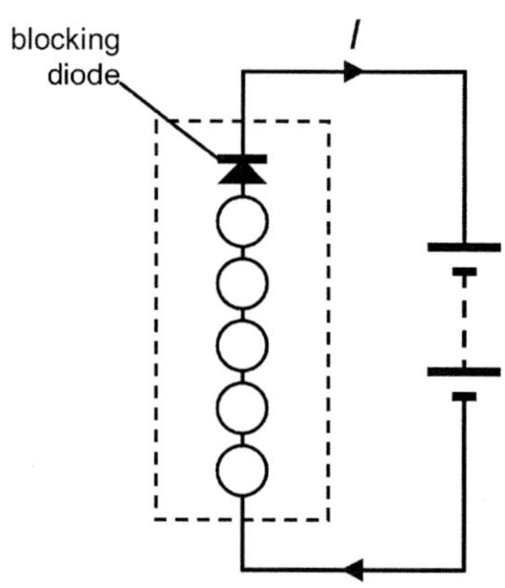

그림 5.16 모듈에서 한쪽 방향으로만 전류가 흐르도록 사용하는 블로킹 다이오드의 사용 예.

일부 모듈에서는 블로킹 다이오드(blocking diode)를 사용하기도 한다(그림 5.16). 이 다이오드는 전류가 모듈 외부로만 흐르도록 해준다. 예를 들어, 야간에 모듈이 방전되면서 형성되는 배터리 현상을 막아준다.

줄 형태로 블로킹 다이오드를 설치하는 것은 통상 바람직하지 않으며 자주 사용되지도 않는다. 왜냐하면 이들은 포집된 전기에너지의 일부를 소모하기 때문이다(Alberts, 2004). 블로킹 다이오드를 사용하면, 바이패스 다이오드와 마찬가지로 2배 이상의 개방전압과 1.3배 이상의 단락전류 조건을 견뎌야 한다(Standards Australia, 2005).

5.6 모듈 구조

태양광 어레이는 중앙계통이나 화석발전 시스템의 사용이 불가능한 매우 열악하고 외딴 환경에서 사용된다. 따라서, 모듈은 장시간 동안 유지보수가 필요없는 동작이 가능해야 한다. 대략 20년 정도의 모듈 수명을 제조사들이 보장하고 있으나 업계는 이미 30년 수명 제품을 찾고 있다. 보호포장(encapsulation)은 모듈 수명에 가장 큰 영향을 주는 요인이다(King, 2000). 전형적인 보호포장을 그림 5.17에 나타내었다.

광전 어레이 설치에 관한 호주 표준(Austaralian Standard for Installation of Photovoltaic Arrays)(Standard Austaralia, 2005)은 IEC 표준 61215(IEC, 1993)를 참고하고 있는데, 이 규격은 있을 법한 극한 조건에서도 모듈이 지속적으로 작동함을 보장하기 위해 모듈 제조업체들이 주로 채택하고 있다. IEC 61215 시험은

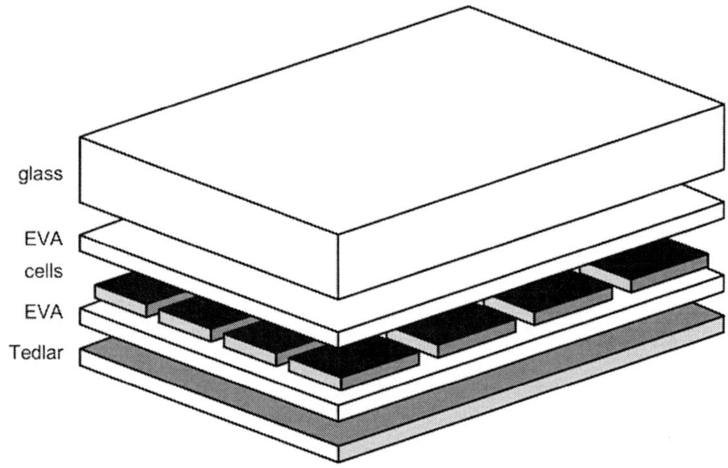

그림 5.17 전형적인 적층 모듈 구조

모듈 업체가 통상적으로 수행하는 품질관리 절차가 적용된 생산 라인에서 무작위적으로 선택된 8개의 모듈을 필요로 한다. 각 모듈은 전기적, 광학적, 기계적 내구성을 시험하기 위한 다양한 순서의 시험을 거치게 된다. 모듈은 다음의 기준을 만족할 경우 품질인증요건을 갖추게 된다.

1. 시각적인 결함이 전혀 없어야 한다.
2. 표준시험조건(STC)에서 최대출력의 저하가 매 시험마다 5% 이내여야 하며, 일련의 시험을 거친 후 8% 이내여야 한다.
3. 절연저항 및 고전압 시험을 통과해야 한다.
4. 개방회로 혹은 접지불량이 없어야 한다.

환경시험에 있어서의 가장 중요한 측면은 아래와 같다.

5.7 내환경 성능

(Treble, 1980; King, 2000, and Ecofys BV, 2004)

모듈은 장시간 자외선 폭로시에도 성능을 유지해야 하며, 먼지, 염분, 모래, 바람, 눈, 습기, 비, 폭풍우, 새, 이슬, 수증기, 환경가스 및 오염, 일간 온도차, 계절적 온도차와 같은 환경 조건을 견뎌야 한다.

상부 덮개는 350~1200nm 파장 범위에서 높은 투과도를 유지해야 한다. 또한, 양호한 내충격성과 내마모성을 가진 편평하고 오염이 없는 표면을 가져야 한다. 이러한 표면은 바람과 비 혹은 스프레이에 의해 자동적으로 세정이 될 수 있다. 전체 구조물은 물, 먼지 혹은 다른 이물질이 퇴적될 수 있는 돌출물이 전혀 없어야 한다.

습기 침투는 모듈의 장기 고장에 주요인이며, 셀이나 회로부 표면에서 응결되어 단락이나 부식을 유발한다. 그러므로, 보호막 시스템은 기체, 증기 혹은 액체의 삼투나 침투에 대한 저항성이 높아야 한다. 가장 취약한 점은 셀과 보호막 사이의 계면을 비롯하여 모든 이종 물질이 접합되는 계면이다. 접착에 사용되는 물질은 특히 세심한 선택이 요구된다. 이들은 극한 동작조건에서 밀착력을 유지해야 하기 때문이다. 통상적으로 사용되는 보호막은 에틸렌 비닐 아세테이트(EVA), 테플론, 캐스팅 레진 등이다.

EVA는 표준 모듈에서 가장 광범위하게 사용되는 소재로서 진공챔버 안에서 적용된다. 테프론도 진공챔버 안에서 적용되나 작은 크기의 특수 모듈에 사용되며 상부 커버유리가 필요없다. 레진 보호막은 빌딩용 대면적 모듈에 가끔 사용된다.

현재로서는 저철분의 열강화(tempered) 압연유리가 가장 선호되는 상부 표면에 해당한다. 이 물질은 비교적 저렴하고, 높은 기계적 강도와 투광성을 가지며 공기나 물에 대한 침투성이 낮고, 자가세정 능력이 우수하기 때문이다. 열강화 공정은 유리가 열응력에 견디도록 도입된다. 저철분 유리는 91% 이상의 태양광이 투과한다. 부식 혹은 딥코팅을 적용하여 만든 반사방지코팅 유리가 최근 개발되어 96% 이상의 투광성을 확보할 수 있게 되었다. 모듈 배면에는 테들러(Tedlar), 마일러(Mylar) 혹은 유리가 사용되며 습기방지막으로 사용된다. 그러나, 폴리머 제품의 경우 일정 수준의 습기 침투를 막을 수는 없다. 모듈 성능이 단기적으로 떨어지는 것은 먼지가 쌓이거나 때가 묻기 때문이다(그림 5.18). 먼지의 효과에 대한 추가적인 자료는 Hammond(1997) 참고문헌을 통해 확인할 수 있다.

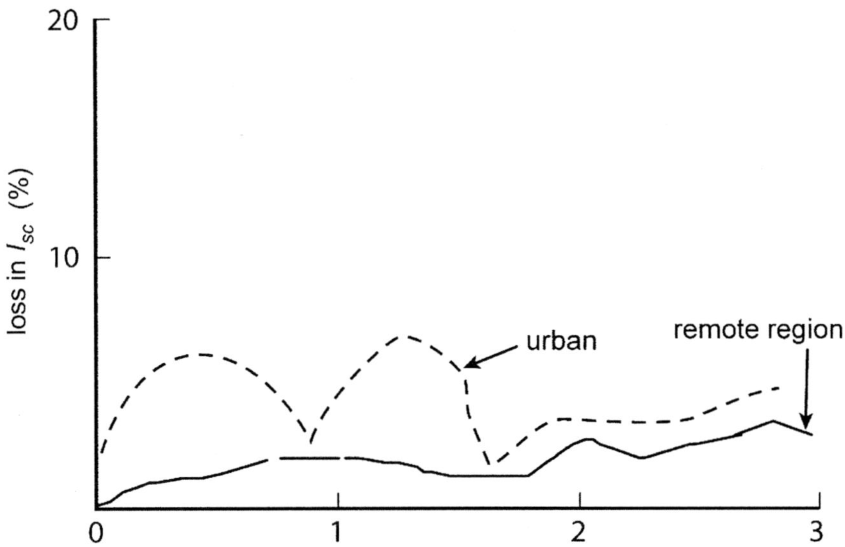

그림 5.18 도시와 지방 환경에서 사용되는 모듈의 단기적 성능 저하(Ross & Smokler, 1986)

5.8 열에 대한 고려

결정질 실리콘의 경우, 가능한 낮은 온도에서 모듈을 동작시키는 것이 바람직하다. 왜냐하면

- 낮은 온도에서 셀 출력이 증가하기 때문이다(3.3절).
- 열사이클 및 응력이 줄어들기 때문이다.
- 열화속도는 대략 매 10°C마다 2배로 증가하기 때문이다.

모듈의 성능저하율을 줄이기 위해서는 셀에 의해 흡수되는 빛보다 긴 파장을 가지는 적외선 복사를 반사시켜야 한다. 그러나, 현재까지 비용측면에서 효율적인 방법이 개발되지 않고 있다. 따라서 모듈과 태양광 어레이는 복사, 전도, 대류에 의한 냉각을 최대한 활용해야 하며, 사용되지 않는 복사광의 흡수를 최소화해야 한다. 모듈 열손실의 절반은 대류에 의해, 나머지 절반은 복사에 의해 이루어진다.

매우 다른 열적 성질을 가지는 여러 가지 보호막처리 방법이 다양한 시장의 요구를 만족시키기 위해 제조업체들이 사용하고 있으며, 다음과 같은 모듈이 제공되고 있다.

- 마린(marine) 모듈
- 사출성형(injection mould) 모듈
- 미니 모듈
- 적층(laminated) 모듈
- 지붕형 태양광 타일(tile)
- 건물일체형 적층 모듈

그림 5.19는 몇가지 종류의 모듈에 대한 온도 상승 크기를 나타낸 것이다. 상온

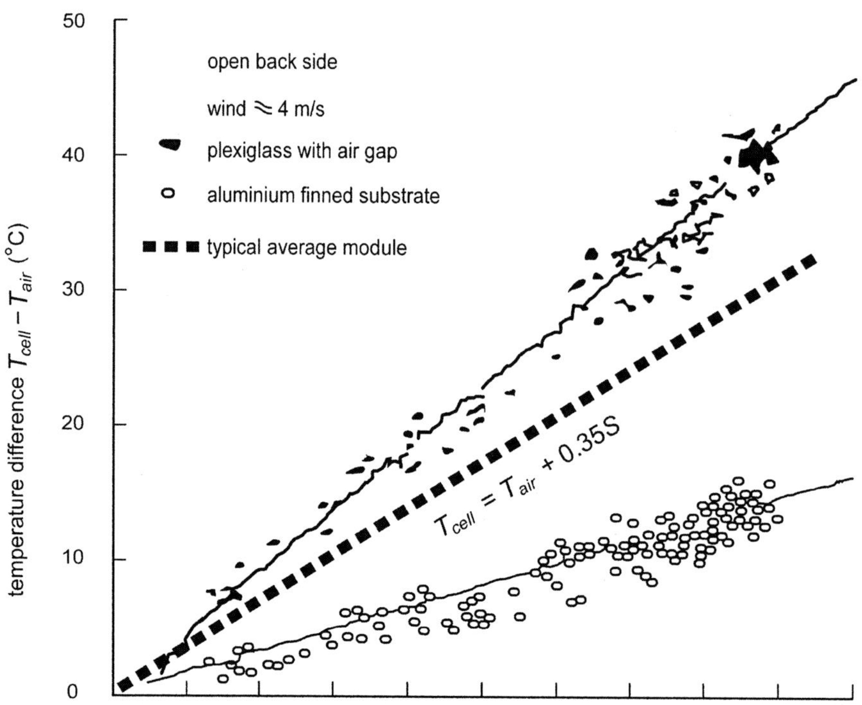

그림 5.19 다양한 모듈이 갖는 온도 상승 곡선(Ross & Smokler, 1986)

이상의 모듈 온도는 광조사량이 증가하면 거의 선형적으로 증가한다.

공칭동작 셀온도(normal operating cell temperature; NOCT)는 모듈 내 개방회로 상태의 셀들이 다음과 같은 조건을 갖는 온도로서 정의된다.

셀표면에서의 광조사량= $800W/m^2$
공기온도= 20℃
풍속= 1m/s
마운팅= 개방된 후면

그림 5.19에서 보면 최고 모듈은 NOCT 33℃에서 동작하며, 최악의 모듈은 NOCT 58℃에서 동작한다. 셀 온도를 계산하는데 적용할 수 있는 대략적인 관계식은 다음과 같다(Ross & Smokler, 1986).

$$T_{cell} = T_{air} + \frac{NOCT - 20}{800} \times S(°C) \qquad (5.2)$$

여기서 S는 W/m^2 단위를 갖는 광조사량이다. 모듈 온도는 풍속이 높을 때 이보다 낮아질 수 있으나, 바람이 없을 경우 더 높아질수도 있다. 온도 효과는 특히 건물일체형 모듈에서 매우 중요해진다. 과도한 온도 상승을 막을 수 있도록 모듈 뒷편에 충분한 공기흐름이 형성될 수 있도록 설계해야 한다.

셀 충진 밀도 또한 동작 온도와 관련이 있다. 드문드문 배열된 셀들은 낮은 NOCT를 가진다. 예를 들어,

- 50% 셀 충진 → 41℃ NOCT
- 100% 셀 충진 → 48℃ NOCT

둥근 형태와 사각 형태의 셀을 이용한 충진 형태를 그림 5.20에 나타내었다.

그림 5.20 둥근 셀과 사각 셀의 충진 밀도

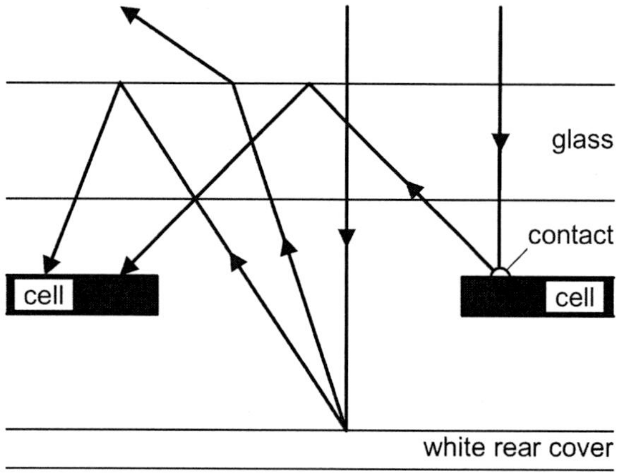

그림 5.21 저밀도 셀 배열과 백색 후면을 가진 모듈에서의 zero-depth 집광 효과

백색 후면을 가진 모듈에서 낮은 밀도로 충진된 셀들은 zero depth 집광 효과(SERI, 1984)에 의해 약간의 효율 상승을 제공할 수 있다(그림 5.21). 셀 컨택과 셀 사이의 모듈 영역에 입사하는 태양광의 일부는 산란되어 모듈의 활성층으로 유도될 수 있다.

열팽창은 또다른 중요한 온도 효과로서 모듈 설계시 세심한 주의가 요구된다. 그림 5.22는 온도 상승에 따른 셀간 팽창을 나타내고 있다.

그림 5.22에 나타낸 바와 같이, 셀간 간격은 다음으로 주어진 양만큼 증가하려는 경향이 있다.

$$\delta = \left(\alpha_g C - \alpha_c D\right)\Delta T \tag{5.3}$$

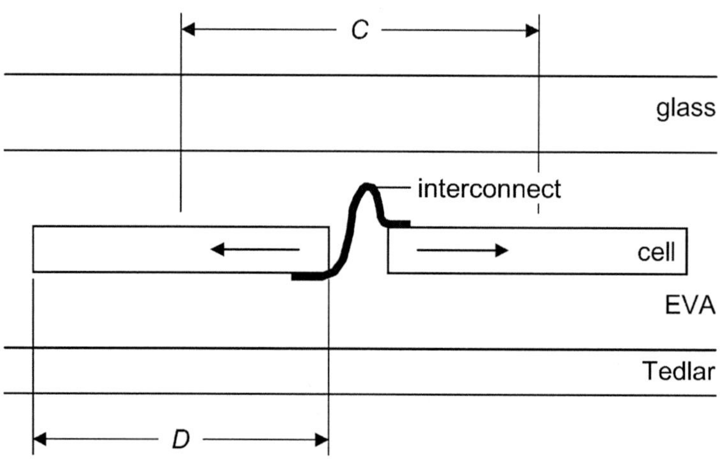

그림 5.22 온도 상승에 따른 셀간 팽창을 수용하기 위한 응력 분산 고리

여기서 α_g, α_c는 유리와 셀의 열팽창계수이고, C는 셀 피치, D는 셀 길이이다.

통상 셀간 배선은 고리모양을 띄고 있다. 이는 순환응력을 줄이는 목적을 갖고 있다. 이중배선(double interconnect)은 이러한 응력에 의해 야기되는 피로파괴를 막기 위해 도입된다.

배선 응력에 더불어, 모든 모듈의 계면들은 온도와 관련된 순환응력에 노출되어 있기 때문에 결국에는 박리로 이어질 가능성이 있다.

5.9 전기절연성

모듈의 보호막 시스템은 적어도 시스템이 가지는 전압만큼은 견딜 수 있어야 한다. 금속 프레임은 특별한 경우를 제외하면 반드시 접지되어야 한다. 왜냐하면 내부 및 터미널 전위가 접지 전위보다 클 수 있기 때문이다(Standards Australia, 2005). 접지누설 안전소자(earth leakage safety device)가 필요한 조건들이 Standards Australia(2005)에 의해 규정되어 있다.

1. 어레이 개방전압 V_{oc} < 50V – 필요없음.
2. 50V < 어레이 개방전압 < 120V – 시스템이 접지되거나 고립된 경우 DC 단자 쪽에 접지불량 보호소자가 요구됨. 고립되지 않은 경우 AC 단자 쪽에 DC감도가 높은 잔류전류소자(residual current device)가 요구됨.
3. 어레이 개방전압 > 120V – 50V를 초과한 어레이에 해당하는 위 조건에 더불어 고립된 어레이에 대해 절연 모니터를 설치해야 함.

5.10 기계적 내구성

태양광 모듈은 적절한 강도와 강성을 가져야만 설치 전 혹은 설치 시 이루어지는 통상의 작업조건에서 견딜 수 있다. 상부 표면에 유리가 사용될 경우, 모듈의 중앙부가 프레임에 가까운 가장자리보다 더 뜨거워지므로 반드시 열강화된 유리를 사용해야 한다. 그렇지 않을 경우, 열분포에 의해 가장자리에 인장력이 발생하여 유리가 깨질 수 있다. 어레이에 사용되는 모듈은 마운팅 구조물에서 발생할 수 있는 비틀림을 수용할 수 있어야 한다(그림 5.23). 또한 바람에 의한 진동이나 바람, 눈, 얼음 등에 의해 야기될 수 있는 하중을 견딜 수 있어야 한다(IEC, 1993).

이러한 기계적 손상에 가장 민감한 지점들은 모듈의 코너부분, 가장자리, 셀 가장자리와 기판 지지대 등이다.

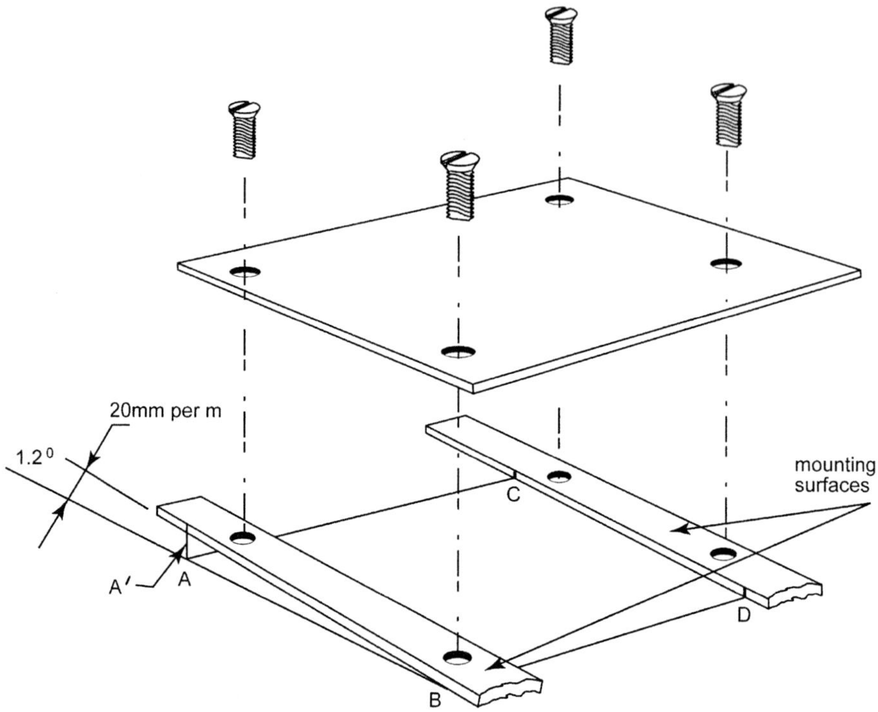

그림 5.23 왜곡된 마운팅 프레임 상에서 발생할 수 있는 모듈의 비틀림 현상(JPL, 1981)

5.11 열화 및 고장 모드

태양광 모듈의 동작수명은 우선적으로 보호막의 내구성에 의해 결정된다(Czanderna & Pern, 1996). 보론 도핑된 실리콘 셀의 경우 광조사에 의한 열화기구가 적용되기도 한다(Schmidt & Cuevas, 1999). 실증 결과에 따르면 20~30년 이상의 예측수명을 가진 모듈이 다양한 경로를 통해 파괴되거나 열화될 수 있으며, 연간 1~2%의 효율 손실이 일어난다(King, 2000). Ross(1980)은 동작 기간에 따라 다음과 같은 다양한 열화 모드가 적용되며 이에 따른 출력 감소를 예측하였다.

1. **상부 오염**－모듈 성능은 표면에 쌓인 먼지에 의해 감소한다. 표면에 유리를 가진 모듈의 경우 바람과 비에 의한 자가세정이 이러한 손실을 10% 이하로 유지시켜준다. 다른 표면물질을 가질 경우 이 손실은 매우 커질 수 있다.
2. **셀 열화**－모듈 성능의 점진적인 열화가 다음의 이유에 의해 발생한다.
   - 컨택의 밀착력 감소 혹은 부식에 따른 직렬저항(R_s)의 증가
   - *p-n* 접합을 통한 금속이동에 따른 션트저항(R_{sh})의 감소

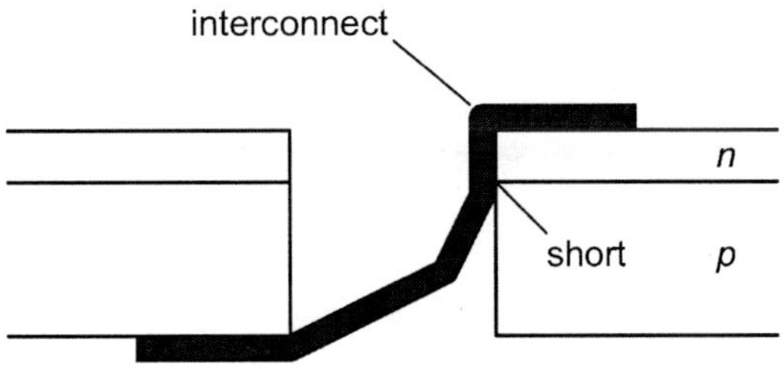

그림 5.24 배선 단락에 의한 셀 고장

- 반사방지막의 손상
- 보론-산소 복합물의 상호작용으로 인한 *p*-형 반도체 물질의 열화(Schmidt & Cuevas, 1999)

3. **모듈의 광학적 열화**—보호막 소재의 변색으로 인한 점진적 성능 저하(Czanderna & Pern, 1996). 자외선 노출, 온도, 습기에 의해 황변이 균일하게 발생할 수 있으며, 가장자리 실런트, 마운팅 혹은 터미널 박스로부터 확산된 이물질에 의해 불균일한 황변이 일어날 수 있다.
4. **단락 셀**—단락은 셀 배선부에서 일어날 수 있다(그림 5.24). 상부와 하부 컨택이 매우 가까운 박막 셀에서 일반적으로 발견되는 고장 모드이다. 핀홀이나 부식 혹은 손상된 셀 물질에 의해 상하부 컨택이 단락될 가능성이 높다.
5. **개방 셀**—일반적인 고장 모드이다. 남은 컨택과 배선 버스라인(busbar)들에 의해 셀 동작은 계속될 수 있다. 파손된 셀은 회로 개방으로 이어진다(그림 5.25). 셀 크래킹은 다음의 요인에 의해 발생한다.
   - 열응력

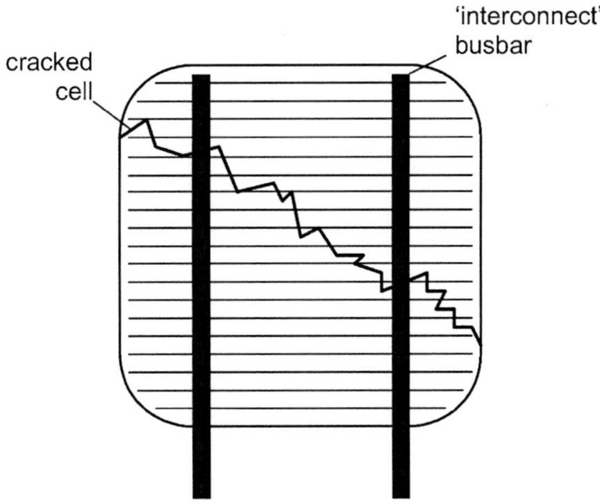

그림 5.25 파손된 셀에서 배선 버스바가 회로 개방을 방지하는 역할을 수행

- 우박 혹은 자갈
- 공정 혹은 조립 중 손상은 잠재적 크랙(latent carck)을 야기하는데, 이는 제조과정 중 발견되지 않을 수 있으며, 상당한 시간이 경과한 후에 크랙으로 발전하여 발견된다.

6. **배선 회로 개방과 직렬저항**－순환열응력과 바람에 의한 하중에 대한 피로는 배선 개방으로 이어지고 직렬저항을 점차적으로 증가시킨다. 주석-납 합금 솔더는 시간이 경과함에 따라 깨지기 쉽고, 크랙을 포함하는 납과 주석의 결정립으로 분리되어 저항을 증가시킨다.
7. **모듈 회로 개방과 직렬저항**－개방 회로 고장과 노화현상은 모듈 구조에서도 나타난다. 통상 버스라인과 정션박스에서 나타난다.
8. **모듈 단락**－각각의 모듈이 판매 전에 모두 검사되기는 하나, 모듈 단락은 제조 결함에 해당한다. 왜냐하면 환경에 따른 절연성 열화가 박리, 크래킹 혹은 전기화학적 부식으로 이어지기 때문이다.
9. **모듈 유리 파손**－의도적인 파손, 열응력, 취급부주의, 바람 혹은 우박 등에 의해 모듈 상부유리가 박살날 수 있다. 지붕재로 사용되는 잔모래는 기울어진 지붕고정형 모듈 표면에 부는 비교적 낮은 풍속에 의해 쉽게 날라갈 수 있으며, 옆에 놓인 모듈에 수직입사할 경우 유리 파손을 야기할 수 있다(King, 2000).
10. **모듈 박리**－초기 생산된 모듈에서 흔히 발견되는 고장 모드이나 현재로서는 큰 문제가 아니다. 통상 습기 혹은 광열 노화(photothermal aging)와 같은 환경적 요인, 서로 다른 열팽창에 따른 응력에 의해 결합력이 감소하여 발생한다. 뜨겁고 습한 기후에서 더 자주 발견된다. 보호막 소재를 통해 침투한 습기, 태양광, 열 등은 화학반응을 촉진시켜 박리를 일으킨다.
11. **열점 고장**－부정합, 파손, 그림자가 드리운 셀 등은 열점 고장을 일으킬 수 있다(5.5절).
12. **바이패스 다이오드 고장**－셀 부정합 문제를 해결하기 위해 사용되는 바이패스 다이오드 스스로 고장을 일으킬 수 있다. 통상 과도한 열에 의해 발생하며 용량이 작을 때도 발생할 수 있다(Durand, 1994). 접합온도를 128℃ 이하로 유지할 경우 이 문제를 피할 수 있다.
13. **보호막 고장**－자외선 흡수체나 다른 보호막 안정제는 모듈 보호막 물질의 긴 수명을 보장하기 위해 사용된다. 그러나, 침출(leaching)과 확산에 의해 느리긴 하나 고갈이 발생할 수 있으며, 농도가 기준치 이하로 떨어지면 급격히 보호막 물질의 열화가 진행된다. 특히, EVA의 갈변(browning)은 아세

트산(acetic acid)의 축적이 동반되기 때문에 일부 어레이에서 점진적인 출력 저하가 야기될 수 있다. 특히 집광형 시스템에서 현저히 나타난다(Wenger, 1991; Czanderna & Pern, 1996; King, 2000). 최근 개발된 광안정형 EVA로 인해 이 문제는 상당부분 해결되었다.

5.12 제조 에너지 및 수명 이슈

초기 태양전지는 많은 양의 소재와 공정 에너지를 소모하였기 때문에 광전변환소자에 의해 생산되는 순에너지가 이슈화되었다. 현대의 상용제품은 초기 셀에 비해 훨씬 높은 효율을 가지고 있으며, 제조기술은 소재 사용량과 폐기물 배출을 최소화하고 있으며, 에너지 사용도 좀 더 효율적으로 이루어지고 있다. 따라서, 태양광 셀이 이들의 제조에 소요된 에너지를 조기에 돌려준다는 사실에는 더이상 이견이 없다. 현재는 모듈 재활용을 위한 제조방법 개발에 노력이 모아지고 있다(Wambach, 2004; Arai, 2004).

공정해석 혹은 입출력 기술을 포함한 다양한 방법이 부품 및 모듈 제조에 필요한 에너지를 계산하는데 이용되고 있다. 이러한 에너지의 총합을 제조 에너지(embodied energy of manufacture, E_{man})라고 부른다. 이는 원자재 채굴 및 모듈제조에 요구되는 주요한 에너지에 해당한다.

수명해석(life cycle analysis; LCA) 기술은 제조, 동작, 폐기 과정의 소재 및 에너지 흐름을 추적하기 위해 사용된다. ISO 14040(국제표준화기구 수명평가 표준)에서 방법론을 제시하고 있다. E_{input}은 제조(E_{man}), 운송(E_{trans}), 설치(E_{inst}), 동작(E_{use}), 조업중지(E_{decomm})에 요구되는 주요한 에너지의 총합으로 정의된다(Kato, 2000).

$$E_{input} = E_{man} + E_{trans} + E_{inst} + E_{use} + E_{decomm} \tag{5.4}$$

PV 모듈이 동작하는 매년, 전력생산에 사용될 수 있었던 에너지의 일정량을 모듈이 대체하게 된다. 이를 E_{gen}으로 부르며, 지역과 교체될 연료에 따라 달라진다. 에너지 회수시간(energy payback time; EPT, EPBT)는 투입한 에너지가 PV 발전에 의해 보상되는데 걸리는 시간을 말한다.

$$EPT = \frac{E_{input}}{E_{gen}} \tag{5.5}$$

현재의 제조기술을 사용하면 결정질 실리콘 모듈의 EPT는 2~8년이며, 박막 모듈의 경우 1~3년이다(Kato, 2000; Alsema, 2000). 새로운 기술이 정착하면 이들은 각각 2년과 1년으로 낮아질 것으로 예측된다(Alsema, 1998). EPT는 모듈 수명(L_{pv})이 20~40년이 될 것이라는 사실과는 무관하므로, PV 모듈은 그 수명이 다할 때까지 제조에 들어간 에너지보다 훨씬 더 많은 에너지를 생산하게 되는 것이다. 에너지 산출률(energy yield ratio; EYR)은 아래와 같이 정의된다(Pick, 2002).

$$EYR = \frac{E_{gen}L_{pv}}{E_{input}} \tag{5.5}$$

EYR이 1보다 크다는 것은 PV 모듈이 순 에너지를 생산한다는 의미이다. 4년의 EPT와 20년의 수명을 가진 모듈의 EYR은 5이며, 모듈은 수명이 다할 때까지 제조에 투입된 에너지보다 5배 더 많은 에너지를 생산하게 된다.

연/습/문/제

5.1 40개의 직렬연결된 동일한 태양전지로 구성된 가상적인 태양광 모듈에서 각 셀은 0.61V의 개방전압과 3A의 단락전류를 가지고 있다. 모듈은 밝은 태양광 환경에서 단락된 상태이고 하나의 셀의 일부분에 그림자가 형성되었다. 모든 셀의 ideality factor가 1이고, 온도 효과를 무시할 경우 그림자 진 셀에서 소모되는 전력을 그림자의 분율에 따라서 계산하라.

5.2 (a) 스펙트럼 응답성에 영향을 줄 수 있는 실리콘 태양전지의 특성에 대해 간략히 서술하라.

(b) 언제 셀 간 스펙트럼 응답성의 차이를 고려해야 하는가? 그 이유를 설명하라.

5.3 (a) 대형 태양광 어레이에 연결되어 있는 부분적으로 그림자가 진 셀에서 국부적인 열점이 어떻게 형성되는지 설명하라.

(b) 열점으로부터 발생할 수 있는 손상을 막기 위해서 고려해야 할 과정을 설명하라.

5.4 (a) 12V의 태양광 모듈이 36개의 동일한 태양전지로 구성되어 있다. 각각은 3.0A의 단락전류를 가지고 있으며 범용 태양전지와 동일한 충진율과 개방전압을 가지고 있다. 25℃에서 이 모듈의 전류-전압 특성곡선을 예측하여 작도하라.

(b) 실수로 제조업체가 하나의 셀을 거꾸로 연결하였다(극성을 뒤바꿔서). 앞의 그림에 해당하는 전류-전압 특성곡선을 덧붙여서 작도하고 어떻게 결정하였는지 설명하라.

(c) 잘못 연결된 셀에 그림자를 드리울 때 어떤 효과가 나타나는지와 그 이유를 설명하라.

(d) 만약 잘못 연력된 셀이 바이패스 다이오드를 갖고 있었다면 도움이 될지 설명하라.

5.5 (a) 태양광 발전은 신뢰성으로 유명하다. 그러나 해가 거듭될수록 실증 현장에서 발생한 다양한 고장으로부터 여러 가지 교훈을 얻을 수 있었다. 예를 들어가면서 가능한 많은 사례를 제시하라.

(b) 유사한 문제들을 결과적으로 어떻게 해결했는지 논하라.

5.6 태양광 발전에 있어서 "공칭동작셀온도(norminal oeprating cell temperature)"가 무슨 의미를 가지는지 설명하라. 이 인자는 가능한 한 낮아야 하는데, 그 이유를 설명하라. 서로 다른 모듈에서 이 인자가 왜 그리고 어떻게 변하는지 지적하라.

참/고/문/헌

Albers, K. (2004), 'Made in the USA. Reverse current overload tests for modules in Europe', *Photon International*, 5/2004, p. 18.

Alsema, E.A. (2000), 'Energy pay-back time and CO_2 emissions of PV systems', *Progress in Photovoltaics: Research and Applications*, **8**(1), pp. 17–25.

Alsema, E.A., Frankl, P. & Kato, K. (1998), 'Energy pay-back time of photovoltaic systems: Present status and prospects', Proc. Second World Conference on PV Solar Energy Conversion, Vienna, 6–10 July, 1998.

Arai, K., Aratani, F., Ishiyama, K., Izumina, M. & Urashima, N. (2004), 'Research and development on recycling technology of photovoltaic power systems in Japan', presented at International PV-SEC 14, Bangkok, 26–30 Jan, 2004.

Czanderna, A.W. & Pern, F.J. (1996), 'Encapsulation of PV modules using ethylene vinyl acetate copolymer as a pottant: A critical review', *Solar Energy Materials and Solar Cells*, **43**, pp. 101–181.

Durand, S. (1994), 'Attaining a 30-year photovoltaic systems lifetime: The BOS issues', *Progress in Photovoltaics: Research and Applications*, **2**, pp. 107–113.

Ecofys, B.V. (2004), 'Technology fundamentals. PV module manufacturing', *Renewable Energy World*, May–June issue—*Planning and Installing Photovoltaic Systems*, James & James/Earthscan, London.

Green, M.A. (1980), 'Integrated solar cells and shunting diodes', Australian Patent

524,519; US Patent 4,323,719; French Application 80.18371; W. German Application P30 31 907; Japanese Patent Application 114102/80.

Hammond, R., Srinivasan, D., Harris, A., Whitfield, K. & Wohlgemuth, J. (1997), Proc. 26th IEEE Photovoltaic Specialists Conference, Anaheim, pp. 1121–1124.

IEC (1993), *Crystalline silicon terrestrial photovoltaic (PV) modules—Design qualification and type approval*, International Electro-Technical Commission, Standard 61215.

JPL (1981), *Block V—Solar Cell Module Design and Test Specification for Residential Applications*, Project 5101-162 for US DOE. And NASA Jet Propulsion Laboratory.

Kato, K. (2000), 'Energy resource saving and reduction in GHG emissions by PV technology—values in the present and added value in the future', *IEA PVPS Task I Workshop*, Glasgow.

King, D.L., Quintana, M.A., Kratochvil, J.A., Ellibee, D.E. & Hansen, B.R. (2000), 'Photovoltaic module performance and durability following long-term field exposure', *Progress in Photovoltaics: Research and Applications*, **8**, pp. 241–256.

Mack, M. (1979), 'Solar power for telecommunications', *Telecommunications Journal of Australia*, **29**(1), pp. 20–24.

Pick, E. & Wagner, H. (2002), *Cumulative Energy Demand (CED) And Energy Yield Ratio (EYR) For Wind Energy Converters*, Proc. World Renewable Energy Congress VII (WREC 2002), July 2002.

Ross, R.G. (1980), 'Flat-plate photovoltaic array design optimization', Proc. 14th IEEE Photovoltaic Specialists Conference, San Diego, pp. 1126–1132.

Ross R.G. Jnr & Smokler, M.I. (1986), *Flat-Plate Solar Array Project—Final Report, Vol. VI: Engineering Sciences and Reliability*, JPL Pub. No. 86-31.

Sandia National Laboratories (2002), *Database of Photovoltaic Module Performance Parameters* (www.sandia.gov/pv/docs/Database.htm).

Schmidt, J. & Cuevas, A. (1999), 'Electronic properties of light-induced recombination centres in boron-doped Czochralski silicon', *Journal of Applied Physics*, **86** (6), pp. 3175–3180.

SERI (1984), *Photovoltaics for Residential Applications*, SERI/SP-281-2190, Solar Energy Research Institute, Golden, Colorado.

Standards Australia (2005), *Installation of Photovoltaic (PV) Arrays*, AS/NZS 5033.

Treble, F.C. (1980), 'Solar Cells', *IEE Proceedings*, **127A** (8), pp 505–526.

Wambach, K. (2004), 'Recycling of solar cells and photovoltaic modules', Proc. 19th European PV Solar Energy Conference and Exhibition, Paris, 7–11 June.

Wenger, H.J., Schaefer, J., Rosenthal, A., Hammond, B. & Schlueter, L. (1991), 'Decline of the Carrisa Plains PV power plant: The impact of concentrating sunlight on flat plates', Proc. 22nd IEEE Photovoltaic Specialists Conference, Las Vegas, pp. 586–592.

chapter 6

독립형(Stand-alone) 태양광 시스템의 구성요소

6.1 서 론

태양광 전지 및 시스템은 아래와 같이 다양한 응용분야를 갖고 있다(참조: Rannel 1991; Sandia National Laboratories 1991; Preiser 2003).

- 우주용(예: 인공위성, 우주정거장)
- 항해 보조기구 및 경계장치(예: 코드 등화시설(coded light beacon))
- 원거리통신(예: 마이크로파 중계국, 원거리지역 라디오전화, 비상용 전화박스)
- 철도건널목, 도로 및 비상 표지
- 음극방식(예: 배관의 부식방지)
- 10mW 이하 용량의 소비자 제품(예: 전자계산기, 시계)
- 배터리 충전(예: 보트, 캠핑카, 전등, 자동차를 포함한 모든 종류의 전력시스템)
- 교육용(예: 개발도상국의 TV)
- 냉장용(예: 원거리 지역의 의약품 및 백신 보관)
- 물 펌프(예: 관개 및 가내 물공급)
- 물 정제(개발도상국 및 선진국에서 중요성이 증가하고 있음)
- 태양광 발전 차량(예: 석유연료나 소음이 많은 모터의 사용이 제한되는 지역에서의 골프카트, 솔라카, 보트)
- 전등(예: 광고게시판, 거리 및 정원의 전등, 보안등, 비상경계등)

- 원격 감시용(예: 날씨, 대기오염, 고속도로 상황, 수질, 강 수위 및 유량)
- 원격 계기눈금 읽기
- 가스 유량 측정
- 다이렉트 드라이브(direct drive) 기구(예: 환풍기, 장난감)
- 전기 울타리(예: 들개나 캥거루 출입방지용)
- 원격 게이트
- 원격 공동 전력 공급
- 원격 가정용 전력 공급(주로 하이브리드 시스템에서)
- 전력계통 연계가 있는 곳에서의 주거용 또는 상업용 전력
- 전력계통의 원격지역 구분 스위치용 전력
- 분산 태양전지(distributed photovoltaics) – 분산지역에 있는 배전계(distribution power grid)로 공급되는 다수의 적정 크기를 갖는 태양광 어레이
- 중앙 발전소

몇 가지 주요 응용분야에 대해서는 다음 장에 자세히 논의되어 있다.

위의 열거한 것 중 대다수는 광범위의 출력량, 설치장소 및 요구가용일(required availability)을 보유한 독립형(stand-alone) 시스템으로써 설계하기가 쉽지 않다. 일부 응용분야에서는 출력량을 예측하는 것조차 아주 어렵다. 계통연계형(grid-connected) 응용분야는 점점 더 많은 관심을 받아왔고, 현재는 독립형 시스템을 추월하여 세계적으로 태양광 모듈의 주된 시장으로 자리잡았다. 계통연계형 및 독립형 전력시스템의 선택사항들이 그림 6.1에 예시되었다.

전기배선을 개별소비자들에게까지 확장하는데 필요한 고비용으로 인해, 전세계의 많은 지역사회, 공공시설 및 가정집들은 디젤, 석유 혹은 신재생에너지를 이용한 전력시스템에 의존하게 되었다. 이러한 현상은 특히 호주와 같이 원격지역과 험난한 지형이 많은 나라에서 잘 나타난다. 태양광 발전시스템은 구시대 기술을 잘 보완해 주고 있으며, 현재 소형 시스템에 널리 활용되고, 점점 더 대형 시스템으로 그 이용이 확대되고 있다.

계통연계형에 비해 독립형 시스템을 사용하는 것이 비용면에서 효과적인 지역은 전기출력량, 그리드(grid)로부터의 거리 및 선택한 독립형 시스템의 종류에 따라 다르다. 예를 들면, 1980년대 호주의 경우 A$40,000 비용의 계통연계가 독립형 시스템보다 비용면에서 효율적이기 위해서는 최소한 6,000kWh의 연간 출력량이 필요하다(Harrington, 1986). 소량의 출력량(예: 3000kWh/년 이하)인 경우에 계통연계 비용이 A$20,000을 초과한다면, 독립형 시스템이 더 비용면에서 효과적이

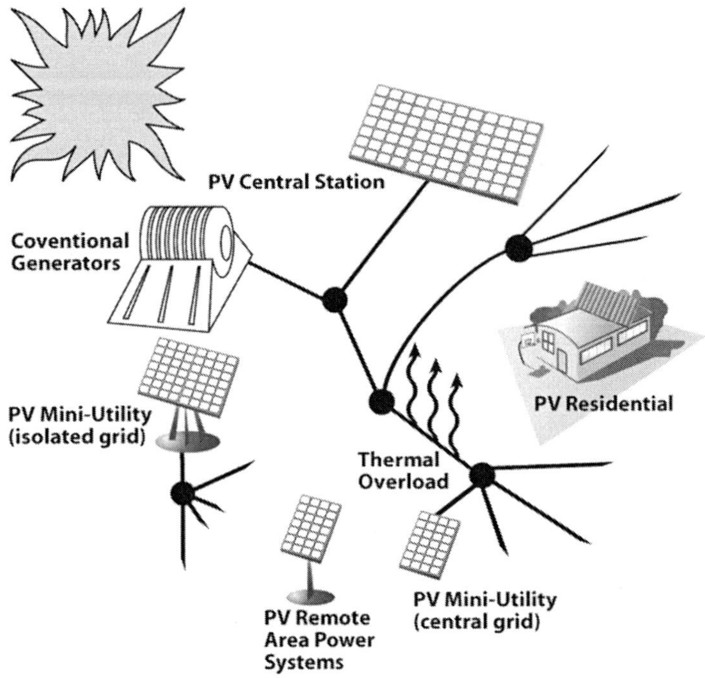

그림 6.1 중앙그리드 on/off형 태양전지 사용 예시(Possible uses of photovoltaics on and off the central grid.)

다(Harrington, 1986). Australian Greenhouse Office(2003a) 발표에 따르면 현재 계통연계 비용은 1km 길이당 약 A$10,000이며, 전기세는 지난 20년간 계속해서 감소하고 있지만, 태양광 및 하이브리드 시스템 가격 또한 동일기간 동안 최고 40%까지 감소하였다(Watt, 2004).

1991년 미국에서는 그리드 길이가 5마일 이상이고 전기출력량이 일반적으로 두 가구 사용량에 해당하는 1,500kWh/월 보다 적으면, 태양광 시스템이 비용면에서 더 효과적이었다(Rannels, 1991). 그리드 길이가 단지 0.3마일 정도라면, 2kW의 소형시스템이 더 효율적이었다(Rannels, 1991).

6.2 독립형 태양광 시스템 설계

독립형 태양광 시스템은 장치가 사용될 장소, 기후, 지리적 특성 및 장비종류를 고려하여 설계되어야 한다. 시스템 구성성분들의 선택과 상호연결에 대한 내용이 이번 장에서 다루어지고, 설계과정은 다음 장에서 논의된다. 별도로 언급하지 않는 한 저장매체는 납 축전지(lead-acid batteries)를 의미한다. 전형적인 독립형 태양광 발전 시스템의 개요도를 그림 6.2에 나타내었다.

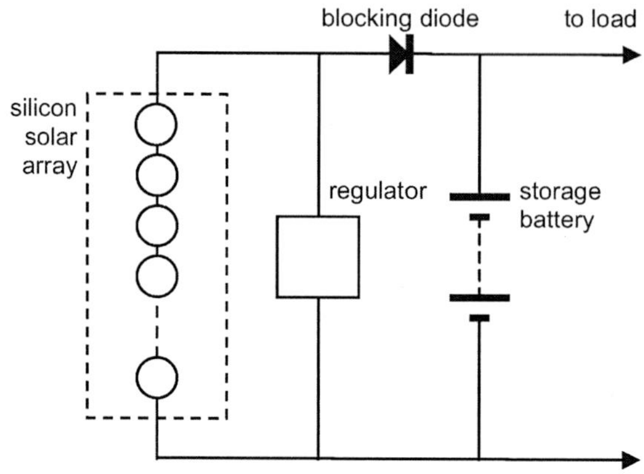

그림 6.2 독립형 태양광 시스템 개략도(Mack, 1979)

많은 나라와 지방에서 지난 10여년 동안 태양광 시스템에 대한 표준규격을 만들어 왔고, 시스템 설계자와 설치자들은 그 규격을 이해하고 준수해야 한다. 때로는 그 규격을 따를 때에만 정부보조금이나 재정적인 지원을 받을 수 있다. 호주에서의 기본표준 규정은 세가지 표준을 포함하는 AS4509 시리즈이다(Standards Australia, 1999-2000a, 1999-2000b, 2002). 다른 표준규격들은 시스템 구성성분과 일부 특정부분에 대한 것이며, 그 중 일부는 아래에서 언급되거나 부록 E에 정리되어 있다.

6.3 태양광 모듈

독립형 시스템에서 태양광 모듈은 주로 축전지를 충전하는데 사용된다. 스크린 인쇄나 함몰전극(buried-contact) 실리콘 전지 기술을 활용한 전형적인 36셀 모듈은 12V의 축전지를 충전하는데 적합하도록 셀들이 연결되어 있다. 스크린 인쇄된 각 셀들은 다음과 같은 성능을 갖는다.

$$V_{oc}=600\text{ mV}(25\,^{\circ}\text{C})$$
$$I_{sc}=3.0\text{ A}$$
$$FF=75\%$$
$$V_{mp}=500\text{ mV}(25\,^{\circ}\text{C})$$
$$I_{mp}=2.7\text{ A}$$
$$Area=100\text{ cm}^2$$

그러므로, 36셀을 연결하면 다음과 같은 성능을 갖게 된다.

V_{oc}=21.6 V(25 °C)
I_{sc}=3.0 A
FF=75 %
V_{mp}=18 V(25 °C)
I_{mp}=2.7 A

실제로 모듈에 캡슐화된 셀들이 캡슐화되지 않은 셀들보다 평균적으로 더 낮은 효율을 보이는 이유는 다음과 같다.

1. 유리에 의한 반사
2. 셀-캡슐재 계면에서의 반사율 차이
3. 셀들 사이의 부조화 손실(mismatch loss)
4. 상호연결시 저항에 의한 손실

12 V의 납 축전지를 충전하기 위해 18 V의 모듈 V_{mp}가 필요한 이유는 다음과 같다.

1. 60 °C까지 온도 상승으로 인한 약 2.8 V 전압 손실
2. 차단 다이오드(blocking diode) 통과시 약 0.6 V 감소
3. 제어기 통과시 약 1.0 V 감소
4. 빛의 강도가 줄어듦에 따른 부분적인 전압 손실
5. 충전을 완료하기 위해서는 14.0-14.5 V까지 충전되어야만 함

실제로 스크린 인쇄된 셀들의 높은 저항손실로 인해서 정상상태에서 빛의 강도가 줄어듦에 따라 V_{mp}는 실제로 증가하게 된다. 일정한 온도에서 빛의 세기가 감소함에 따라 V_{oc}는 대수적으로 감소할지라도, 셀의 전극을 통해 흐르는 전류의 감소 때문에 해당 온도 감소 및 전압 손실 저하는 종종 V_{mp} 증가를 둔화시킬 수 있다.

태양전지의 수명은 특히 습기침투 방지와 관련된 캡슐화의 품질에 따라 주로 결정된다. 가장 보편적인 실패메카니즘(failure mechanism)들은 앞의 5장에서 논의되었다. 또한, 앞에서 설명했던 바와 같이 모듈설계 및 사용재료는 셀 작동온도, 즉 변환 효율에 큰 영향을 미친다. 발전량은 모듈의 설치위치, 차광, 경사각도 및 자동세척 기능 등에 의해서도 영향을 받는다.

6.4 축전지

호주 표준규정 Australian Standard 4086은 독립형 전력 공급 시스템에 사용되는 축전지의 사양을 규정하고 있다(Australian Standard, 1993, 1997). 이 규정은 납 축전지와 니켈-카드뮴전지, 배출형(vented) 및 밸브조절형(valve-regulated) 셀을 포함한 모든 종류의 축전지에 적용된다.

6.4.1 유형

다양한 유형의 축전지들이 독립형 태양광 시스템에 사용될 수 있다. 예를 들면, 납 축전지, 니켈-카드뮴, 니켈-금속-수소화물, 충전용 알카라인 망간(RAM: rechargeable alkaline manganese), 리튬-이온, 리튬-고분자 및 산화환원 전지 등이 있다(참조: Crompton, 1990; Sauer, 2003; Spiers, 2003). 현재 가장 널리 사용되고 있는 것은 납 축전지이다. 아연-브롬화물, 아연-염화물, 마그네슘-리튬, 나트륨-황, 니켈-수소 등과 같은 다수의 다른 전지기술도 있지만, 현 수준에서는 아직까지 원격 태양광 시스템에는 적합하지 않다. 수소-산소 저장 시스템은 효율이 너무 낮아서 여기에서 더 이상 고려하지 않기로 한다(Bossel, 2004).

6.4.2 응용분야

축전지들이 사용될 수 있는 분야는 다음과 같다.

1. 전력 조절(예: 물펌프 시스템)
2. 단기 저장(24시간 동안 출력을 효과적으로 재분배하기 위함)
3. 장기 저장(일조량이 적은 기간에 시스템을 활용하기 위함)

6.4.3 필수요건

축전지의 유지보수가 독립형 태양광 시스템에서의 주된 문제점 중 하나이다. 장기 저장용 전지 시스템의 필수요건은 다음과 같다.

- 긴 수명
- 낮은 자가방전량
- 긴 작동 주기(duty cycle)
- 높은 충전효율

- 저비용
- 적은 유지비

6.4.4 효율

축전지와 태양광 어레이(array) 모두의 높은 원가로 인해 축전지의 효율은 매우 중요하다. 축전지의 효율은 다음과 같이 구분된다.

- **쿨롬(Coulombic) 혹은 충전 효율** – 보통 일정한 방전율에서 측정되며, 충전 중 주입되는 전기량에 대한 회수가능한 전기량의 비를 말한다. 자가방전이 쿨롬 효율에 영향을 미친다.
- **전압 효율** – 역시 일정한 방전율에서 측정되며, 전지를 충전하는데 필요한 전압보다 더 낮은 전압에서 축전지로부터 전기가 회수될 수 있다는 사실을 반영한다.
- **에너지 효율** – 쿨롬 효율과 전압 효율의 곱

독립형 태양광 시스템에 대한 평균 충전 효율은 보통 80~85%이며, 겨울에는 90~95%에 도달한다. 그 이유는 다음과 같다.

- 축전지가 85~90%로 불완전 충전시에 더 높은 쿨롬 효율을 갖는다.
- 대부분의 전기는 축전기로 주입되기 보다는 직접 출력으로 전달된다(실험적으로 95%의 쿨롬 효율이 측정되었다).

6.4.5 전력 등급 및 용량

축전지의 전력 등급(power rating)은 암페어(A) 단위로 측정된 최대 충전 및 방전율로 정의된다.

축전지의 용량(battery capacity)은 지정된 값 이하로 전지 전압강하없이 전지로부터 뽑아낼 수 있는 최대 에너지의 양이다. 축전지의 용량은 일정한 방전율에서 kWh 혹은 Ah(ampere-hours)로 측정된다. 방전율은 전지 용량에 영향을 미친다. 태양광 시스템은 일반적으로 300시간의 방전율을 가지며, 이것은 납 축전지의 경우 10시간 방전율에서의 용량에 약 2배를 생산하는 것과 같다. 전지 용량은 온도에도 영향을 받는데, 20℃ 이하에서는 1℃당 약 1% 정도 감소한다. 반면에 너무 높은 온도는 노후, 자가방전 및 전해질 효과(electrolyte use)를 가속시킨다.

6.4.6 방전심도

방전심도(depth-of-discharge: DOD)는 전지로부터 버려지는 정격용량의 비율(%)을 말한다. Shallow 사이클 전지는 정격용량의 25% 이상에서 방전되어서는 안되는 반면, deep 사이클 전지의 경우 정격용량의 80% 수준에서 방전되어도 된다(Ball & Risser, 1988). 축전지의 수명은 전지의 평균 충전상태의 함수이므로, 시스템을 설계할 때 사이클링 깊이와 전지크기 사이에서의 절충이 필요하다.

6.5 납 축전지

6.5.1 종류

납 축전지(lead-acid batteries)는 현재 독립형 전력시스템에서 가장 널리 사용되고 있는 전지이다. 여러 가지 종류가 있는데, 예를 들면, deep 혹은 shallow 사이클형, 젤 축전지, captive 혹은 액체 전해질전지, 밀폐형 혹은 개방형 축전지 등이 있다(Ball & Risser, 1988; Sauer, 2003).

밸브조절형 납 축전지(VRLA: valve-regulated lead acid)나 밀폐형 축전지는 여분의 수소가스가 배출되도록 설계되어 있다. 촉매변환기(catalytic converter)는 가능하면 많은 양의 배출수소 및 산소가 물로 환원되고, 단지 축전지에 과압력이 걸릴 때에만 가스로 배출되도록 하기 위해 사용된다. 전해질이 추가로 주입될 수 없으므로, 이 장치는 "밀폐형(sealed)"이라고 불린다. 이러한 유형의 장치에서는 충전을 엄격하게 조절해야 하지만, 유지보수는 개방형(open)에 비해 자주 할 필요가 없다.

"개방형" 혹은 "침수(flooded) 전해질형" 축전지는 여분의 전해질을 담고 있어서, 전해질의 층분리를 감소시키기 위해 가스가 발생한다. 충전방식은 그다지 엄격할 필요가 없지만, 전해액을 자주 보충해 주어야 하며, 축전지 하우징은 각 지역의 표준규격에 맞게 수소가스가 축적되지 않도록 환기가 잘 되어야 한다.

6.5.2 평행판 재료

납 축전지는 다양한 종류의 평행판을 이용하여 제조한다.

- **순수한 납**은 연하고 손상되기 쉬으므로, 납 평행판은 매우 조심히 다루어야 한다. 그러나, 납 평행판은 낮은 자가방전율과 긴 평균수명을 갖는다.

- 강도를 높이기 위해 **칼슘**을 추가한 납-칼슘(lead-calcium)판을 사용하기도 한다. 이것은 순수한 납 축전지보다 초기 비용은 저렴하지만 반복되는 과방전(deep discharge)에는 적합하지 않고, 다소 수명이 짧다. 납-칼슘판은 가스 방출률이 낮은 밸브조절형(VRLA) 축전지에 사용된다.
- 강도와 낮은 접촉저항을 얻기 위해 **안티몬**도 종종 납판에 추가된다. 납-안티몬(lead-antimony) 전지는 일반적으로 자동차용에 사용된다. 이것은 순수 납 축전지나 납-칼슘 축전지보다 매우 저렴하지만, 수명이 짧고 자가방전율이 높다. 게다가, deep 사이클시 쉽게 퇴화되고 항상 완전 충전상태로 유지되어야 한다. 결과적으로, 이것은 독립형 태양광 시스템에는 적합하지 않다. 납-안티몬 축전지는 높은 전해질 사용률로 정기적으로 다시 보충해주어야 하므로 보통 개방형으로만 사용된다.

6.5.3 충전방식

태양광 시스템의 축전지는 보통 일정한 포텐셜 혹은 사이클 모드에서 작동된다. 많은 태양광 발전용 축전지는 저충전상태에서 오랫동안(예: 겨울내내) 사용되어 종종 문제가 발생한다. 예를 들면, 저충전상태에서 사용되는 동안 납황산염이 축전지 평행판 위에 생성되어 전지효율 및 가용용량을 감소시킨다. 이것을 황산염화(sulphation)라고도 한다.

방전량의 최고치를 50% 수준으로 제한하면 이 현상을 최소화하여 황산의 농도를 높게 유지할 수 있다. 또한, 산의 농도를 높이면 전지가 동결될 가능성이 줄어든다. 겨울철 문제점을 줄이는 또 다른 방법은 어레이를 기울게하여 여름 햇빛을 조금 덜 받더라도 겨울 햇빛을 최대한 활용하도록 하는 것이다.

과충전은 충전균일화(charge equalization)의 수단으로 단기간 사용에는 좋은 점이 있으나, 이 또한 문제가 될 수 있다. 과충전은 가스를 발생시켜 전해질을 교반시키므로 전지의 하부에 농축물들이 가라앉는 것을 방지해 준다. 하지만, 가스발생이 지나치게 지속되면 전해질이 손실되고 활성물질들이 평행판으로부터 떨어져 나오게 된다.

과충전을 방지하기 위해서 각 셀들의 전압을 전압조정기를 사용하여 2.35 V 정도로 제한한다. 이렇게 하면 전지의 최고전압을 약 14 V 수준으로 조절할 수 있다. 태양광 시스템에 사용되는 전형적인 납 축전지의 충전 및 방전특성을 각각 그림 6.3과 6.4에 나타내었다.

납 축전지를 제어하는 가장 보편적인 방법은 축전지의 전압에 의해 측정되는

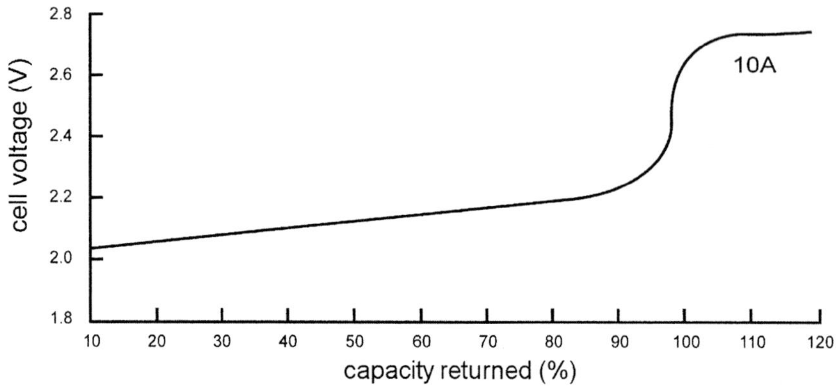

그림 6.3 25℃에서 태양광 시스템에 적합한 500Ah 용량 납 축전지의 정전류 충전특성 (Mack, 1979; Telecommunication Society of Australia의 허가하에 게재됨).

근사충전상태(approximate state of charge)를 이용하는 것이다. 전해질의 과다한 손실을 유발하지 않으면서, 가스 발생량을 줄이고 충전균일화 및 전해질 교반이 되도록 선택된 단전상한(HVD: high voltage disconnect) 지점에서 충전을 멈춘다. 유사한 방법으로, 전지의 수명을 적절히 유지하도록 단전하한(LVD: low voltage disconnect) 지점에서 방전을 멈춘다.

축전지의 전압이 전지의 충전상태를 명확하게 알려주지 못하므로 위의 방법들은 이상적인 방법이 아니다. 그래서 제조사들은 지속적으로 더 효과적인 전지 충전조절방식을 찾고 있다.

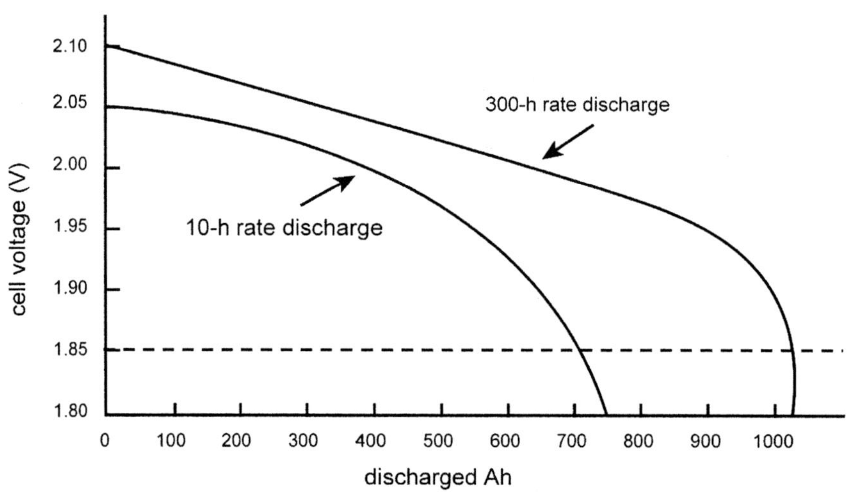

그림 6.4 제한전압 1.85V/셀을 갖는 550Ah 용량 납 축전지에 대한 다른 두 방전율에서의 정전류 방전특성(Mack, 1979; Telecommunication Society of Australia의 허가하에 게재됨).

6.5.4 효율

납 축전지의 전형적인 효율은 아래와 같다.

- 쿨롬 효율: 85%
- 전압 효율: 85%
- 에너지 효율: 72%

주의 많은 축전지 제조사들이 쿨롬 효율을 축전지의 효율로 인용하는데, 이는 잘못된 것이다. 게다가, 전압 효율은 충전율 및 방전율에 따라 크게 달라질 수 있다.

6.5.5 유사사용의 벤치마킹 및 분류화

독립형 시스템에 가장 적합한 축전지를 결정하기 위한 벤치마킹 및 분류화 작업이 유럽연합의 큰 과제로 진행되고 있다(Wenzl et al., 2004). 실제 시스템에서 얻어진 데이터들을 표준화된 방법으로 평가하는 방식으로 진행되고 있으며, 유사사용 범주를 6가지로 분류하고 있다. 이 작업은 온라인 설계도구인 "RESDAS" 및 디자인 권고사항과 관련이 있다(Energy Research Centre of the Netherlands, 2004).

6.6 다른 전기 충전방식

6.6.1 니켈-카드뮴 전지

니켈-카드뮴(NiCd) 전지는 가전제품의 재충전형 전지로 가장 널리 사용되고 있으며, 특히 추운 지역의 독립형 태양광 시스템에 적합하다. 이 전지는 납 축전지에 비해 다음과 같이 많은 장점이 있다.

- 과충전하여 사용할 수 있다.
- 완전방전이 가능하여 큰 사이즈를 필요로 하지 않는다.
- 훨씬 더 단단하다.
- 우수한 저온 성능을 갖고 있으며, 셀 손상없이 동결이 가능하다.
- 내부저항이 적다.
- 고속충전이 가능하다.
- 방전동안에도 일정한 전압을 유지한다.
- 수명이 길다.

- 유지보수를 자주할 필요가 없다.
- 사용하지 않을 때에는 방전율이 낮다.

그러나, 다음과 같은 단점도 있다.

- 일반적으로 2~3배 정도 비싸다.
- 충전 효율이 낮다(60~70%).
- 메모리 기능으로 인해 과방전이 안되는 것을 방지하기 위해서 완전방전을 해야 한다.
- 낮은 방전율로 인해 용량 증가가 적다.

이러한 단점을 극복하기 위해 새로운 디자인들이 진행되고 있는데, 특별히 태양광 분야로의 적용을 위한 니켈-카드뮴 전지들이 설계, 제조되고 있다. 이들의 투자비용이 납 축전지의 3배 정도 비싸긴 하지만(Sauer, 2003), 일부에서는 수명주기 비용(life-cycle cost) 측면에서 납 축전지보다 더 저렴하다(Pedals, 1993 참조).

6.6.2 니켈-금속-수소화물 전지

니켈-금속-수소화물(NiMH) 전지는 충방전시 금속화합물 내 수소의 흡수 및 탈착에 의해 작동한다. 전해질에는 수산화칼륨 수용액이 포함되어 있는데, 그 중 대부분은 전극과 분리기(separator)에서 흡수된다. 그러므로, 이 전지는 어떠한 방향으로도 사용될 수가 있다. 정격전압은 니켈-카드뮴과 유사하게 1.2 V를 갖는다. 니켈-카드뮴과 비교하면 에너지 효율은 80~90% 정도로 더 높고, 최고전력은 더 낮으며 메모리 효과는 덜 심각하다. 니켈-금속-수소화물 셀은 니켈-카드뮴에 비해 전압반전(voltage reversal)에 약하므로, 특히 여러 개가 직렬로 연결되었을 때에 이 현상이 일어나지 않도록 주의해야 한다.

대형 니켈-금속-수소화물 전지는 가격이 비싸서 원격 태양광 에너지 저장용으로 널리 사용되지는 않겠지만, 휴대용 가전용으로는 빠르게 니켈-카드뮴을 대체하고 있다(Sauer, 2003).

6.6.3 재충전용 알카라인 망간(RAM) 전지

재충전용 알카라인 망간(RAM: rechargeable alkaline manganese) 전지는 수년 동안 사용되어 왔던 일차전지를 바탕으로 개발되어 왔다. 이것들은 1.5 V의 정격전압을 가지며 밀폐형이다. 중금속이 함유되어 있지 않아서 다른 종류의 전지들에 비해 환경문제가 적지만, 아직까지는 단지 소형전지로만 사용가능하다.

불행히도 이 전지는 내부저항이 높고, 딥사이클(deep cycle) 주기수명(cycle life)이 짧다. 긴 주기수명을 얻기 위해서는 방전심도를 수 % 정도로 제한하여야 한다. 이런 종류의 축전지는 비상등과 같은 특수한 용도의 태양광 시스템이나 shallow cycling이 허용되는 경우에 사용될 수 있을 것이다(Sauer, 2003).

6.6.4 리튬-이온 및 리튬-고분자 전지

리튬 전지는 컴퓨터, 카메라, 일정관리기 및 휴대폰과 같은 휴대용품에 널리 사용되고 있다.

이 전지의 정격전압(3.6 V)은 물을 전기분해하는데 필요한 전압보다 높으므로, 전해질 수용액을 사용할 수 없고 리튬염을 유기용매에 녹여 사용한다. 이 전지는 밀폐형이지만 안전배출구를 갖고 있다. 반응성이 높은 금속 리튬을 사용하면 폭발이나 화재의 위험이 있으므로, 과충전, 과방전, 과전류, 단락 및 과열 등에 주의해야 한다.

6.6.5 산화환원 흐름 전지

산화환원 전지는 가역반응을 이용하여 액체전해질 내에서 전기를 저장하거나 방출한다. 이온선택막을 이용하여 서로 분리된 두 활성물질 용액들 사이의 이온전달을 제어한다. 전해질들은 자가방전이 되지 않는 탱크의 외부에 저장된다. 호주에서는 바나듐과 아연-브롬 산화환원 전지들이 활발하게 연구개발되고 있다. 이것들은 납 축전지에 비해 주기수명이 길고 에너지 밀도가 높으며, 완전방전이 가능하다.

산화환원 전지의 용량은 저장된 활성물질양의 함수이고, 전력등급은 전지 체임버(chamber)의 크기에 좌우된다. 그러므로, 용량과 전력등급은 각 용도에 맞게 독립적으로 선택될 수 있다. 산화환원 전지의 효율은 아래의 바나듐 산화환원 전지의 예에서 보듯이 매우 좋은 편이다(Largent et al., 1993).

- 쿨롬 효율: 97%
- 전압 효율: 92%
- 에너지 효율: 87%(펌프손실 포함)

태양광 발전용으로 산화환원 전지를 사용할 경우 예상되는 문제로는 유지보수와 가혹한 환경에서의 활성물질의 오염이 있다. 철-크롬 산화환원 전지에서 발견되었던 상호오염(cross-contamination) 문제는 바나듐 전지에서 나타나지 않는다.

6.6.6 수퍼 축전기(Super capacitors)

일반 축전기와 달리, 이 정전기 저장장치는 유전체 대신 전극사이에 이온전도성 막을 사용한다. 이것의 세 가지 장점은 고전력 용도에서 요구되는 (1) 긴 주기수명과 (2) 낮은 내부저항으로 고전력용으로 사용가능하다는 것, (3) 전압과 직접 연관된 충전상태를 쉽게 알 수 있다는 것이다.

수퍼 축전기는 자가방전율이 높아서 중장기 저장용으로는 적합하지 않다. 하지만, 펌프작동 초기나 전력의 요동을 고르게 할 때와 같이 높은 최고점 전력을 필요로 하는 곳에 사용될 수 있을 것이다(Sauer, 2003).

6.7 전력 조절 및 제어

6.7.1 다이오드

블로킹 다이오드(blocking diodes)는 태양광 어레이에서의 단락으로부터 전지를 보호해 주고, 태양전지에 햇빛이 들어오지 않을 때 축전지가 태양전지를 통해 방전되지 않도록 막아준다. 이러한 기능은 주로 충전제어기에 의해 이루어진다.

다이오드 전압강하기 역시 전지가 과전압을 출력에 공급하지 않도록 확인하는데 사용될 수 있다.

6.7.2 제어기

충전조절기로도 알려져 있는 축전지의 전압제어기는 태양광 발전시스템에서 방전 레벨과 과충전을 제한함으로써 전지를 보호하기 위해 필요하다(Roberts, 1991; Preiser, 2003; Schmid & Schmidt, 2003; von Aichberger, 2004). 호주의 경우 제어기는 표준규정(Australian Standard)에 자세히 규격화되어 있지 않지만, 시골의 작은 태양광 주택에 사용되는 제어기에 대한 표준지침이 "태양광 주택을 위한 만국기술 표준(Universal Technical Standard for Solar Home System(UPM, 2003))"과 Usher & Ross(1998)에 포함되어 있다. 일반적으로 다음 네 가지의 설정점(set point)이 지정된다(Watts et al., 1984).

- 제어 설정점(VR: regulation set point) – 최고 허용전압. 일단 VR에 도달

하면 제어기는 충전을 멈추거나 전지에 전달되는 전류를 조절한다. 전지의 온도가 ±5°C 이상으로 변하면 온도를 보정해 주어야 한다.

- 제어 히스터리시스(VRH: regulation hysteresis) – VR과 최고 어레이 충전 전류가 회복되는 전압과의 차이. 만약 VRH가 너무 높게 설정되어 있다면 충전이 오랫동안 중단될 것이다. 또한, VRH가 너무 낮게 설정되어 있는 경우에는 소음과 함께 잦은 진동이 발생하고 스위치 소자를 손상시킬 수도 있다. 전위 VR－VRH를 VRR이라고 부른다(User & Ross, 1998).
- 저전압 단전(LVD: low voltage disconnect) – 출력이 단절되는 전압, 즉 최고 방전심도 및 충전용량을 갖게 되는 전압을 말한다. LVD는 과방전을 막아준다.
- 저전압 단전 히스터리시스(LVDH: low voltage disconnect hysteresis) – LVD와 출력단절 후 재연결이 허용되는 전압사이의 전폭. LVDH가 너무 작게 설정되어 있으면, 출력사이클이 전지의 저충전상태에서 빠르게 개폐(on/off)되어 제어기와 출력에 손상을 줄 수 있다. 만약, 너무 높게 설정되면 출력이 오랫동안 꺼진 상태(off)로 유지되게 된다. 전위 LVD+LVDH를 "저전압 재연결(low voltage reconnect)" LVR이라고 부른다(Usher & Ross, 198).

설정값들은 전지 및 제어기의 종류와 온도에 의존한다. 이 내용은 참고문헌 "Usher & Ross, 1998"에 자세히 다루어져 있다.

전지를 과충전으로부터 보호하기 위해 사용되는 두 가지 기본적인 충전제어방식이 있으며, 그 외에도 많은 변형된 방법들이 있다(Usher & Ross, 1998).

차단(on/off) 제어 – 제어기가 스위치 역할을 하여 충전하는 동안 모든 태양광 전류가 전지로 흐르게 한다. VR에 도달하는 순간, 제어기는 회로를 개방하거나 단락시켜서 충전전류를 차단한다. 전압이 VR-VRH까지 떨어지면 회로가 다시 연결된다. 빠른 사이클을 피할 수 있는 다른 재연결 방법은 단락 후 일정시간 동안 기다리는 것이다. 만약 축전지의 크기가 태양광 어레이보다 작다면, 개폐식 제어기는 맑게 개인날에 충전을 조기에 중단시키는 결과를 초래할 수도 있다. 그렇게 되면, 전지의 내부저항을 통과하는 높은 어레이 전류가 고단자전압을 생성하여 전지가 완전히 충전되기도 전에 VR값에 도달하게 된다.

정압 제어 – 개폐식 차단제어기에서는 VR에 도달할 때까지 가용한 충전전류가 전지로 흘러들어간다. 그러나, 충전전류는 점점 감소하여 전달된 모두 전류가 전

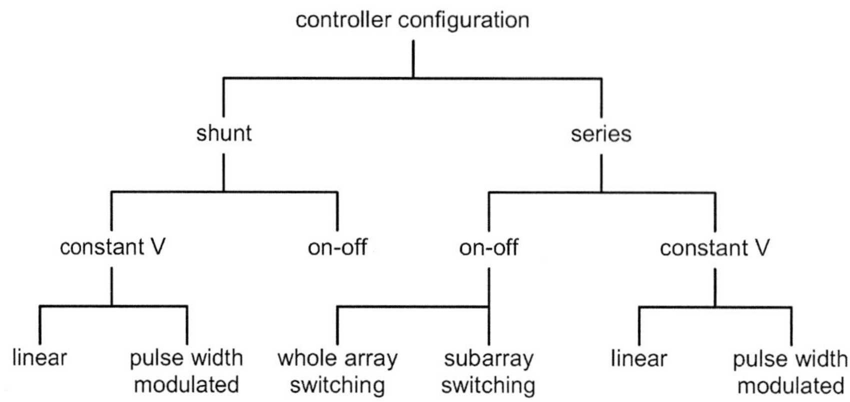

그림 6.5 제어기 계보(Usher & Ross, 1998)

지에 저장될 수 있다. 일부 제어기들은 전지의 상태를 감지하거나 과도한 가스발생을 피하도록 낮은 VR을 사용하도록 하여 VR 설정치를 변경하는데, 이것은 가스발생 균일화 충전과도 연관되어 있다. 많은 종류의 변형된 방법들도 사용된다. 선형 및 진폭변조 위상(topologies)이 일반적으로 사용된다. 두 방법 모두 병렬 혹은 직렬연결에 사용될 수 있다(그림 6.5).

병렬 제어기는 고체소자를 이용하여 어레이에서 과도하게 생산된 전력을 방출시킴으로서 전지의 전압을 어떤 일정수준으로 유지한다. 브로킹 다이오드(blocking diode)가 전지와 스위치 사이에 직렬로 놓여서 전지의 단락을 예방한다(그림 6.6). 병렬 제어기는 과거에 단지 20 A 이하의 태양광 전류를 갖는 작은 시스템에만 적용이 가능했었고, 전지 본체에 과열문제를 일으키기도 했었는데, 그것은 복사율과 대기온도가 높을 때 일반적으로 열방출이 일어나기 때문이다. 출력이나 전력이 단지 태양광발전 전력만을 사용하고 있을 때에 이 제어기는 전력을 거의 소모하지 않는다. 하지만, 저저항(low-resistance) 반도체 스위치소자의 출현으로 전력소모는 더 이상 심각한 문제가 되지 않으며, 그 손실은 병렬 제어기보다도 훨씬 작다(Schmid & Schmidt, 2003). 제5장에서 논의하였듯이, 바이패스 다이오드가 사용되지 않는다면 회로의 단락으로 과열점이 생성될 수도 있다.

직렬 제어기는 전압이 일정값에 도달하면 어레이의 전류를 조절하게 된다. 조절요소는 어레이와 전극을 통과하는 해당 전압강하를 갖는 전지사이에 직렬로 연결된다. 이 장치는 선형배열에서 가변저항으로 작동되어 VR에 접근하면 단순히 개폐형 구조에서 어레이 회로를 개방하거나 일정한 전압을 걸어줄 수 있다. 후자의 경우, 조절요소는 항상 전력을 감소시킨다(그림 6.6).

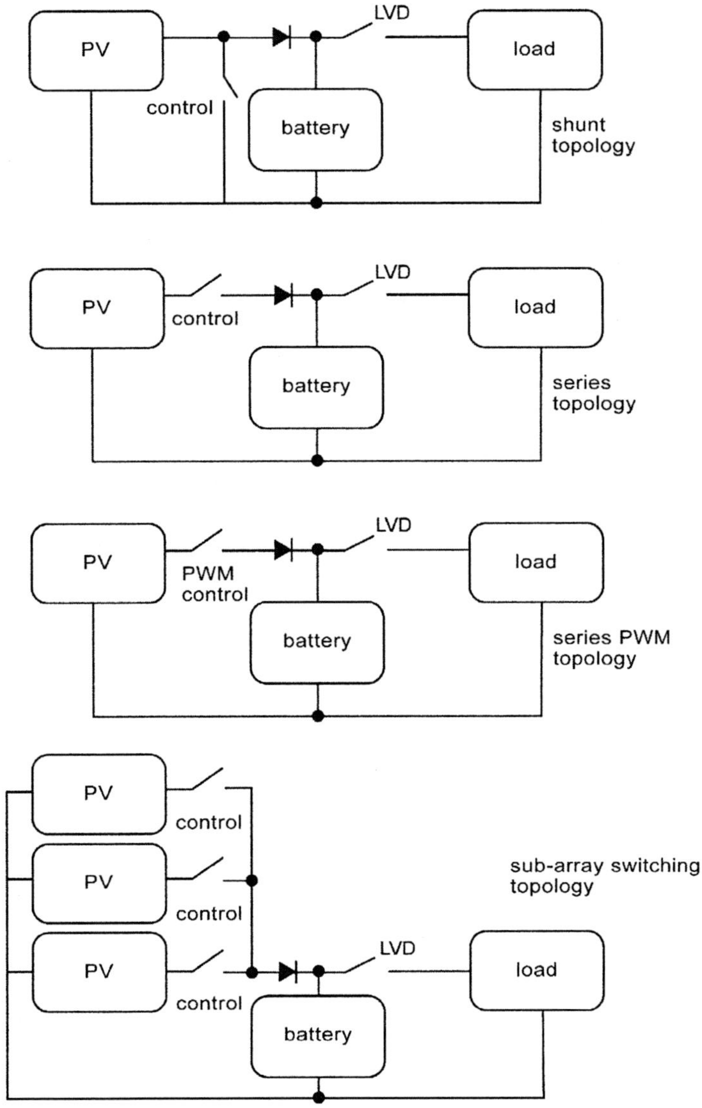

그림 6.6 제어기 체계도(인용: Usher and Ross, 1998)

펄스폭 변조(PWM) 제어기는 가변 duty cycle을 갖는 반복적인 전류 펄스를 적용하는데, 직렬 혹은 병렬로 연결할 수가 있다.

서브어레이(Sub-array) 스위치 구조는 차단형 제어기를 개선한 것이다. 전체 어레이의 스위치를 끄는 대신에, 하부 어레이들이 필요에 따라 켜지고 꺼지게 된다(그림 6.6). 충전전류가 한낮으로 갈수록 증가함에 따라 이 시스템은 한 번에 하나의 어레이 섹션을 단절시키며 작동한다. 저녁이 되어 충전전류가 감소하면 그때 다시 연결된다. 이 구조는 많은 태양광 어레이 섹션으로 구성된 대형시스템에 적합하다.

자동조정(self-regulating) 시스템은 조정기없이 작동되며, 어레이가 전지에 직접 연결되어 있고, 태양광 패널 고유의 자동제어 특성을 이용한다. 태양전지 혹은 모듈의 I-V 특성곡선에서의 기울기는 조건이 최대전력지점에서 개방회로쪽으로 이동할수록 점진적으로 증가한다. 온도가 일정할 때, 최대전력 지점 이상으로의 전압증가에 따른 생성전류의 자동감소는 전지의 충전제어에 아주 적절해 보인다. 하지만, 태양전지의 전압은 온도에 매우 민감하므로, 매일매일 온도 및 풍속 변화로 인해 신뢰할 만한 즉, 다양한 지역에 적합한 자동제어 시스템을 설계하는 것은 매우 어렵다. 이 방법은 계절에 따른 온도 변화가 작은 지역과 전지가 어레이 크기에 비해 상대적으로 큰 경우에만 적합하다.

자동조정 시스템의 설계와 관련해서 다른 복잡한 인자는 셀 기술에 따라 다른 유효값의 직렬저항이 필요하다는 것이다. 결과적으로, 최대전력지점과 개방회로 조건 사이의 I-V 곡선 기울기는 기술별로 아주 다를 수 있다. 그래서, 이러한 시스템을 정확하게 설계하려고 하면 아주 복잡해진다.

제조업체들의 일반적인 접근방법은 전지의 과충전 가능성을 줄이기 위해 표준 모듈에서 약 10% 정도의 태양전지를 제거한다. 그리하여, 자동조정시스템을 이용하면 전압조절기를 통과하는 전압강하가 발생하지 않게 되고, 최고로 더운 날씨에도 전지가 완전히 충전되도록 하기 위해 태양광 패널에 의해 전달되는 과전압이 더 이상 필요없게 되어 시원한 날씨에 전지가 과충전되는 위험을 방지한다. 결과적으로 자동조정시스템은 훨씬 더 저렴한데, 이것은 전지제어기가 필요없고 배선 및 설치가 간단하며, 더 적은 수의 태양광 셀이 사용되기 때문이다.

일반적으로, 자동조정시스템은 설계시 너무 많은 위험요소가 있는데, 뜨거운 날씨에는 충전부족 현상이 있는 반면, 시원한 지역이나 날에는 과충전될 위험이 있다. 물론, 설계시 작은 실수나 제품의 변화는 극한 상황을 유발시켜 시스템이 아주 비효과적이고 신뢰할만하지 못하게 되기도 한다.

자동조정시스템의 또 다른 문제는 태양광 발전용량이 출력요구량에 잘 부합되어야 한다는 것이다. 예를 들면, 야간에는 출력이 축전지를 부분적으로 방전시켜야 날씨가 차서 태양전지의 전압이 더 높아지는 아침에 생성되는 전기를 수용할 수 있게 된다. 일단 태양광 패널이 설계온도 근처에서 작동하게 되는 오후가 되면, 축전지가 거의 완전충전상태가 되어도 동일한 문제가 발생하지 않는데, 그것은 자동조정기가 자동으로 발전 전류를 낮추기 때문이다. 이러한 충전시나리오는 시스템의 유지보수와 정지시간(down-time)에 중요한 의미를 갖는다. 출력이 없는 기간 동안 태양광 어레이로부터 축전지를 분리시키지 않으면 축전지의 심각한 과충전을 초래하게 되는데, 이것은 축전지가 매일 완전충전된 상태로 하루를 시작하기 때문이다. 실제 현장에서 심각한 과열, 과충전 및 급속한 전해질의 손실로 인해 축전지의 수명이 크게 단축된다.

자동조정시스템은 상당한 양의 과충전에도 견딜 수 있는 니켈-카드뮴과 같은 전지에 적합하다. 반면, 납 축전지는 특별한 주의 및 감시가 없이는 이런 시스템에 사용되어서는 안 된다.

최대전압점 추적기는 해당 일광량과 온도에 대한 순간 최대 전력점에서의 어레이 전압을 충전에 적합한 전압으로 변환시킨다. 이렇게 함으로써 어레이는 충전이 감소하거나 축전지 보호를 위해 일시적으로 정지할 때를 제외하면 지속적으로 최대 효율을 내도록 작동하게 된다. 추적회로는 일반적으로 진폭변조방식을 사용하는 직류-직류 컨버터가 되어야 한다. 시스템을 선정할 때, 추가비용이 소요되거나 시스템이 복잡해지는 것들이 추가에너지 생산에 의해 정당화될 수 있는지 주의깊게 확인해야 한다. 세 가지 주요 장점을 들면, 첫째 어레이와 전지를 연결하는 도선을 통한 전압강하에 덜 민감해지고, 둘째 모듈당 함유된 셀의 수에 덜 민감하므로 더 적은 수의 대면적 셀을 갖는 모듈을 사용할 수 있다. 마지막으로는 더욱 복잡한 충전전류분포를 사용할 가능성이 있다는 것이다(Schmid & Schmidt, 2003).

과방전에 대한 보호를 위해서는 기본적으로 LVD(low voltage disconnect) 지점에서 출력을 단락하고, 충분히 재충전한 후 LVR 지점에서 재연결하여야 한다. 출력에 비해 큰 어레이와 전지를 갖춘 고신뢰성(high reliability) 시스템에서 전지는 shallow cycle을 가지려는 경향이 있고, 저전압 단락은 단지 비정상상태에서만 전지를 보호한다. 저신뢰성 시스템에서 단락은 종종 정상작동 상태에서 전지를 보호하기도 한다. 심지어 높은 등급의 최대방전을 갖는 전지에 대해서도 출력은 40%의 충전심도(depth of charge)에서 단락되는 것이 바람직하다(Usher & Ross, 1998). 어떤 제어기에서는 저전압 단전이 사용자에 의해 번복될 수도 있으나, 추천할 만한 시스템은 아니다(UPM, 2003).

동결보호는 많은 기후조건에서 중요하다. 전해질의 어는점은 충전상태에 의존하는 전해질 밀도에 의해 결정된다. 추운 날씨일 때 출력단락 설정점은 동결방지를 위해 높게 설정되어야 한다(Usher & Ross, 1998; Spiers, 2003).

6.7.3 인버터(Inverters)

인버터는 PV 어레이로부터 생성되는 직류형태보다는 교류형태로 전기를 얻고자 할 때 필요하다. 인버터는 직류전력을 교류형태로 변환하는데 사용되는 전환기인 동시에 전압을 상승시키는데, 일반적으로 12, 24 및 48V_{dc}로부터 소형 시스템에 사용되는 110 혹은 240 V_{ac}로, 혹은 대형 및 그리드 연결시스템에 사용가능한 고전압으로 변환시킨다. 독립형 시스템에 사용되는 인버터는 출력조건이 변할지라도 일정한 전압과 주파수를 공급하여야 하며, 무효출력(reactive load)의 경우 무효전력(reactive power)를 공급하거나 흡수하여야 한다. 독립형 시스템에 사용되는 대부분의 인버터는 직류와 교류회로를 분리하는 절연형 변압기를 장착하고 있다(Standards Australia, 2005). 독립형 시스템에 가장 널리 사용되는 인버터들에 대해 아래에 설명하였다(Watts et al., 1984; Bower, 2000; Schmid & Schmidt, 2003; Ross, 2003).

1. **저부하 인버터** – 100~10,000W 연속출력 용량 보유. 주파수 조절 기능이 있는 것과 없는 것이 있다. 컴퓨터와 TV 같은 가전제품의 전력공급에 적합하다. 상대적으로 비효율적인 면이 있고, 전기적 노이즈 및 소음이 발생할 수 있다.
2. **중부하 인버터** – 500~20,000W 연속출력 용량 보유. 출력이 On 또는 Off됨에 따라 자동적으로 시작되거나 중지되는 "출력요구시 작동(load-demand-start)" 기능을 갖춘 것도 있다. 이 시스템은 광범위한 소형가전 및 전기기구에 사용될 수 있지만, 규모가 더 큰 AC 유도모터를 작동시킬 만큼 충분한 서지(surge) 용량을 갖고 있지는 않다.
3. **고부하 인버터** – 10,000~60,000W 연속출력 용량 보유. 30,000~200,000W의 초기 서지 부하를 갖는 AC 유도모터에도 적용이 가능하다.

위에서 소개한 대부분의 인버터들은 정격용량 25~100% 범위의 출력에서 80~85% 정도의 효율을 갖지만, 더 적은 출력 범위에서는 효율이 매우 낮게 된다. 일부 신제품들은 낮은 출력에서도 80% 정도의 효율을 보이고, 고출력 범위에서는 90% 이상을 갖기도 한다(Kobayashi & Takigawa, 1993).

인버터를 선택할 때 고려해야 할 것이 두 가지 더 있는데, 그것은 파형(wave shape)과 대기전력 소모량(standby power draw)이다. 바람직한 AC 출력의 파형은 전기그리드에서 공급되는 것과 같은 사인파(sine wave)이다. 하지만, 많은 소형 인버터들은 네모파(square wave)나 유사 사인파를 형성하는데, 이것들은 고조파

(frequency harmonics)의 높은 에너지 때문에 모터의 초기 가동시 문제를 일으키거나, 심지어 가전제품을 고장나게 한다. 요즘은 소형 인버터에도 사인파가 점점 더 가능해지고 있으므로, 이러한 문제는 시간이 지나면 해결될 것이다.

켜진 상태로 인버터가 유지되면 심지어 출력부하가 없더라도 계속해서 상당량의 전력을 소모하게 된다. 결국, 태양광 충전지가 빠르게 소모되므로, 일종의 인버터 제어기가 부착되어야 한다. 회로의 구조는 Schmid와 Schmidt(2003)가 잘 설명해 놓았다.

독립형 PV 시스템에 사용되는 인버터의 요구사항(Preiser, 2003)은 다음과 같다.

- 넓은 범위의 입력전압
- 사인형에 가까운 전압파형
- 철저한 출력전압(±8%)과 주파수(±2%) 제어
- 낮은 출력에서의 고효율(10% 출력시 90% 이상)
- 짧은 시간 동안의 과부하 허용(특히, 모터 초기 구동시)
- 무효출력시 정상 작동
- 반파정류(half-wave rectification)를 사용하는 출력 허용
- 단락에 대한 허용

6.8 시스템 주변기기 구성요소

앞서 설명한 바와 같이 태양광 모듈과 직접 연관된 비용 외에도, 태양광 전력공급 설비와 연관된 많은 다른 부대비용들이 있다. 축전지, 제어기, 인버터 및 다른 시스템 구성요소들을 "시스템 주변기기(balance of system: BOS)"라고 부른다. 또한, 운송, 설치, 부지, 지반공사, 배수, 전기배선, 구조물장착 및 하우징 등과 같은 것들도 포함된다. 태양광 시스템의 중단시간(downtime)은 BOS 구성요소들의 문제와 고장에 의해 좌우된다(Durand, 1994). BOS 구성요소들의 신뢰성을 보강하기 위한 비용도 추후에는 고려되어야 하는데, PV 시스템의 신뢰도가 향상되어 시장에서 더욱 많이 수용되게 되면 규모의 경제에 의해 그 비용은 무시될 수도 있을 것이다.

여기서 고려해야 할 자주 이용되는 BOS 구성요소에는 전기배선 시스템, 장착 및 하우징이 있다. 이들 시스템에 대해서는 신뢰도와 수명을 강조하여 합리적인 초기 투자비용으로 적어도 20년 동안은 문제없이 작동하도록 하는데 목표를 둔다.

많은 BOS 구성요소들의 요건은 호주나 다른 나라의 표준규정에 잘 나와 있으며, 이들이 구성요소들을 선정하고 사용하는데 지침이 되어야 한다(Standard Australia 1999-2000a, 2005). 지역별 규정도 잘 준수되어야 하며, 만약 해당지역 규정이 없다면, 다른 지역의 규정을 참조할 수도 있다(부록 E).

6.8.1 배선

배선 비용은 경우에 따라 아주 많이 요구되기도 하는데, 특히 저전압, 고전류 용도나 전류가 원거리로 전달되어야 하는 경우에 그렇다. 이상적으로는 알루미늄 배선보다 비싸기는 하지만, 구리 배선이 PV 전력시스템에 사용되어야 한다. 그러나, 비용 차이가 심하면 알루미늄 배선이 사용될 수도 있는데, 다만 구리 배선과의 간섭이 없어야 하고, 알루미늄용으로 설계된 커넥터가 사용되어야 한다.

시스템을 설계할 때, 배선 단면은 PV 어레이와 전지사이 및 DC 제어판과 DC 출력간에는 5% 미만, 축전지와 DC 제어판간에는 2% 미만으로 저항손실을 제한하도록 선택되어야 한다(Standards Australia, 2002). 전선 규격을 초과하는 전류는 과열, 절연물 파괴 및 잠재적으로 화재까지 유발할 수 있다. 어레이 설치에 대한 호주 규정초안(Standard Australia, 2005)과 시스템 디자인 규정(Standard Australia, 2002)의 부록에서는 시스템 전압, 전압강하, 전류이송 용량 및 보호장비의 트립 레벨(trip level)에 따라 전선의 굵기와 절연체의 품질이 어떻게 선정되어야 하는지를 규정하고 있다. Robert(1991)는 저전압 배선 및 소형 시스템의 다른 특성과 관련된 문제들에 대해 논의하였다.

전선의 사이즈는 굵기(mm^2 단위)와 가닥수(개별전선의 개수와 직경)로 규격이 정해지며, 전류가 증가할수록 큰 사이즈의 전선이 사용되어야 한다. 배선은 벌레들의 공격으로부터도 보호되어야 한다.

6.8.2 과전류 보호

모든 종류의 다른 전기시스템에서와 같이 장비와 사람을 보호하기 위해 회로차단기나 퓨즈같은 과전류 보호장치가 필요하다. 다양한 모양과 크기의 장치들이 사용되고 있다. DC 회로에 사용되는 장치는 DC 운전용 및 PV 시스템에서의 잠재적인 고 DC 전류에 사용가능하도록 설계되어 있는지 주의깊게 확인해야 한다. 상세한 권고사항은 호주 표준규정(Standard Australia, 2005)에 나와 있다. 권고사항들은 시스템 배열 및 규격에 따라 크게 달라지며, 여기에서는 반복하지 않는다. 일반적인 규격은 "배선은 단전이나 과부하로부터 보호되어야 하는데, 높은 파열용량(high rupturing capacity: HRC) 퓨즈나 적절한 유형의 회로차단기(AC 혹은 DC)

를 사용하여 연결회로 내의 모든 부품의 최고 전류이송 용량 이하로 전류를 제어해야 한다. 축전지의 과전류 보호장치는 가능하면 축전지 가까이에 장착하여 방출되는 수소의 스파크 점화 가능성을 방지하여야 한다(Standards Australia, 2002). 셀의 각 스트링은 분리하여 보호되어야 한다. 또한 호주 표준규정(Standards Australia, 2005)은 또한 접지보호장치의 사용을 권고하고 있다.

6.8.3 스위치

스위치는 간혹 제거가능한 부품을 갖는 회로차단기나 퓨즈의 형태를 가지며, 어레이, 축전지, 제어기 및 출력들을 분리하기 위해 설치된다. 스위치는 외부 환경으로부터 보호하기 위해 적당한 상자 안에 설치된다. DC 스위치는 내구성이 좋고 비싸며, AC 스위치가 DC 제품에 사용되지 않도록 주의해야 한다. 스위치는 어레이 개방전압의 1.2배 정도까지 사용가능해야 하며, 극성을 갖지 않아야 한다. 시스템 배열에 대한 특별 권고사항들은 호주 표준규정(Standards Australia, 2005)에 나열되어 있고, 시스템 기본사항 및 적절한 회로구성은 표준 설계규범에 규정되어 있다(Standards Australia, 2002). 과도한 저전압(최고 50 V_{ac} 또는 120 V_{dc}) 회로와 고전압은 서로 안전하게 분리되어야 하고, 긴급상황시에는 시스템의 전원을 차단하도록 하는 조항이 있어야 한다(Standards Australia, 1999-2000a, 2005).

6.8.4 커넥터

연결불량은 PV 시스템의 신뢰성에 큰 문제를 일으킬 수 있다. 이런 문제를 최소화하기 위해서는 다음과 같은 사항을 살펴본다.

1. 커넥터와 전선의 사이즈가 잘 맞는지를 확인해야 한다.
2. 스페이드 타입보다는 링 타입 커넥터가 항상 우선적으로 사용되어야 한다.
3. 전선에서 1cm 정도의 절연피복을 벗겨내고, 필요하다면 용매로 깨끗이 한 다음, 클램프를 사용하여 커넥터를 전선에 연결한다.
4. 방습상자에 있는 단자판을 이용하여 하위 시스템들을 서로 연결한다.
5. 벗겨진 전선이 다른 위치에 있는 금속에 닿을 가능성이 있는 지점들을 주의 깊게 찾는다.
6. 전선피복에 틈이나 잘려나간 부분이 없는지 확인한다.
7. 마지막으로, 모든 연결부위를 다시 확인한다.
8. 축전지의 케이블단자는 주름지어야 하며, 볼트로 된 전지연결부위는 스테인

레스 스틸재료의 볼트, 너트, 와셔 및 스프링 와셔를 사용하여야 한다(Standards Australia, 1999-2000b).

또한 호주 표준규정(Standards Australia, 2005)은 프러그, 소켓, 커플러는 다극성(multipolar)이어야 하며, 어레이 개방전압의 최소한 1.2배에 해당하는 허용 DC 전압을 가져야 한다고 권고하고 있다. 그들의 전류등급은 관련된 케이블과 동등하거나 그 이상이어야 한다. AC 전원용 프러그와 소켓 출력단자는 사용되어서는 안 된다. 보다 상세한 사항은 호주 표준규정(Standards Australia, 2005)을 참조한다.

6.8.5 접지

접지는 PV 시스템 내의 특정부위로부터 지면으로 저항이 작은 전류경로를 제공한다. 호주 표준규정(2005)은 필수장비의 접지를 결정하는데 도움이 되는 결정흐름도(decision flowchart)를 제공하고 있다. 접지는 경우에 따라 필수 요구사항이 아닐수도 있는데, 예를 들면 이중절연이 되어 있는 경우가 이에 해당한다. 장비의 금속 외관부분은 접지되어야 하며, 손이 접촉할 가능성이 있는 어레이 프레임 부분도 잘 접지되어야 한다.

시스템의 접지는 일반적으로 전류가 흐르는 전도체(일반적으로 음극이지만, 양극이나 중성단자도 사용가능함)를 지면과 연결하는 것이다. 시스템의 접지를 적절하게 배열하기 위해서는 인버터와 같은 전력조절 장비에 대한 제조사의 요구사항을 잘 고려하여야 한다. 이러한 사항들이 호주 표준규정(2006)에 상세히 설명되어 있다. 지면과의 접촉을 좋게 하려면 접지봉이 필요하다. 지하수와의 접촉은 도움이 되지만, 돌이 많은 토양은 문제를 일으킬 수도 있다.

6.8.6 피뢰장치

번개가 잦은 곳에 설치되는 시스템에는 피뢰장치가 필요하기도 하지만(Standard Australia, 1999-2000a), 보통은 필요하지 않다(Standard Australia, 2002). 이런 종류의 보호장비에는 클램프회로, 금속산화물 가변저항(varistor), 과도흡수 제너 다이오드 및 회로차단기 등이 있다. 이것들은 전압이 규정된 항복전압 이상으로 상승할 때까지는 개방전압 소자로 작용하며, 항복전압에 도달하면 지면으로 단락된다(참조: Florida Solar Energy Center, 1987). 이 장비들은 직접적인 번개의 공격으로부터 보호해 줄 수는 없다. 시스템 설계안내서(Standard Australia, 2002)의 부록에 번개위험성 평가 및 보호장비에 대한 정보가 실려 있으며, 일반적인 사항들은 IEA-PVPS(2003)에 설명되어 있다.

6.8.7 계량기 및 경보기

전지의 말단전압, 입력 전류 및 발전기 운전시간(백업발전기가 포함된 시스템의 경우) 등이 기록되어야 한다. 고전압 및 저전압 경보기도 필요하다(Standard Australia, 2002).

6.8.8 전지 하우징 및 신호계

전지는 구성요소로부터 보호되어야 하는 반면, 사람, 자연환경 및 자연설비는 산(acid)이나 배출되는 가스의 폭발위험으로부터 보호되어야 한다. 전지는 영하의 온도가 예상되는 경우, 배출구가 부착된 방수 설비 안에 넣은 채로 지하동결 한계선(frost line) 밑에 매설되거나 영상의 온도가 유지되는 건물안에 설치된다. 전지는 콘크리트 위에 직접 설치되어서는 안 된다. 왜냐하면, 이것은 특히 콘크리트가 습할 때 자가방전율을 증가시킨다. 고온 및 국부 가열로부터도 역시 보호되어야 한다. 호주의 규정은 호주 표준규정(Standard Australia, 1997)에 상세히 나왔다. 액체전해질 축전지가 사용될 때에는 폭발위험을 최소화하기 위해 적절한 가스배출 설비가 필요하다. 전지 위로 500 mm 정도 연장된 벽을 가진 대형 격납고는 잠재적인 스파크의 원인으로부터 전지를 보호할 수 있으며, 상황에 따라 다른 방법들이 추천된다(Standard Australia, 2002).

설비는 외부인, 특별히 어린이들의 접근을 막아야 한다. 다음과 같은 안전신호판이 필요하다 "주의: 스파크 위험"(Standard Australia, 1999-2000a). 작은 시스템에는 트럭이나 해양용 전지상자를 선택하는 것이 경제적이며, 태양 직사광선에도 잘 견딘다.

6.8.9 전자 장비의 하우징

조절기, 제어기 및 인버터를 포함한 모든 종류의 전자 장비들은 우수한 신뢰성과 긴 수명을 위해 주변 환경으로부터 잘 보호되어야 한다. 모든 인쇄회로기판들은 먼지로부터 보호하도록 코팅되어야 한다.

적절한 통풍설비를 설치하여 회로의 온도가 적정수준에서 유지되도록 해야 한다. 간혹 통풍설비는 먼지로 인한 문제를 유발할 수도 있으므로, 환기용 공기주입구에 먼지 필터의 설치를 고려해야 한다. 전자 장비는 다음과 같이 크게 세 가지 이유로 인해 전지 위에 직접 설치되어서는 안된다. 산성연기는 장비를 손상시킬 수도 있고, 장비가 스파크를 유발할 수도 있고, 유지보수 중에 공구가 전지 위에 떨어지면 회로단락 및 스파크를 일으킬 수도 있다.

6.8.10 모듈 시공(Module mounting)

PV 어레이에 사용되는 모듈 시공의 유형이 배출전력, 자본 및 유지비용에 영향을 준다. 다양한 지지대가 사용될 수 있긴 하지만, 지역의 구조물 규정 및 가장 중요한 설계요소 중 하나인 풍하중(바람의 하중)을 잘 고려하여 설계해야 한다(Standars Australia, 2002). 이러한 것들 뿐만 아니라 다른 기계공학 및 재료공학적인 PV 시스템에 대한 현안들이 Messenger and Ventre(2000)에 의해 상세하게 토의되었다. 기초적인 기계공학책에는 그러한 구조에 미치는 바람의 하중을 계산하는 방법이 나와 있다. 태양광, 전기자동차 및 기타 운송수단에서의 항공역학 분야에 최근 몇 년간 큰 진보가 있었는데, 태양광 어레이의 풍하중을 최소화하기 위한 시공구조물 설계분야에 상당한 개선의 여지가 있는 것으로 제안되었다. 특별히, 큰 어레이를 사용할 때는 어레이 둘레 구조에 대한 항공역학적인 설계에 대한 관심으로부터 적절히 설계된 저비용 및 가벼운 구조물을 어레이의 중앙부분에 사용하려는 계획을 촉진시킬 수도 있다.

그림 6.7처럼 지면에 설치하는 것이 현재 가장 일반적인 방법이며, 지면에 적절한 경사각을 갖도록 고정하거나 트랙커 위에 설치한다. 대부분의 PV 패널제조사에서 자사의 패널에 적합한(특히, 고정경사형의 경우) 지면설치용 하드웨어를 제

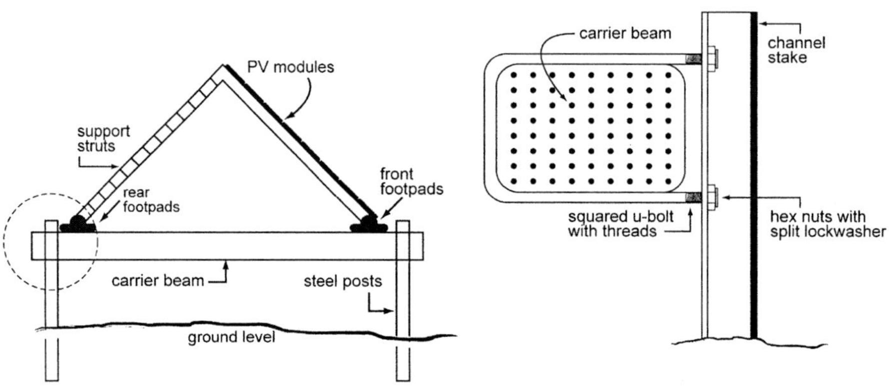

그림 6.7 하드웨어 상점에서 쉽게 구입할 수 있는 재료를 사용한 PV 패널의 간단한 지상설치 (Sandia National Laboratories, 1991, 허가하에 게재됨)

공한다. 소형 전등시스템 및 전화 송신기는 기둥 위에 태양광 패널을 설치하는 반면, 일부 가정용 시스템들은 지붕에 시공하게 되는데, 이 경우에는 모듈 아래로의 통풍을 위해 적어도 7cm의 간격이 필요하다.

치명적인 전기분해를 유발할 수 있는 상이한 물질들 사이의 접촉을 피하는 것이 중요하다(Standards Australia, 1999-2000b; Messenger & Ventre, 2000). 시공에 사용되는 재료들은 다음과 같은 것들이 있다.

1. 알루미늄
   - 가볍고, 강하며 내부식성이 좋다.
   - 작업이 용이하다.
   - 대부분의 PV 모듈 프레임에 사용가능하다.
   - 용접하기가 어렵다.
2. 앵글 철재
   - 작업이 용이하다
   - 아연도금을 하면 서서히 부식되나 도금을 하지 않으면 빠르게 부식된다.
   - 용접하기가 쉽다.
3. 스테인레스 스틸
   - 수십년간 사용가능하다
   - 비싸고, 작업하기가 어렵다.
   - 용접하기가 어렵다.
   - 염분이 있는 환경에도 적합하다.
4. 목재
   - 싸고, 구하기 쉽우며 작업하기 용이하다.
   - 방부식 처리가 필요하다.
   - 습한 환경에 적합하지 않다.

스테인레스 스틸 너트 및 볼트가 모든 시공재료와 함께 사용되어야 한다.

고정형 어레이(Fixed arrays)

고정형 어레이는 가장 일반적으로 사용되는 형태이다. 모듈은 남반구에서 북쪽방향으로 북반구에서는 남쪽방향으로 5도 이내의 경사를 갖도록 지지대 위에 설치된다(Standards Australia, 1999-2000b). 예를 들면, 일년내내 일정한 전력을 생산하도록 하기 위해서는 대략 위도(latitude) +23도의 경사각이 사용되며, 이 경우 어레

표 6.1 고정형 어레이에 대한 대략적인 최적 경사각

	위도에 대한 상대적 경사각		
위도(도)	계절별 일정 출력(도)	겨울 최고 출력(도)	여름 최고 출력(도)
5-25	+5	+5 ~ +15	−5 ~ +5
25-45	+5 ~ +10	+10 ~ +20	+10

이는 한 겨울에 태양광과 직각을 이루며 놓이게 된다. 비를 이용한 어레이 표면의 자연세척이 가능하도록 하려면 최소 10도의 경사각이 필요하다(Standards Australia, 2002). 호주 표준규정(2002)은 표 6.1에 주어진 경사각을 추천하고 있다.

계절별 최적 경사(Seasonally-adjusted tilting)

어레이의 경사를 수평축에 대하여 수동으로 변경하여(월별 혹은 계절별로) 정오에 태양의 높이를 변화시킨다. 이것은 상대적으로 출력을 늘리는 간단한 방법으로 크게 비용이 추가되지는 않는다. 계절변화에 따른 경사각의 변경은 소형 시스템에서는 그다지 경제적이지는 않다. 중위도(mid-latitude) 지역에서는 3개월마다 경사각을 조정하면 5% 이하의 연간 에너지 생산량을 증가시킨다. 그러한 어레이들은 각 위치별로 적절한 경사각이나 일년 중 적당한 시기를 표시해 두어야 한다(Standards Australia, 1999-2000b).

단일축 추적 시스템(Single-axis tracking)

어레이의 경사가 수직축을 따라 매 시간 혹은 더 자주 자동으로 변하여 동쪽에서 서쪽으로 해를 따라가게 된다. 이렇게 하면, 출력전력은 크게 증가된다. 기상데이터를 이용한 이론적인 일조량은 최적 경사의 고정형 어레이에 비해 약 29~37% 증가한다(Nann, 1990). 하지만, 이론적으로 증가된 일조량을 모두 전기로 변환하는 것이 항상 가능한 것은 아니다. 예를 들면, 상호차광(mutual shading) 효과 등이 있기 때문이다(Townsend & Whitaker, 1997). 실험결과에 따르면 고정형 어레이에 비해 수직축을 따른 방위각(azimuth) 추적을 이용하면 18%, 경사축 추적기를 사용하면 11% 정도의 어레이 일조량이 증가하였다(Helwa, 2000). 단일축 추적형 어레이가 그림 6.8에 도시되었다. 고정볼트가 있는 강화콘크리트 기초가 추천되며, 이동경로를 주의깊게 살펴 어떤 장애물에도 걸리지 않는지 확인해야 한다. 시스템 및 유지비용이 높아서 각 응용분야별로 가격 효율성이 있는지 주의깊게 고려해보

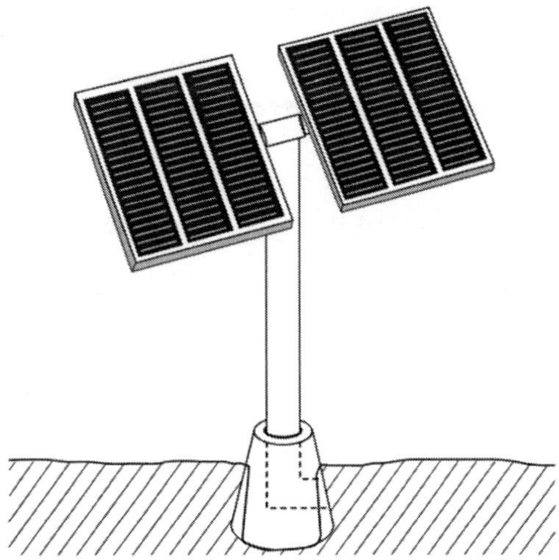

그림 6.8 소형 PV 어레이용 수동형 추적기(passive tracker)〉 - Sandia National Laboratories(1991) 허가하에 게재됨-. 이 시스템은 오존층 파괴 화학약품을 사용하는 것이어서 더 이상 생산되지는 않고 있다.

아야 한다.

이중축 추적 시스템(Two-axis tracking)

남북축과 동서축 모두를 따라 태양을 추적하면 출력전력을 좀 더 증가시킬 수가 있다. Helwa(2000)의 측정에 의하면 고정경사각 어레이에 비해 약 30% 정도 일조량이 증가하였다. 하지만, 투자자본과 유지비용이 비싸서 현재 대형 시스템에서는 거의 설치되어 있지 않다. 반면에, 그림 6.8에서처럼 하나 혹은 두개의 모듈을 기둥 위에 설치한 소형 햇빛감지 추적기는 현재 호주 근방에서 물펌프 시스템에 사용되고 있다(Solar Energy Systems, 2004).

점점 더 많은 추적 시스템들이 개발 및 시험되고 있으므로, 상대적인 비용과 신뢰도가 보다 향상될 것으로 기대된다. 더 많은 대형 시스템에, 특히 원격설치에 비해 유지보수가 덜 심각한 것으로 간주되는 지상용 그리드 연결 시스템에 추적 시스템의 사용이 증가될 것이다.

집광형 어레이(Concentrator arrays)

집광형 어레이는 광학렌즈와 거울을 사용하여 고효율 전지의 작은 면적에 태양광을 모은다(Swanson, 2003). 높은 셀 비용은 상대적으로 저가의 조리개를 사용함으로써 완화될 수 있다. 직달일사(direct solar radiation)가 가장 효율적인 집광이므로, 집광형 시스템은 간접복사에 대한 직접복사의 비율이 높은 지역에 적합하다. 이러한 시스템에는 정교한 태양의 추적이 필수적인데, 특히 집광비율이 높을 경우에 더 그러하다. 추적 시스템은 일조량을 방해하는 경향이 있긴 하지만, 반대로 집광을 통해 직접복사의 비율을 증가시킬 수 있다(1장 참조). 전체적인 결과는 설치된 지점에서 하늘의 맑기에 달려있다. Luque(1995) 등은 위도각에 맞도록 경사면이 고정된 경우에 해당하는 복사량과 유럽과 미국의 여러 지역에서 수직으로 내려오는 복사량을 비교하였다. 알바커키(albuquerque)와 같이 맑은 하늘을 갖는 일부 지역에서는 수직으로 내리쬐는 일조량이 고정경사면에서의 값을 능가하였지만, 피츠버그(pittsburgh)와 같은 다른 지역에서는 일조량이 더 적었다.

대용량(220kWp) 원격 태양광 발전설비가 최근 호주 남부의 북서쪽 구석에서 가동되기 시작했다(Australian Greenhouse Office, 2003b). 이것은 실리콘전지 위에 태양광을 500배로 집광하도록 10개의 거울이 장착된 포물선형 반사경으로 구성되어 있다. 각 접시는 130m^{2}의 경사진 거울들을 사용한다. 태양광 시스템은 디젤 그리드에 연결되어 원거리 지역에 전력을 공급한다. 총 720 kWp의 용량을 갖는 다른 3개의 시스템에 대한 설치공사가 북부지역에서 진행되고 있다(Watt, 2004).

연/습/문/제

6.1 다음 사항들을 고려하여 태양광 시스템에서의 축전지 사용에 대해 설명하시오.

- 태양전지에 의해 충전이 되고 있을 때 축전지에 요구되는 조건
- 다양한 응용분야에 따른 여러 축전지 유형의 적합성
- 각 나라에서 축전지의 가용성, 비용, 정격 및 제조사

6.2 아래 사항들을 포함하여 다양한 태양전지의 응용분야에 대해 상업적으로 가용한 전선과 커넥터 종류들의 적합성에 대해 설명하시오.

- 잠재적으로 어떤 태양광 응용분야에도 사용가능한 전선과 커넥터의 범위
- 특정 응용분야에 대해 특정 전선과 커넥터가 적합한지 아닌지에 대한 이유
- 공급자, 가격, 정격등급 및 설명서 목록
- 지방에서 찾기 어려운 적정 전선 혹은 커넥터를 갖는 응용이나 조건의 예
- 배선의 수명
- 경제성과 적합성이 상호대치되는 경우

6.3 독립형 태양광 시스템의 개념도를 그리고, 각 구성요소를 표시한 후, 다음에 답하시오.

(a) 각 구성요소들의 기능 및 신뢰도와 시스템에 미치는 각각의 중요성에 대하여 간략히 설명하시오.

(b) 각 시스템 구성요소들에서 발생할 수 있는 가장 보편적인 문제들은 무엇인가?

(c) 축전지의 종류를 선택하는데 영향을 주는 인자들은 무엇인가?

(d) 미래에는 독립형 시스템의 디자인이 어떻게 변화될 것으로 기대하는가?

(e) 기후조건이 어떻게 시스템 작동에 부정적인 영향을 줄 수 있는가?

6.4 (a) 독립형 시스템에서 태양광 패널을 단락시키는 제어기의 사용으로부터 유발될 수 있는 문제에는 어떤 것들이 있는지 설명하시오. 시스템의 전압과 전류는 어떤 관련이 있는가?

(b) 태양전지로 충전되는 전지에 사용되는 자동제어기의 개념에 대해 설명하시오.

(c) 자동조정기를 사용하는 시스템에서 유발될 수 있는 문제점들은 어떤 것들이 있는가?

(d) 왜 태양광 패널은 정격 축전지 작동전압을 훨씬 초과하는 개방전압을 표준시험 조건에서 갖는가?

참/고/문/헌

Updated World Wide Web links can be found at www.pv.unsw.edu.au/apv_book_refs.

Australian Greenhouse Office (2003*a*), *Renewable Energy Commercialisation in Australia*, Canberra (www.greenhouse.gov.au/renewable/pubs/booklet.pdf).

Australian Greenhouse Office (2003*b*), *Remote Area Power Supply (RAPS)* (www.greenhouse.gov.au/renewable/power/raps.html).

Ball, T. & Risser, V. (1988), 'Stand-alone terrestrial photovoltaic power systems', Tutorial Notebook, 20th IEEE Photovoltaic Specialists Conference, Las Vegas, USA.

Bossel, U. (2004), 'Hydrogen. Why its future in a sustainable energy economy will be bleak, not bright', *Renewable Energy World*, **7**(2), pp. 155–159.

Bower, W. (2000), 'Inverters—Critical photovoltaic balance-of-system components: Status, issues, and new-millennium opportunities', *Progress in Photovoltaics: Research and Applications*, **8**, pp. 113–126.

Crompton, T.R. (1990), *Battery Reference Book*, Butterworths, London.

Durand, S. (1994), 'Attaining a 30-year photovoltaic systems lifetime: The BOS issues', *Progress in Photovoltaics: Research and Applications,* **2**, pp. 107–113.

Energy Research Centre of the Netherlands (2004), *RESDAS Renewable Energy*

Systems Design Assistant for Storage (www.ecn.nl/resdas).

Florida Solar Energy Centre (1987), *Photovoltaic System Design—Course Manual*, FSEC-GP-31-86, Cape Canaveral, Florida.

Harrington, L. (1986), *The Supply of Power to Remote Areas of New South Wales*, Energy Authority of NSW, EA 86/58.

Helwa, N.H., Bahgat, A.B.G., El Shafee, A.M.R. & El Shenawy, E.T. (2000), 'Maximum collectable solar energy by different solar tracking systems', *Energy Sources*, **22**(1), 23–34.

IEA-PVPS (2003), *Common Practices for Protection Against the Effects of Lightning on Stand-Alone Photovoltaic Systems*, IEA PVPS Task 3 (www.oja-services.nl/iea-pvps/products/download/rep03_14.doc).

Kobayashi, H. & Takigawa, K. (1993), 'Inverter design and testing experience in Japan', Technical Digest 7th International Photovoltaic Science and Engineering Conference, Nagoya, Japan.

Largent, R.L., Skylas-Kazacos, M. & Chieng, J. (1993), 'Improved PV system performance using vanadium batteries', Proc. 23rd IEEE Photovoltaic Specialists Conference, Louisville.

Lepley, T. & Hammond, B. (1997), 'Evaluation of tracking flat plate and concentrator PV systems', Proc. 26th Photovoltaic Specialists Conference, Anaheim, 30 September–3 October, IEEE, New York, pp. 1257–1260.

Luque, A., Sala, G., Araújo, G.L. & Bruton, T. (1995), 'Cost reducing potential of photovoltaic concentration', *International Journal of Solar Energy*, **17**, pp. 179–198.

Mack, M. (1979), 'Solar power for telecommunications', *Telecommunication Journal of Australia*, **29**(1), pp. 20–44.

Messenger, R. & Ventre, J. (2000), *Photovoltaic Systems Engineering*, CRC Press, Boca Raton.

Nann, S. (1990), 'Tracking photovoltaic systems for moderate climates', in *1989 Congress of ISES*, **1**, Pergamon Press, UK, pp. 392–396.

Pedals, P. (1993), 'Home power with NiCad batteries', *Earth Garden*, March–May, pp. 68–69.

Preiser, K. (2003), 'Photovoltaic systems', in Luque, A. & Hegedus, S. (Eds.), *Handbook of Photovoltaic Science and Engineering*, Wiley, Chichester, pp. 753–798.

Rannels, J.E. (1991), 'Worldwide systems and applications', Proc. 22nd IEEE Photovoltaic Specialists Conference, Las Vegas, pp. 479–485.

Roberts, S. (1991) *Solar Electricity. A Practical Guide to Designing and Installing Small Photovoltaic Systems*, Prentice Hall, New York.

Ross, J.N. (2003), 'System electronics', in Markvart, T. & Castañer, L. (Eds.), *Practical Handbook of Photovoltaics: Fundamentals and Applications*, Elsevier, Oxford, pp. 565–585.

Sandia National Laboratories (1991), *Stand-Alone Photovoltaic Systems—A Handbook of Recommended Design Practices*, Albuquerque, New Mexico (www.sandia.gov/pv/docs/Programmatic.htm).

Sauer, U. D. (2003), 'Electrochemical storage for photovoltaics', in Luque, A. & Hegedus, S. (Eds.), *Handbook of Photovoltaic Science and Engineering*, Wiley, Chichester, pp. 799–862.

Schmid, J. & Schmidt, H. (2003), 'Power conditioning and photovoltaic power systems', in Luque, A. & Hegedus, S. (Eds.), *Handbook of Photovoltaic Science and Engineering*, Wiley, Chichester, pp. 863–903.

Solar Energy Systems (2004), *Sun Mill Quality Solar Pumps* (www.solco.com.au).

Spiers, D. (2003), 'Batteries in PV systems', in Markvart, T. & Castañer, L. (Eds.), *Practical Handbook of Photovoltaics: Fundamentals and Applications*, Elsevier, Oxford, pp. 587–631.

Standards Australia (2005), *Installation of Photovoltaic (PV) Arrays*, AS/NZS 5033.

Standards Australia (1993), *Secondary Batteries for use with* Stand-*Alone Power Systems Part 1: General Requirements*, AS 4086.1.

Standards Australia (1997), *Secondary Batteries for use with* Stand-*Alone Power Systems Part 2: Installation and Maintenance*, AS 4086.2.

Standards Australia (1999–2000*a*), *Stand-Alone Power Systems Part 1: Safety Requirements*, AS 4509.1 (Amendment 1, 2000).

Standards Australia (1999–2000*b*), *Stand-Alone Power Systems Part 3: Installation and Maintenance*, AS 4509.3 (Amendment 1, 2000).

Standards Australia (2002), *Structural Design Actions—Wind Actions*, AS/NZS 1170.2.

Standards Australia (2002), *Stand-Alone Power Systems Part 2: System Design Guidelines*, AS 4509.2.

Swanson, R. (2003), 'Photovoltaic concentrators', in Luque, A. & Hegedus, S. (Eds.), *Handbook of Photovoltaic Science and Engineering*, Wiley, Chichester, pp. 449–503.

Townsend, T.U. & Whitaker, C.M. (1997), 'Measured vs. ideal insolation on PV structures', Proc. 26th IEEE Photovoltaic Specialists Conference, Anaheim, 30 September–3 October 1997, IEEE, New York, pp. 1201–1203.

UPM (2003), *Universal Technical Standard for Solar Home Systems*, Instituto de Energia Solar, Ciudad Universitaria, Spain (www.taqsolre.net/doc/Standard_IngV2.pdf. Also available in Spanish: www.taqsolre.net/doc/Standard_EspV2.pdf and French: www.taqsolre.net/doc/SHS_French.pdf).

Usher, E.P. & Ross, M.M.D. (1998), *Recommended Practices for Charge Controllers*, IEA_PVPS Task 3 (www.oja-services.nl/iea-pvps/products/download/rep3_05.pdf).

von Aichberger, S. (2004), 'In charge of energy. Market survey on charge controllers', *Photon International,* January, pp. 40–46.

Watt, M. (2004), *Australian Survey Report 2003*, International Energy Agency Photovoltaic Power Systems Programme (www.oja-services.nl/iea-pvps/countries/australia/index.htm).

Watts, R.L., Smith, S.A., Dirks, J.A., Mazzucchi, R.P. & Lee, V.E. (Eds.) (1984), *Photovoltaic Product Directory and Buyers Guide*, Pacific Northwest Laboratory, Richland, Washington, under US Department of Energy Contract DE-AC06-76RLO 1830.

Wenzl, H., Baring Gould, I., Bindner, H., Bopp, G., von der Borg, N., Douglas, K., Jossen, A., Kaiser, R., Lundsager, P., Manwell, J., Mattera, F., Nieuwenhout, F., Norgaard, P., Perujo, A., Rodrigues, C., Ruddell, A., Sauer, D.U., Svoboda, V., Tselepis, S. & Wilmot, N. (2004), 'Which battery is best? Selecting the technically most suitable and economically best battery for a renewable energy system: Approach, results, outlook', Proc. Solar 2004, Murdoch, WA, ANZSES, Murdoch (www.benchmarking.eu.org).

chapter 7

독립형 태양광 시스템의 설계

7.1 서론

독립형 태양광 시스템의 설계는 특정한 출력요구사항을 충족하도록 적절한 구성요소들을 선택하고 그 규모를 결정하는 것을 중심으로 진행된다. 출력부하 특성 외에도 구성요소들의 비용과 효율 등이 고려되어야 한다. 일반적으로, 시스템의 신뢰도와 수명이 다소 낮더라도 정해진 예산에 맞는 구성요소들을 선택하는 것으로 절충된다(Durand, 1994). 설치될 지역에서의 태양 일조량에 대한 정보나 추정치도 필요한데, 이것은 전력공급의 임계점에 대한 지표로 사용된다. 기타 다른 디자인 방법들이 이번 장에서 소개된다.

상황에 따른 주된 설계원리는 다음과 같은 것이 있다(Meyer, 2004).

- 최소 라이프사이클 비용 – 이것은 초기 투자비용의 약 3배 정도 될 수도 있다. 전지수명 연장이 비용 감소에 큰 영향을 준다.
- 출력과 일조량 변화에 대한 허용오차
- 모듈 특성 및 유연성
- 유지보수 및 수리의 용이성
- 전력공급의 품질
- 신뢰도
- 사회적인 요소

7.2 시스템의 효용성

시스템 효용성(availability: A)은 발전 시스템이 요구출력전력을 만족시킬 수 있는 시간의 분율로 정의된다(Ball & Risser, 1988). 예를 들면, 95% 효용성을 갖도록 설계된 시스템은 가동시간 중 95% 정도 출력요구치를 만족시킬 것으로 기대된다. 독립형 태양광 시스템에서 효용성은 주로 축전지의 크기에 좌우된다. 중요한 시스템의 경우 99%의 효용성이 필요한 반면, 일반적인 독립형 시스템은 약 95%의 효용성을 갖도록 설계된다.

예를 들면, 원거리통신 재생기지는 중요한(critical) 설비로 간주되고, PV 음극부식방지 설비는 일반적인(non-critical) 것으로 간주된다. 반면, 계통연계 시스템에는 저효용성도 사용가능하다.

PV 시스템에서 날씨, 고장, 시스템 유지보수 및 과도한 요구사항 등은 시스템의 효용성을 저하시키는 주된 요인들이다. 하지만, 시스템 효용성의 마지막 몇 %를 더 올리는데 필요한 비용은 급격히 상승한다(그림 7.1 참조).

시스템 설계시에는 각각 특정한 응용분야별 요구사항들, 설치지역별 태양광의 변화 및 재정적인 한계 등이 적용할 "효용성"의 값을 적절하게 결정할 것이다. 가정용과 같은 일반 발전시스템의 경우, 일반적인 접근방법은 우선 "일반적인(non-critical)" 효용성을 갖도록 시스템을 설계하고, 나중에 필요하거나 혹은 재정적으로 여유가 있을 때 시스템 구성요소들을 증가시킨다.

비교하자면, 석탄, 원자력 혹은 수력발전을 사용하는 극소수의 대규모 전력발전소에서는 80~90% 이상의 효용성을 갖는다. 중요한 것은 80% 이하의 효용성을

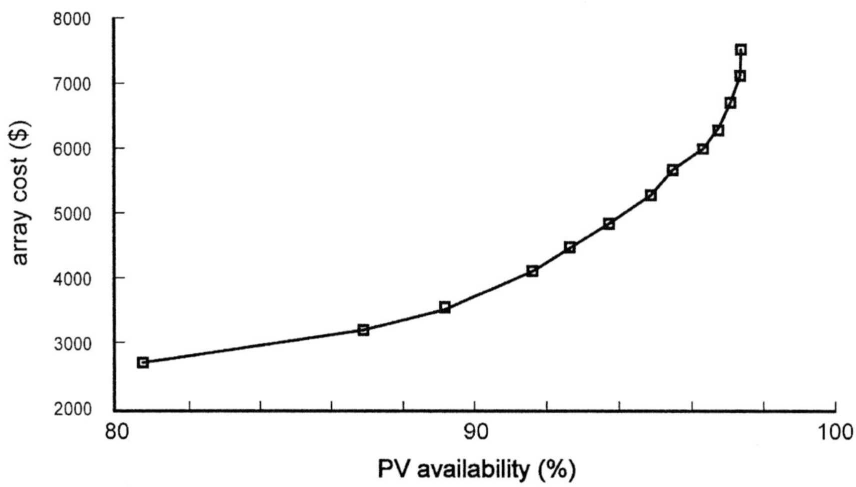

그림 7.1 미국 동북부지역에 있는 PV 발전 시스템의 비용에 따른 효용성 변화
Sandia National Laboratories(1991) 허가하에 게재됨.

갖는 태양광 시스템의 경우, 일반적으로 잉여 전력용량이 없다는 것이다, 왜냐하면 출력으로 소모된다기 보다 화창한 여름날조차도 더 적은 양의 전력이 생산되기 때문이다. 결과적으로, 그림 7.1의 곡선은 0~80% 범위에서의 PV 효용성에 대해 거의 직선이 된다.

7.3 하이브리드 시스템

일부 응용분야에서는 하이브리드 시스템을 사용하는 것이 경제적이고 바람직한데, PV 시스템이 일부 혹은 대부분의 출력을 공급하고, 디젤이나 석유발전기를 백업으로 사용한다. 이러한 방법은 저효용성 PV 시스템의 설계를 가능하게 하여 결과적으로 축전지의 용량면에서는 상당량을, PV 패널면에서도 일부를 절감할 수 있다. 물론, 원거리 지역 등 많은 응용분야에서는 발전기와 PV를 함께 사용할 수 없는 경우가 많다. 그러나, 가정에서와 같이 유지보수를 위한 인력수급이 용이한 경우에는 진지하게 고려해 볼 만하다. 특히, 시스템 설계가 그림 7.2의 "하이브리드 고려(consider hybrid)" 영역에 해당될 때는 더욱 그렇다.

하이브리드 척도(Hybrid indicator) 사용하기

그림 7.2에 나타낸 하이브리드 척도는 y-축에 출력전력(단위: watt-hour/day)을, x-축에 어레이-출력비(array-to-load ratio)를 표시한다. 어레이-출력비는 어레이 전력등급을 최대전력(W_p)으로 나타내고, watt-hours/day 단위의 출력전력으로 나눈

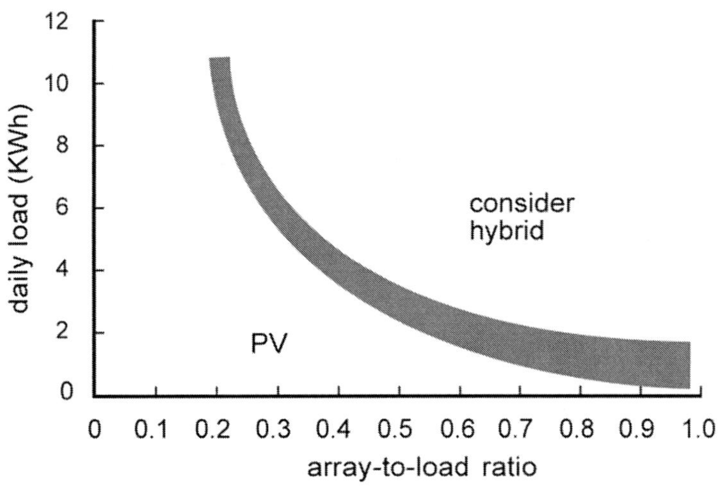

그림 7.2 하이브리드 척도(Sandia National Laboratories, 1991)

값이다(즉, W_p/Wh).

위 그래프를 사용하기 위해서는 먼저 순수하게 PV 시스템에 의해서만 전력이 공급되는 것으로 가정하여 시스템을 설계하고, 그래프에서 그 지점을 찾는다. 그림 7.2에 나타낸 것처럼, 하이브리드 시스템은 더 큰 출력과 더 높은 어레이-출력비를 갖는 경우에 선호된다. 후자는 구름낀 날씨가 많은 기후에 해당하며, 큰 면적의 PV 어레이를 필요로 하므로 큰 어레이-출력비를 갖게 된다. 이로 인해 PV 면적을 줄이고 다른 발전기를 사용하는 것이 경제성을 좋게 해준다. 하이브리드 척도는 단지 가이드일 뿐이며, PV 혹은 하이브리드 시스템을 선호하게 되는 다른 이유들이 있을 수 있다. 게다가, 태양전지의 가격이 디젤 및 다른 발전기에 비해 계속해서 떨어지고 있으므로, 위의 곡선은 시간에 따라 이동할 수도 있다.

7.4 간단한 PV 시스템 설계방법

Telecom Australia(현 Telstra)는 호주의 원거리 지역에 사용될 PV 전력형 전자통신 시스템을 개발하여 호주의 PV 시장을 번영시키는데 많은 도움을 주었다. Telstra는 현재 3MWp의 PV를 전국에 설치하였고(대부분 PV 축전지 시스템), 일부는 PV 디이젤 하이브리드 시스템으로 되어 있다(McKelliff, 2004). Telstra가 현재는 복잡한 스프레드쉬트 모델을 사용하여 시스템을 디자인하고 자체적으로 태양광 자원 맵을 개발해오고 있지만, 그들 고유의 간단한 시스템 설계법(Mack, 1979)은 현재 사용되는 보다 반복적인 모델에 기초를 두는 보수적인 접근방법이다. 이 방법에서는 고효용성이 요구되며, 어레이 크기는 축전지 용량의 함수로서 최적화된다.

1. **출력 결정** – 출력을 가능한한 정확하게 결정하고, 구성요소와 비용을 최적화하는 시스템을 설계하기 위해서는 다음과 같은 정보가 필요하다.

    - 정격 시스템 전압
    - 출력에 의해 허용가능한 전압의 범위
    - 하루 평균 출력
    - 연간 출력추이

    마이크로파 재생국의 경우를 예로들면, 전압은 24±5V이며, 평균출력은 100 W(전류=4.17 A), 저장기간은 15일이 된다.

2. **축전지 용량 선정** – 전자통신용 부하의 경우, 설계방법은 아주 보수적이며

15일의 축전지 용량으로 매우 높은 효용성을 부여한다. 위에서 든 예의 경우, 이것은 다음과 같이 계산된다.

4.17A × 24h × 15days = 1500 Ah

3. **경사각의 1차 근사** – 이것은 설치지역에 대한 정보에 바탕을 두며, 일반적으로 위도보다 20도 정도 높게 선정한다. 예를 들면, 위도가 37.8° 인 멜버른(Melbourne)의 경우, 경사각에 대한 1차 근사치는 37.8° +20° =57.8° 이 된다.
4. **일조량** – 가용한 지역별 일조량 자료로부터 정해진 경사각에서 어레이 위로 비추어지는 실제 일조량이 추산될 수 있다. 멜버른의 수평면 위에 비추는 전형적인 연간 일조량 데이터가 부록 G에 나타내었다. 이 일조량 데이터를 활용하면, 57.8° 로 경사진 태양광 어레이 위로 비추어지는 실제 일조량을 계산할 수 있다. 이 계산에 사용되는 가정은 일조량 데이터 중 분산된 부분들이 경사각과는 무관하다는 것이다. 이것은 경사각이 그리 크지 않은 경우에는 합리적인 가정이라 볼 수 있다.
5 **어레이 크기의 1차 근사** – 경험적으로, 최대 전류(1 kW/m^2)에서의 초기 어레이 크기는 평균 출력 전류의 5배가 되도록 선정한다. 이 수치는 다음과 같은 이유로 인해 비교적 크게 선정되었다.

- 밤에는 태양이 비치지 않는다.
- 아침, 오후 및 구름낀 날씨 동안은 빛의 강도가 약하다.
- 축전지는 제한된 충전 효율을 갖는다.
- 축전지는 일정량 자가방전을 한다.
- 먼지 등이 종종 빛의 투과를 가린다.

초기 어레이 크기와 위 (4)항에서 수정된 일조량 자료를 이용하여 연간 생산되는 암페어시(ampere-hours)를 계산할 수 있다. 이 계산에서는 덮힌 먼지로 인한 투과손실에 대하여 약 10% 정도(경우에 따라 과대평가일 수도 있지만)의 허용오차도 고려하여야 한다. 애리조나주의 연구결과(Hammond, 1997)에 따르면, 태양에 수직으로 바라보는 모듈의 경우 먼지가 끼면 우기(雨氣) 동안에 최대 3%의 손실이 발생하며, 태양의 입사각이 커짐에 따라 손실도 증가하였다(예: 24° → 4.7%, 58° → 8%). 그러나, 새의 배설물들이 더 심각한 영향을 미칠 수도 있다.

생성되는 전기는 연간 출력에 의해 소모되는 양에 비교될 수 있다. 출력소모량을 계산할때, 축전지의 자가방전에 대한 공차도 고려되어야 하는데, 보통은 월별 축전지 충전량의 3% 정도로 설정한다. 여름철에 축전지가 완전 충전상태라고 가정하면, 축전지의 연간 충전상태를 계산할 수 있다.

6 **어레이 경사각 최적화** – 어레이의 크기를 동일하게 유지하면서 축전지의 방전심도가 최소가 될 때까지 어레이의 경사각을 조금씩 변경하면서 위의 과정을 반복할 수 있다. 이것으로 최적의 경사각을 계산할 수 있다.

7 **어레이 크기 최적화** – 최적의 경사각을 이용하여 어레이의 크기를 최적화할 수 있는데, 전지의 방전심도도 함께 고려하여야 하고, 위 일련의 절차와 연관된 어레이 크기의 연속 근사법을 활용한다.

8 **디자인 요약**

위 절차의 예가 부록 G에 나타나 있고, 아래과 같은 세 가지의 제한이 있다.

1. 축전지의 용량을 결정하는 메카니즘은 잘 고안되어야 하며, 이러한 접근법과 연관하여 사용될 필요가 있다. 더욱이, 어레이와 저장의 조합은 저장비용에 대한 어레이 비용의 변화를 잘 반영하여야 한다.
2. 이 기법은 직접적이고 분산된 구성요소들이 잘 알려진 경우에만 유용하다.
3. 반복계산의 특성상 컴퓨터를 사용하여야 한다.

7.5 Sandia National Laboratory 접근방법

이 방법(Chapman, 1987)은 미국의 샌디아 국립연구소(Sandia National Laboratories)에서 개발되었고, 7.4 단원에 소개된 방법보다 보다 정교하여 자동으로 수년간 축적된 일조량 자료를 종합하여 계산한다. 이것은 위의 방법에서 제기된 문제점들을 극복하여 고정 경사 어레이로 구성된 어떠한 시스템에도 적용이 가능하며, 설계자들이 경사각을 위도 ± 20° 범위 내에서 선택할 수 있다.

시스템은 설계자가 지정된 공급지장확률(loss-of-load probability: LOLP)을 바탕으로 설계된다. *LOLP*는 어느 지점의 시간에서 출력이 PV 저장 시스템에 의해 만족되지 않을 확률로 정의되며, 효용성(availability: A)과 아래와 같이 직접 연관이 있다.

$$LOLP = 1 - A \tag{7.1}$$

실제로 특정 *LOLP*에 대해 어레이 크기/저장용량 조합의 연속성이 있고, 구성성분들의 상대비용 및 효율들이 최저비용 접근방법을 결정하게 된다. 일반적으로, 시스템의 비용은 *LOLP*가 0에 접근함에 따라 기하급수적으로 증가한다.

시스템 설계를 목적으로 이 모델을 개발하는데 있어서 일조량의 변화와 평균데이터 간의 상관관계를 규명하는데 많은 연구가 진행되어 왔다. 약 24년치의 시간당 데이터에 대한 연구로부터 상관관계를 연구하는데, 통계적인 기법으로 정확한 관계를 규명할 수 있다. 위도는 시스템 설계시 꼭 필요한 변수이며, 모델이 이론적으로 계산된 빛의 강도를 하루동안 air mass의 함수로 사용한다는 것을 말하며, 이것은 앞서 언급한 방법과 유사하다(여기서 평균 전세계 데이터가 직접적이고 분산된 구성요소들로 합리적으로 변환된다). 이 모델과 접근방법을 확립하도록 한 연구의 재미있는 결과는, 일년 중 최저의 일조량을 갖는 월(month) 동안의 데이터를 기준으로 시스템을 설계하여도 정확성이 떨어지지 않는다는 것이다. 이 결과는 설계방법을 크게 간소화 시키게 되었다. 게다가, 광범위한 설계값과 적절히 가공된 전세계 평균 일조량 데이터를 바탕으로 7.4 단원에 소개된 것과 유사한 계산방법을 이용하여 아래의 내용을 촉진시키기 위해 곡선들이 생성되었다.

1. 지정된 *LOLP*에 대한 축전지 용량의 결정
2. 어레이 경사각 최적화
3. 적절한 경사각에서의 일조량 데이터 확보
4. 위 (1)과 연관하여 필요한 *LOLP*를 제공할 수 있는 어레이의 크기 결정

사실, 4종류의 곡선들이 존재하며, 각각은 주어진 *LOLP*에 대해 다른 전지 용량(1)을 보여준다. 위의 (2)~(4)를 완성하면 동일한 *LOLP*를 갖는 다른 시스템(다른 어레이 크기/저장용량 조합)들을 설계하도록 하는 일련의 곡선들을 얻을 수 있다. 그리고나서, 시스템의 사양을 만족하는 최소비용 접근방법을 결정하기 위해 이 4종류의 가격을 기준으로 분석한다.

원가계산은 소비자의 기호에 따라 순수하게 초기 비용을 근거로 하거나, 혹은 전체수명 비용을 기준으로 계산할 수 있다. 후자의 경우에 온도나 방전심도에 따라 크게 달라지는 전지수명이 고려되어야 한다. 재래식 납 축전지(flooded lead-acid batteries)에 대한 전지수명은 다음 식으로부터 추산될 수 있다.

$$CL = (89.59 - 194.29T)e^{-1.75DOD} \tag{7.2}$$

여기에서, *CL*은 전지수명(단위:주기), *T*는 전지의 온도, 그리고 *DOD*는 방전심도(depth-of-discharge)이다.

PV 저장 시스템에서 *DOD*는 주기마다 달라진다. 여기에서 각 주기는 하루로 정의하고, *DOD*는 그날의 최대 *DOD*로 정의한다. 통계적으로 전체 전지주기에 대

한 *DOD*의 분포는 *LOLP*와 저장일의 함수로 일반화 될 수 있고, 그래서 식 (7.2)를 사용하여 실제 전지수명을 근사적으로 계산할 수 있다.

이 접근방법을 이용한 완전한 설계 예가 부록 E에 나타나 있다. 원리상으로, 이것은 큰 장점을 갖고 있으며, 특히 7.4 단원에서 보여진 단순한 방법에서 사용되었던 과정과 연관된 많은 제한점들을 극복할 수 있다. 그러나, 이또한 두 가지의 큰 제한이 있다.

1. 설계자가 설계과정에 필요한 다양한 그래프(혹은 도표)들과 관련된 상세한 정보를 제공하지 않는다면, 시스템의 설계를 점검하기가 어렵다.
2. 최악의 겨울달에 대해 설계를 최적화하게 되면, 여름달들이 지나치게 불리하지 않는다는 것을 확인하기 위한 절차가 없다.

7.6 호주 표준규정(Australian standard, AS4509.2)

이 호주 표준규정 Australian Standard(Standards Australia, 2002)는 시스템 설계에 대한 가이드라인, 실시예 및 빈 워크쉬트를 제공한다. 이것에는 전기 출력 평가에 대한 부분이 포함되어 있고, 설계순서는 다른 재생에너지 발전기와 보조발전(화석연료) 시스템 및 그들의 상세한 상호연결 관계를 고려하고 있다. 부록에 있는 실시예는 특정적이지 않고, 명백하게 "다른 방법들도 동일하게 적용가능하다"라고 말하고 있다.

주된 PV 관련 설계절차는 다음과 같다.

1. 직류 및 교류 전기출력, 그리고 그들의 계절에 따른 변화를 추산한다.
2. 1.3~2.0 범위의 과잉공급 계수(oversupply coefficient)에 의한 출력의 scale-up. 가용한 일조량 자료가 단지 연간평균, 월간 혹은 "최악의 달"에 대한 것 뿐이라면, scale-up은 일조량과 출력 임계성의 신뢰도에 의존한다.
3. 현장측정 및 가용 데이터로부터 에너지자원을 평가한다.
4. 최소 및 최대 태양에너지/출력에너지 비율에 근거한 최악과 최고의 월(month)을 결정한다.
5. 다양한 가용 에너지 자원 및 genset(엔진과 발전기가 결합된 세트)을 포함한 시스템 구성. Genset을 포함하면, 동등한 시스템 효용성에 대하여 더 작은 어레이와 더 작은 전지를 사양으로 정할 수 있다.
6. 14일 내에 축전지의 완전 재충전을 가능하게 하고, 가스발생형 충전을 가능하게 하는 구성요소들의 크기를 결정한다.

- 어레이 경사각(표 6.1)에 대한 초기 추정치를 선정하고, 해당면에 대한 일조량을 추산한다(1장 참조).
- 자가운전 요구일, 일일 및 최대 방전심도 기대치, 일일 에너지 요구량, 서지(surge) 요구량 및 최대 충전전류 등에 따라 축전기 크기를 결정한다.
- 요구되는 저장용량 혹은 전력요구량에 따라 축전지의 크기가 결정되었는지 확인한다. 이것은 특히 자가운전 요구일과 같은 시스템 변수에 의존한다.
- 어레이의 크기를 결정하고, 스트링으로 잘 구성하여 출력에너지 중 선택한 분율만큼만 공급하며, 나머지는 genset이나 다른 방법으로 공급된다.
- 워크쉬트를 이용하여 인버터, 조절기, 전지충전기, genset 및 전지환기장치 등을 결정한다.
- 표준규정의 부록 C을 이용하여 전선의 굵기를 선정한다.

다른 표준 및 가이드라인도 역시 가능하며, 일부는 이 책의 부록 E에 수록되어 있다.

7.7 시스템 설계용 소프트웨어

독립형 및 계통연계형 태양광 시스템의 크기결정과 성능평가를 위한 많은 종류의 상업용 및 무료컴퓨터 프로그램들이 최근 몇 년 사이에 사용될 수 있게 되었다(Knaupp, 2003; Silvestre, 2003; National Renewable Energy Laboratory, 2004). 그들 중 일부는 직접적으로 일조량 및 다른 기상정보 데이터베이스와 연결되어 있다. 다른 종류의 프로그램들은 다른 종류의 계산 알고리즘을 사용하고, 방법의 투명성도 다르고, 검증을 위해 중간결과를 제공하기도 한다. 물론, 이 프로그램들은 다른 방법으로 그 결과를 검증하지 않고는 믿고 사용될 수 없을 것이며, 지역별 규정 및 가이드라인들을 먼저 준수해야 한다.

간혹 스프레드쉬트 형태로 사용되는 크기결정 프로그램은 주어진 출력, 일조량, 배향 및 자가발전일(독립형의 경우)에 대해 시스템 구성요소들을 계산하는데 도움이 된다. 이것들은 모듈, 전선, 축전지 및 전력 조절용 전자기기 등을 선택하는데 도움을 준다. 게다가, 시뮬레이션 프로그램들은 시스템의 거동을 모사할 수 있다. 가용한 프로그램들의 선정에 대한 간단한 설명이 Knaupp(2003)과 Silvestre (2003)에 나와 있다.

연/습/문/제

7.1 (a) 태양전지에서 “하이브리드” 시스템이란 무엇을 말하는가?
(b) 순순한 태양광 발전시스템과 비교하여 하이브리드 시스템의 장점과 단점에 대해 설명하시오.
(c) 하이브리드 시스템이 가장 적합한 응용분야에는 어떤 것들이 있는가?

7.2 (a) 우리나라의 설치규정을 참조하여 전화기에 사용되는 태양전지의 예를 보이시오.
(b) 태양전지를 사용한 공공설비(utility)의 예를 들고, 그런 활용을 위한 방안에 대하여 약술하시오.
(c) 태양전지는 미래 공공설비 시스템에서 점점 중요한 역할을 하게 될 것인가?
(d) 우리나라의 공공설비에 태양전지를 사용하면 어떤 문제가 있는가?

7.3 북위 34° 인 지점에 대해 본문에서 설명한 근사법을 사용하여 11월에 시스템의 출력을 극대화하는 태양광 어레이의 경사각을 계산하시오. 11월 수평면에 대한 이 지점에서의 평균복사량은 12 MJ/m^2/day이고, 분산복사(diffuse radiation)량은 4.1 MJ/m^2/day이다.

7.4 북위 23° 인 지점에 대하여 독립협 PV 시스템을 설계하시오. 이 시스템은 48 V_{dc}에서 250 W의 일정한 출력을 공급하여야 한다. 1월부터 12개월 동안 수평면에 대한 전체 복사량은 각각 다음과 같다(괄호안의 숫자는 분산 복사량이다). 15.5(3.2), 17.2(4.2), 21.6(4.0), 23.3(6.0), 24.9(7.0), 24.1(8.8), 23.8(8.9), 22.9(8.1), 20.7(7.3), 18.9(4.8), 15.6(4.7), 14.5(3.8) MJ/m^2/day.

참/고/문/헌

Updated World Wide Web links can be found at www.pv.unsw.edu.au/apv_book_refs.

Ball, T. & Risser, V. (1988), ‘Stand-alone terrestrial photovoltaic power systems’, Tutorial Notebook, 20th IEEE Photovoltaic Specialists Conference, Las Vegas, USA.

Chapman, R.N. (1987), ‘A simplified technique for designing least cost stand-alone PV/storage systems’, Proc. 19th IEEE Photovoltaic Specialists Conference, New Orleans, pp. 1117–1121.

Durand, S. (1994), ‘Attaining a 30-year photovoltaic systems lifetime: The BOS issues’, *Progress in Photovoltaics: Research and Applications,* **2**, pp. 107–113.

Hammond, R., Srinivasan, D., Harris, A., Whitfield, K. & Wohlgemuth, J. (1997), ‘Effects of soiling on PV module and radiometer performance’, Proc. 26th IEEE

Photovoltaic Specialists Conference, Anaheim, 30 September–3 October, IEEE, New York, pp. 1121–1124.

Knaupp, W. (2003), 'Optimizing system planning', *Photon International*, Issue 9/2003, pp. 52–59.

Mack, M. (1979), 'Solar power for telecommunications', *The Telecommunication Journal of Australia*, **29**(1), pp. 20–44.

McKelliff, P. (2004), Personal communication regarding Telstra's current PV use.

Meyer, T. (2004), 'Photovoltaic energy: Stand-alone and grid-connected systems', in Cleveland, C. (Ed.), *Encyclopaedia of Energy*, **5**, Academic Press, San Diego, pp. 35–47.

National Renewable Energy Laboratory (2004), 'Energy analysis—Solar technology analysis models and tools' (www.nrel.gov/analysis/analysis_tools_tech_sol.html).

Sandia National Laboratories (1991), *Stand-Alone Photovoltaic Systems—A Handbook of Recommended Design Practices*, Albuquerque, New Mexico. (www.sandia.gov/pv/docs/Programmatic.htm).

Silvestre, S. (2003), 'Review of system design and sizing tools', in Markvart, T. & Castañer, L. (Eds.), *Practical Handbook of Photovoltaics: Fundamentals and Applications*, Elsevier, pp. 551–561.

Standards Australia (2002), *Stand-Alone Power Systems Part 2: System Design Guidelines*, AS 4509.2.

chapter 8

특수목적용 태양광발전

8.1 서론

태양광발전 시스템은 매우 다양하다. 동전 한 개보다 작을 수도 있고 축구경기장보다 클 수도 있다. 시계로부터 시작해서 도시 전체에 이르기까지 거의 모든 면적에 전력을 공급할 수 있다. 필요한 원료는 오직 태양광 그 자체이다(Sandia National Laboratories, 1991). 이러한 점들과 함께 운영의 편리함은 독립적인 특수목적용 응용분야의 전력공급원으로서 특별한 매력을 부여한다. 이중 일반적인 몇 가지 경우를 이 장에서 다루기로 한다. 2003년말까지 호주에 독립형(off-grid) 비가정용(non-domestic) 용도로 설치된 PV는 총 13.59MWp, 독립형 가정용 용도는 26.06MWp, 분산형 계통연계(grid-connected distributed supply)는 4.63MWp, 중앙식 계통연계(centralised grid-connected supply)는 1.35MWp였다(Watt, 2004). 여기에는 호주 내에서 광범위하게 사용되고 있던 정원 조명등, 시계, 계산기와 같은 많은 소규모 응용분야는 포함되어 있지 않다.

8.2 우주용

처음 개발되었을 때, 태양전지는 높은 가격 때문에 오로지 우주용으로만 적합하였다. 태양전지는 지속적으로 우주선, 위성, 화성 원격조정 차량의 전력공급원으로 사용되고 있다. 예상대로 높은 신뢰성이 필요한 분야이므로 우주용 태양전지는 극도로 높은 품질제어와 생산표준이 요구된다(Hardingham, 2001). 태양전지의 효율은 무게와 면적제한을 갖는 우주선에서는 매우 중요하다. 우주공간에서 사용되는 태양전지는 지구 자기장 및 대기에 의해 보호받지 못하므로 고에너지 입자와 복사선에 그대로 노출되고, 수명이 7년 정도로 단축되게 된다. 태양전지의 능력은 그러한 우주공간에서의 충돌에 대해 심각한 손상을 받지 않고 견딜 수 있어야 하며 이를 복사내구성(radiation hardness)이라 한다.

차세대 우주용 태양전지를 위한 최우선적인 연구는 무게 및 비용 절감을 목표로 한다. 왜냐하면 태양광 패널이 위성 무게의 10~20%, 비용의 10~30%를 차지하기 때문이다(Allen, 1991). 또한 태양광 어레이를 우주선발사를 위해 좁은 공간 내에 보관할 수 있는 능력도 대단히 중요하다. 많은 우주용 태양전지는 Si보다는 GaAs 혹은 관련 화합물로 만들어지며, 훨씬 높은 효율을 내지만 비용 또한 매우 높다.

8.3 항해보조장치용

태양전지를 항해보조장치(등대, 부표, 안개등)의 전력원으로 사용하는 것은 이미 수년 전부터 경제적인 수단으로 여겨지고 있다. 주 배터리를 교체하는 비용이 매우 많기 때문이다. 고효율 램프 및 렌즈를 사용할 경우 전기적인 부하가 낮기 때문에 태양전지를 적용하기에 매우 적합하다. 시스템 구성은 다음과 같다.

- 10~100Wp 태양전지
- 유지비용이 낮은 배터리 및 방수처리된 보관함
- 전압조절기(voltage regulator) 혹은 자가조절기(self-regulator)
- 군사용 시간 및 모터제어기
- 군사용 DC 모터를 채용한 자동 램프 교체기

환경친화적인 시스템 구성품들이 사용되어야 하므로 다음 조건을 만족해야 한다.

- 방수 및 방염처리된 배터리 하우징과 태양광 모듈
- 염수 저항성을 가진 배선
- 밀봉된 렌즈 및 회로 하우징
- 새의 둥지나 오염물로부터 렌즈 및 태양광 모듈 표면을 보호할 수 있는 스파이크

항해보조장치는 중요설비이므로 시스템은 항상 동작가능해야 한다. 그러나, 하나의 마이크로프로세서 혹은 마이크로컴퓨터 칩으로 대체가 가능한 수백가지 부

품을 가진 진부한 회로가 여전히 사용되고 있다. 항해보조장치는 군용 인증을 획득해야 하므로 시스템이 현대화되기까지는 수년이 걸릴 것이다. 태양광발전은 호주 연안에 있는 외딴 등대, 항구와 강에 설치된 부표를 밝히는 표준화된 선택수단이다.

8.4 통신

통신용 중계스테이션은 이미 여러 나라에서 태양전지로 전력공급을 하고 있다. 이러한 시스템은 파푸아뉴기니와 같은 열악한 환경조건을 가진 나라 혹은 호주와 같이 전력계통이 없는 광대한 땅을 가진 나라들에게 적합하다. 호주는 이 시스템을 실질적으로 사용하는 첫 번째 나라이다.

통신분야는 수년간 호주의 태양광산업의 근간을 이뤄오고 있다. Telecom(현재 Telstra)은 1972년에 처음으로 태양광설비를 시험했으며 여전히 주요 고객이다. 비용은 1989년까지 10년만에 음성채널당 30호주달러에서 현재 2호주달러까지 떨어졌다(Mack & Lee, 1989). 현재 Telstra 네트워크에는 3MWp가 넘는 태양광모듈이 설치되어 있다(Mckelliff, 2004). Telstra는 중앙과 교외지역의 개별고객을 연결하기 위한 통신시스템 내 중계스테이션 전력공급을 위해 태양전지를 활용하고 있다. 세가지 다른 통신용 태양광발전을 아래에서 기술한다(Mack & Lee, 1989).

8.4.1 이동형 태양광 전력공급장치

전형적인 간선 마이크로파 라디오 중계기의 부하는 지난 10여년에 걸쳐 1,000W에서 100W 이하로 대폭 줄어든 덕분에 태양광발전의 새로운 시장으로 대두되었다. 1976년까지 Telecom은 다음과 같은 목적으로 표준형 화물컨테이너를 사용한 이동형 태양광 전력공급기를 개발해왔었다.

- 선적하는 동안 태양광 어레이 수납
- 작업시스템 내 배터리 수납
- 유지보수 인력을 위한 시설 제공
- 태양광 패널 고정

이러한 시스템은 전 세계적으로 최초의 통신용 간선 연결의 기초를 제공하였다. 1979년 Alice Springs에서 Tennant Creek까지 500km 간선이 태양광으로 전력을 충당하는 13개의 중계스테이션에 의해 연결되었다. 이 시스템은 15일 정도의 배터리 충전을 포함하여 고도의 기능성을 갖도록 디자인되었다. 사용된 배터리는 다음의 성능을 갖는다.

- 순수한 납으로된 양극판
- 낮은 자가방전(통상 매월 3%)
- 긴 수명(8년)

이 시스템은 매우 성공적인 것으로 판명났으며, 그림 8.1에서와 같이 70개의 유사한 마이크로파 중계스테이션이 순차적으로 전국에 설치되었다. 자연냉각방식의 보관설비에 배터리와 전자장비를 보관함으로써 신뢰성은 더욱 높아졌다. 비록 태양광 배터리 시스템이 선호되지만, 하이브리드 시스템이 사용되기도 한다. 연간 전력요구량의 10% 정도를 공급하기 위해 디젤발전기를 사용하면, 필요한 태양광 어레이 및 배터리 크기를 대폭 줄일 수 있기 때문에 시스템 가용성은 100%에 접근

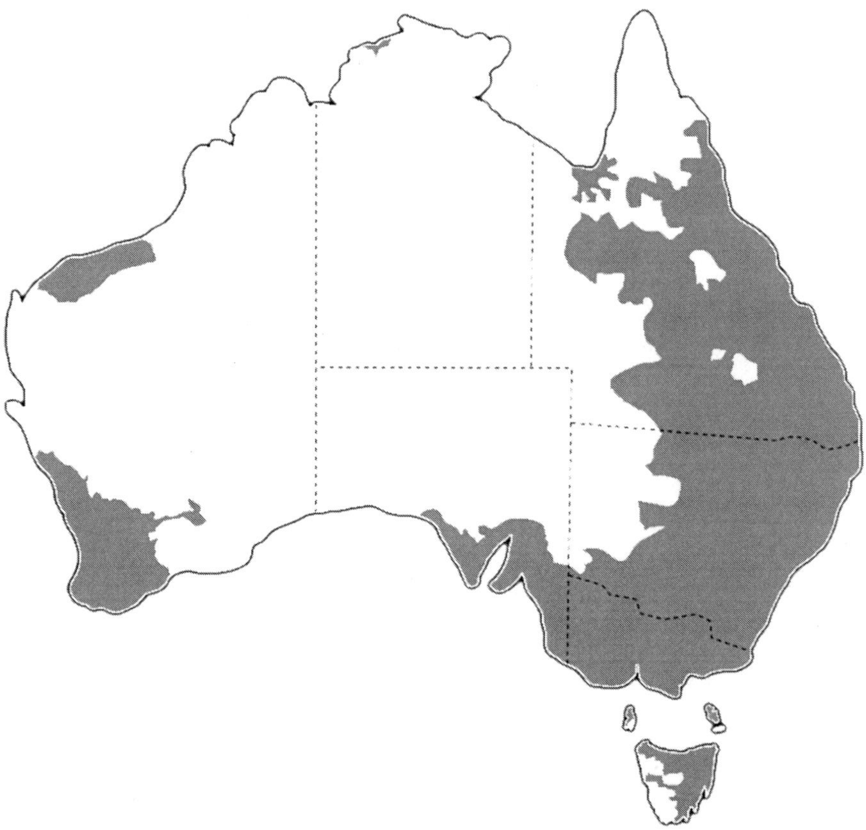

그림 8.1 회색 영역이 계통으로 연결된 지역임(ESAA, 2002)

하게 된다. 이에 따른 비용절감으로 인해 태양광발전의 비용 효율성이 더욱 더 증가하게 되는 것이다. 그러나, 하이브리드 시스템에 대한 유지보수 비용은 증가하기 때문에 완전히 격리된 지역에서의 사용은 적합하지 않다.

8.4.2 라디오 전화 서비스

호주에서 외곽지역 거주자들에게는 가장 가까운 중계기까지 연결할 수 있는 태양광전력 라디오 전화기가 보급되고 있다. 이 작은 독립형 시스템은 다음과 같이 구성되어 있다.

- 태양광 패널(1~2개의 표준형 크기), 통상 기둥에 설치됨
- 하나의 12V 배터리
- 송신회로 및 안테나

부하는 가변적이어서 고객 스스로 변조가 가능하다. 고객에 대한 교육을 통해 필요한 시스템 용량을 줄일 수 있어 시스템 비용을 줄일 수 있다.

Telecom 네트워크 시스템 뿐만 아니라, 군대, 경찰, 기업체 등의 다양한 독립형 UHF, VHF, 마이크로 라디오 사용자들이 태양광 전력을 사용하고 있다.

8.4.3 휴대폰 네트워크

2004년 4월, Telstra는 첫 번째 태양광 전력 모바일폰 기지국을 Broome 근처의 Roebuck Plains에 건설하였다. 이로 인해, 모바일폰 사용가능 지역이 Broome 주변과 호주 북서해안 외곽까지 확대되었다. 새로운 시스템은 기존의 것보다 열에 더 강하기 때문에 냉방기가 필요하지 않다(그림 8.2).

8.4.4 광섬유 네트워크

광섬유를 사용하는 많은 장거리 간선 네트워크는 현재 호주를 비롯하여 전세계적으로 설치되어 있다. 태양광발전은 전력계통으로부터 멀리 떨어진 네트워크 중계기지에 전력을 공급할 수 있다. 높은 변환 효율을 가진 태양전지 소자를 특별히 설계하여 레이저빔을 발생시키기 위한 계획도 있다(Wenham & Cranstron, 1993).

그림 8.2 Telstra 네트워크의 첫 번째 태양광 전력 모바일폰 기지국으로 호주 서부의 Roe-buck 평원에 위치함(자료출처: Silcar Pty Ltd. Design & Construction)

8.5 캐소딕보호(Cathodic protection)

오일 및 가스 파이프, 내벽, 화공제품 저장조, 교량 등의 부식은 중요한 문제로 특히 전력계통에서 먼 지역에서는 더욱 심각하다.

캐소딕보호(CP)는 자연적으로 일어나는 부식반응에서 발생하는 전기화학적 전류를 상쇄시키기 위해 반대 전류를 사용하는 방식이다. 토양에 포함되어 있는 물과 산은 전해질로서 작용하므로 전자가 금속구조물로 흐를 수 있다. 이 경우 금속은 양극(anode)으로 작용하고 결국 산화 또는 부식된다. 외부에서 가해진 상쇄전류는 금속구조물을 음극(cathode)으로 작용하도록 만들기 때문에 부식을 방지한다.

유사한 효과를 얻기 위해 금속구조물 가까이 희생양극(sacrificial anode)을 사용하기도 한다. 즉, 희생양극에 더 큰 전기화학 포텐샬이 형성되도록 하므로 금속구조물은 보호된다.

8.5.1 시스템 크기

태양광 전력 CP 시스템을 디자인할 때, 다음 사항들이 반드시 고려되어야 한다(Tanasescqu et al, 1988).

1. 부하는 금속(양극)과 주변 전해질 간 개방회로 포텐샬을 극복할 수 있는 전류량이어야 한다.
2. 전류 요구사항은 노출된 금속표면적으로부터 결정해야 한다. 일반적으로 금속구조물 코팅은 고유한 완전무결지수(integrity factor)를 갖는다. 통상 양질의 플라스틱 코팅은 99.999%의 지수를 갖는데, 10^5m^2의 표면적을 갖는 구조물의 $1m^2$만이 노출된다는 의미이다.
3. CP 회로의 저항은 2항에서 요구되는 전류를 흘리는데 필요한 전압을 결정한다. 이 값은 측정이 가능하나 습도, 온도, 조밀도, 토양의 염분함량에 따라 달라진다.

저항측정은 다음과 같은 요인으로 인해 복잡해진다.

- 파이프 캐패시턴스
- 토양의 이온전도도에 따른 전기화학적 분극(절연성이 좋은 파이프의 분극을 없애는 데 걸리는 시간은 16~18시간)

높은 지하수면과 같은 수평형 접지베드(ground bed)의 저항 R은 다음과 같다.

$$R = \frac{\rho\left[\ln(2L/r) + \ln(L/S) - 2\right]}{2\pi L} \tag{8.1}$$

깊은 벽이나 시추공과 같은 수직형 접지베드의 저항은 다음과 같다.

$$R = \frac{\rho\left[\ln(4L/r) - 1\right]}{2\pi L} \tag{8.2}$$

여기서 L은 양극기둥의 길이, ρ는 토양의 비저항, S는 양극의 깊이, r은 양극의 반경이다.

시간과 거리에 따른 불확실성과 변동성으로 인해, 전압 및 전류에 대한 안전율(safety factor)을 고려하여 부하를 결정해야 한다(그림 8.3).

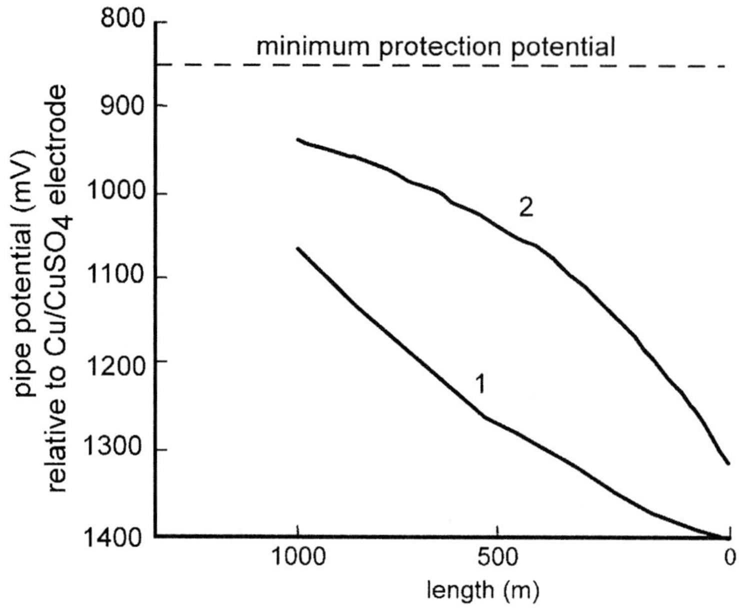

그림 8.3 맑은 날(곡선 1)과 흐린 날 밤(곡선 2)의 전형적인 파이프 포텐샬 분포(Tanasescqu et al, 1988)

8.5.2 컨트롤러

CP 시스템에 있어서 전류를 제어해서 금속구조물의 기준전압을 상수로 유지시켜 주기 위해 컨트롤러는 사실상 필수적이다. 다양한 종류의 컨트롤러가 가능하다.

1. 전류를 조절하기 위해 DC-to-DC 전환방식을 사용해서 고효율로 우수한 보호성능을 제공할 수 있다.
2. DC-to-DC 방식보다는 다소 간단하고 덜 효율적이지만 저항변조기를 채택하여 전압을 효과적으로 조절할 수 있다.

8.5.3 전력원

과거의 CP 시스템

전력계통이 설치된 지역에서는 전력 정류기가 캐소딕 보호소자에 사용된다. 외곽 지역에서는 디젤 혹은 천연가스로 동작하는 모터발전기(혹은 열전 발전장치) 등이 사용되고 있다. 그러나, 특히 작은 로드에 대해서는 연료 및 유지 비용이 심각한 문제이며, 주 전원까지 전선을 연결하는 비용이 너무 높다.

현재의 CP 시스템

태양광발전 전력 시스템은 현재 CP를 위한 신뢰성이 높고 경제적인 해결책으로서 여겨지고 있다. 적용 초기에는 작은 파이프라인 혹은 보관탱크와 같은 소형 구조물에 대해서만 사실이었으나 태양광발전 단가가 낮아진 현재는 대형 파이프라인, 수원(well head) 보호용으로도 적용이 확대되고 있다.

대부분의 구조물에 대해 가동률이 낮은 시스템 디자인을 적용해도 된다. 90% 가동률로도 구조물의 수명을 10배 이상 향상시킬 수 있다.

연속적인 보호의 중요성이 정확히 증명되지는 않았지만 대부분의 시스템에서 배터리가 사용된다(Ball & Risser, 1988). 납-칼슘과 같은 부유방식(float type)은 적합하지 않으며, 니켈-카드뮴과 같은 deep cycle type 혹은 deep cycle 납-산 배터리가 사용된다.

첫 번째 대형 태양광전력 CP 설치는 1979년 Libya에서였다. 당시 이 시스템은 석유시추장비와 파이프라인에 있는 구조물과 장비를 보호하기 위해 사용되었다(Tanasescqu et al, 1988). 곧이어 아프리카, 중동과 아시아의 주요 원유회사들이 캐소딕보호를 위해 태양광발전을 사용하게 된다. 미국의 연방에너지성(Federal Department of Energy) 규정에 따르면 가연성 액체 혹은 기체를 운반하는 모든 지하 저장탱크와 파이프라인은 캐소딕보호 시스템을 구비해야 한다(Ball & Risser, 1988). 태양광 분야에서는 대형 시장을 보장하는 규정에 해당한다.

불행히도, 다수의 부식전문가 입장에서 태양광에 대한 지식이 부족하여 대규모 시설물의 적용에는 상당한 제한이 따르고 있다. 태양광의 장점에 대한 인식이 확산되면 그 사용은 증가할 것이다. 공공시설물의 파괴행위나 도난 등도 또다른 문제점이다. 이러한 이유 때문에 장대식 고정(pole mounting)이 선호되고 있으나, 배선 손실이나 설치비용이 증가하게 된다. German Energy Pillar System은 예를 들어, 알루미늄 기둥에 태양광 패널, 점증 전하 변환로(step up charge converter) 및 배터리를 결합시켜 즉시 사용가능한 시스템 형태를 고안하였다. 설치 즉시, 수집된 데이터를 중앙처리장치로 전송하여 모니터링이 가능해진다(Korupp & Marthen, 1992).

CP 시스템 디자인의 한 예는 다음과 같다(Tanasescqu et al, 1988).

그림 8.4는 파이프라인을 따라 설치된 캐소딕보호장치를 보여준다. 보호전류는 $\Delta V_{\min}$을 충분히 높은 수준으로 유지하여 다음 식으로 주어지는 전기화학 포텐샬을 상쇄할 수 있도록 조절되어야 한다.

$$V(x) \propto \exp(-rx) \tag{8.3}$$

여기서 r은 감쇄상수이며 파이프라인의 단위길이당 저항의 함수로서 통상 $5 \times 10^{-4} m^{-1}$이다.

만약 L이 파이프의 길이라면,

$$K = \frac{2}{r} \ln\left(\frac{\Delta V_{max}}{\Delta V_{min}}\right) \tag{8.4}$$

여기서 고려해야 할 trade-off가 하나 있다. L이 지나치게 길면, L에 대해 더 빨리 증가하는 ΔV_{max}가 지나치게 높아지는 문제가 생긴다. 큰 ΔV_{max}는 전력원에 가까운 영역에서 요구되는 전류보다 훨씬 큰 전류를 흐르게 만든다. 결국 필요한 전력 대비 투입된 전력의 비가 과도하게 커지게 된다. 역으로 L이 지나치게 짧으면, 전체 길이를 보호하기 위해 필요한 CP 시스템의 수가 너무 많아진다. 그러나, 일반

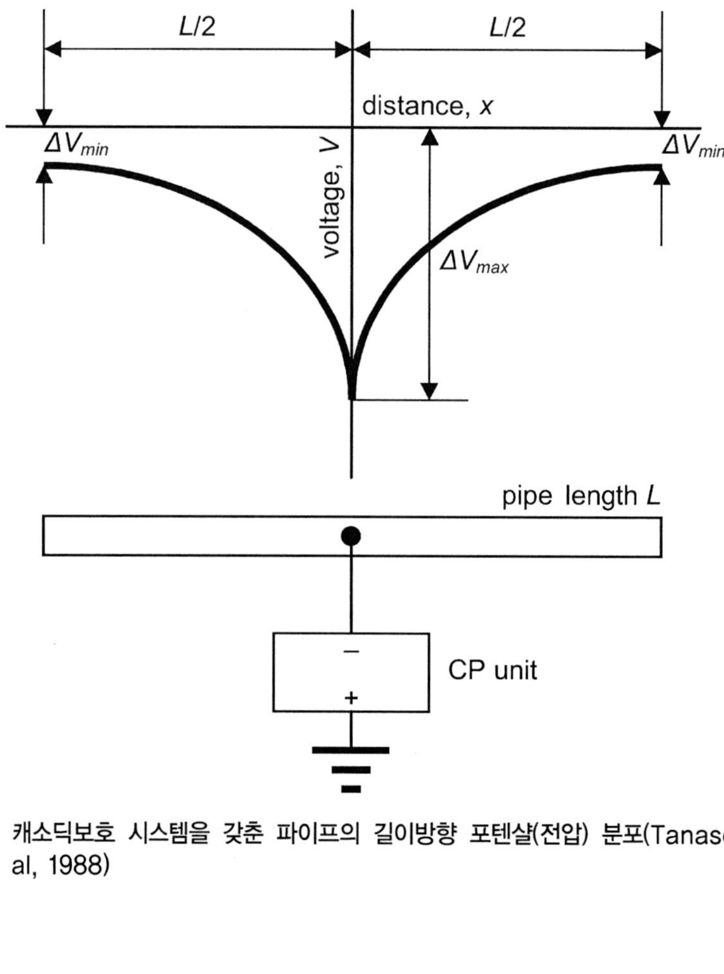

그림 8.4 캐소딕보호 시스템을 갖춘 파이프의 길이방향 포텐샬(전압) 분포(Tanasescqu et al, 1988)

적으로 태양광발전이 모듈을 바탕으로 하기 때문에 많은 수의 소규모 시스템을 상대적으로 가까이 배치하면 간단히 해결할 수 있다.

전형적인 시스템은 다음으로 구성된다.

- $60W_p$ 태양광 패널
- 12V, 90Ah 저장용 배터리
- 직렬 전하 레귤레이터
- $Cu/CuSO_4$ 기준전극을 사용하는 폐회로 전류 컨트롤러

미래의 CP 시스템

태양광전력 캐소딕보호 시스템은 태양광 시스템에 대한 이해도가 깊을수록, 태양광 모듈의 가격이 떨어질수록, 금속코팅 기술이 발전할수록 성장세를 이어갈 것이다. 금속코팅의 품질 향상은 더 높은 수준의 완전무결지수로 이어지고, 결국에 부하를 줄이게 되어 태양광 시스템의 경제성은 더 높아지게 된다.

8.6 물펌프(Water Pumping)

태양광발전은 핸드펌프(hand pump)가 주류를 이루는 소형 시스템으로부터 대형 발전기 시스템에 이르는 범위까지 점차적으로 펌핑시스템의 요구조건을 만족해 가고 있다(Ball & Risser, 1988). 또한, 높은 신뢰성, 긴 수명, 연료장입이 필요없기 때문에 풍차 혹은 디젤전력 시스템에 있어서 엄청난 장점을 갖는다. 낮은 유지비, 청정성, 사용 및 설치 편리성, 신뢰성, 긴 수명, 무인 운전의 특성을 가지며 어떠한 요구조건도 만족시킬 수 있다. 표 8.1은 1980년대 말에 사용되던 태양광전력 물펌핑 시스템의 크기에 대한 자료이다. 이들 시스템은 우선적으로 시외곽에 물을 공급하기 위해 사용되었으며, 관개(irrigation), 저수(stock watering), 상업용 혹은 산업용으로도 일부 사용되고 있다(McNeils et al., 1988). 2000년까지 2만개 이상의 태양광전력 물펌프가 인도, 에티오피아, 타일랜드, 말리, 필리핀, 모로코 등의 개발도상국에 설치되었다(Martinot, 2003). 상용화된 태양광 펌프의 비교자료 및 시장 전망이 출판된 바 있고(von Aichberger, 2003), Short와 Thomson(2003)은 개발도상국의 공동체에 미칠 장단점을 논의한 바 있다.

태양광전력 시스템의 가장 심각한 단점은 높은 초기비용, 태양광 조사량의 변동, 태양에너지의 확산성(낮은 에너지 밀도로 인해 상대적으로 넓은 시스템이 필요함), 시스템 디자인 경험과 시스템 컴포넌트 개발 측면에서 상대적으로 산업 자

표 8.1 1988년 현재 가동 중인 태양광전력 물펌핑 시스템의 수(Ball & Risser, 1988)

size (W_p)	number of systems
0–500	11,000
500–1,000	100
1,000–2,000	8,000
>2,000	2,000

체가 미숙하다는 점이다.

생애주기비용(life-cycle-cost) 측면에서 2kWp 이하의 태양광전력 시스템은 디젤전력시스템에 비교하여 경제성을 확보해나가고 있다(Halcrow & Partners, 1981). 1kWp 이하의 시스템은 디젤보다는 항상 저렴하다(Bucher, 1991). 그림 8.5는 태양광전력 물펌핑과 디젤펌핑에 대한 하루동안 펌핑된 체적 당 물의 단가를 나타내고 있다. 그림 8.6은 펌핑 수원(head)의 함수로 물의 단가를 나타낸 것이다. 비용은 물론 고유특성, 요구조건, 구성, 사용 부품에 따라 달라진다.

시스템은 응용분야에 맞게 고유한 디자인을 가져야 한다. 시스템구성, 부품형태 각각의 크기 등은 모두 수자원 규모, 수자원 보충속도, 하루에 필요한 수자원 부피, 태양광 조사량, 펌핑시간/유속, 수위, 고갈수위, 방출헤드, 계절적 수원 변화, 파이프 크기, 마찰, 펌핑 부시스템의 부품 특성과 효율 등에 크게 영향을 받는다. 위의 요구조건 각각에 대한 정보가 있어야 시스템 디자인을 최적화할 수 있다. 11장, 12장에서 설명되겠지만, 펌프, 모터, 태양광 어레이의 정교한 정합(matching)이 필수적이다. 그림 8.7은 전형적인 태양광전력 펌핑시스템에서 발생하는 손실을 나타내고 있다.

8.7 실내용 소비재

소비재 시장은 이미 크게 형성되어 있으며, 빠르게 성장하고 있다. 현재는 일본 제조업체들에 의해 지배되고 있으며, 저비용의 비정질실리콘 태양전지로 구동되는 시계, 계산기, 작은 장난감 등 다양한 종류가 생산되고 있다. 정원조명등, 회중전등 등 대형 제품 시장도 꾸준히 성장하고 있다.

소비재용 태양광 모듈 발전규모에 대한 숫자들은 심하게 과대평가되어 있다. 이 숫자들은 1kW/m^{2}의 광량에 대한 값인데 반해, 실내에서는 극히 일부의 광만이 있기 때문이다. 실외에서 이러한 제품들을 사용하더라도 저항손실 때문에 그 숫자들이 적용되지 않는다. 예를 들어, 2002년에 60MWp의 소비재용 태양전지가 생산된 것으로 발표되었으나(Maycock, 2003), 실제로 생산된 전력은 1%도 안 된다(실

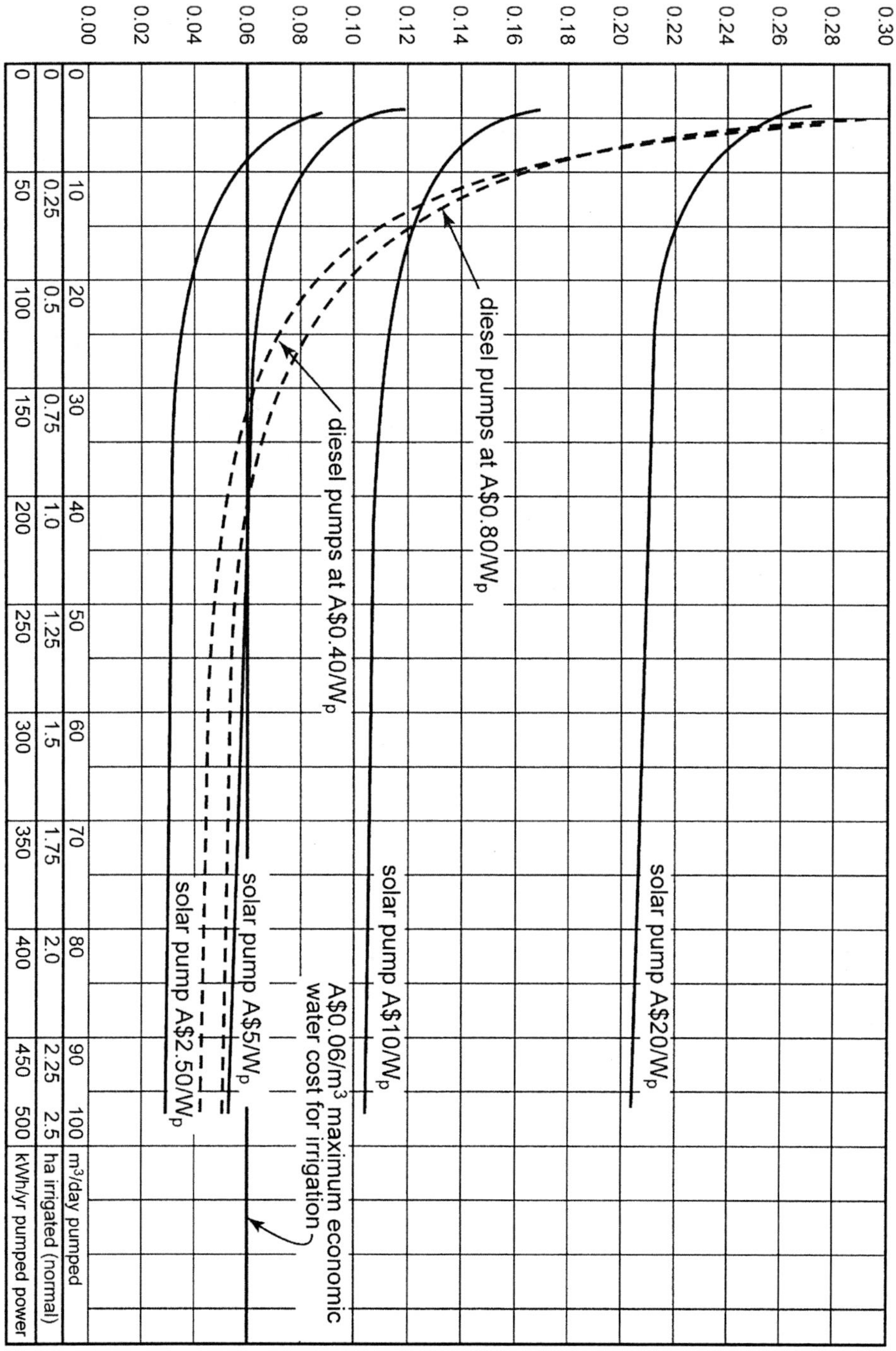

그림 8.5 태양광전력 물펌핑과 디젤펌프로 5m 수원를 사용하여 하루 평균 펌핑된 체적에 대한 물의 단가(Halcrow & Partners, 1981)

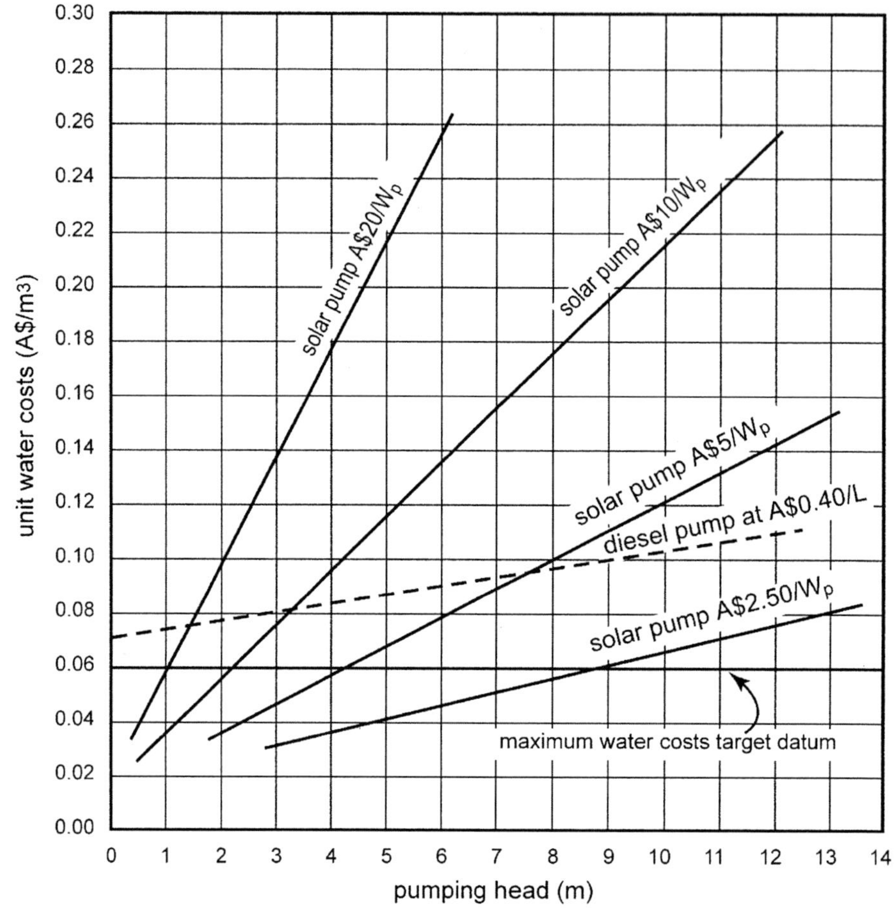

그림 8.6 40m^3/day의 평균 펌핑 출력을 가진 펌핑 수원에 대한 물의 단가

외에서 사용하더라도 크게 벗어나지 않을 것이다). 따라서, 대부분의 태양광 산업 통계에서는 이러한 제품들을 포함시키지 않는다. 국제에너지협회(International Energy Agency, IEA)의 태양광 통계는 40W_p 이상의 모듈만 기록하고 있다 (www.iea-pvps.org).

8.8 배터리 충전기

충전용 배터리를 사용할 수 있는 곳에서는 태양광 모듈을 이용하여 배터리의 충전 상태를 유지하거나 자가방전을 보상해줄 수 있다. 요트나 여가용 차량 등에서는 이미 사용되고 있으며, 노트북, 트랙터, 차량용 배터리 등에도 점차적으로 사용이 늘고 있다.

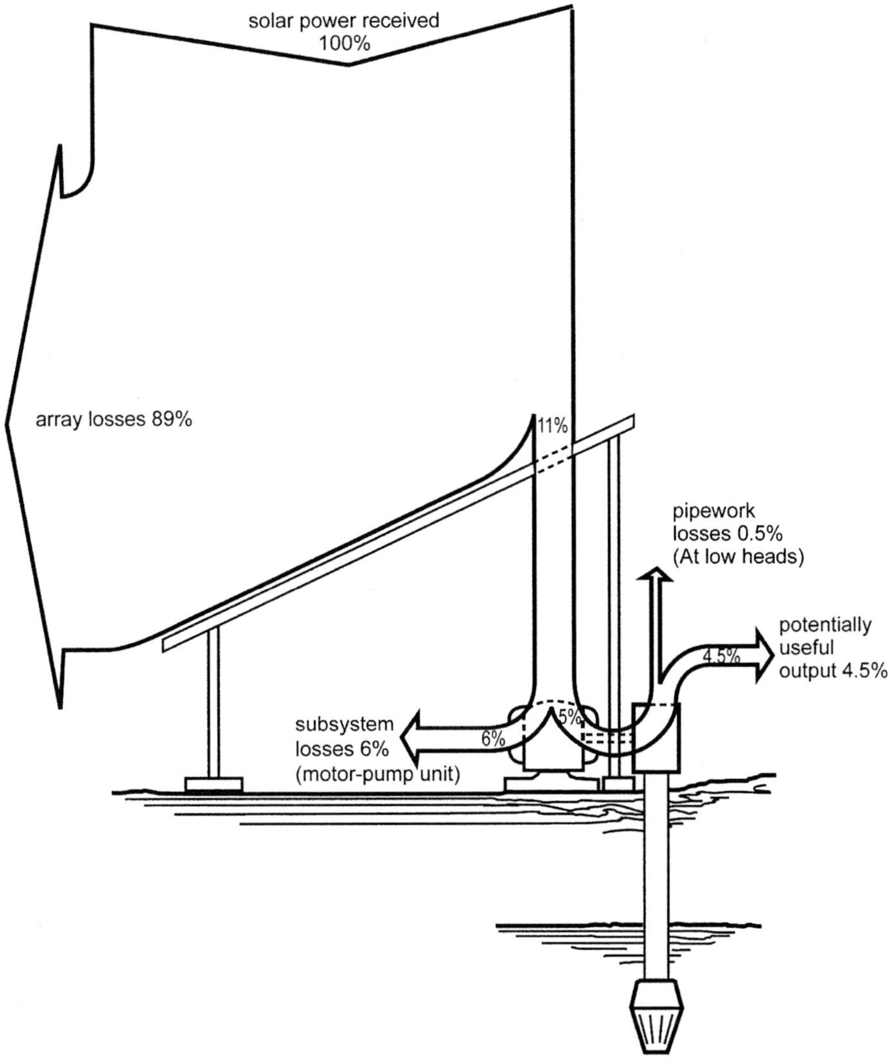

그림 8.7 전형적인 태양광전력 물펌핑 시스템에서의 손실(Halcrow & Partners, 1981)

충전방식(charging regime)이 중요하기 때문에 6.7.2절에서와 같이 자가규제(self-regulation) 시나리오를 기준으로 하여 레귤레이터에 대한 세심한 주의를 기울여야 한다.

8.9 개발도상국의 태양광발전

개발도상국의 약 40%의 인구는 전력을 공급받지 못하는 것으로 조사되었다(Martinot, 2003; Goldemberg, 2000). 배터리로 작동하는 작은 가전제품이 비록 몇몇 지역에서 사용되고 있긴 하나 소비자들은 중앙의 배터리 충전시설로 이동해야만 한다. 외딴 지역에서는 디젤발전기용 연료나 유지보수 서비스를 제공하기도 힘들다. 따라서 태양광을 기반으로 한 시스템에 대한 막대한 잠재적인 시장이 기다리고 있다고 할 수 있으며, 특히 다음의 아이템에 주목할 필요가 있다(Shepperd & Richards, 1993).

- 가정용 조명, 태양광 랜턴
- 가정용 전력
- 교육 및 오락용 TV와 라디오
- 통신 시스템
- 상수 정제시스템
- 관개 및 가정용 펌핑
- 약제 및 백신의 냉장
- 마을 단위 배터리 충전소
- 무선 전화
- 공동시설
- 생산활동

이들 각각은 독립형 태양광 시스템으로 디자인하여 다양한 용도로 사용할 수 있는 마을 공동 시스템으로 사용가능하다. IEA PV 파워시스템 프로그램은 특정 개발도상국 사업을 운영해왔다(IEA PVPS, 2003).

태양광은 높은 신뢰성, 연료 무의존성, 긴 수명, 낮은 유지비 등의 이유로 높은 관심을 갖고 있다(Eskenazi, 1987). 하지만, 시스템 고장발생을 피하기 위한 사용자 교육 및 훈련, 지속적인 지원이 필요하다(Lloyd, 2000). 과거에 비하면 이러한 측면은 훨씬 효율적으로 처리되고 있다(Bushlight, 2004; Wade, 2003a, 2003b). 또한 모듈을 기본 단위로 하는 태양광의 특성으로 인해 소형이던 대형이던 아무 곳에나 설치가 가능하고 나중에 필요한 만큼 발전량을 늘리는 것도 가능하다. 태양광 시스템의 자본비용(capital cost)이 높기 때문에 개발도상국에 위치한 대부분의 마을은 재정지원을 필요로 한다.

브라질, 중국, 태국, 라오스, 스페인, 스리랑카, 인도, 남베트남, 인도네시아 등 많은 국가들이 활발한 태양광 프로그램을 갖고 있다. 대부분 교외 지역공동체에 전력을 공급하려는 목적을 갖고 있다. 가정용 소형 태양광 시스템의 가장 큰 시장은 인도(450,000 시스템 예정), 중국(150,000), 태국(150,000), 케냐(120,000), 모로코(80,000), 멕시코(80,000), 남아프리카(50,000) 등이다.

다음과 같은 구성을 갖고 있는 평균 150Wh/day의 출력을 가진 10,000여 개의 시스템이 인도네시아에 이미 설치되어 있다(Schlangen & Bergmeijer, 1992).

- 주택 지붕에 설치된 작은 기둥에 고정할 수 있는 45Wp 태양광 모듈 한 개
- 내벽에 고정된 프레임에 설치된 12V, 70Ah 용량을 가진 납 축전지 한 개
- 과충전 혹은 과방전으로부터 배터리를 보호하기 위한 소형 레귤레이터 한 개
- 2개의 6W 조명
- TV, 라디오 혹은 다른 가전제품을 연결하기 위한 플러그 및 소켓 한 개

마찬가지로, 스페인의 안달루시아 지방에 있는 1,500 가정은 두 개의 52W_p 모듈, 배터리, 레귤레이터 한 쌍으로 전력을 공급받고 있으며(BP Solar, 1993), 말레이시아에서는 11,600개의 태양광 시스템이 가정용, 공동주택, 건강클리닉, 마을회관, 학교, 교회 등에 전력공급용으로 설치되었다. 응용분야는 기초적인 조명으로부터 백신 냉장고에 이르기까지 다양하다(BP Solar, 2002).

8.10 냉장

태양광 패널은 다음 용도로 사용하는 냉장고의 전력공급용으로 광범위하게 사용되고 있다(Ball & Risser, 1988)

- 태양광전력 냉장고의 20%를 차지하는 의료용
- 캠핑카와 같은 레저차량
- 상업용
- 가정용

백신이나 의약품 냉장시설에 대한 전력공급 차질이 빚어지면 수천달러의 손실이 발생할 수 있다. 따라서, 가동률이 100%여야 한다. 세계보건기구는 국제구호프로젝트에 사용되는 냉장시설에 대한 규정을 정한 바 있다(WHO, 2000). 신속한 공급, 모듈 기반, 낮은 유지비용 등의 특징으로 인해 비록 저가의 에너지원의 사용이 가능한 곳에서도 태양광전력이 자주 사용되고 있다. 새로운 응용분야도 계속해서 개발되고 있다. 그리스에서는 외딴 지역에서 생산된 염소젖의 예비냉각을 위한 태양광전력 얼음저장설비의 사용이 시도되고 있다(Kallivrousis, 1992).

점차 더 저렴해지고 있는 고효율의 DC 냉장설비는 모든 응용분야에서 사용이 확대되어야 한다. 전환 손실, 대형 인버터 채용에 따른 추가비용 등을 줄일 수 있고, 신뢰성 또한 높기 때문이다. 대부분의 설비는 12 혹은 24V_{dc}이고 AC 설비에

비해 대략 5배 정도 더 효율적이기 때문에 훨씬 더 작은 태양광 시스템이면 충분하다. 효율에 영향을 주는 요소는 다음과 같다.

- 형상
- 절연 향상
- 치밀한 도어 밀봉
- 독립적인 온도 제어가 가능한 격실구조
- 효과적인 열 방출, 효율적인 컴프레서 및 모터
- 수동식 성에 제거
- 상부 장입방식

위에서 언급한 장점들을 십분 활용하기 위해서는 냉장설비를 최대한 활용하고 전력용량을 최소화하기 위해서는 소비자에 대한 교육이 매우 중요하다. 이러한 교육은 다음과 같은 열효과에 대한 지식을 포괄해야 한다(Ball & Risser, 1988).

- 냉장고의 위치, 열방출 코일용 환기장치의 필요 여부
- 도어 여닫는 습관
- 계절적인 사용량 변화(일반적으로, 태양광발전의 출력과 잘 일치)
- 장입 시간과 온도

8.11 태양광전력 운송

인력 및 재화의 수송 분야는 태양전지만으로 해결하기에는 역부족이다. 차량이 허용하는 태양광 수집면적이 상대적으로 작고 높은 출력 및 에너지를 필요로 하기 때문이다. 태양광전력은 계통을 저장소로 사용하는 기존의 전력시스템을 보조하는 용도로 사용될 수 있다. 독일의 Karlsruhe에 있는 전차선로(tramway)를 예로 들 수 있다. 아트미디어센터(Center for Art and Media, ZKM)의 지붕에 설치된 태양광 모듈(100kW$_p$)이 Karlsruhe 외곽의 전차 시스템에 전력을 공급한다. 생성된 에너지는 DC 시스템을 이용하여 직접 전차에 공급된다. 대형 DC 로드로 인해 저장 및 인버터를 필요로 하지 않는다. 유사한 250kW$_p$ 시스템이 하노버(Hanover)에서도 운용 중이다. 고정식으로 지상에 설치된 24kW$_p$ 태양광 어레이가 스위스 베른(Bern)에 있는 의회건물 근처의 케이블 선로에 필요한 충분한 전력을 공급한다. 이 시스템은 1992년에 설치되어 1993년과 1994년에 각각 필요전력의 105%, 95%를 공급하였다. 36kW$_p$ 시설이면 이탈리아 Livorno 근교의 케이블 선로가 필

요로 하는 전체 에너지를 충당할 수 있다(EC, 2002).

선내 운송 보조전력으로서의 태양광전력 또한 매우 실용적이다. 태양광 패널을 지붕에 설치한 몇몇 소형차량들이 시장에 나오기 시작했다. 그러나, 아직까지는 판매규모가 크지 않다. 15개의 태양광 패널을 지붕에 장착한 태양광 보조전력 버스가 영국의 Kew Gardens 내에서 장애인 방문자를 위해 운행되고 있다. 영국의 대형 할인매장은 트레일러의 지붕에 태양광 패널을 설치하여 냉장시설에 전력을 공급한다. 이와 유사하게 미국에서는 트럭이 정차하고 있는 동안 모터를 공회전시키지 않고도 차량 배터리를 최대 충전상태로 만들기 위해 태양광 패널을 트럭지붕에 설치하였다.

고속도로 방음벽은 막대한 투자가 이루어진 고가의 구조물로서, 계통연계형 태양광 모듈을 설치할 수 있는 지지대로서의 기능도 담당할 수 있다. 간편한 지지대로서의 역할뿐만 아니라, 많은 사람들에게 태양광 모듈을 보여줄 수 있는 매우 훌륭한 전시장을 제공하게 된다. 좋은 예가 암스테르담 공항 근처 A9 고속도로에 설치된 길이 1.65km의 220kW$_p$ 시스템이다(EC, 2002).

연료 누수가 우려되는 호수나 엔진노이즈가 없어야 하는 자연습지와 같은 수상용으로 태양광전력 보트가 유리하다. 24명을 태울 수 있는 2대의 태양광전력 셔틀보트가 1997년 스위스의 Lausane과 Saint Sulpice 사이에서 서비스를 시작했다. 보트의 전기모터는 14m^2 넓이의 태양광 어레이에서 생성된 전력으로 작동한다. 태양광 어레이는 지붕에 설치되어 있으며 환경친화적 대중교통수단을 제공하고 있다. 흐린 날씨의 경우, 정박지의 계통전력을 이용하여 충전된다. 1.8kW$_p$ 태양광 어레이로 전력을 공급받는 27.5m 길이의 Becassine은 스위스의 한 호수에서 60명의 승객을 실어나른다. 에너지는 180V, 72Ah 배터리에 충전된다. 시드니항에서 운행되는 태양광 돛단배(solar sailer)는 태양광, 풍력 및 무소음의 압축기체 모터로 움직이는 관광용 보트이다. 유리섬유로 된 날개가 돛의 역할을 하고, 윗면에 태양전지를 부착하여 풍력 및 태양광발전을 최대화할 수 있도록 회전된다.

태양광전력 항공기는 연구개발이 활발한 분야로서, 넓은 면적에 경량 모듈을 부착하여 만든다. 화물수송, 통신, 원격감지기, 대기측정(atmospheric measurement) 등의 응용이 기대되고 있다. NASA의 무인 태양광 항공기가 불행하게도 2003년에 추락했다. 그러나, 1인 조종사를 태운 태양광전력 항공기로 20일에 걸친 세계일주가 계획되었다(Krampitz, 2004). 배터리의 저장용량이 획기적으로 증가하지 않는 한 이 비행은 적어도 7번의 이착륙을 필요로 한다.

8.12 태양광 자동차

태양광 자동차 경주는 작지만 성장잠재력이 큰 시장을 제공한다. 특히 고효율 태양전지의 경우 더욱 그러하다. 호주는 1987년, 미국, 일본 및 유럽은 1990년부터 경주대회를 개최하고 있다(Roche, 1997; Cotter, 2000; WSC, 2004).

자동차 경주에 있어서 태양전지의 효율이 가장 중요하다. 태양전지를 설치할 수 있는 물리적인 면적이 제한되어 있기 때문이다. 가격은 중요하지 않다. 최고효율 전지는 현재 US$600/Wp를 호가한다. 최근 세계태양광챌린지 대회(World Solar Challenge)에서 우승한 자동차는 GaAs로 만든 매우 비싼 태양전지를 사용하였다. 이 전지는 겨우 우주용으로만 채택되는 전지이다. 그럼에도 불구하고, 다수의 상위권 수상자들은 범용 태양전지를 사용한 학생들이었다. 평가기준은 효율적인 디자인에 집중된다.

- 유체역학(무게보다 더 중요)
- 모터 효율(통상 2개의 모터가 사용됨)
- 파워컨디셔닝, 제어회로
- 배터리 저장밀도 및 효율

태양광전력 출퇴근 차량이 등장하기까지는 다음의 이유로 수년은 더 걸릴 것이다.

- 비용절감
- 도로상에서 트럭과 같은 대형 차량과의 적합성
- 교통당국의 허가, 특히 안전문제
- 표준화된 고신뢰성 디자인
- 소비자의 반응
- 경량 패널의 대량생산
- 빈번한 정차가 발생하는 경우 효율을 유지하기 위한 정지전력회수(현재는 개발이 충분히 진행되어 하이브리드 휘발유-전기 자동차에는 범용으로 장착된다)
- 재충전 스테이션의 건설(스테이션도 태양광으로 전력공급될 수 있다)

캘리포니아에서처럼 배기가스가 전혀 없는 차량을 목표로 개발 및 교외지역에서 전기자동차의 사용이 가속화되고 있다. 머지않아 일상생활에서의 통근차량에도 태양광을 사용하게 될 것이며, 차량 자체에 태양광 패널을 집적시킴으로써 전력을 공급하거나 태양광전력 충전 스테이션 혹은 일반 가정에서 설치된 태양광 패

널을 사용할 수도 있다(Ingersoll, 1992)

태양광전력 자동차의 핵심부품은 배터리이다. 현재의 자동차 배터리보다 긴 수명을 가져야 하며, 심방전(deep cycling)이 가능해야 한다. 자기방전(self discharge) 속도는 크게 중요하지 않으나 충전용량-무게 비는 매우 중요하다. 태양광 재충전 장치가 가능하면 배터리에 차량용 환기팬 정도의 작은 부하를 추가로 사용하는 것이 가능하다. 예전에는 배터리 방전문제로 정차 중에는 불가능하였다. 비정질과 결정질 실리콘 태양전지 모두 배터리 충전용으로 사용이 가능하며 시거소켓에 끼울 수 있는 작은 모듈로 구성되어 있다.

현재 태양광 어레이 및 전기부속품의 디자인 절차는 배터리에 비해 덜 정비되어 있다. 결과적으로, 배터리와 태양전지의 선택이 서로 독립적으로 이뤄지고 있다. 모든 태양광 시스템과 마찬가지로 사용자 교육이 매우 중요하다. 태양광 자동차의 경우 배터리 및 태양전지의 최적화를 위해 경제운전을 해야 할 것이다.

8.13 조명

미국에서만 수천개의 태양광전력 조명시스템이 설치되어 있다(Ball & Risser, 1988; Florida Solar Energy Center, 1998). 80% 이상은 200~400W_p 범위이다. 외딴 지역의 대부분에서 태양광전력 DC 조명이 비용적으로 케로신램프, 배터리, 양초, 디젤 혹은 휘발유발전기에 비해 더 효율적이며, 계통전력보다는 월등한 효율성을 보이고 있다. 도시지역에서조차 지하 혹은 지상용 가로등의 높은 운영비를 줄이기 위해 태양광 조명을 사용하고 있다. 정원용 조명 제품은 전기기사 없이도 설치할 수 있기 때문에 인기를 얻고 있다.

태양광 조명이 사용되는 사례는 다음과 같다.

- 대형 광고판
- 안전지시등
- 대중교통 대합실
- 비상경고등
- 일반조명(경주용 트랙, 거리)
- 가정용

램프효율은 최근 몇년간 급상승하였지만, 여전히 고출력램프에서 더 높다. 효율을 높일 수 있는 일반적인 램프제어 기술은 다음과 같다.

- 광감응 태양전지(충분히 어두울 경우 조명을 켜기 위함)
- 타이머(특정시간 동안의 동작 혹은 식별 코딩용)
- 스위치(수동조작을 가능하게 함)
- 동작센서 혹은 적외선 감지기(보안시스템에 특별히 유용함)

비록 품질 향상이 지속되고는 있으나, 지난 십수년간 시장에 공급된 태양광전력 정원용 조명장치는 소비자를 기만하는 제품이었거나 장시간 사용에 적합하지 않았다. 공통적인 문제는 다음과 같다.

- 낮은 효율의 비정질실리콘 태양광 패널은 시간에 따라 열화되어 충분한 전기를 생산하지 못함
- 저효율의 램프 사용으로 조명도가 충분치 않음
- 열악한 마감재를 사용하여 습기에 노출된 전극에 부식이 발생함
- 플라스틱 몰딩이 부서지면서 옥외폭로시 태양전지 열화가 발생함
- 부적절한 전하제어기의 사용으로 배터리의 과충전 및 과방전이 발생함

대부분의 독립형 태양광 조명시스템은 12 혹은 24V_{dc}에서 동작한다. 형광등은 백열등보다 4배 이상 효율적이므로 태양광 시스템에서는 더 선호하고 있다. 백색 발광소자 조명은 최근 낮은 광출력을 필요로 하는 응용분야에서 주목을 받고 있다. 발광소자는 매우 낮은 에너지에서도 잘 동작하며 작은 PV 시스템만 있으면 된다.

경고등, 보안등 등을 제외한 대부분의 조명시스템은 중요성이 떨어지므로 가용성 즉, 비용은 상대적으로 저렴하다. 조명은 일몰 이후에 필요하므로 모든 태양광 조명시스템은 배터리를 필요로 한다. 실링된 심방전 가능 배터리의 사용이 바람직하다.

소비자 입장에서 보면 가격, 설치용이성, 명쾌한 사용설명서, 안전을 비롯하여 성능과 신뢰성 등이 보장되는 것이 가장 중요하다(Servant & Aguillon, 1992).

8.14 원격 모니터링

1980년대말 미국에서만 약 20,000개의 태양광전력 모니터링(원격측정) 시스템이 설치되었으며, 전부 12V_{dc}이며 이 중 84%는 0~50W 출력을 갖고 있다(Ball & Risser, 1988). 이들은 다음과 같은 모니터링 분야에 응용된다(Maycock, 2003).

- 폭풍우 경고를 포함한 기상조건
- 고속도로 상황

- 해충포획
- 지진파저장
- 과학연구
- 자동다이얼 경보장치
- 상수원 수위 측정
- 방사선 및 공해 모니터링

모든 모니터링 시스템에 있어서 장치 및 데이터통신용 장비를 위한 전력이 필요하다. 이러한 전력요구량은 매우 적기 때문에(mAh/day) 모니터링 분야는 태양광 시스템을 이용하기에 가장 적합하다. 태양광전력의 간편함과 신뢰성으로 인해 계통연결 지역에서조차도 AC-전력 배터리충전기를 대체하는 경우도 있다. 고전압의 계통전력이 공급되는 지역에서도 감압변압기를 설치하는 것보다 태양광을 사용하는 것이 더욱 경제적이다(Brooks, 2000).

번개에 의한 서지(surge, 전압 전류가 급변하는 증상)로부터 데이터수집장치를 보호하기 위해 태양광 시스템에 가변저항(varistor)을 포함시키는 것은 매우 중요하다.

데이터 수집장치 패키지에는 충전가능 배터리(NiCd 혹은 겔전해질 납산 배터리)가 포함되기도 한다. NiCd 배터리를 쓴다면 자가제어(self regulation)가 가능해야 한다.

8.15 직류구동 응용

태양광 시스템은 통상 하나의 모듈을 이용하여 직접 부하에 연결될 수 있다(Ball & Risser, 1988). 이러한 직류구동 시스템은 배터리, 블로킹다이오드, 출력제어용 회로가 필요없기 때문에 매우 흥미롭다. 해당 모듈은 부하가 필요로 하는 전류를 생산할 수 있어야 하며, 부하는 모듈의 개방전압에서 견딜 수 있어야 한다. 현재는 다양한 태양광 모듈 패키지가 제공되고 있다. 대부분은 휴대용이며, 전형적으로 다음과 같은 응용분야에 사용되고 있다.

- 환기팬
- 휴대용 라디오
- 장난감
- 태양광 트래킹 소자
- 태양광 취수 펌프

- 물펌핑 시스템

이들은 11장과 12장에서 자세하게 설명될 예정이며, 미래의 태양광 응용분야의 주류를 이룰 것으로 예상된다.

일반적으로 직류구동 응용에 있어서 전력요구량과 태양광 강도 사이에 우수한 상관관계가 성립되어야 한다. 왜냐하면 시스템들은 태양광이 있는 낮시간에만 가동되기 때문이다. 부하의 임피던스가 태양광 모듈의 출력에 매칭만 되면 어떠한 작은 직렬연결 혹은 영구자석 DC 모터도 직류구동 태양광 시스템으로 전력을 충당할 수 있다(Roger, 1979). 고정식 설비의 경우 수동차단 스위치가 유리한 반면, 휴대용일 경우 태양 반대쪽으로 위치시키거나 덮어주기만 하면 동작을 멈출 수 있다.

8.16 전기울타리

호주에는 울타리가 쳐진 지역이 광활하게 분포하고 있다. 대부분은 전력계통으로부터 멀다. 전기울타리는 들개나 캥거루 등 야생동물의 침입을 막고 소 등의 가축이 탈출하는 것을 막는데 매우 효과적인 것으로 알려져 있다. 자세한 울타리 디자인은 Hurley(2004) 자료를 참고하면 좋다.

독립형 태양광 시스템은 전기울타리와 같은 소규모 부하에 전력을 공급하기에 안성맞춤이다. 시스템은 다음과 같이 구성된다.

- 태양광 패널
- 배터리
- 블로킹 다이오드
- 고전압, 전류제한 회로
- 출력조절용 회로

매우 낮은 전류를 가진 고전압이 울타리의 금속전선에 공급된다. 이러한 시스템은 통상의 조건에서 거의 전류가 흐르지 않기 때문에 매우 긴 울타리를 보호하는데 효과적이다. 태양광전력은 다음의 이유로 매우 적절한 전력원이 된다.

- 다른 방법에 비해 저렴함
- 효율적이며 신뢰성이 높음
- 유지보수가 거의 필요하지 않음
- 일시적인 울타리용으로 휴대할 수 있음

연/습/문/제

8.1 (a) 과거, 현재, 미래의 태양전지 응용에 대해 전반적으로 논하라.
(b) 각 응용분야에 태양전지가 왜 적합한지 설명하라.
(c) 태양광의 경제성이 확인된 분야에서조차 태양전지 사용에 대한 저항이 생기는 이유는 무엇인가?
(d) 미래세계의 전력수요에 태양광발전의 기여가 얼마나 클 것이라고 보는가?

8.2 제3세계 국가들에게 태양광전력 시스템이 적절한지 다음의 관점에서 논하라.

- 응용분야
- 적용성 및 실용성
- 장단점
- 사용제한 요소

8.3 차량부품 측면에서 태양광 자동차의 이력을 밝혀라

- 각 구성품의 신뢰성
- 각 응용분야의 요구조건을 만족시키기 위한 태양광 패널의 발전
- 적합한 배터리 타입
- 모터의 형태와 각각의 적합성
- 다양한 제어회로의 장단점
- 경제성, 신뢰성, 최적 디자인 측면에서 현재의 기술수준

8.4 태양광 자동차가 도심 통근수단이 될 수 있는 잠재력을 다음의 관점에서 논하라.

- 비용
- 안전
- 현 기술수준
- 잠재적 문제 및 장애요인

8.5 태양광전력 RAPS 시스템에서 냉장설비를 사용할 경우에 대해 경제학적 요소를 논하라.

- DC 냉장설비의 가용성 및 효율에 대한 정보
- DC-AC 설비 비교
- 전형적인 응용분야, 공통적인 문제점

8.6 우주용 태양전지에 대해 논하라. 우주용 태양전지 디자인 및 소재가 지상용과 어떻게 그리고 왜 다른지에 대해 설명하라.

8.7 (a) 캐소딕보호란 무엇인가?

(b) 캐소딕보호에 태양전지를 사용하는 것에 대해 논하라.

(c) 태양광전력 캐소딕보호 장치를 설계하는데 있어서 예상되는 어려움은 무엇이 있겠는가?

8.8 태양광전력은 수년에 걸쳐서 해양항해 보조장비의 전력공급방법으로 경제성이 입증되었다. 이 응용분야에 대해 설명하고, 공통적인 문제점에 대해 설명하라.

참/고/문/헌

Updated World Wide Web links can be found at www.pv.unsw.edu.au/apv_book_refs.

Allen, D.M. (1991), 'A challenging future for improved photovoltaic systems', Proc. 22nd IEEE Photovoltaic Specialists Conference, Las Vegas, pp. 20–22.

Asian Technology Information Program (1997), *Photovoltaic (PV) Activities in Australia* (www.atip.org/public/atip.reports.97/atip97.092r.html).

Ball, T. & Risser, V. (1988), 'Stand-alone terrestrial photovoltaic power systems', Tutorial Notes, 20th IEEE Photovoltaic Specialists Conference, Las Vegas.

BP Solar (1993), 'Solar power opens up Andalucia', *Solar Focus,* October, p. 4.

BP Solar (2002), *Project profiles: For remote locations* (www.bp.com/sectiongenericarticle.do?categoryId=3050481&contentId=3060105).

Brooks, C. (2000), *Power Where You Need It: The Promise of Photovoltaics*, Sandia National Laboratories, Albuquerque (www.sandia.gov/pv/docs/powerpub.htm).

Bucher, W. (1991), 'PV pumping system optimization: Tasks performed in laboratory and field tests', Proc. 10th EC PVSE Conference, pp. 1151–1154.

Bushlight (2004) (www.bushlight.org.au).

Cotter, J., Roche, D., Storey, J., Schinckel, A. & Humphris, C. (2000), *The Speed of Light 2—The 1999 World Solar Challenge* (CDROM), Photovoltaics Special Research Centre, University of New South Wales, Sydney.

EC (2002), *Renewable Energy Best Practice Projects Yearbook 1997–2000*, Madrid, European Communities.

ESAA (2002), *Australian Electricity Supply Development 2000–2002*, Electricity Supply Association of Australia (www.esaa.com.au/index.php?page=shop.product_details&flypage=shop.flypage&product_id=22&category_id=1ae0969c2568aef14f9d8d515d530653&option=com_phpshop).

Eskenazi, D., Kerner, D. & Slominski, L. (1987), 'Evaluation of international photovoltaic projects', Proc. 19th Photovoltaic Specialists Conference, pp. 1339–1344.

Florida Solar Energy Center (1998), *Stand-Alone Photovoltaic Lighting Systems. A Decision-Maker's Guide* (www.fsec.ucf.edu/PVT/Resources/publications/pubs3.htm).

Goldemberg, J., Reddy, A.K.N., Smith, K.R. & Williams, R.H. (2000), in *World Energy Assessment: Energy and the Challenge of Sustainability*, UN Development Programme, New York (www.energyandenvironment.undp.org/undp/index.cfm?module=Library&page=Document&DocumentID=5037).

Halcrow, W. & Partners and the Intermediate Technology Development Group (1981), *Small-Scale Solar Powered Irrigation Pumping Systems—Phase 1 Project Report*, UNDP Project GLO/78/004, World Bank, London.

Hardingham, C.M. (2001), 'Cells and systems for space applications', in Archer, M.D. & Hill, R. (Eds.), *Clean Electricity from Photovoltaics*, Imperial College Press, London, pp. 585–607.

Hurley, S. (2004), 'An introduction to electric fencing', *Town and Country Farmer*, Spring 2004, **21**(3), pp. 16–23.

IEA-PVPS (2003), *PV for Rural Electrification In Developing Countries—Programme Design, Planning and Implementation*, Report IEA-PVPS T9-05:2003 (www.oja-services.nl/iea-pvps/isr/index.htm).

Ingersoll, J.G. (1992), 'The concept of a residential photovoltaic charging station for electric vehicles in California', Proc. 11th EC Photovoltaic Solar Energy Conference, Montreux, Switzerland, pp. 1467–1470.

Kallivrousis, L., Kyritsis, S. & Baltas, P. (1992), 'Development of a photovoltaic powered milk cooling unit with cool storage', Proc. 11th EC Photovoltaic Solar Energy Conference, Montreux, Switzerland, pp. 1385–1387.

Korupp, K.-H. & Marthen, R. (1992), 'Advanced and modular photovoltaic "EPS" Energy-Pillar-System for cathodic corrosion protection applications', Proc. 11th EC Photovoltaic Solar Energy Conference, Montreux, Switzerland, pp. 1295–1297.

Krampitz, I. (2004), 'The adventure of solar flight', *Photon International*, pp. 14–15.

Lloyd, B., Lowe, D. & Wilson, L. (2000), *Renewable Energy in Remote Australian Communities (A Market Survey)*, Australian Cooperative Research Centre for Renewable Energy Ltd, Murdoch.

Mack, M. & Lee, G. (1989), 'Telecom Australia's experience with photovoltaic systems in the Australian outback', PVSEC-4, Sydney.

Martinot, E. (2003), 'Renewable energy in developing countries. Lessons for the market', *Renewable Energy World*, **6**(4), pp. 50–65.

Maycock, P. (2003), 'PV market update', *Renewable Energy World*, **6**(4), pp. 84–101.

McKelliff, P. (2004), Personal communication regarding Telstra's current PV use.

McNelis, B., Derrick, A. & Starr, M. (1988), *Solar Powered Electricity: A Survey of Photovoltaic Power in Developing Countries,* I.T. Publication, in conjunction with UNESCO, UK.

Roche, D.M., Schinckel, A.E.T., Storey, J.W.V., Humphris, C.P. & Guelden, M.R. (1997), *Speed of Light. The 1996 World Solar Challenge*, Photovoltaics Special Research Centre, University of New South Wales, Sydney.

Roger, J.A. (1979), 'Theory of the direct coupling between DC motors and photovoltaic solar arrays', *Solar Energy*, **23**, pp. 193–98.

Sandia National Laboratories (1991), *Stand-Alone Photovoltaic Systems—A Handbook of Recommended Design Practices*, Report No. SAND87-7023, Albuquerque, New Mexico (www.sandia.gov/pv/docs/Programmatic.htm).

Schlangen, J. & Bergmeijer, P.W. (1992), 'PV solar home systems in Lebak-West Java-Indonesia', Proc. 11th EC Photovoltaic Solar Energy Conference, Montreux, Switzerland, pp. 1539–1541.

Servant, J.M. & Aguillon, J.C. (1992), 'Tests of PV lighting kits', Proc. 11th EC Photovoltaic Solar Energy Conference, Montreux, Switzerland, pp. 1383–1384.

Shepperd, L.W. & Richards, E.H. (1993), 'Solar photovoltaics for development applications', Sandia National Laboratories, Albuquerque.

Short, T.D. & Thompson, P. (2003), 'Breaking the mould: Solar water pumping—The challenges and the reality', *Solar Energy*, **75**(1), pp. 1–9.

Tanasescqu, S.T., Olariu, N. & Popescu, C.I. (1988), 'Implementation of PV cathodic protection systems', Proc. 8th European Photovoltaic Solar Energy Conference, Florence, pp. 206–210.

von Aichberger, S. (2003), 'Pump up the volume. Market survey on solar pumps', *Photon International*, December, pp. 50–57.

Wade, H.A. (2003*a*), *Solar Photovoltaic Project Development*, UNESCO, Paris.

Wade, H.A. (2003*b*), *Solar Photovoltaic Systems Technical Training Manual*, UNESCO, Paris.

Watt, M. (2004), *National Survey Report of PV Power Applications in Australia 2003*, International Energy Agency Co-operative Programme on Photovoltaic Power Systems (www.oja-services.nl/iea-pvps/countries/australia/index.htm).

Wenham, S. & Cranston, B. (1993), '50% efficient photovoltaic devices for optical energy transfer systems', Australian Research Council project (1993–1995).

WHO (2000), *Product Information Sheets. Equipment for: Expanded Programme on Immunization (EPI), Acute Respiratory Infections (ARI), Blood Safety (BLS), Emergency Campaigns (EC), Primary Health Care (PHC)*, World Health Organization, Geneva.

WSC (2004), World Solar Challenge website (www.wsc.org.au).

chapter 9

원거리 전력공급 시스템 (Remote Area Power Supply System)

9.1 가정용 전력 시스템

전력 계통에 연결되지 않은 지역에서 원거리 전력공급(RAPS) 시스템은 인버터, 배터리 및 사용 가능한 전기에너지 발생원을 혼합하여 여러 가지 구성을 배치할 수 있다.

- 태양전지 모듈
- 풍력발전 터번
- 소형 수력 발전기
- 디젤 또는 가솔린 발전기
- 위 사항 중 둘 또는 그 이상을 포함한 하이브리드 시스템

호주에서 이런 원거리 전력공급 시스템은 속칭 RAPS 시스템이라 불리며, 일반적으로 간단한 PV 배터리 시스템보다 더 큰 부하에 사용된다. 그것은 원래 농가, 농장(목장)과 별장들을 위해 개발되었지만 현재 원주민 애보리진(aboriginal) 정착지와 섬과 같은 지역사회에 전력을 공급하는데 사용되고 있다.

RAPS 시스템은 다음과 같은 여러 가지 이유로 설치된다.

- 고가의 계통연계 비용
- 계통의 과부하로 공급이 원활하지 못하는 경우
- 신재생 에너지를 사용하고자 하는 경우
- 독립성과 낮은 운용 비용을 원할 경우

- 환경이 훼손되기 쉬운 지역 내 가공전선을 기피하는 경우

종종 이용률이 90% 이상이어야 하는 독립형 태양광발전 시스템은 동절기와 장기간의 흐린 날씨에서도 적정 전력을 생산하기 위해 하절기와 맑은 날에 상당하는 대형 어레이가 있어야 한다. 이 대형 어레이는 매우 비싸고 유지와 연료 보급이 어렵지만 외딴 지역에서는 많이 적용된다.

비교적 사람들이 가까이 접근할 수 있고, 적어도 기본적 유지와 연료 재충전을 할 수 있는 곳에서 태양광발전 시스템을 설계할 때 더 융통성 있게 할 수 있다. 그래서 PV 전용 이용률을 줄일 수 있고, 일년 내내 태양전지를 더 효율적으로 사용할 수 있다. 예를 들어 이 시스템에 태양전지를 사용할 경우, 효율성을 최대화하기 위해 생산되는 모든 전기가 부하에 의해 바로 사용되거나 배터리에 저장되어야 한다. 독립형 태양광발전 시스템 설계의 경우, 그림 7.1의 태양광발전 비용 대비 태양전지 이용률 곡선의 직선(선형) 범위까지 태양광발전설비의 구성요소를 상당히 소형화 해야 한다. 높은 시스템 이용률을 얻기 위해, 감소한 이용률에 상응하는 다른 에너지원과의 통합이 필요하다.

적절한 에너지원과 조리, 난방과 조명 같은 다른 용도에 쓰이는 가전뿐만 아니라 주택설계와 방향은 RAPS 시스템을 사용할 때 매우 중요하다. 단순 태양광 주택 설계에 대한 주제는 이 책에서 상세하게 다루지 않을 것이나 유익한 정보들은 Australian Greenhouse Office(2004b) 웹사이트에서 이용할 수 있다.

RAPS 주택에서 사용되는 가전을 고려하여 몇 가지 일반규칙을 적용한다.

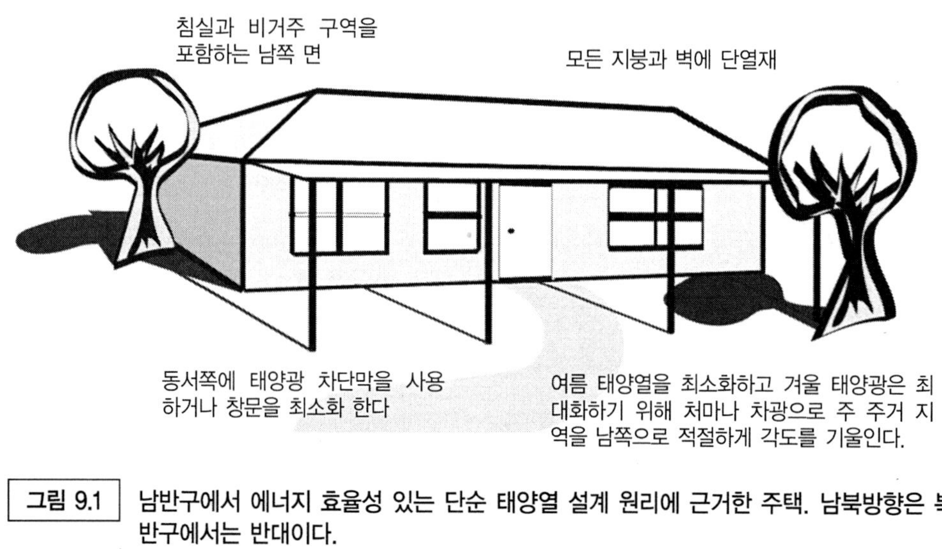

그림 9.1 **남반구에서 에너지 효율성 있는 단순 태양열 설계 원리에 근거한 주택. 남북방향은 북반구에서는 반대이다.**

- 조리(작은 가전기구와 전자레인지 이외 다른), 온수, 공간난방, 세탁물 건조나 냉방에 전기를 사용하지 말 것. 보다 저렴한 대용품들이 많이 있다.
- 전기냉장고와 냉동고는 결정하기 어렵지만, 매우 효율적인 모델이라면 사용할 수 있다.

여러 국가에서는 새로운 가전기구, 특히 냉장고, 냉동고, 식기세척기, 냉방기, 세탁기와 건조기들에 '에너지 등급'이 있어서 소비자들이 고효율의 가전제품을 선택하기 쉽게 해준다. 때때로 당국은 소비자들이 경쟁 제품에 대한 정보를 알고 선택할 수 있도록 라벨을 요구하고 제품이 에너지 효율에 대한 규제기준을 만족시킬 것을 요구한다. 현재 호주에서는 세탁기, 건조기와 식기세척기는 의무적으로 에너지 라벨을 붙여야 하고, 냉방기, 냉장고와 냉동고들도 라벨이 필요하며, 최소 기준을 충족시켜야 한다. 온수기, 전기모터, 램프, 전자식 안정기, 변압기와 상업용 냉장기구는 라벨 요구가 없고 최소 기준은 있다. 에너지 효율에 대한 Australian Standards의 리스트는 위 사이트에서 제공된다.

대기 중(on standby) 상태로 오랜 시간 둔 기구에 사용되는 전력은 불필요한 부하로서 RAPS 환경에서 최소화 시켜야 한다.

9.1.1 AC와 DC간의 선택

전력 계통에 연결된 주택은 실제로 모든 가전에 AC 전력을 사용한다. 그러나 RAPS 시스템의 경우 비용면에서 가장 효율적이지 못할 수 있다. 직류용 가전이 흔히 더 효율적이고, 부수적인 손실을 가지는 인버터의 필요성을 피할 수 있다. 그러나 직류 배선은 더 많이 사용되고, 특별한 스위치가 필요하며 설치 시 전문 인력이 필요할 수도 있다. 게다가 훨씬 더 작은 범위의 직류 가전 기구를 사용할 수 있고 시장 규모가 더 작으므로 보통 가격이 더 올라가게 된다.

교류와 직류 배선을 결합하면 사용 가능한 기구의 범위와 상대적 효율성을 고려할 때 이점이 있지만, 관리하는 동안 안전문제와 귀찮은 문제들(complications)이 생길 수 있다. 관련지역 기준을 만족시키기 위해 주의가 필요하다. 일부 국가들은 시스템 설계자와 설치자들을 위해 최상의 산업 실행기준과 모든 관련 국가의 기준을 알고 있는 다수의 자격 있는 사람들을 배출하는 인가 과정이 있다. 호주에는 이것이 Australian Business Council for Sustainable Energy(BCSE, 2004)에 의해 운영된다.

9.1.2 가전

전등

형광 램프는 백열등보다 약 4배 더 효율적이고 RAPS 시스템과 같이 사용해야 한다. 최신의 전자식 안정기를 갖는 교류 형광 램프와 직류 형광 램프는 구식 형광 램프보다 우수하다. 하루에 몇 시간 동안 작동되는 대부분의 백열등은 비용이 저렴한 소형 형광 램프로 대체할 수 있다. LED는 현재 청, 백색 LED 제품 개발 추세에 따른 선택이다. LED 램프는 형광 램프와 대략 동일한 효율의 조명이며, 소형이고 적은 전력을 조명으로 사용하는 일들에 적합하다.

냉장고와 냉동고

냉장고와 냉동고는 주요한 에너지 사용원이 될 수 있기 때문에 주의 깊게 선택해야 한다. 가전기구에 에너지 등급이 있다면 반드시 가장 효율적인 모델을 구매한다. 그렇지 않으면, 가장 적게 전력을 사용해야 한다. RAPS에서 부하(load)를 줄이기 위해 종종 좀 더 비싼 가스기구도 사용할 수 있다. 가스냉장고는 많은 전력을 소모하기 때문에 가스냉장고의 전기적 요소를 RAPS 시스템에 절대 연결하지 않는다. DC 상자형 냉장고는 변환장치(inverter) 손실을 고려할 때 AC 전력을 1/3만 사용해야 한다고 한다.

식기세척기

가급적 냉 · 온수 둘 다에 연결할 수 있는 유형을 사용한다. 내부 가열기가 있는 냉수에 단독으로 연결된 것은 30%의 전력만 사용하기 때문이다. 최상의 방법은 설치된 온수 시스템의 유형에 따라 결정된다. 예를 들어 온수가 RAPS 시스템에 의해 발생하는 전기에 의해 데워지면 냉수에 연결한다. 반면에 물이 태양열 집열기나 연소가 느린 스토브에 의해 데워지면 온수에 연결한다. 이것은 온수를 많이 사용하겠지만 식기세척용 물을 데우기 위해 전기를 발생시키는 RAPS 시스템을 사용하는 것보다 훨씬 더 경제적이다.

전자레인지

전자레인지는 RAPS 시스템에 적합한 유일한 오븐이다. 전자레인지는 비교적 열 손실이 적기 때문에, 매우 효율적으로 조리할 수 있다. 다른 특수 목적의 조리기구들은 많은 양의 전기를 사용한다. 그래서 가능하면 아껴서 사용해야 한다. 유도가 열방식(induction heating)을 사용하는 스토브는 종종 사용되는 방식에 따라 효율성이 떨어진다. 그러나 그런 스토브를 적절히 사용하면, RAPS 시스템에 연결하기에 적당할 수 있다. 나무나 가스스토브는 숙고해야 한다.

가정용 오락기구와 컴퓨터 장비

Hi-Fi 시스템, 비디오, TV와 컴퓨터는 일반적으로 낮은 수준의 전력을 사용하지만 오랫동안 사용될 수 있기 때문에 제조사의 에너지 등급을 확인하고 가장 낮은 등급의 장치를 사는 것이 현명하다. 헤드폰과 LCD는 사운드 스피커와 재래식 브라운관보다 각각 상당히 적은 전력을 사용한다. 에너지 효율적인 전자장비에 대한 국제 기준인 'Energy Star' 는 US환경보호청(US Environmental Protecting Agency)에 의해 만들어졌고, 호주를 포함한 여러 국가에서 채택하고 있다.

일반 가전

전력 계통에 연결된 주택은 부엌과 세탁실 등에서 광범위하게 전기기구를 사용한다. 여기에는 토스터기, 전기 주전자, 진공청소기, 세탁기들이 있다. 이 모든 것은 일반적으로 단기간이긴 하지만 많은 전력을 사용한다. 만일 디젤이나 가솔린 발전기가 RAPS 시스템에 통합되면, 발전기 가동시간과 그런 가전기구의 사용을 동시에 하는 것이 현명하다.

(전면 개폐)드럼 세탁기는 (윗면 개폐)일반 세탁기보다 상당히 더 많은 에너지와 물을 사용한다. 절대 전기 가열장치를 사용하지 말고, 만일 온수가 필요하면 전기로 하는 것보다 태양열 온수기 같은 다른 방법으로 물을 데워서 사용한다.

전기모터는 기동할 때 종종 매우 큰 기동전류(일반 작동시 표시된 전력사용의 5배까지)를 필요로 한다. 그러므로 전력은 인버터로 작동시키는 게 아니라, 오히려 발전기로 작동되게 해야 한다. 이것은 더 작은 인버터를 써서 상당한 비용절감을 할 수 있게 해준다. 그러나 인버터는 보통 모터를 기동하는 일시적인 큰 부하에 대한 등급이 있다. 자동으로 기동되는 모터가 달린 냉장고 같은 가전기구들은 인버터가 감당해야 한다. 배터리 충전은 또한 발전기가 작동하는 동안 충전된다.

일반적으로 RAPS 시스템의 가장 중요한 설계 기준은 전기를 사용하지 않는 대용품을 위해 가능한 어디에서든 전기기구의 사용을 피하는 것이다. 표 9.1은 RAPS 시스템을 사용하는 주택에서 전형적인 가전의 부하 분석을 보여준다. 일반 조명과 가전의 에너지 사용에 관한 더 많은 정보는 Castaner *et al*과 Lawrence Berkeley Laboratories(2004)에 의해 도표화되어 있다. 그림 9.2는 그런 주택을 도

표 9.1 RAPS 가구에서 가전의 전형적인 부하 분석

Appliance	typical power example min (W)	typical power example max (W)	typical power est. (W)	average hours/day example min (h)	average hours/day example max (h)	average hours/day est. (h)	energy use—average example min (Wh/day)	energy use—average example max (Wh/day)	energy use—average est. (Wh/day)
Kitchen									
Lights	11	100		1.00	3.00		11	300	
Refrigerator	100	260		6.00	12.00		600	3,120	
Microwave oven	650	1,200		0.17	0.25		111	300	
Toaster	600	600		0.03	0.08		18	48	
Other									
Laundry									
Lights	11	100		0.25	1.00		3	100	
Iron	500	1,000		0.17	0.42		85	420	
Washing machine	500	900		0.22	0.33		110	300	
Dryer	1,800	2,400		0.20	0.54		360	1,300	
Sewing machine	15	75		0.07	0.07		1	5	
Water pumps	300	500		0.25	1.00		75	500	
Other									
Lounge room									
Lights	15	100		1.00	4.00		15	400	
Television	25	200		0.50	5.00		13	1,000	
Video recorder	100	100		0.50	5.00		50	500	
Stereo	60	80		0.50	3.00		30	240	
Radio	10	40		0.33	3.00		3	120	
Vacuum cleaner	100	1,000		0.13	0.25		13	250	
Other									
Bedroom 1									
Lights	11	100		0.50	2.00		6	200	
Other									
Bedroom 2									
Lights	11	100		0.50	2.00		6	200	
Other									
Bedroom 3									
Lights	11	100		0.50	2.00		6	200	
Other									
Bathroom									
Lights	11	100		0.17	1.00		2	100	
Other									
Garage/external									
Lights	11	100		0.17	2.00		2	200	
Power tools	200	800		0.17	0.17		34	136	
Other									
Total power	**5,052**	**9,955**				**Total energy**	**1,554**	**9,939**	
Est. peak P (½ total)	**2,526**	**4,978**	**Allowance for system losses (50%)[2]**				**777**	**4,970**	
Assume	**2,500**	**5,000**	**Total generated energy required**				**2,331**	**14,909**	[3]

Notes

1 Average Wh/day = typical power (W) × average hours use per day (h/day).

2 Allowance of 50% should be added for estimated energy losses between point of generation and end use in appliances.

3 kWh/day = Wh/day/1000

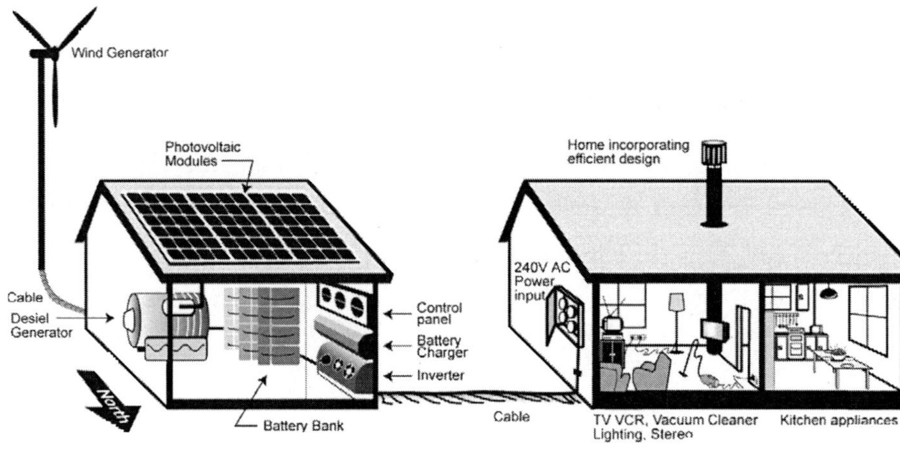

그림 9.2 전형적인 하이브리드 RAPS 시스템

식화한 것이다.

9.1.3 소비자 교육

RAPS 시스템을 효과적으로 사용하기 위해서는 다음 사항을 고려해야 한다.

- 에너지 사용을 최소화하기 위해서, 그리고 태양과 바람의 상태(조건)와 디젤 가동 시간을 동시에 사용하기 위해 생활 습관을 바꾸고 훈련해야 한다.
- 다른 가전의 에너지 사용 수준에 대한 기본적인 평가가 이루어져야 한다.
- RAPS 시스템과 전기 발생에 필요한 구성요소들에 대한 피상적인 이해가 필요하다.
- 야간의 첨두 부하는 발전기로 공급하고, 일반 부하는 인버터로 공급한다.

아마 RAPS 시스템에서 가장 흔한 기계 고장이나 불만의 원인은 설계가 불충분하기보다는 시스템을 부적절하게 사용하기 때문이다. 전력 계통에 연결된 지역에서 RAPS 시스템이 필요한 지역으로 이사하는 가정들과 개인들은 적응의 어려움을 경험할 수 있다.

9.1.4 태양광발전-디젤/가솔린 발전기 혼합 시스템

현재 설치되고 있는 RAPS 시스템에서는 응급 시나 첨두 부하 시에 디젤이나 가솔린 발전기가 있는 태양전지-배터리-인버터 시스템을 가장 흔하게 배치하고 있다.

그런 시스템들은 보통 이용도가 거의 100%가 되어야 하는 곳(태양광발전만 사용하기엔 엄청나게 비쌀 수 있는)과 디젤 발전기가 우위를 차지하여 이미 사용되고 있는 주거용과 상업용을 적용하는 지역에서 사용된다. 후자의 경우, 일단 RAPS 시스템의 주성분을 발전기에 추가하면, 비용이 될 경우 태양광발전이 디젤의 필요를 점차적으로 감소시킬 수 있다. 그림 9.3은 전형적인 태양광발전-디젤 RAPS 하이브리드 시스템의 전기 구성도를 보여준다. 이런 시스템은 대다수가 고정된 경사 어레이를 사용하지만 일부는 단일 축 또는 두 개의 축을 갖는 추적식이나, 남호주

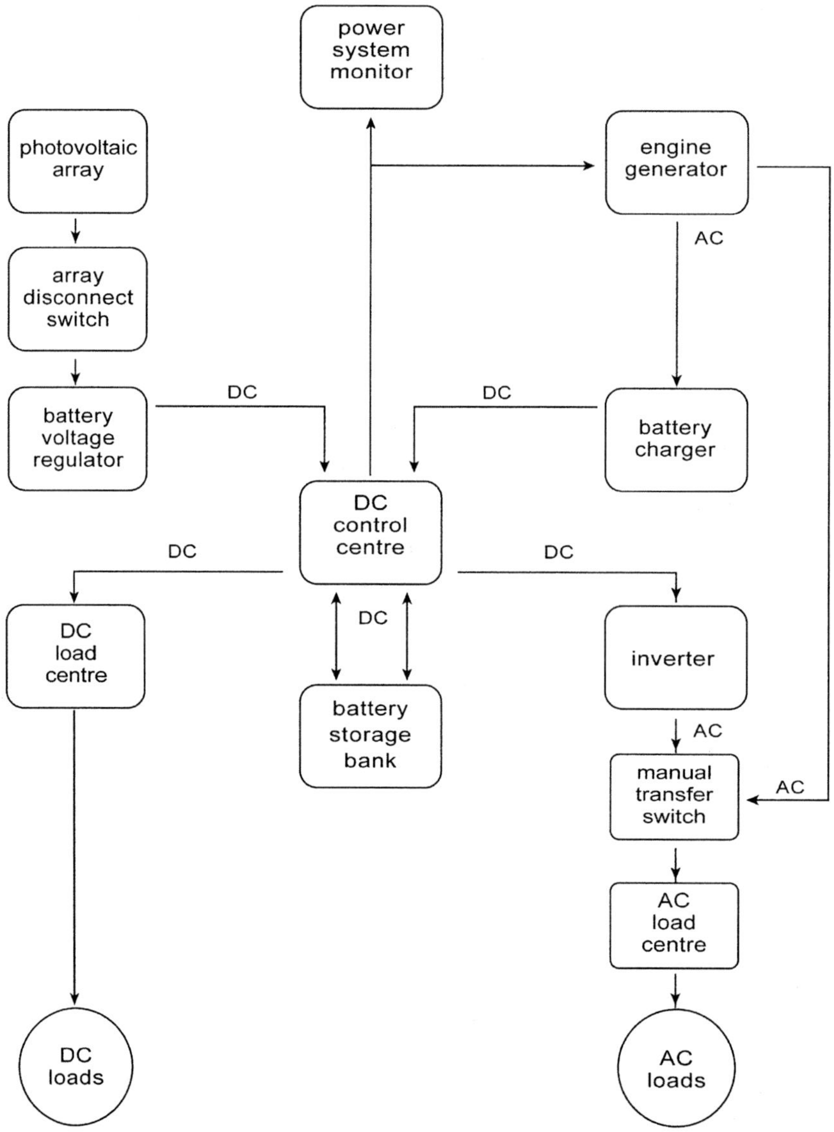

그림 9.3 태양광 –디젤 RAPS 하이브리드 시스템 개략도

의 북서지역에서 쓰는 원형 집중시스템에서처럼 평판 집중체를 사용한다.

초기 비용이 높은데도 불구하고, 현재 디젤이 사용되는 곳에서 태양열 전지판, 전지와 제어장치를 추가하면, 실질적으로 시스템 가동 비용을 감소시킬 뿐만 아니라, 발전기 사용의 효율성을 상당히 개선시킬 수 있다. 반대로 디젤 발전기를 사용하면 비싸고 불완전해서 제대로 활용되지 못하는 특대형 태양전지 어레이의 필요성을 줄일 수 있다.

전통적 디젤 발전 시스템 설계에서는 간단히 기구의 첨두 부하 요구량에 가장 가까우면서, 지방에서 이용 가능한 장치를 선택해야 한다. 비교적 하이브리드 시스템의 설계는 복잡하고 구성요소를 선택할 때와 우선순위를 결정하기 위해 사용자와 대화할 때 전문가의 도움이 필요하다. 발전기와 재생 가능한 에너지원의 상호 연결에 대한 지침서는 Australia Standards에 의해 제공된다.

시스템 구성요소에서 고려해야 할 비용 중 일부는 태양전지 어레이, 배터리, 인버터, 추적장치, 발전기, 전선, 제어판, 조절장치들이다. 게다가, 절대 필요한 설치비, 유지 비용과 모든 구성장치의 수명 같은 디젤과 가솔린 발전기의 연료비는 견적을 내야 하는데 그 비용은 다양할 것이다.

9.1.5 디젤 발전기

장점

디젤 발전기는 작은 DC 시스템을 통해, 이전에 전기가 단지 조명에만 사용되던 곳에 전력 계통에 맞먹는 전력을 공급하여 외딴 지역에 사는 사람들에게 도움이 되어왔다.

이 장점들에는 다음 사항들이 포함된다.

- 수요가 있는 즉시 전력 이용 가능
- 서비스 지원과 더불어 성숙한 기술을 쉽게 이용 가능
- 거의 또는 전혀 왜곡 없는 양질의 교류 파형 출력
- 전압을 충분하게 조절 가능
- 배터리 충전기로 배터리 충전에 사용 가능
- 대용량의 전류에 이르기까지 광범위한 모델 이용 가능
- 충분한 일시적 과부하 특성(overload characteristics)
- 낮은 전력 생산 비용

단점

디젤 전용 전력 시스템에 RAPS 시스템에서 중요성을 강하게 설명하는 몇 가지 주요 단점은 다음과 같다.

- 가동과 유지 비용이 높다.
- 연료배달과 저장이 필요하다.
- 소음(야간시간 가동 시 특히 문제)과 냄새
- 잠재적으로 위험성이 있어 설치하는 곳에서 주의가 필요한 배기가스와 온실가스 방출
- 효율을 최대화하고 유지비를 감소시키기 위해 거의 전부하(정격부하의 80~90%)로 가동해야 한다.
- 적절하게 준비될 때까지 30분 가량 효율성이 감소한다.
- 일반적으로 2주마다 최소 4시간의 주기적 가동이 필요하다.

9.1.6 가솔린 발전기

디젤 발전기와 비교했을 때 가솔린 발전기는 다음과 같은 특징이 있다.

- 온실가스 방출이 적다.
- 더 가볍고 더 운송이 쉽다.
- 정해진 출력에 비해 더 싸다.
- LPG로 전환할 수 있다.

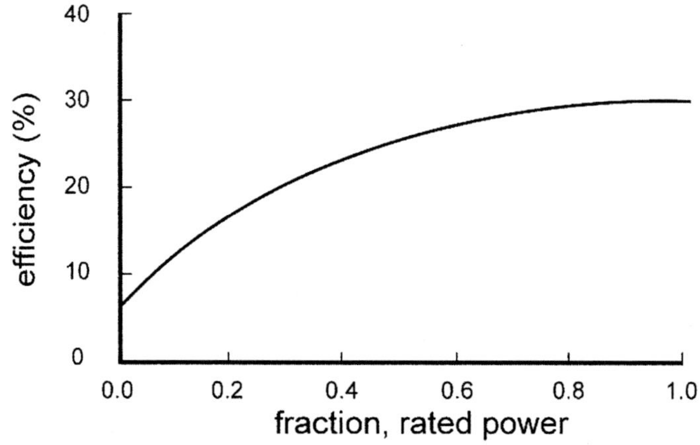

그림 9.4 부하에 따른 디젤 발전기 효율

- 더 높은 속도(1500rpm대비 3000rpm)로 가동할 경우 많은 관리가 요구된다.
- 효율성이 떨어진다.
- 소음이 더 강하다.
- 연료 탱크가 더 작아서 연료를 자주 보급해야 한다.
- 수명이 더 짧다(일반적으로 디젤 10,000 시간대비 1,000시간).

9.1.7 하이브리드 시스템 설계

일반적 고려사항

위에서 언급한 단점을 보면, 디젤 전용 시스템은 가동 시 효율성에 심각한 한계가 있다. 비록 인버터와 제어회로가 포함되어야 하지만 배터리만 추가해도 시스템의 효율성을 강화시킨다.

디젤-배터리 시스템이나 태양광발전-디젤-배터리 시스템의 경우 적합한 특성을 가진 배터리를 선택해야 한다. 예를 들어 태양광발전 시스템에 보통 사용되는 많은 배터리는 충전/방전율에 엄격한 제한이 있어서 3일이 되지 않는 축전지를 시스템에 사용하면 시스템 파괴가 일어날 수 있다. 다른 유형의 배터리는 대부분의 시간에 거의 완전히 충전되는 'float' 응용에만 사용된다.

디젤 발전기를 가지는 RAPS 시스템에 사용되는 배터리는 딥-사이클형이어야만 하지만 반드시 자가 방전률이 낮을 필요는 없다. 포크리프트(기계류) 배터리는 비교적 싸고 그런 시스템에 적절한 배터리 유형이다. 그러나 대부분의 태양광발전 시스템 공급업자들은 현재 특별히 고안된 'solar'배터리를 공급하고 있어서 어디서나 사용이 가능하다.

인버터는 비싸서 디젤과 가솔린 발전기 사용 기간과 첨두 수요 기간이 일치하는 첨두 부하에서 소형화되어야 한다.

고정식 어레이의 크기와 부하가 정확히 일치할 경우, 공급지장확률(LOLP)과 저장일수의 상관관계를 그림 9.5에서 볼 수 있다. 당연히 부하와 정확히 일치하는 어레이 크기는 연중 전체 태양광발전이 전체 부하 소비와 정확히 일치하는 곳에 있다.

그림 9.5에서 보듯 하루 배터리 저장량과 관련했을 때 부하를 충족시킬 크기의 어레이는 대략 94%의 평균 이용률(1-LOLP)을 부여한다.

이 수치는 태양전지 어레이에 의해 경제적으로 대체될 수 있는 하이브리드 시스템에서 에너지의 미소량의 상위 한도로서 얻어져야 한다. 현실에서 여름에 태양광발전 전력을 모두 사용하기 위해 어레이 크기는 부하의 에너지 요구량을 충족시

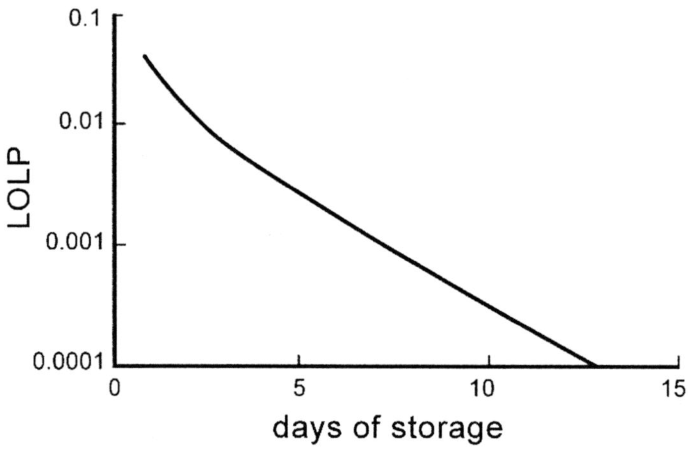

그림 9.5 하루 저장량에 따른 공급지장확률(LOLP)

키는데 필요한 것보다 약간 적어야 한다. 이 태양전지 어레이 크기와 경사 각도의 관계는 다음과 같다.

- 기울기가 증가(넓이보다 더 큰)하면 연중 전체 출력 비용으로, 일년 내내 더 일정한 발전을 일으킨다.
- 맑은 여름날의 태양광발전을 목적으로, 부하에 동등해질 어레이의 크기와 경사각을 함께 선택하는 것은 좋은 방법이다.
- 어레이 발전은 부하보다 너무 작아서는 안 된다. 그렇지 않으면, 디젤은 차이를 보충하기 위해 얼마간 계속적으로 필요할 것이다(모두가 이 목적에 동의하는 것은 아니다).
- 태양광발전을 포함하는 것이 디젤 가동과 유지비의 추정치를 적어도 30%를 상쇄하지 않으면 하이브리드 시스템을 고려하지 않는다.
- 시스템 설계에서는 디젤 사용이 드물지만 사용될 경우 비교적 오랜 시간 동안 전부하에 가깝게 사용해야 한다.
- 어레이는 시스템 비용을 적정화하고 발전기가 반드시 2주마다 적절한 시간 동안 가동되도록 완전히 부하를 충족시키지 않는 것이 바람직하다.
- 시스템 전압은 인버터의 특성과 요구량에 따라서 선택해야 한다. 일반적으로 이것은 직류 전류를 최대 100A까지 제한하는 것을 말한다.

시스템 설계 실행

시스템 설계에서 취해지는 단계는 일반적으로 다음과 같이 요약할 수 있다.

- 사용자(소비자 교육을 포함한)와 상의해서 부하를 결정한다.
- 먼저 독립형 시스템 설계 절차마다 비 결정적 이용률(non-critical availability)을 고려하여 태양광 전용 발전 시스템을 설계한다.
- Photovoltaic 전용 시스템의 실행가능성을 확인하기 위해 태양광발전-디젤 하이브리드 시스템과는 반대로 하이브리드 표시기에 대한 설계를 한다.
- 태양광 디젤 하이브리드 시스템의 경우, 경사각도 설계에서 여름날 맑은 날에 생산되는 전기에너지(하부시스템의 비효율성을 유발하는)는 24시간 이상 부하에 의해 소비되는 양에 일치하거나, 그보다 약간 적게 하기 위해 이용률/에레이 크기를 낮춘다. 가장 적절한 설계는 약 80%의 태양광발전 유용성과 일치하는 것이다.
- 등급을 첨두 부하와 일치시키기 위해 디젤을 선택한다. 이것은 첨두 부하를 얻을 수 없을 때마다, 작동 시 발전기가 거의 항상 완전히 부담하여 배터리 충전을 용이하게 해줄 것이다.
- 첨두 일반 부하에 공급하기 위해 인버터를 선택한다. 이것은 또한 시스템의 DC 전압을 결정할 것이다.
- 시스템에서 당신의 설계와 충전/방전율을 만족시키는 적절한 딥-사이클 배터리를 선택한다.
- 적절한 제어장치를 선택한다.
- 사용자와 함께 시스템 설계와 비용과 태양광발전 설비의 구성요소(한 번에 한 줄씩)의 증가/감소 시스템 가동 관계를 의논한다. 만일 시스템 비용을 줄이기 위해 적은 태양광발전을 원하면, 어레이 경사 각도는 더 큰 연중 전기에너지를 발생시키기 위해 감소시켜야 한다. 이것은 겨울 발전 비용으로 여름 발전을 상승시키지만 전반적인 디젤 가동시간과 O&M(organization and methods) 비용을 감소시킬 것이다.

저가 자본 집약 시스템을 위한 대안법

이것은 최소 비용으로 시스템을 설계하기 위해 RAPS 공급업체들이 사용하는 일반적인 방법이다.

- 먼저, 디젤 전지 시스템을 설계하고 태양전지 판넬의 각 열을 포함하는 것과 상응하는 하루 디젤 가동 시간의 감소를 계산한다.
- 그 후 사용자가 구성요소 혼합을 결정한다.

- 최종 시스템 설계는 시스템 구성요소(인버터, 배터리 등)가 적정 균형을 이루기 전에 수립되어야 한다.

9.2 RAPS 시스템 비용

RAPS 시스템은 크기와 배치, 비용면에서 매우 다양하다. 글을 쓸 무렵 turnkey off-grid 시스템의 가격이 1 kW까지 A$18~24/$W_p$와 더 큰 시스템에서 A$12~18/W_p범위였다. 평균 off-grid 시스템 가격은 1997~1999년 사이에 최고 A$30/$W_p$에서 약 A$20/W_p까지 떨어진 것으로 추정되었다. 설치비는 또한 지역 특성과 접근성에 따라 상당히 다를 수 있다.

9.3 휴대용 RAPS 시스템

휴대용 RAPS 시스템은 현행 기간시설, 설치 속도, 모듈방식의 독립성 덕에 수많은 상황에서 가치가 있을 수 있다.

비상용 시스템은 유지동안 일시적 구조나 재난으로 망연자실한 일꾼들과 희생자들을 위한 원조 목적에 큰 도움이 될 수 있다. 유사한 시스템이 독립성과 생활의 전반적 질을 향상시키기 위해 방랑 생활방식을 선호하는 집단이나 공동체에 의해 사용될 수 있다.

9.3.1 먼 지역 원주민 공동체를 위한 휴대용 시스템

운송 가능한 태양광발전 DC 전력공급 시스템은 서호주에서 계통 전력을 이용할 수 없는 먼 지역에 있는 원주민 공동체에 설치할 목적으로 개발되었다. 이 시스템은 냉장, 통신, 조명, AC 전력을 제한적으로 사용하는 공구, TV 그리고 비디오 장비에 DC 전력을 공급한다. 다른 가능성 있는 부하는 양수기, 실내 난방, 증발 냉각기와 타이어 공기주입 장비를 포함한다.

태양광발전 전력공급과 모든 부하는 자급식 'Solar Pack' 으로 공급된다. 이 시스템은 내구성이 길고, 운용비용이 낮고, 최소의 관리가 필요하다. 그 시스템은 원주민들의 건강, 독립과 삶의 전반적인 질을 향상시킬 목적으로 공급된다. 이들 먼 지역으로 전력을 공급하기 위한 전통적 방법은 디젤 발전기를 통해서였다. 이것은 다음과 같은 이유로 매우 만족스럽지 못했다.

- 비싸고 종종 도로로 연료 공급하는 것이 어렵다.
- 자주 정비가 필요하다.
- 가변되지 않는 시스템 출력은 지역 공동체의 규모가 변화할 때 적용될 수 없다.
- 운송이 어렵다.
- 소음

운송 가능한 Solar Pack으로 많은 문제들을 해결할 수 있다. 전형적인 시스템 구성요소는 다음을 포함한다.

- 500-1,350W_p 범위의 태양전지 어레이
- 24V_{dc}로 배열된 딥 사이클 연축 견인 셀의 배터리
- 필요할 때 배터리를 보호하고 분리하기 위해, 과잉충전을 막기 위해, 날씨가 좋지 않을 때 불필요한 부하의 연결을 끊기 위한 전기 제어장치와 절연 개폐 장치
- 비행기 왕진 의사와 다른 중요 서비스와 통신하기 위한 100W VHF 송수신기
- 식품, 의약품, 백신용으로 460리터의 결합 용량을 지니고 최대 효율과 brushless DC 모터 사용을 위해 고안되었으며, 각각 2개의 압축 펌프를 가진 2개의 24V 상자형 냉동고
- 24Vdc로 작동하도록 인버터와 결합시킨 20W 형광등
- TV, 전기 동력 장비(power tools), 비디오 레코드에 쓰이는 작은 인버터(50Hz에서 24V_{dc}~240V_{dc})
- 12V 자동 배터리용 주전력 배터리 충전기
- 휴대할 수 있는 격리된 선적용 컨테이너

전체 시스템은 약 6톤 정도 무게이고 트럭 뒤에 실어 옮길 수 있다. 그 장치는 1985년에 Ngurawaana 공동체를 위해 서호주(Western Autralia) Pilbara 지역에 처음 설치되었다. 다수의 이러한 시스템이 현재 서호주(WA), Northern Territory, 남호주(SA)에서 운용되고 있다. 그 장치의 용인과 실행은 좋지 않은 도로 사정상 반복해서 운송해야 하지만 잘 되어 왔다. 유일하게 필요한 정비는 달마다 배터리를 완전 충전하는 것이다.

10톤 트럭으로 접근 불가능한 지역에서 사용하기 위해 4륜구동 차량으로 운송할 수 있는 1톤 정도의 더 작은 장치 또한 가능하다.

조립식의 컨테이너 수송 방식의 PV-디젤 시스템은 2004년에 먼 서호주(WA) Fitzroy Crossing의 5개의 토착민 지역에 설치되었다. 각 지역은 약 15명이고 각

시스템은 똑같고 다음 사항을 포함하고 있다.

- 6m×2.4m×2.4m의 에어컨이 있는 컨테이너
- 10kW 디젤 genset
- 10kVa 단상 인버터
- 컨테이너 위에 설치된 4kW$_p$ 태양전지 모듈
- 56kWh 배터리

9.3.2 통합 태양광 주택 시스템

Krauter는 농촌지역에서 사용할 기본형 통합 태양광 주택 시스템을 설명한다. 태양전지 모듈, 충전 제어기, 배터리, 인버터, 전선 및 지지물은 모두 제조업자들에 의해 통합되고 조립된다. 이것은 설치를 더 간편하게 하고 신뢰성을 증가시킨다. 물탱크를 포함한 것은 모듈을 냉각시키고 선택적으로 온수원을 제공하기 위해서이다.

9.3.3 Station Power

Queensland(퀸즐랜드)에 기반을 둔 설비업체 Ergon Energy는 PV 하이브리드 시스템인 'Station Power'을 개발했는데, 하루 20~50 kWh의 부하를 조달할 수 있다. 그 시스템은 모듈방식이고, 운송이 가능하며, 자급식이나 현행 디젤 발전 세트에 추가로 공급될 수 있다. 대부분의 시스템은 태양광발전을 사용하는데 이는 한 개 또는 그 이상의 2.1 kW$_p$의 조정 가능한 강철 프레임 지지대로 공급된다. 풍력, 수력 또한 사용될 수 있고, 그 시스템은 여러 가지 발전기들 간에 자동적으로 전환할 수 있다. 호주인들은 SunGel valve-regulated lead acid gel batteries를 사용한다. 내장형 배터리 충전기가 달린 한 개 또는 그 이상의 Power Solutions Australia 5 kW, 120V$_{dc}$ 양방향 인버터는 먼 지역의 시스템을 모니터링 할 수 있을 뿐만 아니라 디젤 발전기나 다른 전환 장치들과 동시 운용하는 데에 사용된다. 비바람에 견딜 수 있는 단순 플러그 상호연결로 구성요소를 쉽게 대체할 수 있고 시스템을 업그레이드 할 수 있다. Station Power 시스템은 거친 구조의 건축물, 먼지, 물, 해충 등을 막는 엔클로져(enclosure)가 있어서 가혹한 환경을 위해 고안되었다. 지금까지 8명의 정식 직원들이 있는 267,000 ha의 Cape York에 있는 소목장인 Inkerman Station에 풍력 터빈과 25 kW 용량을 가진 인버터를 가진 four-bay Station Power 시스템이 설치되었다. 연중 디젤 연료와 발전 비용 절감은 그 시스템이 설치된 이후로 $25,000였던 것으로 추정된다. Queensland Park와 Wildlife Service는 먼 황량한 지역에 믿을 수 있는 최소한의 유지 전력을 제공하기 위해 Station Power를 사용한다. 전형적 시스템은 15 kW 용량의 인버터와 발전기의 음향 덮개(acoustic canopy)가 있는 3개의 bay를 사용한다.

9.4 신뢰성과 유지 보수

신뢰성과 유지 보수는 기술지원의 어려움, 지연 및 비용 때문에 먼 지역에서는 중요한 문제이다. 이들 문제 중 일부는 호주에서 설치된 재생가능 에너지 RAPS 시스템에 관한 연구 보고서에서 강조되었다. 소비자들이 말하는 문제는 낮은 신뢰성, 유지지원 부족과 불충분한 사용자 교육과 훈련들이다. 먼 토착지역에서 조사되는 재생가능 에너지 시스템의 약 1/3이 조사 시 작동되지 않았다. 시스템 장애는 배터리(28%), 변환장치(16%), 제어 시스템(15%)과 다른 이유(22%)가 원인이었다. 심지어 더 심각한 장애율이 Brazil에서 보고 되어왔다.

이것은 지역훈련 개발과 기간시설, 정보 보급의 진행이 필요하다는 것을 강조한다. 충분한 유지(보수)를 실행하기 위해 훌륭한 가이드 라인을 이용할 수 있다.

9.5 정부 보조 계획

RAPS 시스템을 취득할 수 있도록 사람들을 돕기 위해 전 세계 많은 정부들이 많은 약속을 하고 있다.

호주에서 NSW(New South Wales) 정부는 먼 지역 영구 거주민이 적절한 가정용 전력공급을 얻도록 돕기 위해 Remote Area Power Assistance Scheme을 1988년에 수립했다. 2004년 경 이용 가능한 연방정부 계획안은 Photovoltaic Rebate Program(PVRP)과 Remote Renewable Power Generation Program (RRPGP)이었다. PVRP는 건물에 태양광 발전설비를 설치할 것을 권장하고, 계통 연계형과 독립형 시스템 둘 다에 적용해 왔다. 계통 시스템에 대한 승인이 2002년에 독립형 시스템을 따라잡았다. RRPGP는 계통에 연결되지 않은 지역에서 전력을 생산하기 위해 재생 에너지로 디젤을 대체할 것을 권장한다. 설치되어 있는 거의 모든 작은 시스템은 태양광발전을 포함하고 있다. RRPGP는 서호주(Western Australia), Northern Territory, Queensland와 남호주(South Australia)에서 200여 곳의 먼 토착지역에 사는 10,000여명의 사람들에게 일관되고 믿을 수 있는 재생가능 에너지 서비스를 제공하는 것을 목적으로 하는 4년간의 'Bushlight Sub-Program'을 포함하고 있다. 호주에는 약 1,217개의 먼 토착 지역들이 있다. 많은 곳이 전력 계통에 연결하지 않고 전기를 얻기 위해 디젤과 가솔린 동력에 의존한다.

다양한 주정부 계획안은 또한 Australian Greenhouse Office web site를 통해 접속할 수 있고, 2003년에 재심사되었다.

The Northern Territory Power and Water Corporation Diesel Grid PV 프로그램은 RRPGP(Remote Renewable Power Generation Program 원거리 재생가능 전력생산 프로그램)와 Northern Territory Power and Water Corporation(Northern Territory 전력 수력 법인)으로부터 공동으로 자금을 지원받는다. 그것은 디젤 사용과 디젤연료 전기 계통에서 첨두 부하를 줄이는 것을 목적으로 한다.

Bulman의 먼 원주민(aboriginal) 지역에서는 56kW$_p$의 비결정 실리콘 어레이를 포함한 시스템이 설치되어 있다. 이것은 연간 25,000리터의 디젤 연료를 절약할 것으로 예상된다. Kings Canyon 관광시설에 설치된 225kW$_p$의 결정질 실리콘 어레이는 매년 105,000리터의 디젤 사용을 절감할 수 있을 것으로 기대된다.

Queensland의 Working Properties Rebate 사업계획에 드는 자금은 RRPGP와 Queensland 주정부가 제공한다. Rebates는 원거리 전력 시스템의 재생가능 에너지 구성요소에 지불된다.

서호주 재사용 에너지 개발청(The Western Australian Sustainable Energy Development Office)은 효율적인 에너지 사용과 재생가능 에너지 사용에 대해 보조금을 제공한다. 많은 나라, 특히 개발도상국들에서 위와 유사한 사업계획을 가지고 있거나 도입하고 있다.

PV 시스템을 포함하고 있는 대규모 전원지역 대전프로그램(Extensive rural electrification programs)들은 스리랑카, 인도, 인도네시아, 중국, 그리스, 스페인과 많은 아프리카 국가 같은 나라들에서 개설되어 왔다. 게다가 많은 국제 원조 프로그램(조명, 통신이나 의료시설용이든 아니든)은 독립형 태양광발전 전력시스템(stand-alone PV-based power system)의 일부 사용을 포함하고 있다.

연/습/문/제

9.1 (a) 자기 나라 내의 솔라패널 공급사와 제조사의 목록을 작성하시오. 판매되는 패널의 종류, 가격, 보증내용, A/S, 연간 판매량과 같은 세부사항을 포함하시오.

(b) 어떤 공급자 매일 전력을 공급하기 위해 RAPS 시스템을 기반으로 하는 태양광발전을 설계하고 설치하기 위해 전문지식과 경험을 가져야 한다

고 주장하는가? 그들이 당신에게 RAPS 시스템에 적합하다고 제시하는 보증 내용은 무엇인가?

9.2 (a) 디젤 발전기보다 태양광 시스템이 언제 선호되는가?
(b) 하이브리드 시스템의 개념과 하나의 전원을 사용하는 시스템과 비교할 때 장점을 설명하시오.

9.3 (a) 태양광-디젤-배터리 하이브리드 시스템에서 그들의 용도와 관련하여 디젤 발전기의 특징은 무엇인가?
(b) 이들의 특징은 하이브리드 시스템의 용도 및 설계에 어떤 영향을 작용하는가?
(c) 태양광-배터리 시스템보다 하이브리드 시스템이 언제 선호되는가?

참/고/문/헌

Updated World Wide Web links can be found at www.pv.unsw.edu.au/apv_book_refs.

Architectural Energy Corporation (1991), *Maintenace and Operation of Stand-Alone Photovoltaic Systems*, Photovoltaic Design Assistance Center, Sandia National Laboratories, Albuquerque (www.sandia.gov/pv/docs/PDF/98TLREF13.pdf).

Australian Greenhouse Office (2003*a*), *What is ENERGY STAR?*, Australian Greenhouse Office, Canberra (www.energystar.gov.au).

Australian Greenhouse Office (2003*b*), *Renewable Energy Commercialisation in Australia*, Australian Greenhouse Office, Canberra.

Australian Greenhouse Office (2004*a*), *Australia's Leading Guide to Choosing an Energy Efficient Appliance* (www.energyrating.gov.au).

Australian Greenhouse Office (2004*b*), *Your Home Technical Manual. Design for Lifestyle and the Future* (www.greenhouse.gov.au/yourhome/technical/index.htm).

Australian Greenhouse Office (2004*c*), (www.greenhouse.gov.au/renewable/government.html).

Ball, V. & Risser, T. (1988), 'Stand-alone terrestrial photovoltaic power systems', Tutorial Notebook, Proc. 20th IEEE Photovoltaic Specialists Conference, Las Vegas, USA.

Bohler, C. (2003), 'LEDs for illumination: Past, present and future', 2003 International Semiconductor Device Research Symposium, IEEE, New York pp. 2–3.

BCSE (2004), Australian Business Council for Sustainable Energy (www.bcse.org.au).

Castañer, L., Bermejo, S., Markvart, T. & Fragaki, K. (2003), 'Energy balance in stand-alone systems', in Markvart, T. & Castañer, L. (Eds.), *Practical Handbook of Photovoltaics: Fundamentals and Applications*, Elsevier, Oxford, pp. 531–541.

Department of Primary Industries and Energy (1989), 'Transportable Solar Pack for remote aboriginal communities', in *Energy Technology Update*, Australian Government Publishing Service, Canberra, Australia.

Department of Primary Industries and Energy (1993), *Rural and Remote Area Power Supplies for Australia*, Australian Government Publishing Service, Canberra, ACT.

Eckhart, M. (2004), 'Growth markets for PV—PV market expansion outlook is bullish', *Renewable Energy World*, **7**(4), pp. 191–195.

Gregory, J.A. & McNelis, B. (1994), 'Non-technical barriers to the commercialisation of PV in developing countries', Proc. First World Conference on Photovoltaic Energy Conversion, Hawaii.

Grenfell, M. (2003), 'Renewable system rebates', *ReNew*, **83**, April–June, pp. 26–28

Holcomb, M.O., Mueller-Mach, R., Mueller, G.O., Collins, D., Fletcher, R.M., Steigerwald, D.A., Eberle, S., Lim, Y.K., Martin, P.S. & Krames, M. (2003), 'The LED lightbulb: Are we there yet? Progress and challenges for solid state illumination', Conference on Lasers and Electro-Optics (CLEO), IEEE, New York), p. 4.

Hayes, D. (2004), 'Asian renewables: Asia targets RE expansion—regional overview', *Refocus*, **5**(1), pp. 32–34.

Hirshman, W.P. (2004), 'Shell Solar wins mini-grid contract for remote Chinese villages', *Photon International*, January.

Huacuz, J.M. & Gunaratne, L. (2003), 'Photovoltaics and development', in Luque, A. & Hegedus, S. (Eds.), *Handbook of Photovoltaic Science and Engineering*, Wiley, Chichester, pp. 701–752.

Jones, G.J. & Chapman, R.N. (1987), 'Photovoltaic/diesel hybrid systems: The design process', Proc. 19th IEEE PV Specialists Conference, New Orleans, pp. 1024–1030.

Krauter, S.C.W. (2004), 'Development of an integrated solar home system', *Solar Energy Materials and Solar Cells*, **82**, pp. 119–130.

Lawrence Berkeley Laboratories (2004), *About the Appliance Module* (hes.lbl.gov/hes/aboutapps.html); *About the Lighting Module* (homeenergysaver.lbl.gov/hes/aboutltg.html).

Lloyd, B., Lowe, D. & Wilson, L. (2000), *Renewable Energy in Remote Australian Communities (A Market Survey)*, Murdoch, Australian CRC for Renewable Energy Ltd.

Pedals, P. (2003), *Energy from Nature*, Rainbow Power Company, Nimbin.

Roberts, S. (1991), *Solar Electricity. A Practical Guide to Designing and Installing Small Photovoltaic Systems*. New York, Prentice Hall.

Sage, M. & Saunders, G. (2004), 'Outback power', Proc. Solar 2004, Murdoch WA, 1–3 December, ANZSES, Murdoch, WA.

Sandia National Laboratories (1991), *Stand-Alone Photovoltaic Systems—A Handbook of Recommended Design Practices*, Albuquerque, New Mexico (www.sandia.gov/pv/docs/Programmatic.htm).

Standards Australia (1999–2000*a*), *Stand-alone Power Systems Part 1: Safety Requirements*, AS 4509.1 (Amendment 1, 2000).

Standards Australia (1999–2000*b*), *Stand-alone Power Systems Part 3: Installation and Maintenance*, AS 4509.3 (Amendment 1, 2000).

Standards Australia (2002), *Stand-Alone Power Systems Part 2: System Design Guidelines*, AS 4509.2.

Steigerwald, D.A., Bhat, J.C., Collins, D., Fletcher, R.M., Holcomb, M.O., Ludowise, M.J., Martin, P.S. & Rudaz, S.L. (2002), 'Illumination with solid state lighting technology', *IEEE Journal of Selected Topics in Quantum Electronics*, **8**(2), pp.310–320.

Watt, M. (2004*a*), 'Progress in Australian photovoltaic and hybrid applications', Proc. 14th International Photovoltaic Science and Engineering Conference, Bangkok, 26–30 January 2004, pp.547–550.

Watt, M. (2004*b*), 'National survey report of PV power applications in Australia 2003', Australian IEA Photovoltaic Power Systems Programme Consortium, Sydney (www.oja-services.nl/iea-pvps/countries/australia/index.htm).

chapter 10

계통 연계형(Grid-Connected) 태양광(PV) 시스템

10.1 서론

PV는 기존 전력 계통과 연계하여 사용할 수 있다. 지붕 위와 같이 태양광 어레이가 사용자측에 설치되는 경우와 공공설비의 발전소와 같은 두 가지 형태로 이용할 수 있다. 이번 장에서는 기술적인 부분, 경제성, 그 외 다른 이슈 등에 관해서 고려하고, 세계의 다양한 정부와 공공 프로그램에 대해 설명한다. PV와 다른 재생 에너지원의 연계를 위한 기술적인 가이드는 호주의 지역 전기 네트워크를 대상으로 2004년 호주 지속가능 에너지 사업 상담(Australian Business Council for Sustainable Energy 2004)에 의해 제작되었다.

호주에서는 독립형 시스템이 우위에 있음에도 불구하고(Watt, 2004), 연계형 PV는 그림 10.1에서 나타내는 것과 같이, 국제 에너지 기관(International Energy Agency: IEA) 협력 국가들을 대상으로 2000년에 들어 가장 큰 세계 시장을 차지하며 독립형 시스템(Stand-alone)을 추월했다(Solarbuzz, 2004a: IEA-PVPS, 2004a). 국제적으로 매우 큰 연계형 시스템으로 $4MW_p$와 $5MW_p$ 설비가 Hemau, Bavaria 인근과 Espenhain, Saxony에 각각 설치되어 있다. 포르투갈의 Moura에는 엄청나게 큰 $64MW_p$ 시스템이 논의 중이다. 현재, 호주에서 가장 큰 설비는 NSW의 Singleton에 있다. 지상 고정형의 $400kW_p$ 태양광발전단지로 연간 $550MW_p$를 생산하고, 1998년에 가동되었다(SEDA, 2004). 호주에서 가장 큰 지붕 설치형 어레이는 Melbourne의 퀸 빅토리아 마켓의 지붕이다. 이것은 2003년에 가동되었고, 면적은 $1.59 \times 0.79\ m^2$ PV 모듈 1,328장을 사용하고, 공공 표시장치

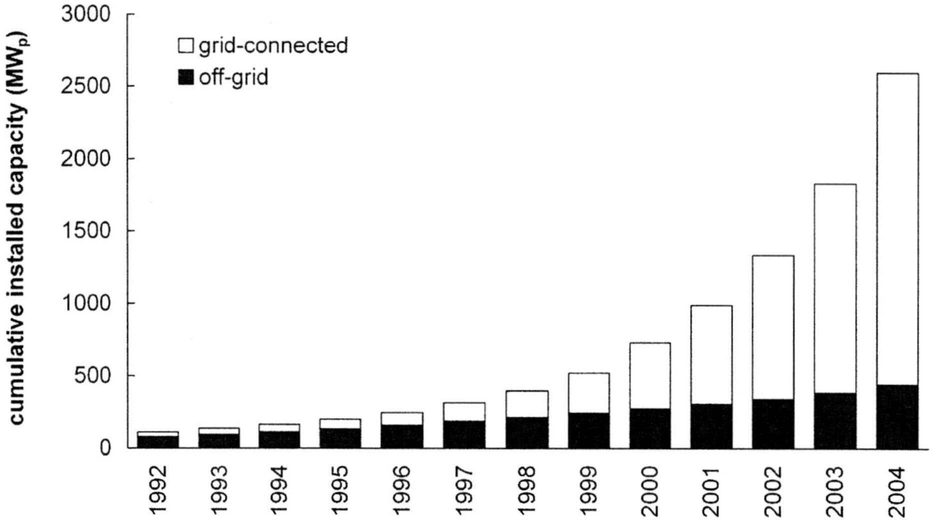

그림 10.1 IEA PVPS의 PV 모듈의 누적 설치 용량

와 연결되어 출력을 나타낸다(Melbourne시, 2004). 시스템은 200kW_p 정격이고, 연간 252Mwh/year를 생산한다.

10.2 건물에서의 PV 시스템

PV 시스템은 건물의 많은 부분에 전력을 제공할 수 있다(Stone&Taylor, 1992).

1. **건축상**−전기 발전기와 지붕, 벽, 창문, 채광(採光)창 혹은 차광(遮光)장치
2. **수요측 조정**−낮 시간 부하 피크 상쇄
3. **제어**−팬, 펌프, 스마트 창문의 직접 제어
4. **하이브리드 에너지 시스템**−조명, 난방, 펌프, 에어컨, 비상 전력공급장치 등의 보조원

이러한 역할을 하는 적당한 제품의 발전은 미국에서 건물이 생산된 전기의 주요 부분(2/3)을 소비하는 이래로 거대 시장에서 공개되고 있다(*Ibid*).

넓은 범위의 특수한 건물 일체형 PV(BIPV;Building Integrated PV) 제품이 현재 판매되고 있다(Hanel, 2000; Posnansky *et al*., 1998; Reijenga, 2003; von Aichberger, 2003). 지붕, 외관, 중앙홀의 건축 요소 등을 위한 제품이 있다. 이러한 시스템을 위한 안전장치에 대해 10.5절에서 논의한다. 하지만, 일반 모듈은 전력 연계의 추가로써 가장 일반적으로 지붕에 설치한다. 가정의 시스템에서 필수적

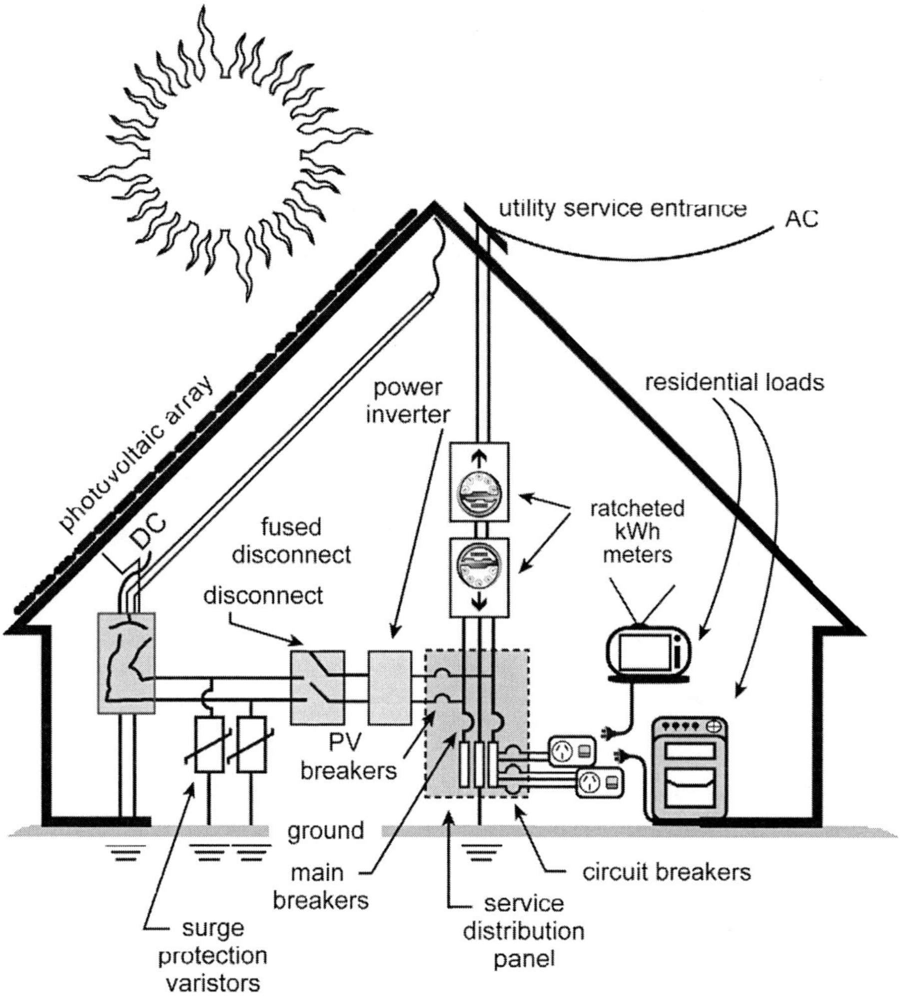

그림 10.2 완전한 태양광발전 설비를 갖춘 계통 연계 가정

인 구성으로는 PV 모듈, 공공 전력에 사용할 수 있도록 하는 계통 연계형 인버터, 그리고 집과 계통 사이의 전력공급과 변화를 측정하기 위한 메터기가 있다.

10.2.1 모듈 설치법

가정용 시스템에서 모듈은 건물이나 나무로부터 그림자가 생기지 않는 위치에서 집 옆의 어레이 프레임에 설치할 수 있다. 하지만, 대부분 지붕 설치형이 최고의 방향과 가장 경제적인 옵션을 제공한다. 지붕 설치형 PV 어레이의 다양한 방법이 그림 10.3에 나와 있다.

일반적으로, 전체 설치는 새로운 건축으로 기존의 지붕 재질을 대체하여 사용한다. 프레임이 없는 모듈이 비용을 절감할 수 있다(Hubbuch, 1992). 반면 솔라타일(von Aichberger, 2003)은 쉬운 설치와 표준 지붕 프로필을 제공한다.

스탠드 오프형이나 랙형은 새로 설치하는 용도로 사용되고, 비록 전체 시스템

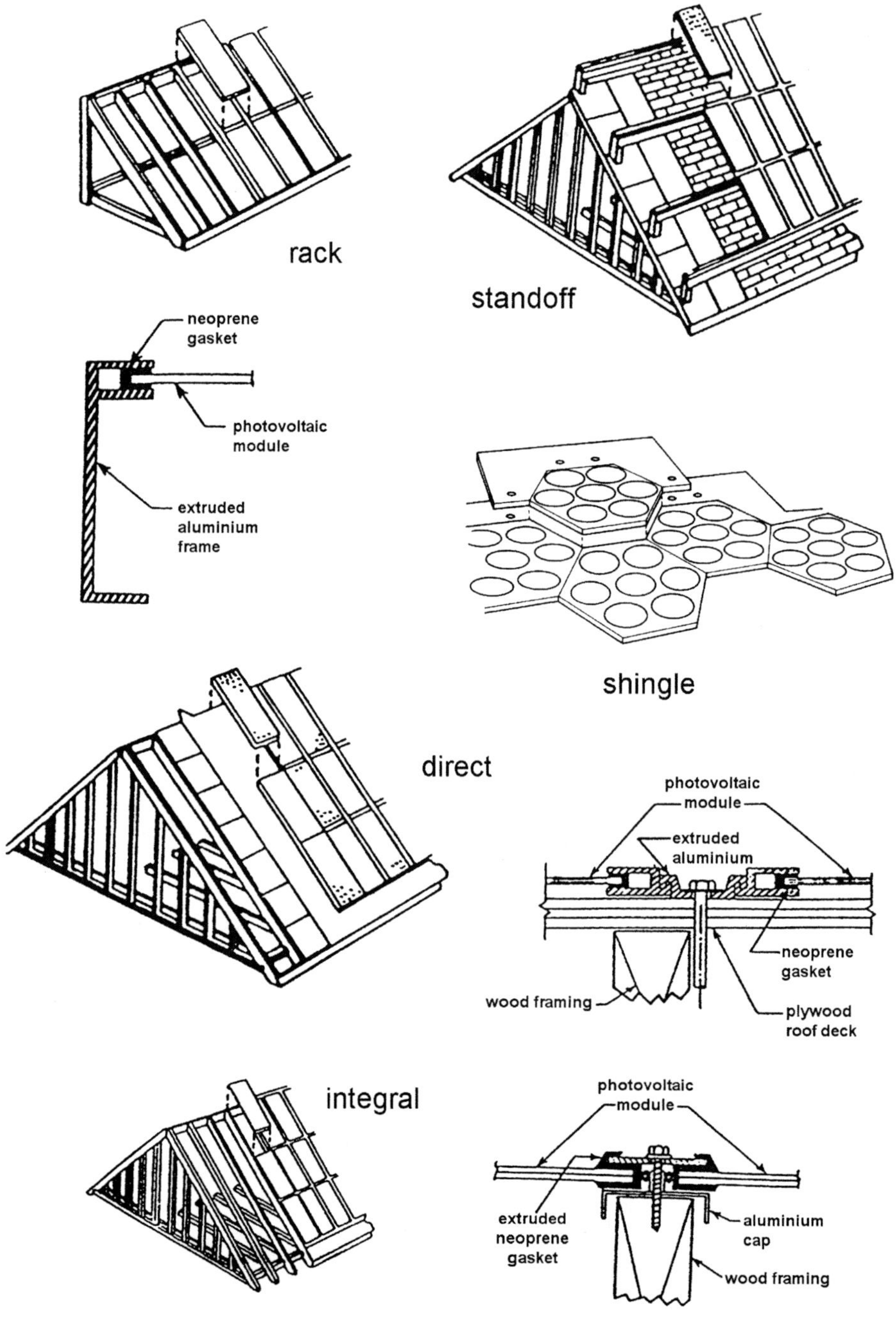

그림 10.3 지붕 설치형 PV의 다양한 설치 방법

을 위해 비용이 좀 더 높아져도 모듈 주변의 더 많은 공기 흐름과 최적의 기울임을 제공한다. 지붕에 직접 설치는 안전하지만 과열로 인해 모듈 뒤로 공기 흐름이 제한될 수 있다.

10.2.2 인버터

독립형 PV 시스템에서는 태양광 어레이가 저전압의 DC 전력을 생산해내므로, 인버터 혹은 전력 조절기가 필요하다. 주로 두 종류의 인버터가 메인 계통에서 사용되는 전압의 AC 전력을 얻기 위해 사용된다.

1. **라인 정류(整流)** – 계통 신호와 인버터를 계통과 동기화 하여 사용할 때
2. **자기 정류** – 인버터의 고유 전자가 인버터 신호를 계통에 고정할 때

제품의 용도에 따른 구별

1. **센트럴** – 인버터는 총 전력 20~400kW 범위 내의 모든 대용량 어레이의 병렬 연결 출력을 변환하기 위해 설계되었다. 자기정류는 현재 많이 사용하는 절연 게이트 양극성 트랜지스터(IGBT)나 전계효과 트랜지스터(FET)에 기초해 설계되었다.
2. **스트링** – 인버터는 총 전력 1~3kW 이내의 단수 연결을 위한 것이다.
3. **멀티-스트링** – 인버터는 다양한 독립 DC-DC 컨버터를 포함하는데, 공통 인버터에 출력을 제공한다. 이것은 다른 설정이나 적응으로 된 모듈 결선으로부터 전력을 허용하는데, 각각은 최대 전력점에서 동작할 수 있다.
4. **AC 모듈** – 인버터는 각각의 모듈 뒤에 위치하고, AC 모듈을 조정한다.

호주(호주 표준, 2002b)와 여러 국제표준(부록 E)에서 계통 연계형 인버터를 제공한다. 쟁점은 인버터를 포함하는 선택을 언제 고려해야 하느냐는 것이다 (Florida Salar Energy Centre, 1987; Brower, 2000; Abella&Chenlo, 2004; 호주 표준, 2002b; Schmid&Schmidt, 2003; Krampitz, 2004).

- **효율** – 1%의 향상은 매년 출력 전력을 10% 더 가져온다. 어떠한 디자인은 부분적인 부하의 효율에 특별히 주의해야 한다. 선주파수 변압기형 인버터는 92%의 전력 변환 효율을 가지는데, 변압기를 제거할 수 있다면 일반적으로 더 높은 효율이 가능하지만 고주파 변압기형은 94%의 효율을 가진다. 동작 효율을 높이려면, 무시할만한 부하 기간의 대기전력 손실 할당이 필요하다.

- **안전(부분적인 단선시)**–예를 들어 동작중 또는 '절연' 시에는 단선시라 할지라도(10.5절 참조) 계통에 전력이 가해질 수 있다. 따라서 일반적으로 절연 변압기가 사용된다. 이와 유사하게 DC 입력과 AC 출력에 과전류, 서지, 부족/과주파수, 부족/과전압 등에 대한 보호가 필요하다(호주 표준, 2002c).
- **전력 품질**–고조파 부분은 반드시 낮아야 한다. 부하와 계통의 기기 모두를 보호하기 위해 호주 표준(200b)은 고조파 왜곡(THD) 제한을 전류 5%, 전압 2%로 규정하고 있다. 고조파 스페트럼은 보통 50개까지 관측하지만, 고조파 정류 인버터는 이 범위 밖의 왜곡을 생성해낸다. 파형과 역률은 반드시 계통에 적합해야 한다. 선주파수 변압기를 가지는 인버터에 의한 DC 주입은 고유로 보호된다. 하지만 무변압기나 고조파 변압기 형태는 계통 변압기를 포화시키고 정전을 유발시킨다. 따라서, 호주 표준(2005)에서는 단상 인버터의 DC 출력전류가 반드시 정격 출력전류의 0.5% 혹은 5mA를 초과해서는 안되게 규정한다. 일반적으로 역률 범위가 진상 0.95에서 지상 0.95를 만족하면서, 파형은 반드시 50Hz(미국은 60Hz) 정현파에 근접하고, 주파수는 0.5Hz나 50Hz 이내여야 한다. 호주에 역률은 반드시 진상 0.8에서 지상 0.95 범위 이내여야 한다.
- **어레이와의 적합성**–태양광 어레이의 표준 동작상태에서 최대전력 전압은 반드시 인버터의 정규 DC 입력 전압과 적합해야 한다. 어레이의 최대 개방 전압 또한 인버터의 허용 전압 범위 내에서 괜찮다. 최대 전력점 추적(MPPT) 방식은 일반적으로 계통 연계형 인버터가 어레이 동작 전압을 제어하기 위해 포함된다(Schmid & Schmidt, 2003). '정전압', '불안정과 관측', '증식 컨덕턴스' 등을 포함하는 여러 다른 추적 알고리듬이 이용되고, 각각은 부분적인 장단점이 있다(Kang et al., 2004).
- **전자기 장해**–지역요구에 맞도록 충분히 작아야 한다.
- **번개와 충격전압 보호**–지역법에 따라야 한다.
- **표시**–항목을 점검하기 위해 전기 코드, 크기, 무게, 구조와 소재, 지역 날씨 상태에 따른 보호, 단자, 기구 등의 준수를 포함한다.

인버터 가격은 상당히 변화하고 최근 몇 년간은 내리고 있다. 하지만 $5kW_p$ 보다 작은 시스템은 전체 비용의 20%, 더 큰 시스템에서는 10% 정도에 근접한다.

10.2.3 현장에서의 저장매체

계통 연계형 시스템에서 현장 저장매체는 낮에 계통에 전력 초과분을 팔고, 밤에 전력을 구매하므로 필수적이지는 않다. 하지만 PV 시스템에 저장매체를 추가하면 효용성이 증대된다(Byrne et al., 1993). 저장매체는 현장에 전력을 공급할 수 있고, 일반적으로 배터리, 또는 더 큰 시스템에서는 수차펌프를 통해 전력을 첨두치

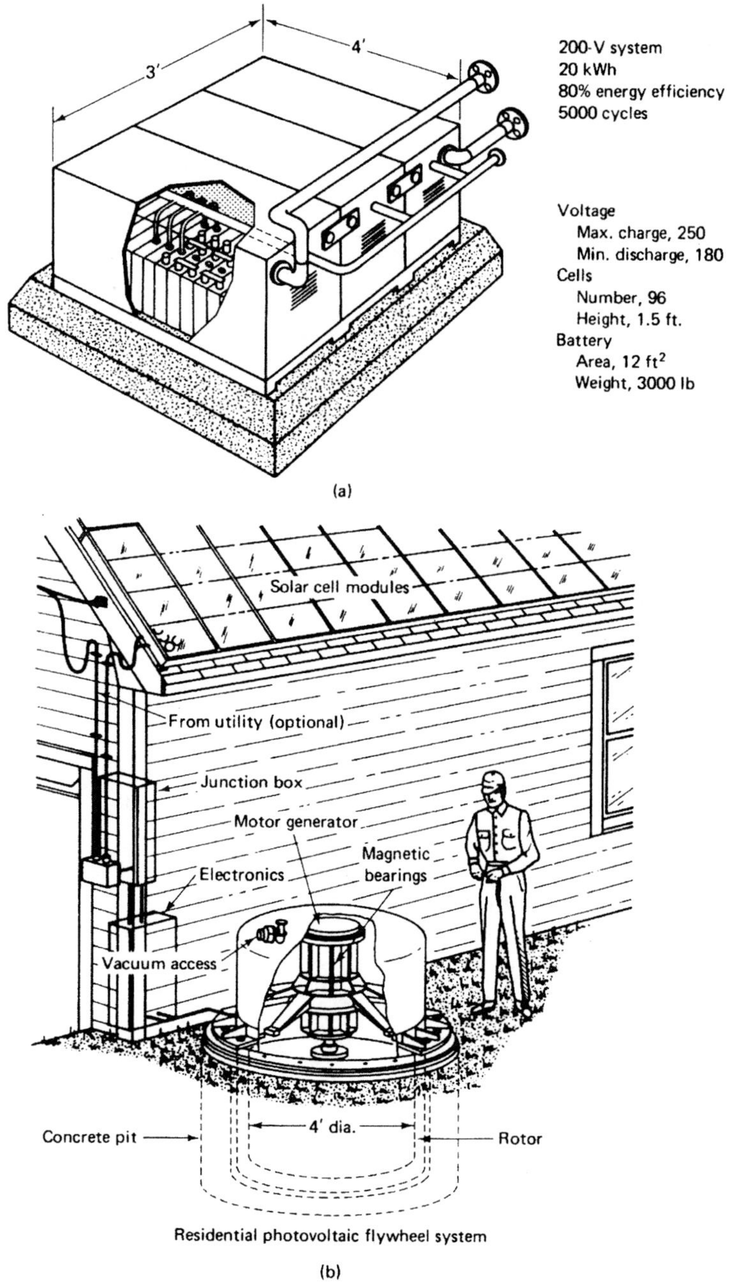

그림 10.4 주거용 시스템에 대한 에너지 저장 개념. (a) 가능한 배터리 구성도, (b) 플라이 휠 저장

로 사용한다.

좀 더 있으면 플라이휠, 연료전지, 지하 동굴, 슈퍼 커패시터, 압축 공기, 얼음 또는 수소가 경제적인 저장매체의 옵션을 제공할 것이다. 가정용 D사이즈의 배터리와 플라이휠 저장매체 시스템이 그림 10.4에 나타나 있다.

또한, 현장의 저장매체는 첨두부하 전력 요구를 감소시키고 비용을 절감하게 되며, 그와 함께 건물이 계통으로 높은 값의 첨두부하 전력을 공급하기 위해 수요측 제어 기구로써 이용될 수 있다. 최근 시장은 건물이나 기기, 계통 공급의 신뢰성이 떨어지는 곳 뿐만 아니라 상업건물의 일정 부분에서도 현재 디젤 시스템의 보조로써 PV를 이용하는 예비 무정전 전원장치(UPS)이다. 이러한 응용사례는 현장의 저장매체를 포함하기는 하지만, 현재 계통 시스템에서 일반적인 옵션은 아니다.

10.2.4 크기와 경제성

PV 시스템이 일반 가정용 전기 사용에 있어 큰 역할을 하기 위해서는 2kW$_p$ 또는 20㎡ 정도가 필요하다(SERI, 1984). 시스템 정격 3~4kW$_p$는 대부분의 가정에서 필요한 전력을 공급한다. 집의 구조에 따라 7kW$_p$, 또는 70m^{2}이 가능한 지붕에 종종 설치된다.

2004년 미국 가정용 PV 모듈의 가격은 3.20~5US$/W$_p$(Solarbuzz, 2004b) 전체 계통 연계형 PV 시스템의 비용에 두 배 정도된다. 현재 전기요금의 경제성을 위해서 시스템 비용을 더욱 향상해야 한다. 사용자를 위한 비용 효율적인 요금이 집중식의 전력공급보다 여전히 높다. 2004년, 생산된 PV 전력 비용은 약 0.3US$/kW로써, 평균 지역의 전기요금보다 2~5배이다(Solarbuzz, 2004c). 이 가격은 국가별로 다르다. 호주의 평균 모듈 가격은 2004년에 7A$/W$_p$이고, 일반적인 턴키의 계통 연계형 시스템 가격은 작은 시스템의 경우 12A$/W$_p$, 큰 시스템의 경우 6A$/W$_p$ 범위로 낮아진다(Watt, 2004).

기술 경험 곡선은 산업 경험과 축적적인 생산의 성장과 같은 가격의 하락을 관측하는데 사용한다(Poponi, 2003). 이러한 곡선은 비록 그 결과가 소비로 채택된 것에 민감해도 '손액 분기' 의 해를 예측하는데 사용할 수 있다.

지난 30년간의 PV 학습 곡선과 기대 성장률에 기초하여, 호주의 경우 PV로 생산하는 전기의 가격이 2015년경에 연계형 전기 가격에 근접할 것으로 기대된다(ABCSE, 2004a). 일본과 같은 경우에는 같은 시기의 호주와 비교하여 연간 발전량이 더 낮아도 전기 요금이 더 높아서, 손익분기 요금이 더 빨리 달성될 것이다.

가격 절감을 유지하기 위해서는 디자인의 단순화, 유지의 준비, 표준화 그리고 일체화된 보호와 제어 시스템의 확립에 좀 더 집중이 필요하다. 단수의 '네트워크' 메터기는 양방향 메터기로써 시스템을 간소화하며 요금 지불을 최소화한다(Poponi, 2003). 네트워크 메터기는 미국의 많은 주에서 의무화 되고, 유럽에서는 일반적이다. 호주의 많은 전기제품 판매점에서 구매할 수 있지만, 전자 메터기가 좀 더 널리 사용 가능하게 될 때까지 기존의 독립형 메터기가 많이 남아 있다. 네트워크 메터기는 급송(急送) 요금이나 다른 요금제와는 적당하지 않다.

10.2.5 다른 이슈

가정용 PV 시스템을 위한 다른 이슈는 다음 사항을 포함한다(SERI, 1984).

- **심미적인 면**–색깔, 크기, 외형, 기울기, 패턴, 투명도
- **일조 사항**–나무, 건물 등으로부터 생기는 부분적, 전체적, 하루 동안의 현재나 미래의 그림자
- **건물 코드**–지붕 구조, 지지대 강도, 발전구역, 빛 반사
- **보호 이슈**–화재 저항, 지붕 부하, 안전, 계통으로 혹은 다른 공공전력 사용자측으로의 피해
- **유지**–상시나 비상시에 부품 교체
- **공공전력망의 충격**–과부하 분산 변압기, 역률, 고조파, PV(DC) 전류의 절연, 차단 장치, 접지, 메터기
- **공공전력 계약**–환매율, 장비 인가, 요금 조정

10.3 PV용 공공전력 응용

공공전력에서 PV 이용의 잠재성은 집중형 발전 방식보다 더 넓다. PV 이용의 공공전력 접근성은 다음과 같이 좀 더 작은 규모의 응용을 통해 얻을 수 있다(Sandia National Laboratories, 1990; Bigger et al., 1991).

- **분산 지선 전압과 전력공급**–지역적인 낮시간 동안의 최대 전류 제한으로 변압기와 컨덕터의 열적 과부하를 경감시킨다. PV 이용으로 과부하가 걸린 구역에 제공하기 위해 비싼 선 재조정, 변전소 변압기 교체나 새 회로 구축을 지연시키거나 제거할 수 있다. 또한, 중대한 송전과 분산 지점에서 전기적 손실 경감을 할 수 있고, kVAR의 공급을 지원하며, PV 시스템의 공급 신뢰성과 유효 용량을 증가시킨다. 이러한 장소에서의 PV 이용은 단독으로 전력

과 용량 절감하는 것에 비해 PV 시스템의 가치를 두 배로 높인다.

- **송전 타워 표시**–이러한 표시를 위한 전원으로써, 전체 타워 높이가 60m 이상의 공항 인근에서 필요하다.
- **송전 구분 스위치**–분산 절연부나 송전선 유지를 위해서, 또는 전력 흐름의 최적화를 위해 사용한다. 예를 들어 미국에서는 외진 장소에서 동작하는 스위치와 같은 것, 매 30 km마다 사용되고, PV에 의해서 변환될 수 있다.
- **가로등과 보안등**–자치체와 정부 기능 요구시
- **휴식공간의 팬과 조명**–외진 장소나 환경에 민감한 장소의 공원, 도로변 편의시설과 보트 선착장
- **원격 물펌프**–풍력발전 시스템이나 전력선 교체와 같은 새로운 시스템
- **원격 지역의 전력공급**–공공전력공급을 받지 못하는 고객, 개인 소유의 집이나 휴가용 별장과 같이 특별히 적은 사용자
- **계통 보안**–신뢰성 있는 PV를 위해 SCADA 시스템용 배터리 전원 공급창치나 백업으로 전기, 가스와 기름 공급 시스템에 공급한다. 때로는 강압용 변압기를 설치하는 것보다 고전압선과 매우 가까이 PV 시스템을 설치하는 것이 비용이 좀 더 효율적이다(Sandia National Laboratories, 1990). 미국 북-동부와 캐나다 서-동부의 전략상 위치한 계통 연계형 PV는 2003년 8월 14일에 캐스캐이딩 현상으로 인한 정전을 예방할 수 있었다(Perez & Collins). 이 리포트는 분산된 PV가 디트로이트, 클레버랜드, 토론토와 뉴욕시와 같은 에어컨 부하를 위한 광대한 지역의 전력 변환을 얼마나 감소시켰는지 보여준다.
- **계통 백업**–특히 개발도상국의 신뢰성이 낮은 계통과 같은 경우에 중요한 장치를 위한 PV 배터리 계통 백업과 컴퓨터 시스템과 공공 건물의 비상 전원(Varadi&Braun, 2003)
- **텔레미터법과 도량형**–계통 전력이 너무 비싸거나 불안정한 곳에서의 전력 감지(Varadi&Braun, 2003)

분산 지선 지원을 위한 PV 시스템은 이번 장의 후반부에서 검토하고, 전반부에는 많은 독립형 시스템에 관해 검토하기로 한다.

환경적인 요인들은 공공전력 설계자에 의해 행해지는 환경 비교를 포함하여 증가하고 있고, 증가하는 PV 기술의 채용이 적당하다. 예를 들어, 다양한 발전 기술로부터 현재의 공기배출연구(Rannels, 1992)는 만약 배출 감소로써 맞비긴다면 태양광이 존재하는 화석 연료 발전계획의 비용 효율적인 대체일 수 있다고 결론 내

린다.

PV 사용의 명백한 기회와 이익에도 불구하고, 대부분의 전기용품들은 파악된 많은 위험을 가지는데, 태양광 시스템의 가능성을 평가할 때 그 양을 한정하기 위한 역사적 토대가 없다. 이것은 다음의 사항을 포함한다(*Ibid*).

- **기술적 위험** - 시스템이 특정한 시스템에서 수행되지 않을 가능성
- **건설의 위험** - 비용 초과 또는 건설 일정과 일치하지 않을 가능성
- **동작의 위험** - 고장 또는 필요시 전력공급을 하지 못할 가능성
- **조정과 세금의 위험** - 세액 공제가 불가능하게 변화하거나, 감가상각률 가속 등의 가능성
- **금융 제한** - 상기의 파악된 위험에 기초한 높은 재정경비

지금까지 다수의 논증 시스템이 각 관할구의 공공전력 조건하에서 동작해 왔고, 대부분의 공공전력 설계자들을 만족시키기 위해 이러한 파악된 위험을 극복하기는 힘들다. 그렇지만 PV 시스템 자료의 지속적인 증가로 공공전력에 부합하게끔 돕고 있다.

10.4 집중식 발전소를 위한 설계 이슈

앞서 논의된 소규모의 분산된 PV 시스템이 설치가 용이하고 비용 효율적임에도 불구하고 공공전력에서는 PV가 집중식의 계통 연계된 PV 발전소로 개발하고 실험하는데 중점을 두고 있는데, 대부분의 공공전력이 집중식의 전력공급원이 넓은 규모에 좀 더 적합하기 때문이다. 이러한 더 큰 시스템은 일반적으로 고유의 변압기나 변전소를 가진다. 기술적이고 경제적인 이슈로는 대규모의 집중식 발전 PV 계획에 관한 것으로 아래에 포함하였다.

10.4.1 셀간 상호 접속

대규모 시스템을 위한 셀 접속으로 가장 좋은 방법을 결정함에 있어서, 잠재적인 손실을 반드시 검토해야 한다. 예를들어, 많은 병렬 셀은 개방 회로의 오차를 향상시킨다. 그림 10.1은 각각 개방 회로와 단락 회로의 셀에서 전체 전력의 0.05% 손실을 보여준다. 반면 그림 10.5와 10.6은 각각 전력 조절 장치로 들어가는 바이패스 다이오드를 가진 셀과 모듈을 나타내었다. 그리고 접속은 분기 회로와 블록킹 다이오드의 병렬구성시의 접근과 장점을 나타내었다.

표 10.1 개방 회로와 단락 회로에서의 총 전력 손실(Ross. 1984)

cells per substring	series blocks	cells in parallel 1	4	8	16	notes
		0.001	0.001	0.001	0.001	1
20	50	0.011	0.050	0.025	0.015	2
		0.012	0.051	0.026	0.016	3
		0.001	0.001	0.002	0.002	4
10	100	0.005	0.022	0.013	0.008	4
		0.006	0.023	0.015	0.010	4
		0.001	0.002	0.002	0.002	
5	200	0.003	0.010	0.007	0.004	
		0.004	0.012	0.009	0.006	
		0.001	0.002	0.004	0.006	5
2	500	0.001	0.004	0.003	0.002	5
		0.002	0.006	0.007	0.008	5

Notes: (1) short circuit losses; (2) open circuit losses; (3) total losses; (4) optimum design region; (5) sensitive to shorted cells.

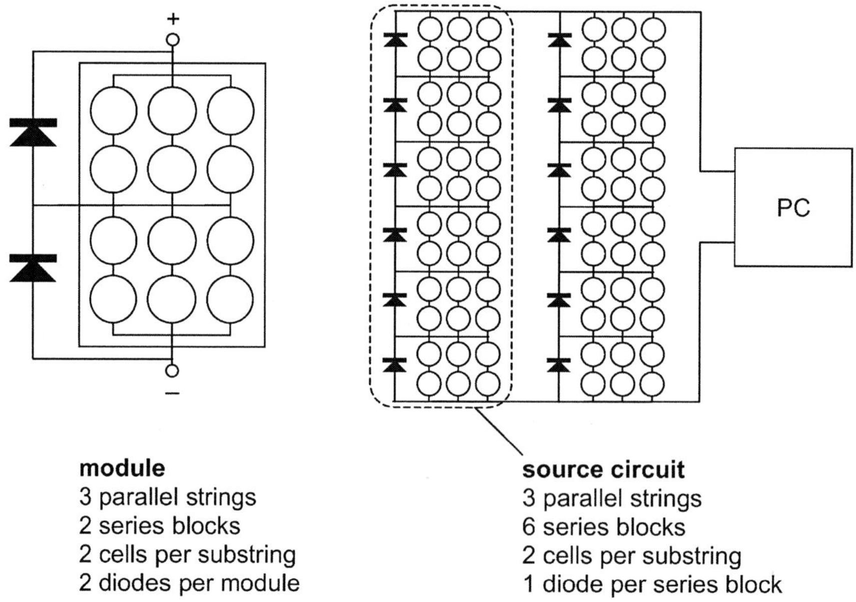

그림 10.5 모듈 회로 설계

최적화된 시스템 오차는 단수의 스트링 소스 회로와 다수의 바이패스 다이오드를 가질 때이다. 실험으로써 대규모 시스템에서 최고의 접근은 고장 난 셀을 포함하는 모듈을 교체하는 것이 아니라 그러한 고장의 오차로써 시스템을 설계하는 것이다.

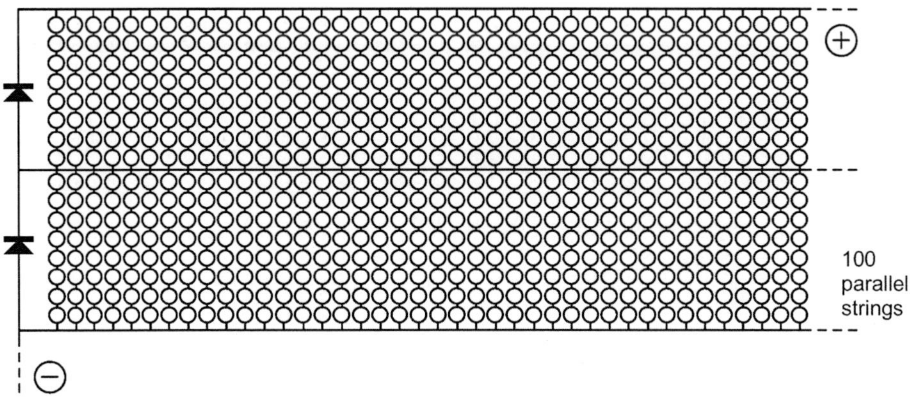

(a)

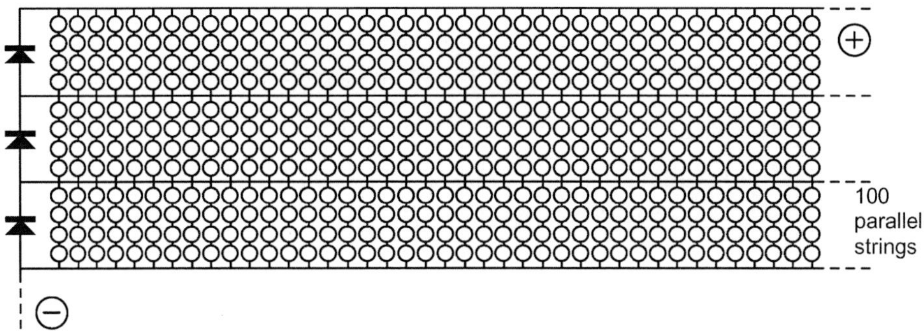

(b)

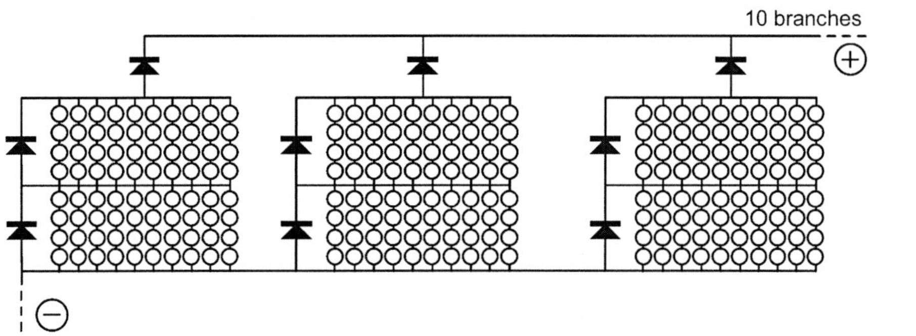

(c)

그림 10.6 대규모 고장이나 단일 셀의 고장을 피하기 위한 다이오드를 가지는 대용량 태양전지 어레이에서의 모듈 가능한 배치
(a) 개방 회로의 셀은 어레이의 출력 전류를 감소시킬 수 있다. (b) 병렬수와 바이패스 모드 수의 증가는 개방 회로 결점의 효과를 줄인다. (c) 모든 분기 회로에 대하여 블로킹 다이오드를 가지는 어레이는 다른 건전한 분기 회로로부터 결함있는 분기 회로로의 전류 유입을 방지한다.

10.5 안전

많은 안전 이슈는 건물 일체형, 빌딩 설치형이나 집중형의 계통 연계형 PV 시스템에서 공통적이다.

고려해야 될 안전 양상(Florida Solar Energy Centre, 1987; Abella&Chenlo, 2004)은 화제에 대한 저항, 정확한 결선, 부품, 접지, 그리고 특히 바람과 같은 지역 날씨 상태에 따른 보안 등이다. 모듈은 심각하거나 적당한, 또는 미약한 화제 인지에 따른 효율적인 저항에 따라 등급이 정해질 수 있다(Florida Solar Energy Centre, 1987).

부하나 인버터로부터 거대한 어레이(고전압)의 단순한 개방은 빛이 날 때 언제라도 통전되므로 안전하지 않다. DC측의 보호는 논쟁의 여지가 있고 규정은 국가마다 다르다. 비접지의 어레이와 인버터는 유럽에서 흔히 사용되지만 미국에서는 접지 방식이 의무화되어 있다.

상업 시스템은 다양한 스펙으로써 장소마다 다양하게 가능해졌다. 이것의 일부는 부록 E에 나타내었다.

호주 표준(Standards Australia, 2005, 2002a, 2002b)에서는 호주의 안전 요구사항을 정의하였다. 인버터 시스템은 라벨로 표시되고, 모든 도선을 제한하기 위해 오프 위치로 고정할 수 있는 잠금 기능의 스위치로써 도선으로부터 절연되게 해야 한다. 인버터는 인버터 출력의 예비 RCD보다 공공전력측의 어떠한 잔류 전류 장치(RCD)와도 연결되어야 한다. 절연 장치는 어레이로부터 각각의 인버터 입력측에 필요하고 다양한 라벨링에 상술해야 한다(Standards Australia, 2005).

보호 특성은 호주 표준에 기술되어 있다(Standards Australia, 2005).

1. **블로킹 다이오드와 과전류 장치**－어떠한 발전 시스템에도 있으며, 대전류 보호가 반드시 설치되어야 한다. 블로킹 다이오드와 과전류 장치(차단기나 퓨즈)가 태양광 어레이의 보호에 사용된다. 블로킹 다이오드는 대전류의 단락을 접지시켜서 보호하는 반면, 과전류 장치는 블로킹 다이오드의 고장시에 퓨즈로 보호한다. 블로킹 다이오드는 과전류 장치로써 대신할 수 없고 부가적이다(*Ibid*). 호주 표준이나 추천을 위한 상세한 지역 표준, 그리고 다양한 어레이 조정을 위한 요구를 참조하라. 6장과 호주 표준(2005)에 계통 연계형 시스템을 위한 논의가 있다.
2. **어레이 아치**－태양광 어레이의 고전압 지선에서 개방 회로는 그림 10.7에 나와 있는 것과 같이 아크를 유지하기 위해 필요한 70V보다 큰 전압을 발생할 수 있다. 이것은 몇 시간 동안 연소할 수 있지만, 개방 회로와 병렬 셀 결

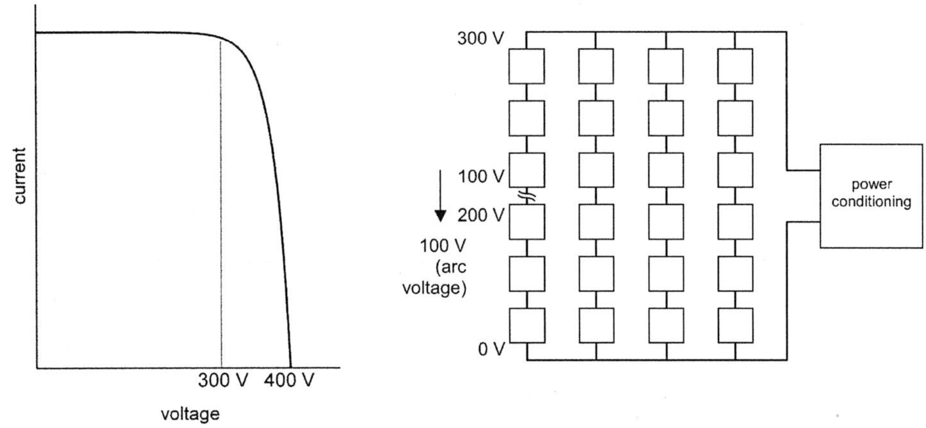

그림 10.7 고전압 PV 어레이에서의 개방 회로는 아크를 야기할 수 있다.

선을 보호하기 위한 여분의 결선으로 받아들여서 보호될 수 있다.

3. **접지(그라운드)** – 태양광 시스템의 많은 장소에서 발생할 수 있는 감전사를 예방하기 위해 접지가 필요하다.
   - **프레임 그라운드** – 접지 오류의 경우와 같이 불안전한 전압에 도달하는 프레임을 예방한다.
   - **회로 그라운드** – 그라운드와 과도 스트레스를 받는 주요 절연제를 초과할 때부터 셀 회로를 보호한다.

참조 자료는 호주 표준(2005)이나 상세 설명의 지역 표준으로 만들어진다.

10.5.1 고립화

계통 연계형 태양광 시스템은 계통에 정전 발생시 계속해서 동작할 수 있다. 만약 계통의 구별된 구역 내에서 발전과 소비간에 주입된 유효 전력과 무효 전력이 같아지게 된다면, 이를 '고립화' 현상이라 한다(Schmid&Schmidt, 2003). 이 현상은 계통의 신뢰성이 떨어지는 장소에서는 장점이 되지만, 아직 라인에 전류가 흐르는 것을 모를 수 있는 계통 정비공에게는 큰 문제가 될 수 있다. 만약 계통이 고립화 동안 재연결되었다면, 일시적 과전류가 차단기와 태양광 시스템 인버터에 흐를 수 있다(Kitamura et al., 1993).

고립화 컨트롤에는 인버터를 통하거나 네트워크 분산을 통하는 두 가지의 기본적인 접근법이 있다(Matsuda et al., 1993). 인버터 테크닉은 계통 전압과 고조파의 주파수 변동이나 증가, 계통 임피던스의 관측 등으로 검출한다. 독일의 단상 계통 연계 시스템을 위한 안전 코드는 5kW 상당에 2개의 독립 스위칭 시스템보다 작은데, 스위치 하나가 릴레이와 같은 기계적 스위치를 포함하고, 계통의 임피던스와 주파수를 모니터링하는데 신뢰성이 있다. 호주에서는 표준에 의해 계통 연계 방법이 규정된다(standards Australia, 2002b).

최근의 연구(Abella&Chenlo, 2004)는 낮은 레벨의 PV가 침투하는 곳에서 고립화가 가상적으로 불가능하도록 하게 하였다. 이제 높은 레벨의 침투가 거의 없다 하더라도, 미래에는 좀 더 일반화 될 것이다. 그리고, 수동적인 방법은 완벽한 평형 부하 상태에서 효율적이지 못하므로, 능동 보호법이 가능할 것이다. 만약 많은 수의 인버터들이 연계되어 서로가 계통 상황의 센싱에 방해하는 장소에 설치될 경우, 문제는 잠재적으로 커질 수 있다.

호주 표준(2002b)은 호주에서 비(非)고립화의 필요성을 규정하고 모든 시설에 적용한다. 계통의 차단 장치는 갈바닉 절연(예-변압기)과 이 아닌 한, 전자기계 스위치를 추가하고, 인버터는 계통의 다른 에너지가 없이는 전력공급을 지속적으로 할 수 없다. 반도체 스위치는 갈바닉 절연의 경우에 가능하다. 수동과 능동의 비고립화 보호법 둘 다 멀티의 인버터가 주파수와 전압 레퍼런스가 서로 제공되면서 발생할 수 있는 고립화를 예방하는 것이 필요하다. 허용되는 방법은 주파수 쉬프트, 주파수 불안, 전력 변동과 전류 주입을 포함하는 능동 보호법이다. 수동 보호 장치는 주파수와 전압을 센싱한다. 차단은 반드시 고립화가 시작되는 2초 이내에 이루어져야 한다.

10.6 PV 발전 전기의 가치

PV로 생산된 전력의 '가치'는 여러 시각을 포함하여 살펴볼 수 있다.

- **전 지구적인 면**–자금의 이용, 기후를 포함하는 환경 영향, 전력 변화 등의 이슈를 고려
- **사회적인 면**–지역 영향, 제조사, 고용, 전력 비용, 에너지 공급 안전, 무역 균형, 사회기반
- **개인적인 면**–초기 비용, 집의 가치 상승, 공공전력 요금 감소, 에너지 독립
- **공공적인 면**–수요 프로필에 따른 PV 출력, 원금업에 대한 영향, '그린 파워' 또는 의무적인 재생 에너지 요구, 유지 등

다음의 논의는 공공적인 견해에 의한 것이다.

10.6.1 에너지 신용

PV로 생산된 전기의 계통연계 가치는 계통이 피크 수요의 낮시간 때 가장 크게 요구된다. 피크 시간대에 공급된 전기는 피크가 아닐 때 생산된 것 보다 3~4배의 가치가 있다. 따라서, PV는 '여름 피크 시간'의 계통에 잘 맞다. 호주의 트랜드는 겨울 피크시보다는 여름으로, 이것은 미국의 일부와 다른 곳에서도 또한 일어나고 있다. 2004년 호주 에너지 논문에서는 여름 피크시의 PV 가치를 확인했고 '솔라 시티' 펀드 프로그램의 기초가 되었다(호주 공공의 부(富), 2004). 부분적인 에어컨의 증가로 여름 피크시의 부하는 급속히 증가되었고, 그 결과 계통 인프라의 이용 효율도 떨어졌다. 아델라이드의 한 지역에서는 지선 용량 분포의 50% 이상이 그 시간때 5%를 이용한다(Watt *et al*., 2003). PV 시스템은 피크 스테이션으로써 이용되어 부하 제어, 터빈연소, 석탄 플랜트 재생, 수차 펌프와 같은 보조와 경쟁하게 될 것이고, 미래에는 압축 공기, 얼음 창고 등의 도매 전기요금과 동등한 가격을 타겟으로 하게 될 것이다(Iannucci&Shugar, 1991).

미국 프로젝트와의 비교는 계통 지원의 PV 가치로 측정하기 위해 10.6절 아래 참조) 피크시에 전력 온라인의 생산량을 유지하는 한계 가격으로 상쇄되도록 연간 US$/kW의 가치를 두게 설계되고 만들어졌다(Wenger et al., 1994). 회계년도 1993~1994년의 피크 부하시, 정규 500kW$_p$ 단축 추적 PV 발전소는 오후 4시의 피크 부하시 430kW를 감소시켰고, 또한 피크 기간 전에 배전용 변압기의 열적 부하를 감소시키며, 온도를 줄이고 피크 용량을 향상 시켰다.

낮 피크 부하와 피크를 조절하는 에어컨으로 고정된 어레이에서 PV 출력 피크가 잘 맞음에도, 주거용 피크 부하가 피크치 일사 뒤로 뒤떨어지는 경향을 가지기 때문에 낮 시간에 주거용 부하의 대부분을 공급하는 지선과 항상 잘 맞는 것은 아니다. Watt et al.(2003)은 여름 부하의 피크치에 더욱 잘 매치하기 위해 피크 출력을 이동하여 사용하도록 서쪽을 향하는 PV를 제안했다. 물론, 이것은 어레이의 연간 출력은 감소시키지만, 계통으로 배전되는 가치를 최적화한다. 재정적인 조정은 집의 소유자를 위해 이런 해결책이 매력적이도록 하기 위한 가치 상승을 반영하는데 필요하다.

흥미롭게도, PV 시스템의 이용자들은 에너지 조정 전략을 통해 PV 시스템의 가치를 더욱 높히도록 이용 습관을 변화시킨다(Haas, 1993).

10.6.2 용량 신용

할당된 용량 신용은 계통이 요구되는 통계적 확률에 근거한다.

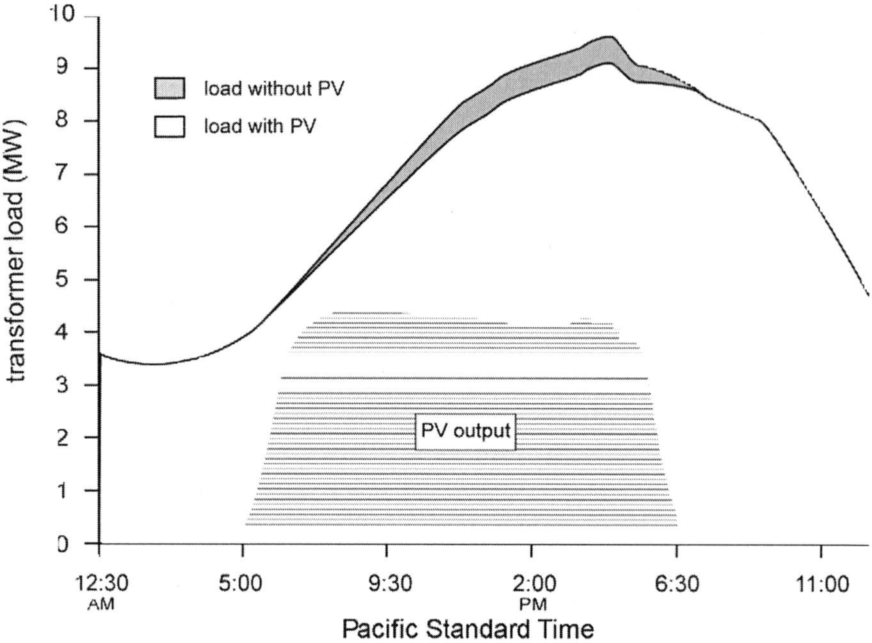

그림 10.8 첨두부하 시 전력 계통 지원 시스템의 배전용 변압기 부하와 PV 출력

PV 발전소의 확실한 확률은 피크 요구 기간 동안에만 가능한 것이 아니다(주로 태양빛의 부족에 의함). 전통적인 전기 발전소를 위해서만 확실한 확률이 있다(강제적인 출력 혹은 유지를 위한 출력에 의함). 이후의 Carissa 평원에서의 예를 인용하면, 피크시의 용량 팩터는 전통적인 장비와 매우 유사하며, 따라서 비슷한 용량 신용이 주어진다.

현재 NSW에서는 PV 발전소가 겨울밤 피크 동안 적은 전기를 생산할 것이고, 그래서 전용의 저장소를 포함한다 하더라도, 겨울 동안은 적은 용량의 신용이 주어질 수 있다. 하지만, 계통의 전체가 '겨울 피크', 일부가 '여름 피크'가 된다 하더라도, 만약 적당한 위치라면 PV 발전소의 가치가 상승된다. 게다가, 대부분의 호주시에서의 전기적인 부하는 '여름 피크'로 이동하고 있는 반면에, 공공 수요는 급속히 증가하고 있고, 낮에 피크치의 중간을 넘는 경향이 있고 PV 출력과 잘 매치된다.

10.6.3 분산 이익

PV 시스템의 모듈 방식 때문에, 계통으로 집중시킬 필요는 없지만 일찍이 건물에 설치된 대부분의 작은 시스템과 같은 경우는 완전히 분산시킬 수 있다. 전력과 용량 이익을 별계로 이것은 또한 변압기에 필요한 딜레이, 컨덕터나 회로 업그레이드, 전송의 감소, 분산과 변압기 손실, 신뢰성 상승과 특수한 경우에는 kVAR 지원 제공과 같이 상당한 '분산 이익'을 준다(Rannels, 1991: Wenger et al., 1994). 이러한 분산 이익은 에너지와 용량 신용에만 기초로 하는 평가와 비교하면 PV로 발전된 전력 가치가 두 배가 될 수 있다(Bigger et al., 1991: Wenger et al., 1994). 아리조나(Solar Flare, 1993)의 연구로 PV 시스템에 적당한 장소에서는 연간 700US$/kW의 전체 이익으로 계산되었다. 외적 영향의 가치에 의존하여 네바다주의 외부 가치를 이용하면 심지어 위의 기준에서 논의된 PV 시스템을 위한 비용이 2.36US$/$W_p$로부터 분산 이익이 없을 때 3.96US$/W_p으로 변했다. 켈리포니아의 경우 전체 가치는 연간 약 293~424US$/kW으로 분석되었다(Wenger et al., 1994).

PV가 분산 이익을 제공할 수 있는 곳의 상황은 열적 과부하가 도드라진다. 분산 변압기나 계통의 특정한 지역 라인은 말단부의 라인이 커지는 수요로써 열적 과부하에 접근할 수 있는데, 여름 낮이라 할 수 있다. 일반적으로, 상당한 자금 사용으로 여유분의 라인이 추가되거나 기반 시설을 업그레이드할 수 있다. 대안으로, 그림 10.9에 나타난 바와 같이 PV는 분산 라인에 설치할 수 있다.

지역적인 전기를 발전함으로써, 전송되는 상당한 전력이 분산 라인을 따라서 감소되고, 업그레이드를 위해 딜레이가 필요하다. 게다가, 피크 부하 전에 변압기를 통한 전류를 감소시키기 위해서는 더 낮은 온도이어야 더 높은 피크를 과열없이 운반하게 된다(Wenger et al.,1994).

PV는 또한 수요측 조절을 위해 사용될 수 있는데, 공공전력측과 고객 모두에게 도움이 된다. 예를들어, 대규모 전기를 위한 지붕 설치형 PV 시스템의 사용자는 피크 부하 에너지와 수요를 감소시킬 수 있다. 공공과 경공업 건물에서 사용하는 전기의 40% 이상이 조명이고, PV 보조 조명 시스템은 여름 피크 부하를 줄이는 단순하고 적합한 방법이 될 수 있다(Berg & Wieghagen, 1991).

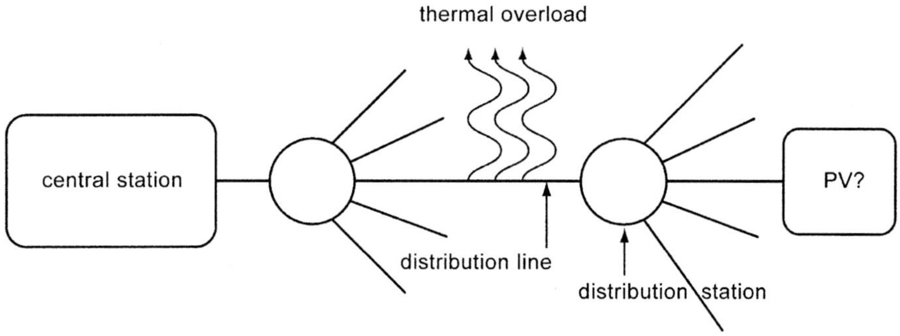

그림 10.9 열적 과부하가 발생하기 쉬운 전력 계통에서 PV 발전소의 가능한 배치

분산 전력망 컨셉은 경제적 스케일의 컨셉에 의해 좌우되지 않는 계획에 좀 더 매력적이게 된다(Iannucci&Shugar, 1991). 현대의 전력망은 비용 최소화가 그러한 발전 설비, 라인 손실, 전송 업그레이드 비용과 신뢰성과 같은 양상으로 믿어진다. 따라서 집중식 발전소는 모듈 방식, 전략적인 장소, 시스템의 유지, 효율, 전략적 전력 전달과 고객 서비스를 증가시키기 위한 분산 발전이 통합될 수 있다. 집중식 발전소는 베이스 부하에 공급하는데 이용되는 것이 적합하다. 반면 고객은 좀 더 신뢰성 있고 더 높은 품질의 지역 수요에 꼭 맞는 전력공급을 제공받을 수 있다. 고객 공급에 좀 더 유연성이 있으면 DC 공급, 부하 조정과 저장소와 같은 옵션을 넣을 수 있다(*Ibid*). 적당한 메터링 시스템과 요금 구조가 옵션을 용이하게 하는데 필요하다.

새로운 전력망 계획 도구들은 다음의 이슈와 결합하는 컨셉이 필요하다.

- 재생 에너지원의 환경적, 사회적 또는 외부적 가치
- 연료 다양화의 이익
- 발전소 요구의 투자 위험 안전 가치
  화학 연료 대 비화학 연료
- 공급 기반 시설에서 큰 변화보다는 증기에 따른 위험 감소
- 수송과 분배의 비용 증가(예로서 장비, 노동 가격의 상승, 지하 건설을 위한 새로운 요건 등)
- 환경적 요인, 전기장 또는 기타 요인에 인한 수송라인과 변전소에 대한 통행권 획득에 어려움 증가
- 현재 화석연료 에너지 시스템에 호의적인 법령, 보조금, 세금체제 등의 변화 가능성

10.6.4 예 1- Distribution Feeder 1103, Kerman, California

Pecific Gas & Electric(PG&E)는 주요 캘리포니아 유틸리티의 업체, 그들의 네트워크에서 분산형 태양광 시스템에 관련하여 조사하였다. 작은 분과로, '컬만 지선 1103'은 500kW$_p$의 태양광 어레이에 연결되어 전기적 영향과 경제성을 평가하기 위해 자세히 분석했다. 500kW$_p$ 컬만 변전소는 1993년 6월에 상업 운전을 시작했고(Wenger et al., 1994), 건설에는 12.34US\$/W$_p$의 비용이 들었다(모듈은 9US\$/W$_p$, BOS 3.34US\$/W$_p$)(Solar Flare, 1993). 이 비용 중 1.14US\$/W$_p$는 순수한 시스템 실험 비용이었다.

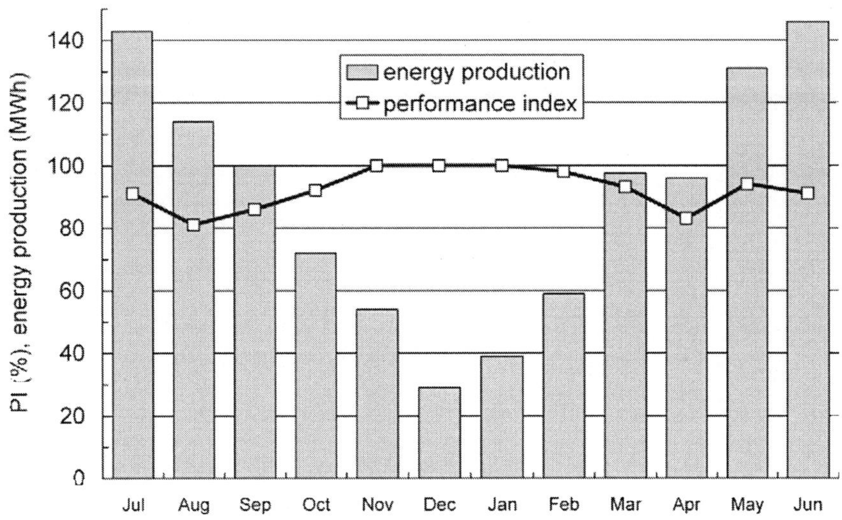

그림 10.10 매달 PV 발전량과 성과 지수

그림 10.8은 지선 부하와 1993~1994년의 하루 중 피크 부하의 컬먼 단축 추적형 PV 어레이 출력을 나타내고 있다. 피크치는 확연히 감소되고 변압기 온도는 하루 중 일찍 열 감소에 의해 피크 시간대에 4℃ 줄어들었다.

그림 10.10은 월간 PV 출력과 컬먼 PV 계통 지원 시스템의 성능 지표(실제 전력생산을 기대 전력생산으로 나눈 값)를 나타낸다. 몇 개월 동안의 성능 저하 지수는 인버터의 결함 때문이다(Wenger, 1994).

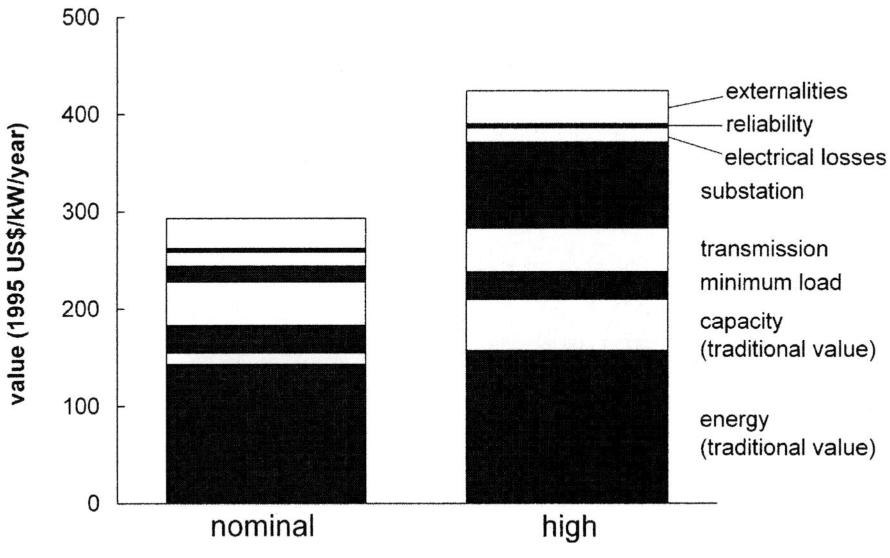

그림 10.11 전력 회사에 대한 Kerman PV 플랜트의 가치

그림 10.11에서 1995년의 연간 US$/kW로 태양광 어레이의 경제적 이익을 예측하고 결과를 그래프로 나타내었다.

요약하면, 이익은 다음과 같이 확인할 수 있다(Wenger,1994).

1. **에너지 이익** : 연료 비용을 없애면, 연간 143~157US$/kW
2. **용량 신용** : 신뢰성 향상을 위한 예비 여유 용량 비용을 없애면, 연간 12~53 US$/kW
3. **옴 손실과 무효 전력 손실 저감** : 연간 58,500kWh, 350kVAR, 더 적은 전력이 전송되므로 14~15US$/kW/연간 상당 양을 절약할 수 있다.
4. **변전소 절약** : 피크때 온도를 줄이고 부하 탭 절환장치의 보수를 줄이고(더 적은 절환), 10.5MVA 분산 변압기의 수명을 연장하여 절약(연간 89US$/kW)한 것 같이 연간 16~88US$/kW를 줄일 수 있다.
5. **송전 이익** : 용량 신용 가치와 유사한 컨셉이지만 분산 시스템의 투자 비용과 유지 비용을 반영한다. 가치는 연간 45US$/kW이다.
6. **신뢰성 이익** : 고객이 현재의 PV 플랜트로 회로 정전 이후에 좀 더 빠른 부하 회복을 가져와서 경제적인 절약을 반영한다. 연간 4US$/kW로 공공전력을 절약하게 예측하지만 고객의 이자로 더 커진다. 향상된 신뢰성은 업그레이드의 압력을 줄이기 때문에 공공전력망의 경제적 이익이 된다. 3V의 전압 지원을 예측으로써 찾았다.
7. **환경적 이익** : 연간 155톤의 CO_2와 0.5톤의 NO_x를 줄임으로써 31~34 US$/kW의 가치를 가진다.
8. **최소부하 절약** : 플랜트가 온라인 상황의 피크 부하를 유지하는 최저 비용을 가진다.

10.6.5 예제 2- 칼바리, 호주 서부

칼바리는 호주 서부 주요 전력 계통의 최북단(最北端)에 위치한 배전선과 136km 끝의 퍼스와 북쪽으로 500km 떨어진 마을이다. 이 프로젝트는 PV 계통지원, 인버터 기술 실험, 그리고 PV 트랙커와 인버터 경험 제공 등의 소개와 연구를 목적으로 했다(Jennise&Miline, 1997; CADDET Australian National Team, 1998). 20kW$_p$의 PV 모듈이 16기의 단축 추적 트랙커에 설치되었고, 각각은 16장의 모듈을 가진다. 35kVA 3상 전류 제어형 인버터와 전압 변동을 고려하여 100kVA 변압기가 계통과 연결되어 있다.

칼바리의 피크 부하는 에어컨에 의한 것이 대부분이고, PV가 피크되는 오후 2

시 30분쯤의 여름에, 주로 오후나 이른 밤에 일어난다. PV 시스템은 3MW의 피크 부하에서는 뚜렷한 향상을 기대할 수 없었고, 마을의 전압 안정에 영향을 미치기에는 너무 작았다. 하지만 잠재적인 PV의 실제 데이터를 제공했다.

10.7 세계의 PV 프로그램

전기 가격은 사회를 위해서나 다른 이유, 그리고 환경 파괴의 비용 구체화에 의해 직접적인 재정 지급을 포함하여 대체로 다양한 범위로써 보편적으로 보조금이 지급되었다(Kjaer, 2004; Riedy&Disendorf, 2000; 유럽환경연합, 2004; Schmela, 2003; Pershing&MacKenzie, 2004).

세계적인 연간 에너지 보조금 지급의 한 가지 평가는 1995~1998년 동안 244US$가 넘었고, 이 중 단지 3.7%만이 재생 에너지와 사용자 효율을 위해 돌아갔다. 이러한 '시장 실패'는 새롭고 적은 이용자들의 진입을 어렵게 만들었다. 전통적인 에너지원의 보조금을 갑자기 없애는 것은 사회적이나 정치적으로 가능하지 않다. 그래서 '차선책'으로 단체에 장점을 알리고, 새로운 시장 진입을 지원하는 것이 일반적이다. Kjar(2004)는 재생 에너지의 가격이나 양 모두가 어떻게 조절되는지를 기술하고, 유럽 환경에서의 방법과 비교한다. 국가 정책 기구의 개요와 자세한 논의는 Sawin(2004)에 의해 제공되었고, PV 지원에 이용되는 전력은 Hass(2002)에 의해 논의되었다.

10.7.1 미국

1970년대와 1980년대에 미국 에너지부는 주택용 PV 연구 개발과 가정의 부하를 모니터하는 시연 프로그램, 다른 지역에서의 가정용 PV 시스템에 대한 평가와 기술적 정보 제공, 제작과 독립된 PV 전력을 이용하는 가정의 모니터, 가정의 클러스터(예-30가구)와 상업 건물, 그리고 전력 분포 네트워크에 관한 영향을 평가하는 등 선구자적인 역할을 했다(그림 10.12).

이 프로그램은 '솔라 2000'에 의해 대체되었는데, 이것으로 경제적이고 경쟁력 있는 PV 시스템 개발을 시도했고, 미국의 설치 용량을 1991년에 50MW 이하에서 1995~2000년에 200~1,000MW으로, 2010~2030년은 10,000~50,000MW으로 증가시키려는 계획이다. 실제로는 목표가 너무 작아 2001년 말까지 단지 167.8MW만이 설치되었다(IEA-PVPS, 2004b).

그렇지만, 미국의 다른 PV 프로그램들은 성공적이었다. 이것들은 공공 PV 그

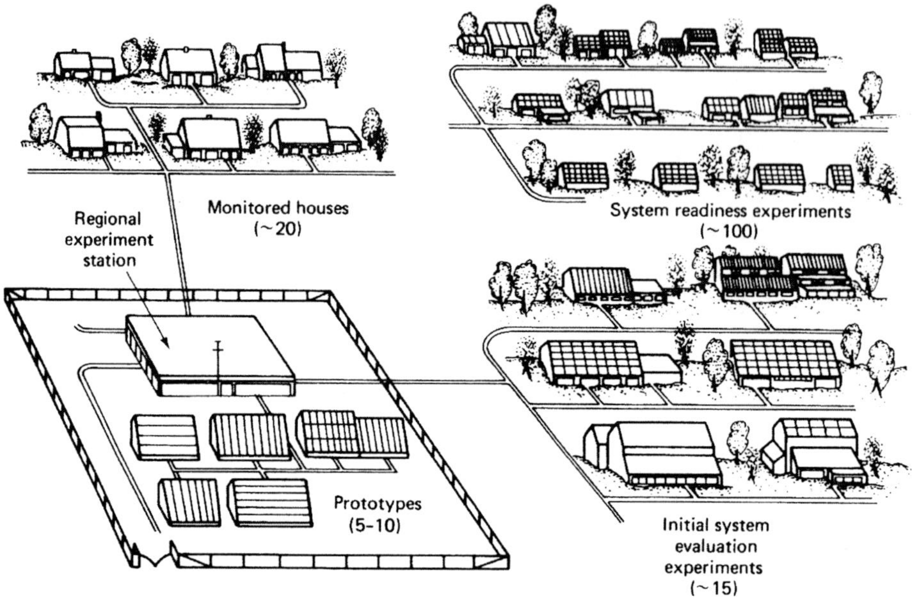

그림 10.12 DOE 주거 프로그램의 개요 – 상업 시스템을 통한 견본

룹(UPVG)을 포함했고, 전력 사용자들이 시스템에서 PV의 가치를 교육하기 위해 그리고, 집합적인 공공망 구매에 의한 비용 절감을 목표로 하였다(Stone, 1993). 비용 효율적인 50MW$_p$의 계획과 미국 공공전력망 계통에서 최근에 생긴 PV 기술을 위한 계획이 1993년부터 5년간 지속되었다.

국가 재생 에너지 연구소의 PV: BONUS 프로그램은 지붕형, 창형, 가정용과 상업용 건물을 이용하는 PV, 가정용, 독립형 키트의 지원을 포함하였다(Solar Flare, 1993).

PVUSA 프로젝트는 공공전력망 세팅에서 PV를 실증하기 위한 목적이었다. 1991년까지 20kW$_p$ 9개에 모듈 기술 시스템을 실험했고, 좀 더 발전한 기술을 이용하는 200kW$_p$ 2개와 400kW$_p$ 1개 시스템을 추가했다(Candelario et al., 1991). 평균 용량 팩터는 고정형 어레이의 경우 21%(10~30% 범위 내), 2축 추적 어레이의 경우 30%를 기록했다(*Ibid*).

컬만 변전소는 상기 설명한 PVUSA 프로젝트였다. 다른 것은 아래에 설명한다.

1. **캐리사 평원**–5.2MW$_{ac}$ PV 시스템이 미국 로스엔젤레스 북부의 캐리사 평원에 설치되었고, 퍼시픽 가스&전기(PG&E)와 계통 연계되었다. 시스템 성능은 3년간의 용량 팩터에 의해 그림 10.13(a)(24시간)와 10.13(b)(피크 시간만)에 나타냈다. 발전소의 효용은 1985~1998년간 97%였다(Rannels,

1991). PG&E의 피크 전기 수요는 여름 오후에 발생했다. 피크 수요 동안의 캐리사 평원의 시설은 매우 높은 용량 팩터로써 거의 이상적인 피크 시설을 만들었다. 캐리사 평원의 설비는 그 후 해체되어 팔렸다.

2. **새크라멘토** – 1993년 200kW$_p$의 PV 어레이가 새크라멘토시 전력지구의 경계 변전소에 설치되었고, 추정 비용(1993년)은 7.70US$/W$_p$였다(Solar Flare, 1993).

좀 더 최근에는, 2005년 미국에서 80MW의 계통 연계형 PV 시설 같은 프로그

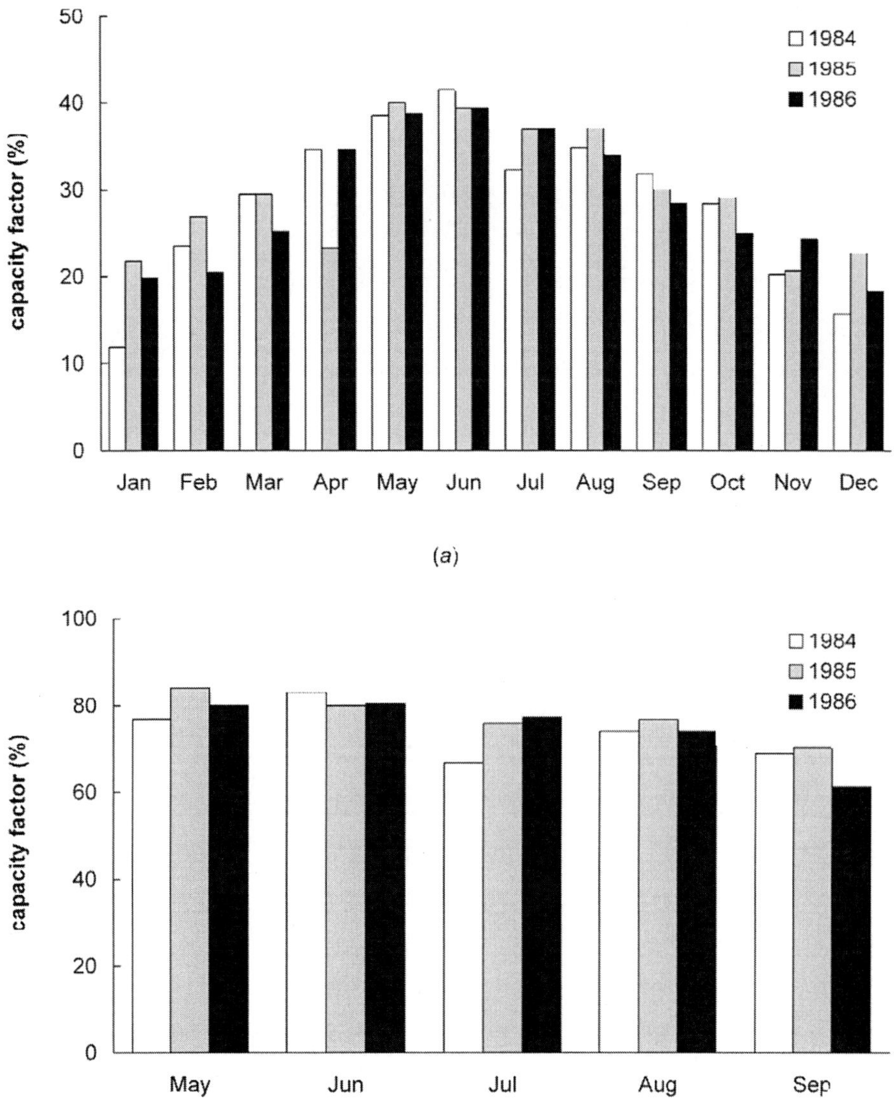

그림 10.13 Carissa Plains PV 발전소에서 3년간 이룬 용량 지수.
(a) 24시간 용량 지수, (b) 첨두 시간 용량 지수

램이 장려되었다(Solarbuzz, 2006). 새로 설치된 PV 발전용량 중 전체 시장에서 23%가 평지에 설치되었고, 상업 지붕과 거대 상업 프로젝트는 국가 전체의 33%를 차지했다. 미국 연방의 재생 에너지를 위한 장려제의 데이터베이스는 각 주 재생 에너지협의(IREC, 2004)에 의해 지원 받는다.

그린 프라이싱 계획은 소비자와 기업이 재생 에너지로부터 발전된 전기에 장려금을 지불하도록 선택하는 것인데, 이것은 미국에서 효율적인 시장의 조율을 해왔다. 이 계획으로 2003년 동안 판매가 30% 증가했다(Schmitz *et al.*, 2004). 로렌스 버클리 국립 연구소와 국립 재생 에너지 연구소는 미국 계획의 효율적인 다른 마케팅 관점에 관해 연구해왔다(Wiser, 2004). 그린 프라이싱 프로그램은 재생 에너지 용량을 2002년 말까지 290MW의 개발을 촉구시켰다. 그리고 또다른 140MW는 2003년 말까지 기대되고 있다.

10.7.2 일본

일본의 정부지원 프로그램은 국가가 태양광 관련 제조사와 시장 모두에 우월적인 현재 위치를 가져왔다. 1974년에 '선샤인 프로젝트'가 시작한 이래, 일본인들은 R&D로부터 광범위한 PV 응용으로 빠르게 이동해왔다. 특히 가정용 지붕형 시스템의 공공전력망 연계 시스템에 중점을 두었는데, 이것은 높은 레벨의 계통 연계와 지상에서의 이용을 최소화하는 장점이 있다(Kurokawa, 1993). 네트워크 메터기는 소매율로 초과 전력을 사는 공공전력망 하에 1992년 소개되었다(Sawin, 2004).

1994년 가정용 '솔라 루프' 프로그램은 2004년 3월까지 보조금을 지급받는 평균 3.7kW_p 크기의 가정용 지붕설치형 시스템을 위해 150,000의 승인과 함께 주요 원동력이 되었다(Hirshman, 2004a). 프로그램의 수명시간 동안, 환불은 1994년 50%에서 2002년 12%로 감소되었지만 구매자들은 가격이 떨어짐으로 인해 상쇄되었다. 전체 420MW_p의 PV는 1994년과 2002년 사이에 설치되었고, 전체 설치용량은 1992년 이래로 평균 42% 이상 증가하였다(Sawin, 2004). 보조금은 지금은 많은 지역 정부가 PV 장려금을 제공하기는 하지만, 점진전으로 의무적인 재생 에너지 목표와 '그린 파워' 계획에 의해 대체되고 있다. 일본은 이제 2010년까지 4.8GW_p와 2030년까지 100GW_p 설치를 목표로 하는 또다른 30년 계획에 투자하고 있다(Ikki&Ohigashi, 2004). 이후에는 일본 전기 사용량의 10%와 동등해지길 기대하고, 2003년의 50￥/kWh와 비교하여 7￥/kWh를 목표 비용으로 수행된다.

10.7.3 유럽

유럽은 일본 다음으로 2위의 PV 시장 발전소이고, 1993~2003년 10년 동안에 생산량과 사용률의 폭발적인 성장을 경험하고 있다. INTUSER 컨소시엄(2003)으로 오스트리아, 벨기에, 덴마크, 핀란드, 프랑스, 독일, 이탈리아, 룩셈부르크, 네델란드, 포르투갈, 스페인과 영국이 투자와 생산을 위한 장려금과 지원 계획을 목록으로 만들었다.

스위스는 원자력 발전이 10년간 정지하면서 PV 프로그램을 가졌다(Real& Ludi, 1991). R&D 프로그램은 3kW 프로토타입 시스템의 실험으로 1987년에 시작했다. 1988년에 특수 설계된 3kW 고효율 인버터를 사용하여 10×3kW$_p$ 시스템을 설치하였다. 구매와 판매비용 각각은 가구에 의해 공공전력망으로 조정함으로써 전기를 사용하거나 생산했다. 1990년까지 100개의 시스템이 설치되었다(*Ibid*). '에너지 2000' 프로젝트의 목표는 2000년까지 50MW의 계통 연계형 PV를 설치하는 것이지만, 2003년까지 21MW$_p$가 설치되었다(IEA-PVPS, 2004).

스위스 프로그램의 한 가지 목적은 PV의 지상 이용을 줄이는 것이다. 그러므로, 지붕형 시스템을 추가하고, 다수의 거대한 어레이가 고속도로 소음 차단벽을 따라 설치되어 매우 가시적인 기술의 시연을 제공하고 있다(Nordamann&Clavadetscher, 2004). 이 아이디어는 유럽 어느 지역에서도 공급되어져 왔다. 최근 스위스는 Bonvin(2004)에 의해 초안된 강력하게 소비자 투자를 촉진하는 수단을 지원한다.

오스트리아는 1992년에 '200kW 태양광 지붕 프로그램'을 시작했다. 가구주에게는 건물 일체형이 제공되고, 공공전력망과 연계된 PV 시스템은 3.6kW$_p$까지, 좀 더 최근에는 피드인 제도에 의한다.

독일은 유럽에서 가장 놀랍게 효율적인 장려금 계획을 가졌다(Sawin, 2004). 1991년에 '1000 지붕 시연 프로그램'이, 2000년에는 좀 더 대규모의 '100,000 지붕 프로그램'이 시작되었다. 이들은 저금리 대출로 제공되지만, 그 후 2004년의 '재생 에너지법'에 의해 대체된다. 이것은 PV 시스템의 원금 비용을 계통 시스템 수명으로 전력 판매를 통해 되돌려 받으려는 의무적인 피드인 제도이다. 요금은 2006년부터 매해 6.5%로 감소한다(Schmela, 2004; Siemer, 2004). 이러한 접근은 지붕 설치형 시스템의 매우 빠른 성장을 가져오고, 일부는 매우 대단지이다. 2004년까지 투자자들은 규모의 이점과 대규모 지붕이 불가능한 이유로부터 이익을 내기 위해 지상 설치형 PV인 거대한 '태양광발전단지' 에 호의를 가진다(Paul, 2004). 판매는 2004년에 50%로(Paul, 2004), 독일 태양광 산업협회에 따르면 10억£에 이를 것으로 예상한다(재생 에너지 세상, 2004a).

스페인은 1998년에 독일의 피드인 제도와 필적하는 피드인 제도를 만들었다. 하지만 시장은 남은 장벽 때문에 성장하지 못했는데, 그러한 공공전력망이 연계하기 위해 높은 비용을 책정했고, 계통으로 전력 판매를 위해서는 사업용으로 등록이 필요하다(Sawin, 2004). 개정된 스페인 피드인 제도 계획은 2004년 초에 검증되었고, 비록 자금조달의 한계에 대한 큰 비판이 있음에도 산업계로 크게 증대되길 기대한다.

이탈리아의 지붕설치형 PV 지원 프로그램은 2001년에 시작했지만, 지역정책과 관료정치에 희생되는 실망스런 결과로, 3년 후 겨우 2MW_p의 설치 용량이 되었다. 새로운 피드인 제도는 독일과 다른 지역의 경험에 기초하여 2004년 이후에는 효력이 발생하길 기대했다.

유럽 연합 전체를 위한 단일의 지원 계획이 2005년에 소개로써 제시되었다(Kjaer, 2004). 이렇게 되기까지는 다른 유럽 국가를 통한 프로그램의 범위가 있다.

10.7.4 인도

대부분의 개발도상국에서 PV는 소규모의 독립형 시스템이지만, 인도는 소규모 시스템의 거대한 시장 또한 지원하고 있는데, 20,000의 충전 또는 인도의 원격 마을에 2012년까지 재생 에너지와 하이브리드 에너지 시스템 이용을 목적으로 지방 충전 공급 기술 사절을 설립하였다(Chaurey, 2004). 이 프로그램은 전기활동 2003에 의해 지원되는데, 독립 전력 생산자가 원격 지역의 재생 에너지를 기반으로 한 전력 시스템을 설립하기 위해, 그리고 재생 에너지 내용 조건의 전력공급자를 위한 예비를 포함한다(*Ibid*). 가장 빠른 마을 시스템 중 하나는 칼량퍼의 100kW_p의 소형 계통 PV 시스템으로, 150만US$의 비용이 들었다(Solar Flare, 1993). 이것으로 500가구, 40개의 가로등, 15개의 물펌프를 위한 전기를 제공한다. 주민은 매달 요금을 지불하는데, 주로 전등을 위한 것이다.

정부는 계통 연계된 PV 발전소 또한 지원하는데, PV 생산전력의 양을 증가시키는 수단이므로 따라서 비용도 절감한다. 인도는 세계에서 계통 연계형 PV 용량이 5번째이다. 건물 일체형 PV(BIPV) 시연 프로그램이 진행 중이고, 많은 주요 BIPV 프로젝트가 큰 사무실과 정부 건물에 착수되고 있다.

2003년까지 인도는 60개의 주요 부품 제조사를 가지고, 중요한 연구, 시연과 시장 개발 프로그램으로 세계에서 5번째로 큰 PV 모듈 생산국이 되었다.

10.7.5 중국

중국은 전기가 광범위하게 부족하다(Hirshman, 22003). 특히 서쪽 지방에서의 소규모 계통 시스템 마을이 그렇다(Cabraal, 2004; Li, 2004). 어떤 800 마을의 시스템은 2002~2003년간 19MW$_p$의 PV를 설치했다(Honghua *et al.*, 2004). 시스템의 범위는 최대 150kW$_p$이다. 게다가, 2005년까지 소규모 솔라 홈 시스템으로 10MW$_p$의 태양광 시설이 진행 중이다. PV는 또한 휴대전화 네트워크, 마이크로파 중계국, 유리섬유 링크와 열차 신호(*Ibid*)를 위해 널리 사용된다. 중국 빛 프로젝트의 목표는 2010년까지 독립형 100MW$_p$의 PV를 설치하는 것이다(Yi, 2004).

중국의 계통 연계형 PV는 '재생 에너지 개발 및 이용 촉진법' 이 2005년에 시행될 것으로 예상하는데, 재생 에너지가 의무적으로 계통으로 분산될 것이다. 많은 수의 계통 시스템이 2008년 베이징 올림픽 게임을 위해 설치될 예정이다.

설치 목표 착수를 이루기 위해 중국의 '신 · 재생 에너지 5개년 계획'으로 2003년에 2MW$_p$에서 15MW$_p$로 모듈 생산 목표가 상향 조정되었다. 장기적으로 '신 · 재생 에너지 개발 프로그램' 은 2015년에 320MW$_p$의 목표를 하고 있다(Yi, 2004).

10.7.6 호주

호주는 1980년 중반 이래로 다수의 재생 에너지 지원 프로그램이 있었는데, 종종 국가 기반이고 대게는 특수한 독립형 응용을 위한 것이다. 연방정부 계획인 '원격 재생 전력 발전 프로그램' 은 2009년까지 쭉 이어졌다. 국가에 의한 다양한 보조 프로그램과 디젤 연료를 사용한 독립형의 시스템을 대체하기 위해 재생 에너지의 구성 비용을 최대 50%까지 허가할 목적으로 관리된다. 비록 PV에 특화된 것이 아니더라도, 거의 대부분의 작은 시설은 PV를 이용하고, 2003년까지 2MW$_p$가 넘는 PV가 설치되었다(Watt, 2004).

PV 특화 프로그램은 'PV 지붕설치 프로그램'으로 2000년부터 시작했고, 지붕설치형으로 연계형과 독립형 모두 가능하다. 이것의 목적은 건물일체형 PV(BIPV) 기술과 설비 기술의 개발을 위한 것이다. 공공건물을 위한 것과 마찬가지로 가정용 시스템에서도 허가된다. 2004년까지 5000 시스템에서 6MW$_p$ 이상의 PV가 설치되었다. 이것은 계통 연계형 PV의 지원을 위한 첫 번째 프로그램이다. 주정부와 학교 설비의 PV를 위한 전력기관을 통해 승인된다. 교육적인 자재 또한 제공된다.

2000년 시드니 올림픽의 목표는 '그린 게임'이었고, 지속 가능한 기술을 위해 지원이 제공되었다. 600개가 넘는 지속 가능한 에너지 주택이 올림픽 마을 주변에 설치되었다. 이들 중 어떤 것은 운동선수를 위해 최초로 사용되었고, 그 뒤 일반 주택으로 판매되었다. 각각의 주택은 1kW$_p$의 태양광이 보조된다. 다른 많은 PV 시스템은 올림픽 컴플랙스 건물 내에 설치되었는데, 슈퍼돔 지붕에 70kW$_p$의 어레이를 포함하여 다수의 PV 물펌프 시스템과 특이하게 푸른빛의 PV 조명 타워를 가진 메인 스타디움 외부의 PV 조명 시스템 등은 시설의 상징이 되었다. 그린파워 소비자를 위한 많은 설비들이 전기 소매상들에 의해 건설되었다(아래 참조).

호주의 광범위한 '의무 재생 에너지 목표(MRET)'는 2001년 계통에 전기를 공급하기 시작했다. 이전에 설비인 대규모 수력 계획을 주로 추가 공급하여 총 9,500GWh의 재생 전기가 2010년까지 공급되어야 한다. 이 레벨의 재생 에너지 생산은 이후 2020년에도 지속해서 공급되어야 한다. 이 계획은 각각 재생 전기의 MWh를 위한 하나의 재생 에너지 승인(REC)의 설립을 통해 작용한다. REC는 가정용 PV 시스템과 같이 작은 규모의 제품을 위해서도 적용된다. MRET로써 판단하는 기간은 최초의 5년으로 하기 때문에 PV 판매에 작은 영향을 가진다. 하지만, 이것은 15년까지 확장될 수 있는데, 이것으로 PV 설치를 확장시킬 수 있다. MRET에 대한 자세한 내용은 법률과 운영 양상의 배경인 ORER을 참조한다(2004).

그린 프라이싱 계획은 1997년 호주 뉴사우스웨일즈 정부의 지속가능한 에너지 기관 당국(2004년에 그만둠)에 의해 선도되어 다른 주로 전파되게 되었다(그린파워, 2004). 예를 들어, 전기 소매판매상은 PV와 다른 재생 에너지 발전을 복합하는 다양한 계획을 제공하여 그린파워 소비자들이 그들의 전기와 같아지도록 하는 '합동자금' 을 추가하여 보증하였다(*Ibid*). 다수의 대규모 PV 시스템은 위에서 논의한 올림픽 공원 시스템을 포함하여, 그린파워 소비자들에게 제공하기 위해 공공 전력망에 의해 설치되어졌다. 400kW$_p$ PV 시스템을 포함하는 다른 그린파워 설비는 에너지 호주에 의해 싱그레톤 NSW 내에 설치되어 있고, 지방 에너지에 의해서는 듀보와 퀀비앙 서부 평야 동물원에 두 개의 50kW$_p$어레이가 설치되었다.

새로운 '솔라 시티' 계획은 2004년에 공표되었는데, 지정된 지역의 솔라 워터 히터와 에너지 효율 측정, 특히 여름 피크 부하시의 경험으로 인한 높은 PV 신장률의 평가를 그 목표로 한다(호주 공동의 부, 2004).

연/습/문/제

10.1 (a) 현재 시장과 관련한 태양광 제품의 개요를 제시하고, 왜 태양광이 안정적이고 경제적인지 설명하라.

(b) 미래의 태양광 시스템과 제품에 어떤 변화가 발생할 것 같은가? 이러한 새로운 시장에 가장 근접하기 위해 태양광 제품에 어떤 변화가 필요한가?

10.2 (a) 'source circuit', 'parallel string', 'series block' 그리고 substring이 태양광 시스템에서 무엇을 의미하는지 도표를 이용해 설명하시오.

(b) series block당 하나의 우회 다이오드를 가지는 큰 시스템의 경우, substring당 감소한 셀의 수가 어떻게 시스템의 내성을 증가할 수 있는지 설명하시오.

(c) 다양한 source 회로를 가지는 태양광 시스템에서 어떻게 큰 전류가 지면으로 단락되어 지면으로 흐르는 것을 방지할 수 있는지 설명하시오.

(d) 개방 회로가 series block 간에 발생하였을 때, 다양한 source 기회를 가지는 대형 고압 태양광 시스템에서 어떻게 아크가 발생할 수 있는지 설명하시오.

10.3 선택국에 대하여 태양광을 이용한 전기 발전과 분배, 통신, 기차, 급수와 같은 기본적인 공급시설의 요금 방식을 조사하시오. 어떤 변화가 태양광 사용을 증대하기 위해 필요하고 어떻게 이러한 변화를 발생시킬 수 있는가?

10.4 계통 연계 태양전지 시스템에서 구성요소를 서술하고 응용제품에서 태양광 사용관련 문제를 논하시오.

10.5 호주에서 사용 중인 전력조절회로(인버터 최대전력 트랙커, DC-to-DC 컨버터)의 용도를 다음의 주제에 대하여 논하시오.

- 호주에서 사용 중인 전력 조절회로의 타입과 특성
- 선택기준
- 비용
- 경제성
- 이점
- 신뢰성

참/고/문/헌

Updated World Wide Web links can be found at www.pv.unsw.edu.au/apv_book_refs.

Abella, M.A. & F. Chenlo (2004). 'Choosing the right inverter for grid-connected PV systems', *Renewable Energy World*, **7**(2), March–April, pp 132–146.

Australian Business Council for Sustainable Energy (2004), *Technical Guide for Connection of Renewable Generators to the Local Electricity Network*, August 2004, Carlton (www.bcse.org.au/docs/Publications_Reports/BCSE Technical Guide for Connection.pdf).

Australian Business Council for Sustainable Energy (2004*a*), *The Australian Photovoltaic Industry Roadmap*, July 2004 (www.bcse.org.au).

Berg, W.M. & Wiehagen, J. (1991), 'PV assisted DC and AC fluorescent lighting systems compared', Proc. 22nd IEEE Photovoltaic Specialists Conference, Las Vegas, pp. 674–679.

Bigger, J.E., Kern, E.C. Jr. & Russell, M.C. (1991), 'Cost-effective photovoltaic applications for electric utilities', Proc. 22nd IEEE Photovoltaic Specialists Conference, Las Vegas, pp. 486–492.

Bonvin, J. (2004), 'The Swiss choice. Consumers fund green electricity in Switzerland', *Renewable Energy World*, pp. 98–105.

Bower, W. (2000), 'Inverters—Critical photovoltaic balance-of-system components: Status, issues, and new-millennium opportunities', *Progress in Photovoltaics: Research and Applications*, **8**, pp. 113–126.

Byrne, J. Wang, Y.D., Nigro, R. & Bottenberg, W. (1993), 'Commercial building demand side management tools: Requirements for dispatchable photovoltaic systems', Proc. 23rd IEEE Photovoltaic Specialists Conference, Louisville, Kentucky, pp. 1140–1145.

Cabraal, A. (2004), 'Strengthening PV businesses in China', *Renewable Energy World*, May–June, pp. 126–139.

CADDET Australian National Team (1998), 'Australia's largest PV system', *CADDET Renewable Energy Newsletter*, September, pp. 16–17.

Candelario, T.R., Hester, S.L., Townsend, T.U. & Shipman, D.J. (1991), 'PVUSA—performance, experience and cost', Proc. 22nd IEEE Photovoltaic Specialists Conference, Las Vegas, pp. 493–500.

Chaurey, A. (2004), 'Developments with PV research and applications in India', Proc. 14th International PV Science and Engineering Conference, Bangkok, Thailand, 26–30 January 2004, pp. 469–471.

City of Melbourne (2004), *Queen Victoria Market Solar Energy* (www.melbourne.vic.gov.au/info.cfm?top=235&pg=1614).

Commonwealth of Australia (2004), *Securing Australia's Energy Future*, Canberra (energy.dpmc.gov.au/energy_future/index.htm).

European Environment Agency (2004), *Energy subsidies in the European Union: A Brief Overview*, EEA Technical report 1/2004 (reports.eea.eu.int/technical_report_2004_1/en/Energy_FINAL_web.pdf).

Feduska, W. *et al.* (1977), *Energy Storage For Photovoltaic Conversion; Residential Systems—Final Report*, Vol. 3, US National Science Foundation, Contract No. NSF C-7522180.

Florida Solar Energy Centre, (1987), *Photovoltaic System Design—Course Manual*, FSEC-GP-31-86, Cape Canaveral, Florida.

Gonzalez, C. & Weaver, R. (1980), 'Circuit design considerations for photovoltaic modules and systems', Proc. 14th IEEE Photovoltaic Specialists Conference, San Diego, pp. 528–535.

Goto, S., Kawakami, T., Nishimura, K., Mizuguchi, K., Ishiyama, K, Aratani, H, (2004), 'Present status of research and development on solar cells in Japan', Proc. 19th European PV Solar Energy Conference and Exhibition, Paris, June 2004.

Greenpower (2004) (www.greenpower.com.au).

Haas, R. (1993), 'The value of photovoltaic electricity for utilities', *Technical Digest of the International PVSEC-7*, Nagoya, Japan, pp.365–366.

Haas, R. (2002), *Market Deployment Strategies for PV in the Built Environment*, IEA PVPS T7-06:2002.

Hänel, A. (2000), 'Building-integrated photovoltaics. Review of the state of the art', *Renewable Energy World*, **3**(4), pp. 89–101.

Hirshman, W. P. (2003), 'You say you want a revolution? Massive PV push by China may be a long march in reverse', *Photon International*, June, pp. 24–28.

Hirshman, W. (2004*a*), 'Small talk and big plans in Japan', *Photon International*, May, pp. 65–67.

Hirshman, W. (2004*b*), 'Wanted in Spain: More Germans?', *Photon International*, May, pp. 12–14.

Hirshman, W. (2004*c*), 'The devil in the details. Italy's feed-in tariff is assured, but not the amount or period of payment', Interview with Gechelin, Giancarlo, *Photon International*, March, pp. 16, 18.

Hoff, T. (1987), 'The value of photovoltaics: A utility perspective', Proc. 19th IEEE Photovoltaics Specialists Conference, New Orleans, IEEE, pp. 1145–1149.

Honghua, X., Shenghong, M. & Zhenbin, C. (2004), 'Development and prospect of PV power generation in China', Proc. 14th International PV Science and Engineering Conference, Bangkok, Thailand, 26–30 January 2004, pp. 1081–1084.

Hubbuch, M. (1992), 'Advanced technology for mounting and connecting PV-modules', Proc. 11th EC Photovoltaic Solar Energy Conference, Montreux, Switzerland, pp. 1338–1339.

Iannucci, J.J. & Shugar, D.S., (1991), 'Structural evolution of utility systems and its implications for photovoltaic applications', Proc. 22nd IEEE Photovoltaic Specialists Conference, Las Vegas, pp. 566–573.

IEA-PVPS (2004*a*), *Cumulative Installed PV Power by Sub-Market* (www.oja-services.nl/iea-pvps/isr/download/table10.pdf).

IEA-PVPS (2004*b*), *Summary of Trends*, International Energy Agency (www.oja-services.nl/iea-pvps/topics/i_int.htm).

Ikki, O. & Ohigashi, T. (2004), 'Current status and future prospects of PV in Japan', Proc. 14th International PV Science and Engineering Conference, Bangkok, Thailand, 26–30 January 2004.

INTUSER Consortium (2003), *Renewable Energy Sources* (www.intuser.net).

IREC (2004), 'Database of state incentives for renewable energy', Interstate

Renewable Energy Council (IREC) (www.dsireusa.org).

Jennings, S.U. & Milne, A.M. (1997) 'A review of the Kalbarri photovoltaic system', Proc. Solar '97, Canberra, 1–3 December, Australian and New Zealand Solar Energy Society, Canberra, Paper 131.

Kang, T.-K., Koh, K.-H., Kim, Y.-C., Nakaoka, M. & Lee, H.-W. (2004), 'The study on MPPT algorithm for improved IncCond Algorithm', in Rhee, E. K., Yoo, H.-C., Cho, G.-B., Kang, Y.-H. & Park, J.-C., *ISES Asia-Pacific 2004*, Gwangju, Korea, 17–20 October 2004, Korea Solar Energy Society, Gwangju, Korea, pp. 299–306.

Kitamura, A., Nakaji, K., Matsuda, H., Takigawa, K. & Kobayashi, H. (1993), 'Demonstration test on PV-grid interconnection at Rokko test center (Reclosing of distribution circuits during islanding)', *Technical Digest of the International PVSEC-7*, Nagoya, Japan, pp. 379–381.

Kjaer, C. (2004), 'Support mechanisms. Can one size fit all?', *Renewable Energy World*, **7**(2), pp. 48–59.

Krampitz, I. (2004), 'Inverter invasion. The on-grid inverter market expands on an international scale', *Photon International*, April, pp. 42–55.

Li, Z., 'Made in China', *Renewable Energy World*, Jan–Feb, pp. 70–80.

Matsuda, H., Orai, S., Kitamura, A., Takigawa, K., Kobayashi, H. & Ariga, Y. (1993), 'Testing and evaluation of measures for preventing islanding of grid-connected residential-scale PV systems', *Technical Digest of the International PVSEC-7*, Nagoya, Japan, pp. 385–386.

Millner, A.R. & Dinwoodie, T. (1980), 'System design, test results, and economic analysis of a flywheel energy storage and conversion system for photovoltaic applications', Proc. 14th IEEE Photovoltaic Specialists Conference, San Diego, pp. 1018–1024.

Nordmann, T. & Clavadetscher, L. (2004), 'PV on noise barriers', *Progress in Photovoltaics*, **12**(6), pp. 485–495.

Office of the Renewable Energy Regulator (ORER) (2004) (www.orer.gov.au).

Paul, N. (2004), 'Pastures new. Germany's PV market moves into new territory', *Renewable Energy World*, pp. 48–59

Perez, R. & Collins, B. (2004), 'Solar energy security: Could dispersed PV generation have made a difference in the massive North American blackout?', *Refocus*, **5**(4), July–August, pp. 24–28.

Pershing, J. & Mackenzie, J. (2004), 'Removing subsidies. leveling the playing field for renewable energy technologies', International Conference for Renewable Energies, Bonn (www.renewables2004.de).

Pope, M.D. (1979), 'Residential systems activities', Proc. US DOE Semi-Annual Program Review of Photovoltaics Technology Development, Applications and Commercialization, US Department of Energy, Report No. CONF-791159, pp. 346–352.

Poponi, D. (2003), 'Analysis of diffusion paths for photovoltaic technology based on experience curves', *Solar Energy*, **74**, pp. 331–340.

Posnansky, M., Szacsvay, T., Eckmanns, A. & Jürgens, J. (1998), 'New electricity construction materials for roofs and façades', *Renewable Energy*, **15**, pp. 541–544.

Rannels, J.E. (1992), 'The US Department of Energy Photovoltaics Program', Proc. 11th EC Photovoltaic Solar Energy Conference, Montreux, Switzerland, pp. 1705–1708.

Real, M. & Ludi, H. (1991), 'Project Megawatt: Experience with photovoltaics in Switzerland', Proc. 22nd IEEE Photovoltaic Specialists Conference, Las Vegas, pp. 574–75.

Reijenga, T.H. (2003), 'PV in architecture' in Luque, A. & Hegedus, S. (Eds.), *Handbook of Photovoltaic Science and Engineering*, Wiley, Chichester, pp. 1005–1042.

Renewable Energy World (2004*a*), May–June, p. 14.

Renewable Energy World (2004*b*), 'Spain's renewables tariffs a 'saviour' to all but biomass', May–June, p. 22.

Riedy, C. & Diesendorf, M. (2003), 'Financial subsidies to the Australian fossil fuel industry', *Energy Policy*, **31**, pp. 125–137.

Ross, R.G. (1984), 'Technology developments toward 30-year-life of photovoltaic modules', Proc. 17th IEEE Photovoltaic Specialists Conference, Kissimminee, Florida, pp. 464–472.

Ross, R.G. Jr., (1981), 'Design techniques for flat-plate photovoltaic arrays', Proc. 15th IEEE Photovoltaic Specialists Conference, Florida, pp. 811–817.

Sandia National Laboratories (1990), 'Utility systems for photovoltaics', Report No. SAND 90-1378 (www.sandia.gov/pv/docs/Programmatic.htm and www.sandia.gov/pv/docs/PDF/Utility–Applications.pdf).

Sawin, J. (2004), 'National policy instruments. Policy lessons for the advancement & diffusion of renewable energy technologies around the world', International Conference for Renewable Energies, Bonn (www.renewables2004.de).

Schmela, M. (2003), 'No shame in demanding subsidies' (editorial), *Photon International*, p. 3.

Schmela, M. (2004), 'Feed-in tariff: The optimum PV initiative' (editorial), *Photon International*, May, p. 3.

Schmid, J. & Schmidt, H. (2003), 'Power conditioning and photovoltaic power systems', in Luque, A. & Hegedus, S. (Eds.), *Handbook of Photovoltaic Science and Engineering*, Wiley, Chichester, pp. 863–903.

Schmitz, G., Bird, L. & Swezey, B. (2004), 'NREL highlights leading utility green power programs', NREL, Golden (www.eere.energy.gov/greenpower/resources/tables/pdfs/0304_topten_pr.pdf).

SEDA (2004), 'Working solar systems in NSW', NSW Sustainable Energy

Development Authority (www.seda.nsw.gov.au/ren_pvsystem.asp).

Shugar, D.S. (1990), 'Photovoltaics in the utility distribution system: The evaluation of system and distributed benefits', Proc. 21st IEEE Photovoltaics Specialists Conference, pp. 836–843.

Siemer, J., (2004), 'No more barriers. German lower house passes Renewable Energy Law', *Photon International*, May, pp. 10–11.

Solarbuzz (2004*a*) (www.solarbuzz.com/StatsGrowth.htm).

Solarbuzz (2004*b*), 'Price survey, June 2004' (www.solarbuzz.com).

Solarbuzz (2004*c*), 'Photovoltaic industry statistics: Costs' (www.solarbuzz.com/StatsCosts.htm).

Solarbuzz (2006), *Summary of United States Grid Connect PV Market Report 2006: 2005 Market outcomes; 2006–2010 Market developments* (www.solarbuzz.com/USGridConnect2006.htm).

Solar Energy Research Institute (SERI) (1984), *Photovoltaics for Residential Applications,* SERI/SP–281-2190, Golden, Colorado.

Solar Flare, No. 93-3, July 1993, Strategies Unlimited, California.

Standards Australia (2005), *Installation of Photovoltaic (PV) Arrays*, AS/NZS 5033.

Standards Australia (2005), *Grid Connection of Energy Systems via Inverters—Installation Requirements*, AS 4777.1.

Standards Australia (2002a), *Grid Connection of Energy Systems via Inverters—Inverter Requirements*, AS 4777.2.

Standards Australia (2002b), Grid Connection of Energy Systems via Inverters—Protection Requirements, AS 4777.3.

Stone, J.L. (1993), 'SOLAR 2000—The next critical step towards large-Scale commercialization of photovoltaics in the United States', *Technical Digest of the International PVSEC-7*, Nagoya, Japan, pp. 7–10.

Stone, J.L. & Taylor, R.W. (1992), 'Building opportunities in the US for photovoltaics', Proc. 11th EC Photovoltaic Solar Energy Conference, Montreux, Switzerland, pp. 1423–1426.

Varadi, P. & Braun, G. (2003), *Renewable Energy World*, September–October.

von Aichberger, S. (2003), 'Discrete power. Market survey on solar roof tiles', *Photon International*, November, pp. 42–55.

Watt, M.E., Oliphant, M., Outhred, H. & Collins, R. (2003), 'Using PV to meet peak summer electricity loads', Destination Renewables—ANZSES Conference, Melbourne.

Watt, M. (2004), *National Status Report*, International Energy Agency Co-operative Programme on Photovoltaic Power Systems (www.oja-services.nl/iea-pvps/countries/australia/index.htm).

Wenger, H.J., Hoff, T.E. & Farmer, B.K. (1994), 'Measuring the value of distributed photovoltaic generation: Final results of the Kerman grid-support project', Proc. IEEE First World Conference on Photovoltaic Energy Conversion, pp. 792–796.

Wiser, R., Olsen, S., Bird, L. & Swezey, B. (2004), *Utility Green Pricing Programs: A Statistical Analysis of Program Effectiveness*, Lawrence Berkeley National Laboratory & National Renewable Energy Laboratory, Report numbers LBNL-54437 and NREL/TP-620-35609.

Yi, L. (2004), 'The development status and application market prospect of China photovoltaic electricity generation', Proc. 14th International PV Science and Engineering Conference, Bangkok, Thailand, 26–30 January 2004, pp 537–539.

chapter 11

태양광 양수 시스템의 구성

11.1 서론

양수는 관개, 급수저장, 마을과 가정에 대한 물 공급에 사용되는 여러 목적 때문에 세계적으로 꼭 필요하다. 약 12억명의 사람들은 깨끗한 물을 이용할 수 없다(von Aichberger, 2003). 그러나, 지면수의 펌핑은 축출률과 대수층의 보급률을 같게 하여 환경 파괴없이 지속적으로 유지할 수 있다. 그렇지 않으면, 더 낮아진 수면이 우물을 마르게 하고, 생태적 피해와 사회적 피해를 입힌다(Pearce, 2004). 많은 경우, 수확시의 빗물은 더 좋은 선택이 될 수 있다. 전력 원천의 큰 변화는 지역 상태에 의존하며, 펌핑에 사용된다. 부록 F에 이런 변화에 따른 많은 장 · 단점들이 수록되어 있다.

양수의 이용은 그 필요성과 펌핑을 해야 하는 상황에 따라 다양하게 변할 수 있다. 필요한 물의 양, 물이 필요한 적정시간, 수량, 양수되는 높이, 수원(水原)의 보급률, 계절에 따른 정적 압력의 가변성, 구멍이나 우멀의 직경, 그리고 태양 일사의 특징들에 대해 상당한 가변성이 존재한다. 예를 들면, 비록 과도한 이용이 있어도 강의 관개를 위한 양수 형태는 일반적으로 수원의 용량이나 보급률에 즉각적인 문제가 없고 대게는 상대적으로 낮은 위치 수두를 가지게 된다. 비교하면 어떤 지질에서는 깊은 구멍이 필수적이며, 이는 전동기와 펌프의 크기, 종류들을 제한하는 수면과 작은 구멍들에서의 낮은 수량, 표출 보급률, 계절에 따른 큰 가변성에 의해 결정될 수 있다. 가축에 대한 양수의 특별한 경우는 Stokes *et al*.,(1993)에 의해 세부적으로 다뤄졌다. 그림 11.1은 일반적인 양수 조건이다.

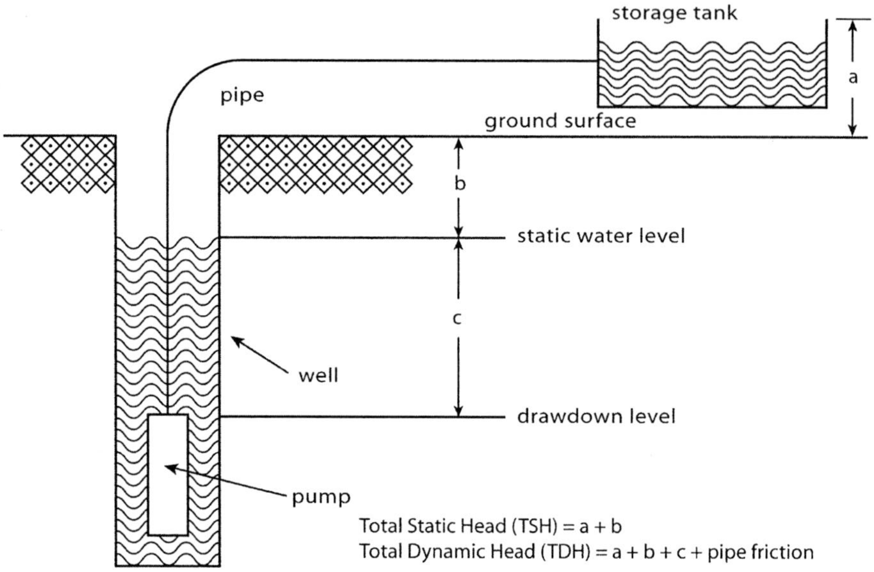

그림 11.1 일반적인 양수 조건(Sandia National Laboratories, 1991)

11.2 시스템 구성

태양광 양수 시스템에 가능한 구성요소와 배치의 범위가 그림 11.2에 나타나 있다. 각각 특별한 적용과 위치에 대한 대부분의 적절한 구성요소와 배치 선택은 경제 실행가능성과 그 시스템의 장기적인 수행에 있어 결정적이다(Sharma *et al.*, 1995).

가장 간단한 태양광 양수 시스템에서 태양전지판은 양수 펌프를 추진하는 직류 전류 모터에 바로 연결된다. 이와 같이 간이화된 시스템들에 대한 직류 전동기와 원심 펌프는 태양전지판의 산출과 매치되는 기능 때문에 실제로 의무적인 설치가 필요하다.

이동식 펌프로 종종 언급되는 용적측정용 펌프는 토크-속도 특징과 완전한 차이점을 가지며, 태양전지판과 바로 결합되지 않으므로, 용적측정 펌프가 사용될 때는 이용할 수 있는 형태로 전기적 에너지를 변화시키기 위해서 전력 조절 또는 최대 전력점(MPPT) 추적 회로가 일반적으로 태양전지판과 전동기/펌프 사이에 도입된다.

이와 유사하게, 양수 시스템을 위해 사용되는 전동기 종류의 범위는 직류 직권 전동기를 포함하여 직류 영구자석 전동기, 브러시리스 직류 영구자석 전동기, 교류 비동기식 유도 전동기와 교류 동기식 전동기이다. 다른 펌프 종류들과 같이 각

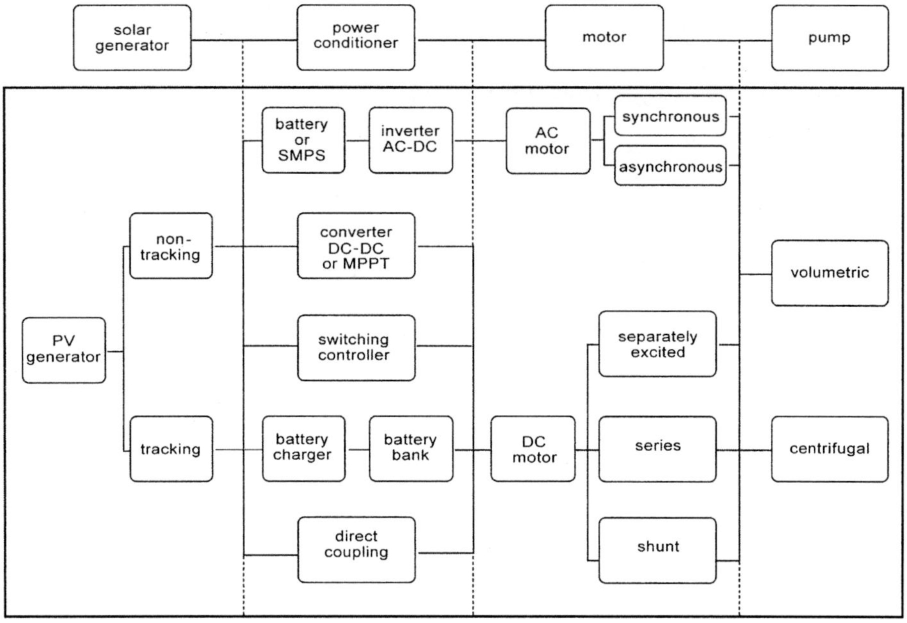

그림 11.2 태양광 양수 시스템 구성과 형태(Regional Energy Resources Information Centre, Koner, 1993).

각의 전동기는 장점과 단점을 가지는데, 이것은 특별히 적용할 때 적합함을 결정한다. 하지만, 교류 전동기에는 인버터가 태양전지판과 전동기 사이에 포함되어야 한다.

에너지 저장을 위한 배터리는 특정 시간에 펌핑이 꼭 필요할 때, 수원을 위한 펌프율이 보급률을 초과하거나 펌프/전동기에 전력 조절이 되는 경우 그러한 시스템에 대해 종종 필수적이다. 배터리는 최대 전력점 근처로 태양전지판의 동작점을 위치시킨다는 장점이 있다. 그래서 배터리는 흐린날에 에너지 저장을 하는 데 사용될 수 있고, 태양전지판과 전동기 사이를 순회하는 '전력 조절'의 요소로 고려될 수도 있다.

어디서든 사용이 가능하지만, 배터리 이용이나 다른 형태의 저장소는 상대적으로 짧은 수명 예상치, 유지 요구, 낮은 신뢰성, 높은 가격, 전압조절기에 의한 보호와 환경 이유로 피해야 한다. 사실 교류 전동기가 용적 펌프와 함께 사용된다면 그 시스템은 거의 복합체가 된다. 만약 배터리가 사용되는 경우에 배터리나 전력 조절 회로는 입력에 전압`조정장치가, 출력에 인버터가 필요할지라도 높은 시동전류를 공급하기 위해 사용될 수 있다. 게다가, 용적 펌프의 속도는 교류 전동기의 속도에 적합하지 않다. 그래서 적당한 전동장치 전달에 대한 양식을 필요로 한다.

Barlow et al.(1993)에서 나타내는 4가지의 다른 물리적 형태는 다음과 같다.

1. **수중 펌프와 전동기** : 이 설비는 자동으로 물이 채워지고 충격과 손실로부터 안전하며, 원심 펌프의 중간 깊이 구멍에 자주 쓰인다.
2. **표면 전동기형 수중 펌프** : 이것은 전동기 유지를 보다 쉽게 하나, 구멍 밑의 기계적인 구동을 통한 신뢰성과 효율성에 대한 문제점을 가지고 있다. 교체 변위 펌프는 표면 전동기로부터 에너지를 이동시키기 위해 수직교체형 샤프트를 사용한다.
3. **부유 펌프/전동기 세트** : 이 디자인은 시추공에 적합하지 않으나 댐, 수로를 펌핑하고 우물을 여는 데 유용하다.
4. **표면 흡입 펌프세트** : 이 구성은 유지에 편리하지만 펌프 프라이밍의 문제가 있을 수 있다.

11.3 물 펌프

펌프의 이름과 분류는 다양하지만, 전체는 두 가지의 종류로 분류된다(Thomas, 1987; Krutzch & Cooper, 2001).

1. **원동력** : 물 중력이 지속적으로 증가할 때, 출력을 감소하고 압력을 증가시킨다.
2. **배수량** : 상호적이고 회적하는 타입을 포함하여 구내의 부피 변화를 제한함으로써 주기적으로 에너지가 추가된다.

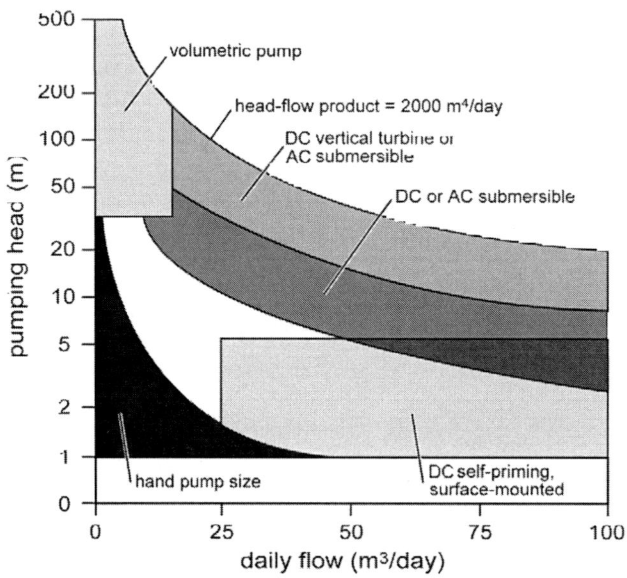

그림 11.3 태양광 양수 형태의 대략적인 응용 범위(Sandia National Laboratory,1987)

태양광 전력 시스템을 이용하는 펌프의 두 가지 큰 종류는 원심 펌프와 용적(변위) 펌프로 아래에 설명된다. 응용 범위의 대략적인 가이드가 그림 11.3에 나와 있다.

그림 11.4는 펌프 범주의 트리 구조를 나타낸다. 펌핑 기술과 가능한 제품의 시장 조사에 대한 간단한 검토가 von Aichberger(2003)에 의해 개발되었다.

- dynamic
  - centrifugal
    - axial-flow
      - single-stage
        - closed or open impeller
          - fixed or variable pitch
      - multi-stage
        - closed or open impeller
          - fixed or variable pitch
    - mixed flow, radial flow
      - single suction
        - self- or non-priming
          - open, semi-open or closed impeller
        - single- or multi-stage
          - open, semi-open or closed impeller
    - peripheral
      - single- or multi-stage
        - self- or non-priming
  - special effect
    - jet (eductor)
    - gas lift
    - hydraulic ram
    - electromagnetic
- displacement (volumetric)
  - reciprocating (jack)
    - piston, plunger
      - steam—double-acting
        - simplex or duplex
      - power
        - single- or double-acting
          - simplex or duplex
    - diaphragm
      - simplex or duplex
        - fluid or mechanically operated
  - rotary
    - single rotor
      - vane or piston or flexible member or screw or peristaltic
    - multiple rotor
      - gear or lobe or circumferential piston or screw

그림 11.4 펌프 범주의 트리 구조

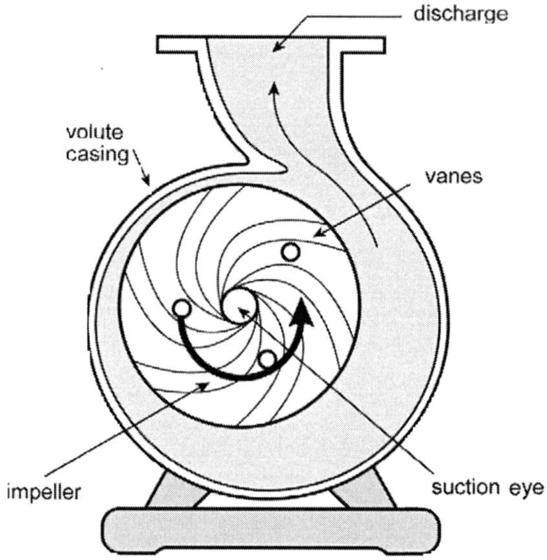

그림 11.5 원심 펌프 동작(The Chemical Engineer's Resource Page, Sahdev, 2004)

11.3.1 원심 펌프

원심 펌프는 그림 11.5에 나와 있는 것처럼 회전하는 임펠러를 케이스에 빠르게 부딛혀 물을 통과시킨다. 임펠러에 의해 추가되는 물의 운동 에너지는 압력 형태의 위치 에너지 또는 확산기나 소용돌이 치는 부분에서 '수두'로 변환된다. 확산기를 통과해 빠져나온 물 때문에 단면적이 증가하고, 중력(운동 에너지)이 증가하게 되며, 변환된 에너지에 의해 위치 에너지가 증가하게 된다(United Nations Economic & Social Commission for Asia & the Pacific, 1991; Dufour & Nelson, 1993; Sahdev, 2004). 일반적으로 낮은 위치의 수두는 저압, 고부피의 응용시 사용하는데, 특히 태양전지판과 직접 연결할 때 필요하다. 이것은 소형이기 때문에 어떤 장소의 작은 내경이나 우물에서든지 고속 펌핑률에 잘 맞다. 토크가 속도의 제곱과 비례(임펠러의 각속도)하는 특징이 있다. 그림 11.6은 일반적인 원심 펌프의 특성 곡선을 나타낸다. 보는 바와 같이, 일반적으로 헬리컬 회전자와 비교하면 펌프 효율이 더 낮음에도 비교적 높은 효율을 가진다. 하지만 속도 감소로 인해 빠르게 펌핑 성능을 잃는데, 실제로 실질적인 회전 속도가 달성되지 못하면 전혀 펌핑하지 못한다. 물론 이것은 태양광 전력 시스템의 일사량이 적을 때와 관련이 있다. 하지만, 최대 성능의 높은 회전 속도에서 더욱 달성되며, 전동기와 더 쉽게 매치되도록 하는데, 이것은 비슷한 속도에서 최대 토크(최대 효율)로 발전되는 경향이 있다.

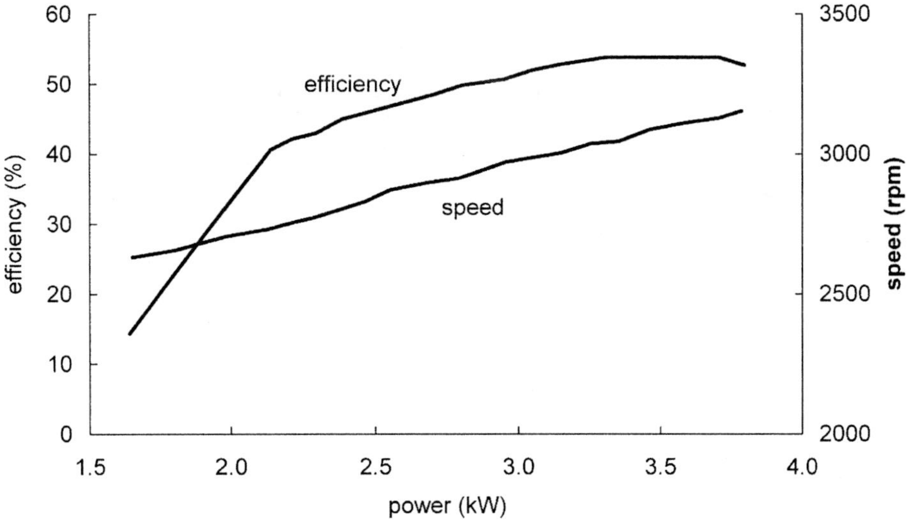

그림 11.6 일반적인 원심 펌프의 가변속시 효율 특성(Thomson, Landau, M., Sachau, J & Raatz, A.(1992), 'Photovoltaic pumping system for intermittent operation', Proc. 11th EC Photovoltaic Solar Energy Conference, Montreux, Switzerland, pp. 1391–1394, Fig. 1, Published by Taylor & Francis 1993)

전통적인 원심 펌프 설계를 위해 고효율은 저압 펌핑 압력으로만 얻어지는데, 상대적으로 약 25m 이하의 작은 펌핑 수두이다. 이러한 제한을 극복하기 위해 다단계 또는 재생식의 원심 펌프가 사용될 수 있다. 재생식의 원심 펌프에서 물은 펌프의 압력하에서 케이스 내의 인접한 챔버 구멍을 통해 되돌아 흐르게 된다.

이러한 펌프의 효율은 고압 챔버로부터 더 낮은 압력의 챔버로의 누수 때문에 조금 더 낮은 경향이 있다. 게다가, 충분히 좋은 성능을 내는데 있어서 임펠러와 케이스간의 틈으로 실질적인 문제가 생긴다. 원심 펌프를 위한 더 큰 수두의 또 다른 보정은 물 주입기이다(제트 펌프). 더 큰 수두를 위한 다단계의 원심 펌프가 좀 더 일반적이며, 이러한 것들은 물을 600m 높이로 끌어 올리는데 성공적으로 사용되지만, 태양광 전원으로는 되지 않는다(von Aichberger, 2003). 불행히도, 원심 펌프는 하나의 동작점에서만 최대 효율로 작동하며, 심지어 최대 전력점 추적이 사용되어서 최적의 일사 레벨에서도 효율이 전체적으로 감소된다(Sharma et al., 1995).

원심 펌프의 다른 장점은 단순함(구동부의 최소화)과 그에 상응하는 신뢰성, 저비용, 튼튼함과 펌핑 분진의 허용 및 낮은 시동 토크 등이다. 반면에, 비록 이런 장애를 극복하기 위한 기술이 존재하더라도 원심 펌프의 또 다른 위치 제한이 자체 프라이밍으로 불가능하다는 것이다(von Aichberger, 2003).

따라서, 물에 잠기는 펌프로써 전동기와 자주 결합되어 사용된다. 몇 년 동안 먼저 사용된 직류 전동기가 브러쉬를 가짐으로 인해 문제를 가져왔다. 그러므로 전동기와 펌프간에 긴 구동 샤프트가 필요한데, 이것은 다른 복잡성을 가져온다. 이러한 이유 때문에 낮은 효율과 인버터가 필요함에도 침수형 교류 전동기가 자주 사용되었다. 하지만 이제 침수형 직류 전동기가 이용 가능해졌다. 여기에 전자 정류가 브러시의 필요성을 없애는데 사용되었다.

또 다른 대안은 자기-프라이밍 원심 펌프(측면 펌프)를 사용하는 것으로, 챔버가 펌프 측면의 물을 포함하여 펌프가 효율적으로 가라앉고 준비되도록 유지시킨다.

주요한 교체는 원심 펌프의 디자인과 사용에 영향을 미치는데, 높은 효율 대비 임펠러의 긴 수명과 물 속의 많은 불순물에 대한 좋은 허용치가 필요하다. 고효율은 작은 틈과 좁은 관으로 얻을 수 있다. 하지만, 이것은 펌프의 신뢰성과 극소로 오염되는 펌프 유체의 능력 때문에 기대할 수 없다. 게다가, 높은 효율은 펌프의 수명을 짧아지게 하는 고속의 임펄러로 얻을 수 있다. 정리하면, 펌프는 특수한 용도와 환경에 맞게 설계되고 선택하는 것이 필요하다.

이동식 물 공급을 위해 일반적으로 태양광 펌프 사용을 제외하고는, 대지에 물을 끌어올림으로써 변질된 육지의 제염을 위해 중요한 호주의 원심 펌프 시장이 있다.

11.3.2 변위 또는 용적 펌프

여과 또는 용적 펌프는 특히 깊은 우물이나 구멍으로부터 온 낮은 펌프율의 양수 측정을 위해 종종 사용되는 다른 분류의 펌프이다. 이 종류는 피스톤 펌프, 다이아프램 펌프와 그림 11.7과 같이 인기 있는 나선형 로터의 회전 스크류 타입 펌프와 모노 펌프를 포함한다(Revard, 1995).

그림 11.8은 전형인 변위 펌프의 성능 곡선을 나타낸다. 이러한 펌프들로 인한 펌핑률은 상당히 일정한 토크 요구와 함께 가동 속도와 직접 관련이 있다. 결과적으로 고정 토크-속력의 특성은 태양전지로부터 이 펌프를 직접 운행하는 것은 거의 불가능하게 한다(Halcrow & Partners, 1981). 이것은 전동기로 생성된 토크가 전기자의 흐름에 직접 의존하기 때문이다.

그러므로 일정한 토크 펌프에 적합하게 하기 위한 근사적인 고정값을 위해 대략적인 고정 전류를 필요로 한다. 이런 종류의 부하는 태양전지의 출력과 매치되는 것이 아니며, 거기서 생성된 전류는 빛의 집중도에 직접 비례한다. 예를 들어, 만약 밝은 태양광 아래에서 최대 전력과 일치하는 태양광 모듈로부터 동작 토크가

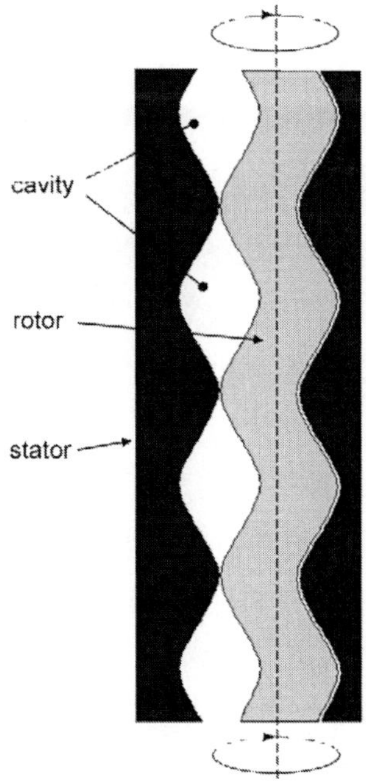

그림 11.7 헬리칼 로터 타입 변위 펌프(Revard, 1995)

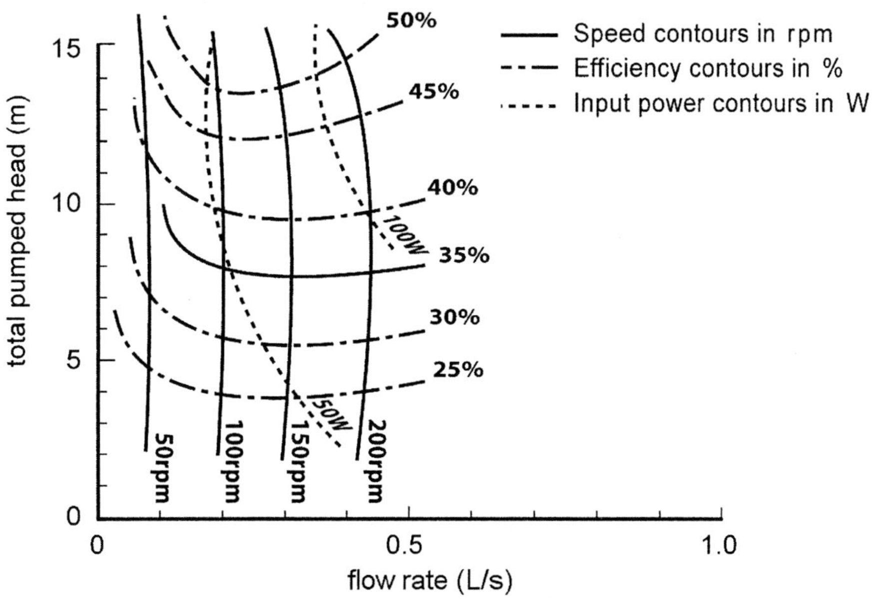

그림 11.8 전형인 용적 펌프의 성능 곡선(속도는 펌프 속도이고, 전동기는 8.5를 곱한다. 효율은 전동기와 펌프간의 밸트 전송을 포함한다)(Halcrow&Parteners, 1981)

전류와 일치한다면, 낮은 일조 집중도에서의 작은 감소는 펌핑 속도를 유지하기 위해 불충분한 전류를 생성하게 될 것이다. 그러므로 펌프/전동기는 양수 비율보다 적은 전류가 필요하도록 감속할 것이다. 그러나 평면적인 토크-속력 특성 때문에, 전류가 임계 수준 아래로 떨어져 발전될 때마다 펌프는 실제로 완전히 정지하게 될 것이다. 하루 중 큰 부분을 차지하는 이런 현상을 방지하기 위해 낮에 태양광 전지판에 의해 생성되는 최대 전류 이하로 임계 전류값을 선정해야 한다. 이 과정은 태양광 전지판의 전력 발생 능력을 크게 저하하는 것을 의미하며, 따라서 낮은 전체 효율의 시스템을 생성한다.

태양광 전지판을 직접 접속시, 이러한 펌프 이용을 제한하는 다른 문제점은 씰을 구속하도록 하는 높은 시동토크(브레이크어웨이)이다. 게다가, 용적 펌프의 단위시간 당 낮은 수의 스트로크는 전동기 속도에 일치하도록 적절한 기어 변속이 필요하다.

이런 제한에도 불구하고 큰 수두(>20m)는 특히 부분 부하 조건 하에서 획득할 수 있는 다단식 원심 펌프를 초과하는 효율을 가진다. 이런 장점으로, 부분 부하 하에서 이 펌프를 사용할 때의 의미를 이해하는 것이 중요하다. 부분 부하 하에서 이런 펌프는 동일한 전류를 필요로 하지만, 평면 토크-속력 특성 때문에 전압은 감소된다. 이것은 태양광전지의 출력과 호환성이 없으며, 따라서 이러한 장점을 이용하도록 전력 조절 회로가 필요할 것이다.

또 다른 장점은 계절에 따라 펌핑하는 동안에 수두의 변화가 덜 민감하고, 자동 프라이밍식이라는 것인데, 전동기와 펌프 간에 수중 전동기와 긴 구동샤프트 필요성을 낮춘다. 또한, 이 효율성은 원심 유형보다 부분적인 부하 상태로써, 보다 낮은 경향이 있다.

용적 펌프의 성능은 마찰이 큰 구성요소이기 때문에, 작은 수두를 위해서는 아주 부족하게 한다. 이것에 대한 예외는 자유 다이어프램 펌프인데, 이것의 가스는 낮은 내부 마찰로, 작은 수두에 꽤 적합하게 된다. 그림 11.9는 펌프의 전형적인 성능 곡선을 보여주고 있다. 그리고 이것이 액추에이터에 의해 직접 동작되도록 기대되고 있는데, 현재까지는 이 부분에서 어떤 큰 성공도 달성하지 못했다. 다이어프램 펌프는 태양전지 제품에 이용할 수 있고, 주로 깊은 우물에서 낮은 흐름 또는 국내 물 공급 여압에 유효하다. 다이어프램은 빈번한 보충을 요구하지만 이 유형은 손상없이 훌륭하게 건조할 수 있는 이점이 있다.

가장 잘 알려진 용적 펌프는 손으로 펌핑하는 종류의 왕복 피스톤 타입이다('양동이' 펌프). 이것은 다른 용적 펌프와 같이 손, 디젤, 바람 또는 전기에 의해 동력을 공급할 수 있으며, 10~20m의 수두 이하의 나쁜 효율로도 동작한다(Hal-

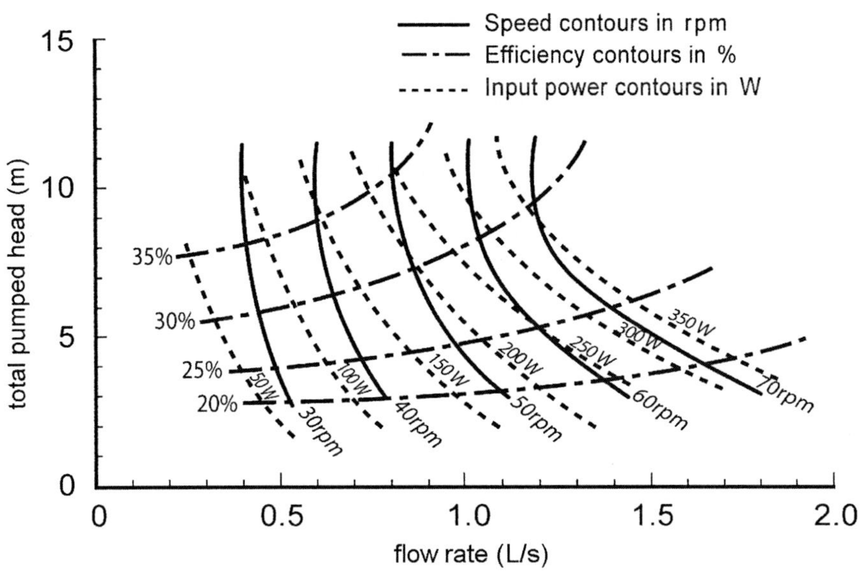

그림 11.9 자유 다이아프램 펌프의 성능 곡선(Halcrow & Partners, 1981)

crow & Partners, 1981). 이것은 일반적인 전동기의 표면과 샤프트에 의해 구멍 아래로 전달되는 에너지로써, 태양광을 이용하여 가능하다. 그러나, 동축 평형 피스톤 펌프는 수중 전동기를 사용한다(Von Aichberger 2003).

베인 펌프(Platt & Little, 2001)는 또 다른 대안으로, 주로 태양열 히터에 있는 물의 지역 공급 여압이나 순환과 같이 낮은 흐름률을 이용한다(그림 11.10). 그림 11.11는 전형적인 회전식 용적 펌프의 성능 곡선을 준다.

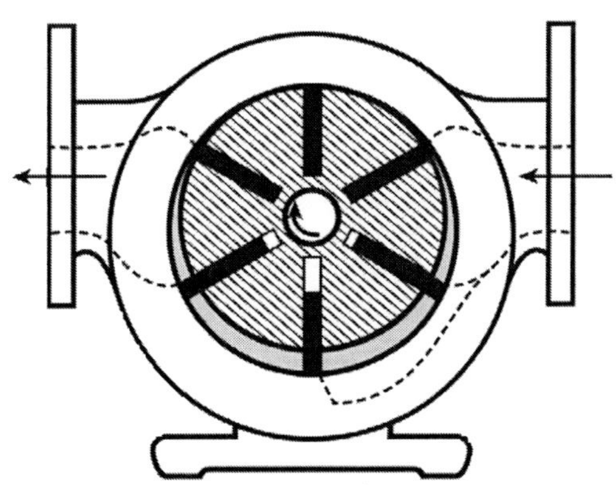

그림 11.10 베인 펌프는 인접한 베인과 케이스 간의 유체 '캡슐'로 밀봉인된 형태로, 원심력에 의해 바깥쪽으로 미끄러지는 베인을 이용하여 동작한다.(McGraw-Hill Companies, Platt, R.A. & Little, C.W.J.(2001), 'Vane, gear and lobe pumps', in Karassik, I.J.,Messina, J.P., Cooper, P. & Heald, C.C., Pump Handbook, McGraw-Hill, pp. 3.123-3.154).

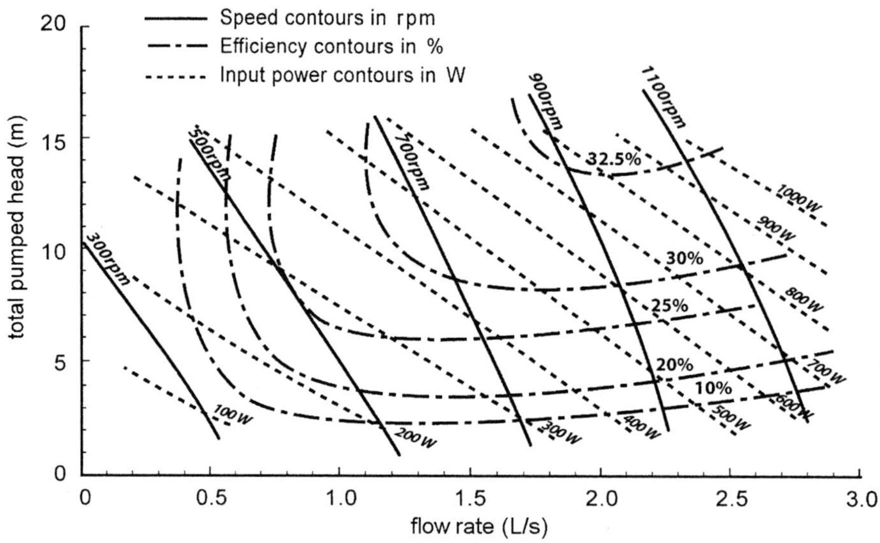

그림 11.11 전형적인 회전식 변위 펌프의 성능 곡선(Halcrow & Partners 1981)

11.4 전동기

11.4.1 소개

태양광 양수에 적절한 고효율의 소형 전동기(<2kW)는 아직도 상대적으로 드문 편이다. 그림 11.12에서는 더 작은 크기의 펌프에서 감소된 펌프 효율 문제를 일으키는 전동기 크기 감소에 따른 일반적 성능 감소를 보여준다. 또한, 그림 11.12는 교류 전동기보다 더 좋은 효율을 보여주는 직류 전동기를 명확히 나타낸다. 태양 전지판의 높은 비용 때문에, 많은 응용에서 좀 더 좋은 효율을 가지기 위해 더 비싼 직류 전동기를 사용하는 것이 적절하다. 그러나, 더 큰 잠재 비용과 낮은 유지기기와 함께 태양광 제품의 가격이 꾸준히 떨어지고 있는 경향이다. 그래도, 교류 전동기가 일반적으로 훨씬 저렴한데, 이것이 종종 선택을 어렵게 한다.

소형(전형적으로 1~3kW 지속적인 등급)의 브러시 없는 희토류 영구자 직류 전동기는 확연히 발전해 오고 있다. 이러한 발달은 고도의 경쟁, 높은 예산, 국제 태양 자동차 경주의 수요에 의해 자극되었다. 세계 태양광 자동차 대회에서는 대응 비용이 높더라도, 전동기 효율이 최고 92~96%가 보고되었다. 열 손실과 방산은 1차적으로 이러한 소형이고, 고효율의 전동기가 상대적으로 큰 힘을 다룰 수 있는 결과로 용량을 수교하는 힘을 결정한다.

호주 그린하우스 사무실(2004)은 유효한 전동기의 특성 데이터베이스를 포함

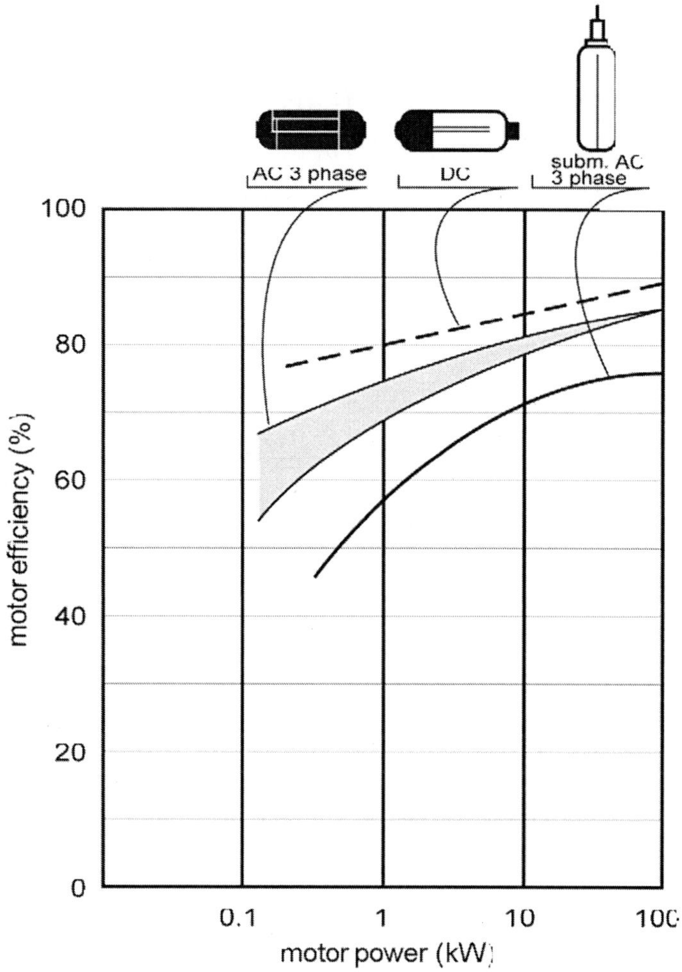

그림 11.12 크기에 따른 직류와 교류전동기 성능(Bucher, Springer Science and Business Media, 1988)

하여 전동기에 대해 광대한 공개 정보를 제공하고 선택을 돕는다. 호주에서는 2001년부터 0.73~185kW의 삼상 전동기를 위한 최소 에너지 성능 표준 의무가 있었고, 호주에서 판매되는 모든 전동기는 공공 데이터베이스에 등록되는 것이 필요하다.

11.4.2 직류 전동기

그림 11.13은 2극 직류 기기의 단면을 보여준다. 십자가는 페이지 내로 흐르는 전류를 나타내고, 점은 페이지 밖으로의 전류 흐름을 나타낸다.

직류 전동기에는 네 가지의 기본적인 유형이 있다.

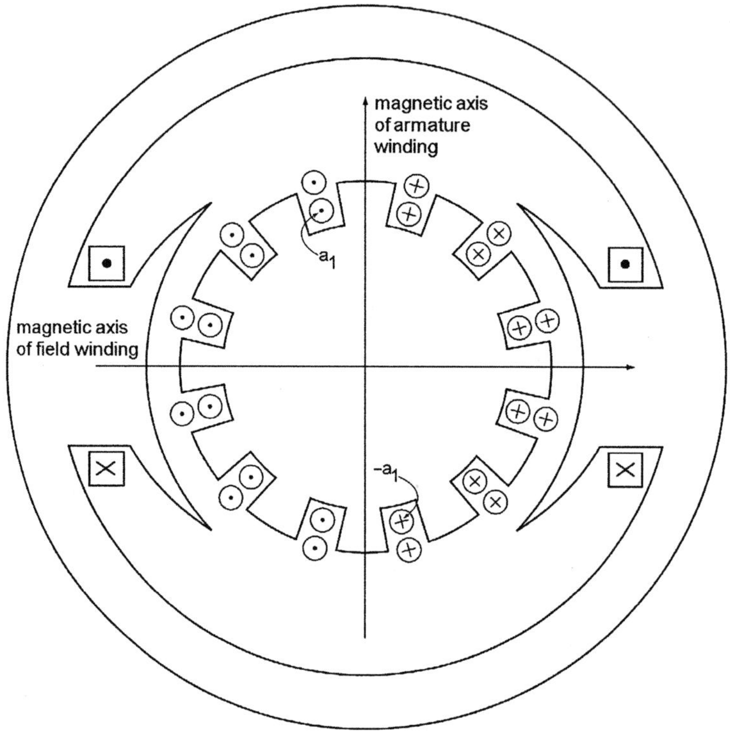

그림 11.13 2극 직류기의 단면(McGraw-Hill Compacies, adapted from Fitzgerald, A.E., Kingsley C. Jnr. & Kusko, A.(1971), Electric Machinery, McGraw Hill, Tokyo, Japan).

1. **직류 직권 전동기**는 그림 11.14(a)에 나타난 것 같이 전기자 권선과 직렬로 연결된 필드 권선을 가진다. 이 배치는 태양광에 의해 바로 동작될 때 엄밀히제한이 있는데, 태양광 전지판의 일사량이 적어지면 필드와 전기자 권선 모두에 영향을 주어 전동기 전류가 동반해서 감소하기 때문이다. 반면에, 화창한 날에는 직류 분권 전동기보다 좀 더 많은 물을 양수할 수 있는 경향이 있다(Cultura 2004).
2. **영구 자석 직류 전동기**는 그림 11.14(b)에 나타난 것과 같이 위의 직권 직류 전동기의 제한을 극복한다. 여기에서 필드 권선은 영구 자석으로 대체되고, 따라서 일정한 전류 흐름을 생성하고, 전기자 전류와 빛의 집중도에 독립성을 만든다. 또한 전동기의 시동 토크를 많이 개선한다. 특히, 저조도에서 시동 토크를 크게 개선하고, 감소된 부하에서 우수한 성능을 나타낸다. 그러한 전동기는 절반의 부하에서 일반적으로 10% 미만의 효율이 소실된다.
3. **직류 분권 전동기**는 그림 11.14(c)에 나타내었다. 전동기 전압에 의해 직접적

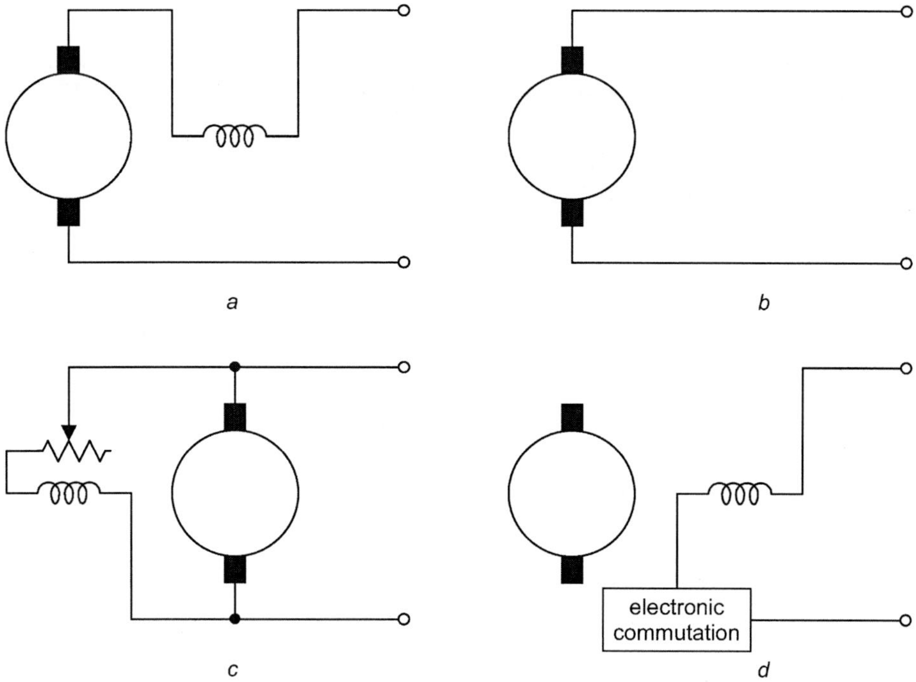

그림 11.14 직류 전동기 유형. (a) 직류 직권 전동기. (b) 영구 자석형 직류 전동기. (c) 직류 분권 전동기, (d) 무브러시 영구 자석형 직류 전동기(McGraw-Hill Companies, adapted from Fitzgerald, A.E., Kingsley C. Jnr. & Kusko, A.(1971), Electric Machinery, McGraw Hill, Tokyo, Japan)

으로 결정되는 필드 전류는 다음과 같다.

$$I_f = \frac{V_m}{R_f} \tag{11.1}$$

여기서 I_f는 필드 전류, V_m은 전동기 전압, R_f는 분로 저항이다. 유사하게 전기자에서

$$V_m = I_a R_a + K\Phi N \tag{11.2}$$

I_a는 전기자 전류, R_a는 전기자 저항, $K\Phi N$은 생성된 역기 전력으로 K는 전동기 상수, Φ는 자속, N은 전동기 속도이다.

하지만 시동시 N이 0일 때, 전동기가 태양전지판에 직접 결합되는 경우에 제한된 태양광 어레이 전류 출력으로 작은 전기자 저항에 의해 출력 전압이 내려오므로 I_f는 아주 작은 값으로 감소될 것이다. 이로 인해 매우 낮은 시동 토

크가 되고, 모든 경우 극단적으로 높은 광선속으로 시동이 제한된다. 이런 독자적인 특징은 이 종류의 전동기가 태양전지판에 직접 결합되어 부적합하게 하는데, 이 결과 적당한 전력환경의 회로에서만 결합되어 사용될 수 있다.

4. **무브러시 직류 전동기**는 그림 11.14(d)에 나타난 것과 같이 회전자에 영구 자석을 비치하고 브러시를 위해 필요한 고정자를 제거하여 전자적으로 정류한다. 전자 정류 회로는 와전류의 전력을 배수하여 구성한다. 하지만 전통적인 브러쉬의 직렬 저항 손실이 없고, 이 종류의 전동기는 더 좋은 성능과 긴 수명을 제공한다(Divona *et al*., 2001). 응용 제품은 전기 자동차, 태양광 경주 자동차, 전기 자전거, 가변속 팬, 컴퓨터 하드디스크 드라이브, 수요자 전자, 기기의 도구, 양털 가위 및 항공 우주산업 등을 포함한다. 이것은 더 비싸지만 브러시 교체를 없앰으로 해서 고효율과 신뢰성 향상의 확실한 장점을 가진다. 자성체는 알니코(Al, Ni, CO, Fe), 바륨 알파철과 스트론튬 알파철을 포함하는 세라믹(페라이트), 그리고 사마륨 코발트와 네오디뮴 철 붕소를 포함하는 희토류이다(Gieras&Wing 2002). 정류 회로는 홀효과나 샤프트 주변 광학 센서로부터 타이밍을 이끌어낸다.

앞의 3가지 직류 전동기 종류에는 브러시가 필요한 제한이 있었다. 여러 가지 경우에 브러시의 존재는 문제가 아니다. 그러나, 시스템 신뢰도가 반드시 높아야 하고 유지는 줄여야 하는 태양광 시스템의 신뢰도를 위해 이것을 사용하는 것은 적절하지 못하다. 브러시는 정기적인 교체(매 1~5년마다)가 필요하고, 장착된 브러시에 탄소 먼지는 아크, 과열과 상당한 전력 손실을 일으킬 수 있다. 만약 필요시에 교체가 이루어지지 않는다면, 그 결과 심각한 손상을 가지게 된다. 따라서 결국 그러한 손상이 일어나기 전에 안전장치가 된 브러시 설계가 전동기 동작에 채택된다. 다른 브러시의 제한은 침수로부터 전동기를 보호하는 것이다. 불필요하게 긴 전송 샤프트를 통한 것을 제외하고는 수중 펌프를 사용함으로써 제한시킨다. 이것은 그자체로 꽤 큰 단점이 되는데, 전통적인 원심 펌프가 토크 속도 특성이기 때문에 일반적으로 침수형이고, 모든 펌프가 태양전지판과 직접 연결하는데 적합하기 때문이다.

그림 11.15는 전형적인 저가, 저효율 직류 전동기의 성능 곡선을 나타낸다. 더 높은 효율의 전동기는 유사한 곡선을 가진다. 직류 전동기의 일반적인 장 · 단점은 다음과 같다.

1. 장점
    - 고효율

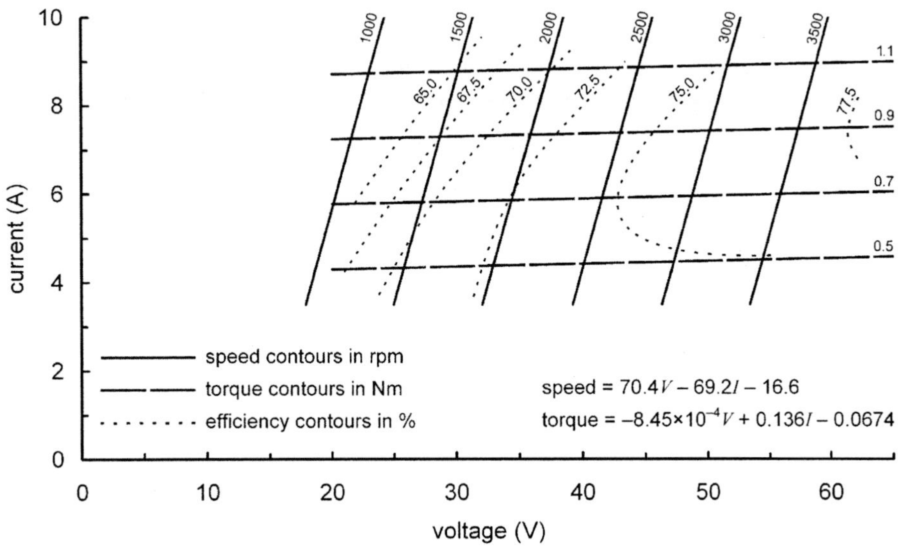

그림 11.15 전형적인 저가, 저효율 직류 전동기의 성능 곡선(Halcrow & Partners, 1981)

- 인버터 불필요
- 태양광 전지판과 직결에 적절
- 브러시리스의 경우 높은 신뢰도
- 브러시리스의 경우 침수 가능

2. 단점
   - 브러시 타입은 침수 불가
   - 브러시 타입은 높은 유지 보수를 요구
   - 비싸다
   - 사이즈가 커서 이용이 불편함

11.4.3 교류 전동기

많은 교류 전동기는 광범위한 제품에서 수년간 사용되고 있기 때문에 상업적으로 이용이 가능하다. 그러나, 이들의 대부분은 동작 효율보다는 저가격에 집중된다. 특히, 약 1kW나 그 이하의 소형 전동기는 매우 낮은 효율로 방치되는데, 이것은 태양광 전력 시스템에 맞지 않게 된다. 게다가, 입력단에 신뢰도 문제를 약화시킬 수 있는 값비싼 인버터가 필요하다. 또한, 높은 시동 전류를 공급하기 위해 일반적으로 추가적인 전력 조절 회로가 요구된다. 그러나, 교류 전동기는 신뢰성 있고 비교적 저렴한데, 대체로 동등한 크기의 직류 전동기 비용의 절반이다.

교류 전동기의 두 가지 기본적인 종류는 비동기 유도 전동기와 동기 전동기이다. 그러나, 표준 유동 전동기는 매우 낮은 시동 토크를 만드는데, 높은 슬립 주파수에서 생성된 토크를 증가시키기 위해 적합하게 변경시키지 않는 원심 펌프와 같이 매우 낮은 시동 토크의 펌프에 적당하다.

11.4.4 전동기 손실

서포트 베어링

서포트 베어링의 마찰은 부하의존 기간과 부하독립 기간을 가지는데, 이것은 고효율 전동기의 손실을 더욱 크게 한다.

높은 신뢰도와 낮은 정비를 위해 윤활유로 마찰을 감소시키는 것이 필수적이다. 비싸지만 온도에 독립적인 운동 점성이 있는 고품질 윤활유가 추천되는데, 최대 60%까지 마찰을 감소시키는 것으로 입증되었다.

자기 회로

자기 회로의 불완전함은 항상 손실을 낳지만, 만약 적절하게 설계되었다면 이러한 손실은 꽤 줄어들 것이다. 저효율 전동기는 일반적으로 나쁜 성능의 주원인으로, 자기 회로의 손실을 가진다. 영구 자석형 전동기는 일반적으로 BH를 최대로 동작하도록 세심하게 설계하는 것이 필요하다.

전동기 히팅

전동기 히팅은 심각한 손실 메카니즘이 될 수 있고, 낮은 신뢰성으로 수명을 단축시킬 수 있다. 온도가 상승되면, 권선 저항이 커지므로 저항 손실이 발생되는데, 전동기 온도 상승보다 훨씬 큰 작용을 하게 된다. 따라서 고성능의 달성과 신뢰성 및 수명 증대를 위해서는 전동기를 서늘하게 유지시키는 것이 필요하다.

침수형 전동기는 서늘함이 쉽게 유지되지만, 표면 설치형 전동기는 히트 파이프나 통풍장치를 통한 쿨링에 특별히 신경을 써야 한다.

11.4.5 통합 펌프 또는 전동기

제조사에 의해 동일한 하우징으로 매치되고 연결되는 통합 펌프 및 전동기가 대중적이게 되었다. 그러한 구성은 동작시나 설계 지점 가까이에서 시스템을 단순화하고 고효율을 제공한다. 하지만, 성능 손실과 비매칭에 주의 깊은 관심이 필요한데, 이것은 다른 수두나 유량과 같은 설계 지점으로부터 이러한 기기들을 떨어뜨려 사용함으로써 나타나는 결과이다.

또한 임펠러로 제공하는 범위로 완전히 밀봉한 침수 유닛과 함께 전동기를 제공하여 영구 자석 브러시리스 전동기와 펌프를 통합 가능하다(Divona, 2001년).

11.5 전력 조절 회로

전력 조절 회로의 목적은 태양전지판이 최대 전력점으로 동작할 수 있도록 전동기/펌프에 가장 적당한 전압-전류 조합을 제공하기 위함이다(Ross, 2003; Schmid&Schmidt, 2003). 사실, 이것은 부하 임피던스를 최적의 태양광 어레이 임피던스와 매치하기 위해 변경하는 것이다. 회로는 물론 포함되기에 적합하도록 대부분의 시스템에서 매우 작은 전력을 소비해야 하는데, 전체 전력의 약 4~7% 정도가 일반적이다(Matlin, 1979). 이것은 자주 신뢰성의 문제를 제공하는 반면에, 대게의 전동기보다 비용이 비싸다(Halcrow&Partners, 1981).

낮은 일사량일 때, 태양전지판에 의해 생성되는 전압이 최대 전력점으로 일정하게 고정되는 반면, 전류는 비례하여 떨어진다. 하지만, 전동기/펌프에서는 전류가 떨어지므로 전압 역시 떨어진다. 그 결과, 낮은 일사량일 때 전력 조절 회로 없이는 태양광 에레이의 전류와 전압이 최대 전력점으로부터 점차 멀어진다.

예를 들면, 원심 펌프의 토크는 전동기에 의해 생성되는 토크가 전동기 권선에 흐르는 전류와 직접적으로 관련이 있는 반면에 속력의 제곱에 비례하게 된다. 따라서, 태양광 어레이로부터 전류가 떨어지면, 전동기에 의해 생성되는 토크는 저하되고, 펌프의 속력도 떨어지게 되며, 전동기에 상응해 생성되는 역기 전력이 떨어지고, 따라서 전동기에 의해 필요한 전압이 떨어진다. 이러한 직류 전동기의 경우, 태양전지판에 의해 생성될 수 있는 초과 전압을 효과적으로 추가적인 전류로 변환시키기 위한 직류-직류(DC-DC) 컨버터의 전력 조절 형태가 필요하다.

일반적으로 펌핑을 위해 토크가 필요한 변위 펌프의 경우, 펌핑 수두, 파이프와 펌프 마찰, 그리고 파이프 직경에 주로 의존하고, 펌프 동작의 속력에 조금 영향을 받는다. 이 경우, 펌프 동작 유지를 위해 필요한 토크 제공을 위한 전동기의 적당한 관통 전류가 필요하다. 펌핑률이 태양전지판으로부터 제공되는 전압과 전동기가 매치하여 생성되는 역기 전력까지 증가하게 되므로, 펌핑 속력은 주로 구동 전압이 가능해지면 그 후 정해진다. 따라서, 전동기/펌프 부하 라인은 태양전지판의 전류-전압 특성이 겹칠 때 수평 라인으로 나타난다. 이것은 전류가 생성하는 잠재력이 임계 레벨 이상으로 버려지게 되는 반면, 동작에 있어 어레이 전류가 필요한 레벨 아래로 떨어지게 되어 펌핑을 전혀 할 수 없는 결과를 낳으므로 불가능한 메카니즘이다. 다시금, 직류-직류(DC-DC) 전압 컨버터가 필요하고, 실제로 직류 전동기가 일반적으로 변위 펌프를 구동할 때 필수적이다.

게다가, 높은 시동(브레이크어웨이) 토크는 높은 시동 전류가 필요한데, 일반적으로는 태양전지판에 의해 제공되지 못한다. 시동시에, 속력이 0이고 역기 전력이 없게 된다. 그림 11.16은 이론적인 회로를 나타낸 것으로, 비록 대부분의 요구와 신뢰할 수 없는 부속의 제어 회로임에도 변환을 돕는다. 대안적인 접근은 주로 전동기/펌프를 시동하기 위해 큰 전류 증폭을 제공하기에 충분한 전하를 저장하는 '시동 커패시터' 를 통해 높은 시동 전류를 제공하는 것으로 사용된다.

최대전력점 추적(MPPT) 회로는 어떤 시스템이라도 효율을 증대시키기 위해 사용될 수 있다. 하지만 아이러니하게, 대부분의 이익은 시스템이 잘못 설계되고 어레이와 서브 시스템이 잘 매치되지 않을 때 얻어진다(Halcrow&Partners 1981). 잘 설계된 원심 펌프 시스템은 자동으로 태양광 어레이와 서브 시스템 간에 넓은 범위의 일사량 레벨로 매치되게 한다. 이 경우, 물의 레벨 스위치나 압력 스위치에만 제어 회로가 있는 것이 보증된다. 그러나, MPPT가 사용되는 경우 번개에 의한 손상의 위험을 최소화하기 위해 내부 과도 보호부가 포함될 수 있다. MPPT 회로는 PV 출력 에너지를 기계적 에너지보다 열로써 가능성을 줄일 수 있으며, 이는 전동기 손상을 초래한다.

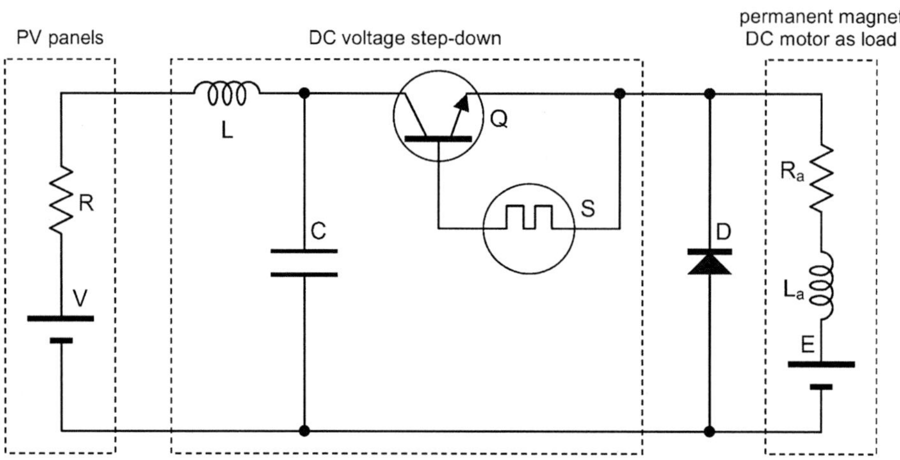

그림 11.16 간단한 직류-직류(DC-DC) 컨버터(Kheder & Russell, 1988, Springer Science and Business Media) R=저항, V=전압원, L=인덕터, C=커패시터, Q=트랜지스터 S=제어 신호, D=다이오드 R_a=전기자 저항, L_a=전기자 인덕턴스, E=전동기 역기전력

그러한 시스템의 배터리는 전력 조절을 위해 고정 전압에서의 태양광 어레이로 고정하여 효과적으로 사용될 수 있는데, 태양광 어레이 전체에 완전한 범위의 일사량 레벨로 최대 전력점과 일치하도록 선택된다. 게다가, 에너지 저장소는 전동기/펌프가 항상 최적의 상태로 동작하게 한다. 그림 11.17은 펌핑 시스템을 최적화하여 동작하기 위한 시간의 역할로써 전력 수요를 나타낸다. 이것을 비교해 보면 그림 11.18은 맑은 날 태양으로부터 받는 전력을 나타낸다. 이러한 경우 배터리의 효용성은 확실하다.

그러나, 배터리를 사용하는 모든 시스템은 과충전으로부터 배터리를 보호하기 위해 전압 조절 회로를 포함해야 한다(6장 참조). 또한, 부하의 온-오프를 스위칭하는 제어 회로로 포함하는 것이 필요하다. 예를들어 만약 수원으로부터 펌핑률이 보충률을 초과하면, 부하는 반드시 그에 따라 온-오프로 스위칭되어야 한다. 이런 동작 모드에서는 시스템 선택과 설계시 과도 동작을 위한 전동기/펌프 조합의 응답이 고려되어야 한다. 플라이휠과 동기기 등의 단기간의 전자 기계적 저장소는 원심 펌프가 풀부하에서 간헐적으로 동작하도록 허용하는 의미로써 제안되고, 따라서 높은 효율을 가진다(Landau et al., 1992).

교류 전동기를 사용할 때는 직류-교류(DC-AC) 인버터가 필수적이다. 그러한 인버터는 제어를 위해 큰 가변성을 포함한 가변주파수이고, MPPT와 다양한 전력

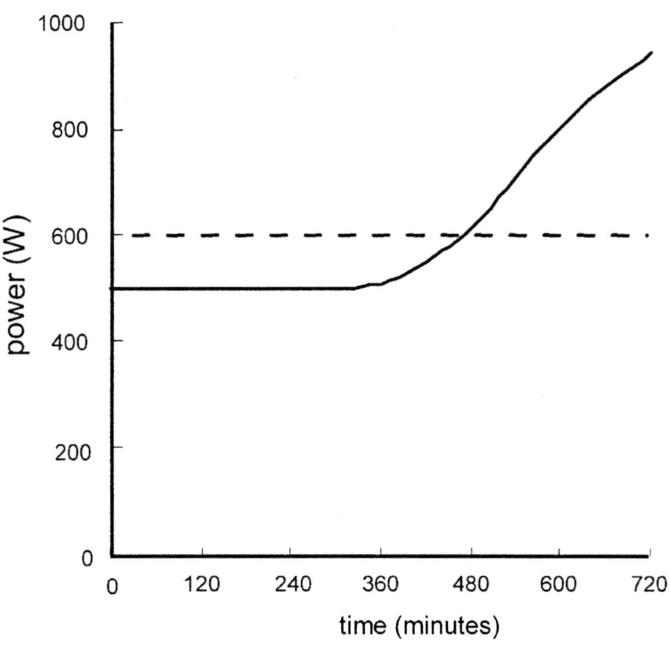

그림 11.17 제한된 물 보충률을 가진 일반적인 양수 시스템의 최적화 동작을 위한 시간의 역할로써 전력 수요. 떨어진 수위로부터 증가된 전력의 필요성

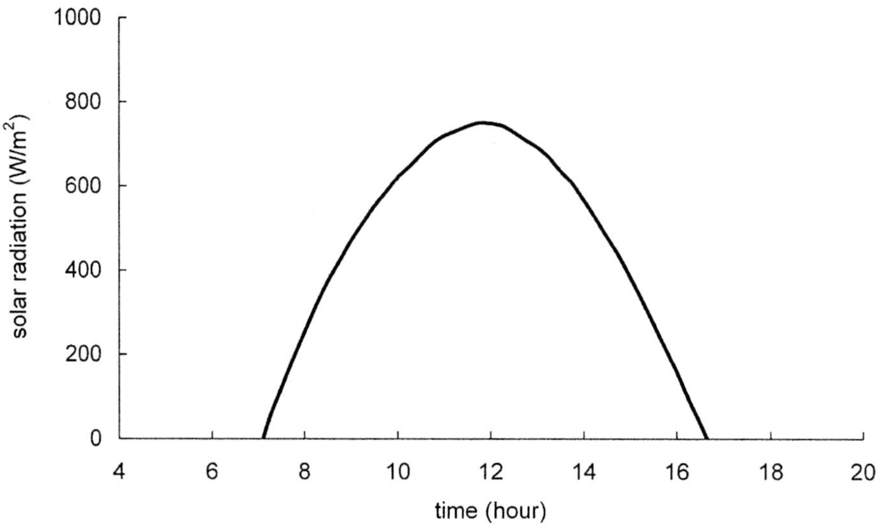

그림 11.18 화창한 날 경사면에서 받는 태양 복사

조절 회로 형태를 포함한다. 불행히도 많은 인버터가 단지 안정적인 전압원 형태로만 동작할 수 있고, 따라서 시스템 비용이 추가된다. 또한, 많은 인버터가 구형파(혹은 찌그러진 사인파)를 만들어서 전동기 히팅 문제를 야기할 수 있다. 원심 펌프는 일반적으로 펄스 폭 조절(PWM)로부터 삼상교류 전동기에 의해 운전되고, 이러한 조정은 태양광 시스템의 최대 전력점 추적(MPPT)을 상대적으로 쉽게 한다(Schmid&Schmidt 2003).

11.6 배터리

배터리는 양수 펌프 시스템에서 에너지 저장소와 전력 조절 메카니즘으로써의 두 가지 독립적인 목적으로 사용된다.

저장 매체로써 배터리는 대부분의 경우 저장된 물을 펌핑하기에는 매우 질이 떨어진다. 하지만, 몇몇 긴급할 때나 지속적인 펌핑이 필요한 곳, 3일 정도의 저장이 필요한 경우 배터리가 필요하다.

전력 조절을 위한 배터리의 목적은 마지막 장에서 간단히 고려된다. 이것은 동작시 전력이 최적의 상황에서 부하로 변하도록 한다. 이것은 직접 접속 시스템과 비교하여 다음과 같은 4가지의 확실한 장점이 있다.

1. 일사량이 감소할 때, 태양광 어레이가 지속적으로 MPPT로 동작하도록 할

수 있으므로 가능한 최대의 전기에너지가 생성되게 한다.

2. 전동기/펌프가 날마다 고려되는 비율을 위해 저하된 부하에서 동작하는 상황을 피한다. 원심 펌프는 특히 감소된 부하에서 동작시 펌핑 효율이 매우 저하된다.
3. 배터리는 시동시에 어떠한 부하에 의해 필요한 고전류를 제공할 수 있다.
4. 교류 전동기를 위한 몇몇 인버터는 배터리로만 동작한다.

하지만 배터리의 이용시 단점은 확실히 실질적이다.

1. 대부분의 배터리는 일정한 유지 보수가 필요하다.
2. 과충전이나 과방전으로부터 배터리를 보호하기 위해 전압 조절이 필수적이다.
3. 상당한 수명 제한이 있다.
4. 값이 비싸다.
5. 잠재적으로는 극단적으로 높아야 하는 시스템의 신뢰도를 감소시킨다.
6. 쿨롱 효율(유출전하/유입전하)이 일반적으로 85% 정도 뿐이다.
7. 저녁에 어레이를 통한 배터리 방전을 방지하기 위해 어레이 출력단에 블로킹 다이오드가 필요하다.
8. 약 14V(가장 나쁜 온도에서)의 총 충전상태에 다다르게 하기 위해, 블로킹 다이오드를 통한 전압 강하를 보상하기 위해, 레귤레이터의 전력 손실(전압 강하)과 일사량이 변화시 동반하는 작은 전압 손실의 허용하기 위해 전압과 관련한 태양광 어레이의 오버사이즈를 고려하는 것이 필요하다.
9. 만약 적절히 재사용되지 않으면 중금속 오염을 일으킬 수 있고, 재사용은 세계의 많은 곳에서 실용적인 옵션이 아니다.

12V 시스템에서 위 8번항의 효과를 설명하기 위해, 배터리 충전을 위한 일반적인 태양광 전지판은 36개의 태양전지 셀이 직렬 연결되는데, 각각의 개방 회로전압은 표준 실험환경(STC:1kW/m^2)에서 600mV이고, 태양전지판의 V_{oc}는 21.6V로 최대 전력점의 전압(V_{mp})는 18V이다. 30° 로 오르면, V_{mp}는 15.8V로 떨어진다. 일사량의 변화와 레귤레이터를 통한 1V 강하는 V_{mp}를 대략 13.8V로 허용하게 하는데, 배터리 최대의 충전상태(SOC:14-14.5V)를 위해 필요하도록 고려된다. 그러한 셋업을 통한 통합된 거대 손실을 설명하기 위해 36개(배터리 포함)보다 26개의 직렬 연결된 셀이 직접 접속된 시스템의 12V 출력을 제공하기 위해 충분하다. 따라서 그러한 태양광 전지판은 STC에서 15.6V의 V_{oc}와 13.3V의 V_{mp}를 가진다. 좀 더 일반적으로 20°C에서 45°C로 온도가 상승할 때 V_{mp}는 12.2V로 저하한다. 블로킹

다이오드 손실, 전압 레귤레이터 손실과 낮은 일사량에서의 변화를 위한 허용은 없다. 저하된 태양 일사 조건이기 때문에 후자의 이유는 무시될 수 있고, 초과된 전압은 상대적으로 전류의 저감이 더 크기 때문에 직접 접속된 시스템에서는 항상 존재한다.

만약 배터리가 필요하다면, 일정한 깊이의 방전을 할 수 있게 하고 날씨에 견디는 비금속성의 박스에 수용해야 한다. 각각 배터리를 병렬로 연결할 때는 배터리 단자에 최대한 가깝게 퓨즈를 제공해야 한다.

니켈-카드뮴과 반대로 납-산 배터리의 장 · 단점은 6장에서 언급했다. 납-산 배터리는 저장을 위한 배터리로 사용시에 적합하다. 하지만, 단순히 전력 조절용으로 사용하려면 니켈-카드뮴 배터리는 심각하게 고려되어야 한다. 작은 양이 필요하므로 추가적인 비용은 더 중요하지 않는데, 딥 사이클되고, 과충전되고, 오랜 기간 완전 방전과 결합하여 더 긴 기대 수명, 강도, 고신뢰성과 자유롭게 지속적인 유지를 위한 필요 등 사용시에 잘 맞게 한다. 그러한 상황에서 플로트 타입의 납-산 배터리를 사용하는 것은 과도한 충전과 방전율, 그리고 딥사이클링의 문제를 유발시킨다. 전통적인 포크리프트 납-산 배터리는 충전과 방전이 빠른 능력이 필요한 반면, 높은 자기방전율이 상대적으로 중요하지 않기 때문에 그런 사용에 더 잘 맞는다.

11.7 어레이의 배선 배열과 설치

11.7.1 어레이 배선

언급된 6장의 참조는 독립형 시스템의 설계 가이드라인으로 만들어졌다(호주 표준, 2002). 어레이의 케이블은 물이 셀수 없게 한 정션박스에 꼭 맞는 교체 커넥터를 이용하는 모든 연결로 막중한 책임을 져야 한다(Ball & Risser 1988년). 그래서 전선의 치수는 2.5% 이하의 저항 손실을 유지하도록 선택해야 한다. 신뢰도를 위해 전동기로부터 어레이 출력 케이블에 납으로 접착하는데 오랫동안 유지하고 위고 건조된 연결을 위해, 주름진 커넥터 수지가 채워진 열 수축 튜브나 동등한 커넥터를 이용해야 한다. 예를들면, 모든 배선은 구조부를 지탱하기 위해 나일론 케이블 타이를 부착해야 한다. PVC 도관은 어레이 출력 배선에서 전동기/펌프, 레귤레이터나 배터리를 위해 사용된다. 수중 전동기/펌프를 위해서 튼튼한 더블-인슐레이트 케이블이 필수적이다. 또한, 어레이와 설치 프레임은 많은 동선을 이용하여 접지하는 것이 필요하다.(*Ibid*) 전동기/펌프와 수원을 통한 접지는 시스템이 다양한 이유로 제거되기 때문에 신뢰해서는 안 된다. 낙뢰 보호가 고려되어야 하고, 바이패스와 블로킹 다이오드가 적합한 곳에 포함되어야 한다.

11.7.2 어레이 설치

모든 지지 구조는 산화처리된 알루미늄, 갈바나이즈 코팅된 강철이나 스테인레스강이어야 하고 특별한 지역을 위한 바람 부하를 가능한 최대로 견딜수 있게 설계되어야 한다. 20년간 느슨해질 위험을 없애기 위해 모든 볼트에 로크와셔나 이와 동등한 것을 사용해야 한다. 구조는 배선의 길이를 최소화하기 위해 수원에 최대한 가까이 위치시켜야 하고, 장소에 따라 동물, 도둑, 파괴자 등으로부터 지키기 위한 펜스가 필요시 사용할 수 있다(*Ibid*).

트래킹 지지 구조는 태양전지판이 하루 대부분 태양을 향해 좀 더 직접적으로 향하게 하기 위해 유용하다. 예를 들어 마드리드에서는 전동 작동되거나 수동의 트래킹 메카니즘이 연간 약 40%나 그 이상의 물흐름을 증폭시키는 것으로 계산되었다. 하지만, 발전 시간을 늘리기 위해 외부에서 동작하는 트래커는 비용, 유지와 신뢰성의 문제를 고려해야 한다. 비엘라 외(2003)는 트래킹으로써, 좀 더 이른 아침부터 펌프를 시작하게 하여 최대 53%까지 물의 부피를 증가할 수 있다고 계산한다. 좀 더 적당한 대안은 수동 트래킹 시스템을 사용하는 것으로, 조작자가 간단히 조정함으로써 태양 위치를 변경하여 이런 장점을 취할 수 있다. 첫 번째 관리형태는 태양의 경사각 변화를 보상하기 위해 계절적인 기울기를 조정하는 것으로, 각 해에 몇 번씩 조정한다. 또 다른 조정 형태는 오전과 오후 모두의 더 큰 장점을 취하기 위해 하루 두 번 태양전지판을 재위치시켜서 조정하는 것이다. 아직 두 번째의 조정 메카니즘이 없는 이유 중 하나는, 조작자가 필요할 때마다 전지판을 재위치시키기 위한 책임이 있어 꾸준히 변경해야 하기 때문이다. 후자의 기계적인 구조는 좀 더 복잡하고, 덜 강인하며, 고장날 경향이 있다. 물론, 조작자의 이용도에 의존하여 수동으로 태양전지판을 바꿀지는 옵션인데, 일부의 원격 조정이나 접근하기 어려운 지역에서는 불가능하거나 실용적이지도 않을 수 있다. 그러나, 잠재적인 이익을 평가하기 위해 1981년 세계 은행에서 그때에 가능한 가장 훌륭한 효율의 태양광 양수 펌프 시스템중 하나를 사용하고(Arco Solar System), 하루에 두 번의 조정이 필요한 단순한 트래킹 시스템을 추가한 결과, 시스템의 일효율 30%를 추가 달성하였다(Halcrow & Partners, 1981b).

연/습/문/제

11.1 (a) 양수 시스템에서 솔라셀의 용도를 논하여라.

(b) 양수를 위한 대체 기술은 무엇이며, 각각의 대체 기술과 태양전지를 어떻게 비교할 것인가?

11.2 (a) 직렬형 태양광 양수시스템의 장 · 단점은 무엇인가(접속회로 또는 배터리가 없이 솔라패널이 모터/펌프에 바로 연결되었을 경우)?

(b) 배치와 같이 어떤 제약들이 펌프 선택에 부과되는가?

(c) 어떤 상황 또는 제품에서 배치가

(i) 선화하는가?

(ii) 불가하는가?

11.3 영구자석, brushless DC 모터 그리고 동시(synchronous) AC 모터간의 차이점을 말할 수 있는가?

11.4 (a) 양수 시스템 배치, AC와 DC 모터 사용, water 펌프의 타입의 다양성과 전력조절 회로를 설명하시오.

(b) 태양광 양수 시스템을 구성하는 다양한 성분의 특성과 작동 성능, 가격, 이용률에 대한 정보를 얻으시오.

(c) 효율과 호환성 측면에서 이 시스템 내의 구성요소들의 결합에 문제점은 있는가?

(d) 특정 펌핑 제품에 대한 다양한 배치의 안정성, 각각의 장 · 단점을 논하시오.

11.5 (a) water pumping에서 태양광의 장단점은 무엇인가?

(b) 수원(water source) 타입의 다양성과 그들의 특성을 논하시오?

(c) 태양광 양수 시스템의 구성요소 선택과 수원의 관련성을 설명하시오?

11.6 (a) 태양광 양수 시스템에서 원심 펌프보다 양변위 펌프를 선호하는 때는 언제인가?

(b) 변위 펌프의 일반적 특성이 원심 펌프의 일반적 특성과 어떻게 다른가?

(c) 이들의 차이점은 태양광 시스템 설계와 성능에 어떤 영향을 미치는가?

11.7 (a) 태양광 양수 시스템에서 배터리 장 · 단점은 무엇인가?

(b) 태양광 양수 시스템에서 배터리 사용이 필요한 때는 언제이고, 각 경우에서 필요한 배터리의 특성은 무엇이며, 그 이유는 무엇인가?

참/고/문/헌

Updated World Wide Web links can be found at www.pv.unsw.edu.au/apv_book_refs.

Australian Greenhouse Office (2004), *Motor Solutions Online* (www.greenhouse.gov.au/motors/index.html).

Ball, T. & Risser, V. (1988), 'Stand-alone terrestrial photovoltaic power systems', Tutorial Notebook, Proc. 20th IEEE Photovoltaic Specialists Conference, Las Vegas.

Baltas, P., Russel, P.E. & Byrnes, C.I., (1988), 'Analytical techniques for the optimization of PV water pumping systems', Proc. 8th EC Photovoltaic Solar Energy Conference, Florence, Italy, pp. 401–405.

Barlow, R., McNelis, B. & Derrick, A. (1993), *Solar Pumping. An Introduction and Update on the Technology, Performance, Costs, and Economics*, The World Bank, Washington and Intermediate Technology Publications Ltd, London.

Bucher, W. (1988), 'Engineering aspects of PV powered pumping systems', Proc. 8th European Photovoltaic Solar Energy Conference, Florence, Italy, pp. 1125–1134.

Bucher, W., Bechteler, W., Zängerl, H.P. & Mayer, O. (1992), 'Abrasion tests on pumps for photovoltaic applications', Proc. 11th EC Photovoltaic Solar Energy Conference, Montreux, Switzerland, pp. 1403–1406.

Cotter, J., Roche, D., Storey, J., Schinckel, A. & Humphris, C. (2000), *The Speed of Light 2—The 1999 World Solar Challenge* (CDROM), Photovoltaics Special Research Centre, University of New South Wales, Sydney.

Cultura, A.B.I. (2004), 'Comparative analysis of the dynamic performance of a DC series and a DC shunt motor directly coupled with a solar-powered water pumping system', in Rhee, E.K., Yoo, H.-C., Cho, G.-B., Kang, Y.-H. & Park, J.-C. (Eds.), ISES Asia-Pacific 2004 Conference, Gwangju, Korea, 17–20 October 2004, Korea Solar Energy Society, pp. 313–322.

Divona, A.A., Dolan, A.J. & Hendershot, J.R. (2001), 'Electric motors and motor controls', in Karassik, I.J., Messina, J.P., Cooper, P. & Heald, C.C., *Pump Handbook*, McGraw-Hill.

Dufour, J.W. & Nelson, W.E. (1993), *Centrifugal Pump Sourcebook*, McGraw-Hill, New York.

Fitzgerald, A.E., Kingsley C. Jnr. & Kusko, A. (1971), *Electric Machinery*, McGraw Hill, Tokyo, Japan.

Gieras, J.F. & Wing, M. (2002), *Permanent Magnet Motor Technology*, Marcel Dekker, New York.

Halcrow, W. and Partners and the Intermediate Technology Development Group (1981), *Small-Scale Solar Powered Irrigation Pumping Systems—Phase 1 Project Report*, UNDP Project GLO/78/004, World Bank, London.

Halcrow, W. and Partners and the Intermediate Technology Development Group Ltd. (1981b), *Small-Scale Solar-Powered Irrigation Pumping Systems—Technical and Economic Review,* UNDP Project GLO/78/004, World Bank, London. [Includes

Executive Summary of the *Phase 1 Project Report* as an appendix.]

Illanes, R., De Francisco, A., Torres, J.L., De Blas, M. & Appelbaum, J. (2003), 'Comparative study by simulation of photovoltaic pumping systems with stationary and polar tracking arrays', *Progress in Photovoltaics*, **11**(7), pp. 453–465.

Kheder, A.Y. & Russell, P.E. (1988), 'Motor starting from photovoltaic sources', Proc. 8th EC Photovoltaic Solar Energy Conference, Florence, Italy, pp. 431–435.

Koner, P.K. (1993), 'A review on the diversity of photovoltaic water pumping systems', *RERIC International Energy Journal*, 15(2), pp. 89–110.

Krutzch, W.C. & Cooper, P. (2001), 'Classification and selection of pumps', in Karassik, I.J., Messina, J.P., Cooper, P. & Heald, C.C., *Pump Handbook*, McGraw-Hill.

Landau, M., Sachau, J. & Raatz, A. (1992), 'Photovoltaic pumping system for intermittent operation', Proc. 11th EC Photovoltaic Solar Energy Conference, Montreux, Switzerland, pp. 1391–1394.

Matlin, R.W. (1979), *Design Optimisation and Performance Characteristics of a Photovoltaic Micro-Irrigation System for use in Developing Countries*, MIT Lincoln Laboratory, Lexington, USA.

Messenger, R. & Ventre, J. (2000), *Photovoltaic Systems Engineering*, CRC Press, Boca Raton.

Pearce, F. (2004), 'Asian farmers suck the continent dry', *New Scientist*, **2462**, 28 August, pp. 6–7.

Platt, R.A. & Little, C.W.J. (2001), 'Vane, gear and lobe pumps', , in Karassik, I.J., Messina, J.P., Cooper, P. & Heald, C.C., *Pump Handbook*, McGraw-Hill, pp. 3.123–3.154.

Divona, A.A., Dolan, A.J. & Hendershot, J.R. (2001), 'Electric motors and motor controls', in Karassik, I.J., Messina, J.P., Cooper, P. & Heald, C.C., *Pump Handbook*, McGraw-Hill.

Dufour, J.W. & Nelson, W.E. (1993), *Centrifugal Pump Sourcebook*, McGraw-Hill, New York.

Fitzgerald, A.E., Kingsley C. Jnr. & Kusko, A. (1971), *Electric Machinery*, McGraw Hill, Tokyo, Japan.

Gieras, J.F. & Wing, M. (2002), *Permanent Magnet Motor Technology*, Marcel Dekker, New York.

Halcrow, W. and Partners and the Intermediate Technology Development Group (1981), *Small-Scale Solar Powered Irrigation Pumping Systems—Phase 1 Project Report*, UNDP Project GLO/78/004, World Bank, London.

Halcrow, W. and Partners and the Intermediate Technology Development Group Ltd. (1981b), *Small-Scale Solar-Powered Irrigation Pumping Systems—Technical and Economic Review,* UNDP Project GLO/78/004, World Bank, London. [Includes Executive Summary of the *Phase 1 Project Report* as an appendix.]

Illanes, R., De Francisco, A., Torres, J.L., De Blas, M. & Appelbaum, J. (2003), 'Comparative study by simulation of photovoltaic pumping systems with stationary and polar tracking arrays', *Progress in Photovoltaics*, **11**(7), pp. 453–465.

Kheder, A.Y. & Russell, P.E. (1988), 'Motor starting from photovoltaic sources', Proc. 8th EC Photovoltaic Solar Energy Conference, Florence, Italy, pp. 431–435.

Koner, P.K. (1993), 'A review on the diversity of photovoltaic water pumping systems', *RERIC International Energy Journal*, 15(2), pp. 89–110.

Krutzch, W.C. & Cooper, P. (2001), 'Classification and selection of pumps', in Karassik, I.J., Messina, J.P., Cooper, P. & Heald, C.C., *Pump Handbook*, McGraw-Hill.

Landau, M., Sachau, J. & Raatz, A. (1992), 'Photovoltaic pumping system for intermittent operation', Proc. 11th EC Photovoltaic Solar Energy Conference, Montreux, Switzerland, pp. 1391–1394.

Matlin, R.W. (1979), *Design Optimisation and Performance Characteristics of a Photovoltaic Micro-Irrigation System for use in Developing Countries*, MIT Lincoln Laboratory, Lexington, USA.

Messenger, R. & Ventre, J. (2000), *Photovoltaic Systems Engineering*, CRC Press, Boca Raton.

Pearce, F. (2004), 'Asian farmers suck the continent dry', *New Scientist*, **2462**, 28 August, pp. 6–7.

Platt, R.A. & Little, C.W.J. (2001), 'Vane, gear and lobe pumps', , in Karassik, I.J., Messina, J.P., Cooper, P. & Heald, C.C., *Pump Handbook*, McGraw-Hill, pp. 3.123–3.154.

Poponi, D. (2003), 'Analysis of diffusion paths for photovoltaic technology based on experience curves', *Solar Energy*, **74**, pp. 331–340.

Revard, J. M. (1995), *The Progressing Cavity Pump Handbook*, PennWell Publishing Company, Tulsa.

Ross, J. N. (2003) 'System electronics', in Markvart, T. & Castañer, L. (Eds.), *Practical Handbook of Photovoltaics: Fundamentals and Applications*, Elsevier, Oxford, pp. 565–585.

Sahdev, M. (2004), *The Chemical Engineers' Resource Page*, Midlothian (www.cheresources.com/centrifugalpumps2.shtml).

Sandia National Laboratories (1991), *Stand-Alone Photovoltaic Systems—A Handbook of Recommended Design Practices*, Albuquerque, New Mexico (www.sandia.gov/pv/docs/Programmatic.htm).

Schmid, J. & Schmidt, H. (2003), 'Power conditioning and photovoltaic power systems', in Luque, A. & Hegedus, S. (Eds.), *Handbook of Photovoltaic Science and Engineering*, Wiley, Chichester, pp. 863–903.

Sharma, V. K., Colangelo, A., Spagna, G. & Cornacchia, G. (1995), 'Photovoltaic water pumping system: Part I—Principal characteristics of different components', *RERIC International Energy Journal*, **17**(2), pp. 93–119.

Standards Australia (2002), *Stand-Alone Power Systems Part 2: System Design Guidelines*, AS 4509.2.

Stokes, K., Saito, P. & Hjelle, C. (1993), *Photovoltaic Power as a Utility Service: Guidelines for Livestock Water Pumping*, Sandia National Laboratories, Report No. SAND93-7043, Albuquerque (www.prod.sandia.gov/cgi-bin/techlib/access-control.pl/1993/937043.pdf).

Thomas, M.G. (1987), *Water Pumping. The Solar Alternative*, Sandia National Laboratories, Report No. SAND87-0804, Albuquerque (www.prod.sandia.gov/cgi-bin/techlib/access-control.pl/1987/870804.pdf).

United Nations Economic and Social Commission for Asia and the Pacific (1991), *Solar-Powered Water Pumping in Asia and the Pacific*, United Nations, New York.

von Aichberger S. (2003), 'Pump up the volume. Market survey on solar pumps', *Photon International*, December, pp. 50–57.

Vilela, O.C., Fraidenraich, N. & Tiba, C. (2003), 'Photovoltaic pumping systems driven by tracking collectors. Experiments and simulation', *Solar Energy*, **74**(1), pp. 45–52.

chapter 12

태양광(PV) 양수 시스템의 설계

12.1 도입

이 책에서 주로 다루는 것은 태양광 양수 시스템의 설계이다. 양수(揚水)는 광전변환 공학의 주요 적용대상이기도 하고, 각 시스템의 설계가 수원 유형, 소비자의 요청 및 시스템 구성의 큰 범주에 따른 대부분의 적용거리들보다 훨씬 더 복잡하기 때문에 고려해야 할 중요한 부분이다. 저장과 설계 진행을 위해 배터리가 필요한 곳은 비교적 간단하고 독립 시스템을 다룬 이전의 장에서 설명한 설계 원리를 따른다. 하지만, 태양전지판과 물 펌프 전동기의 직접적인 연결부는 빛의 변화로 인해 주요한 불일치 문제가 발생한다. 이것은 매일 맑고, 흐린 날씨를 통해 태양전지판에 반사되는 빛 에너지와 직접적 관련이 있는 부하로 전달되는 전력추정을 불확실하게 하면서 전반적인 시스템의 효율성에 큰 변화를 야기한다. 그러므로 직접 결합된 시스템을 위해 일사 데이터를 다르게 처리하는 것이 필요하다. 기본 설계 원리는 부록 H에 제시된 예제로 대신한다.

12.2 시스템 설계의 기초 단계

태양광 양수 시스템을 설계하는 것에는 두 가지의 중요한 측면이 있다.

1. 가장 적합한 시스템 구성요소의 선택－낮은 유지비, 높은 안정성의 긴 수명 체계를 결정적으로 제공
2. 시스템 구성요소의 매칭－중요한 노하우와 전문기술, 그리고 최종적으로 효

율적인 시스템 동작의 책임이 필요한 어려운 분야

후자의 중요성을 입증하기 위해 세계은행은 당시에(마지막 장에 언급됨) 자체 시험 프로그램으로 가장 효율적인 양수 시스템을 분석해냈고, 불완전하게 매치되는 구성요소를 찾아냈다. 수동 추적식의 도입을 통해서 동작 효율을 18%에서 최대 30%까지 증가하여 향상됨으로써 개선된 매칭이 입증되었다(Halcrow & Partners, 1981) 많은 시스템 설계에서 이러한 불일치 또는 나쁜 정도가 일반적인 것으로 드러난다.

특별한 시스템을 설계하기 전에 가장 중요한 질문 중 하나는 "어떤 수준의 신뢰도가 필요하며, 실행하는 데 어느 정도가 유지될 수 있는가?"이다.

이 질문에 대한 답으로 단순화, 신뢰성, 낮은 유지보수 및 긴 수명을 가지는 직접-결합 시스템 내지는, 이런 속성들을 더 큰 효율성을 얻는데 도움을 주는 시스템에 대해 나타낼 것이다. 그 기능은 후자에 포함되는데, 이것은 전력 조절 회로, 인버터 및 배터리를 포함하여 증가되는 복잡성, 더 높은 유지보수, 더 약한 신뢰도와 더 짧은 수명 진단에 기여한다. 물론, 다른 제한요소들은 선택되는 시스템 유형에 영향을 미치고, 각각의 시스템은 장점에 맞게 설계될 필요가 있다. 어떠한 시스템도 모든 응용제품과 모든 태양광 응용에 이상적이지는 않고, 물 펌핑은 대게 구성 및 구성요소의 선택과 관련된 시스템 설계의 가장 중대한 다양성을 소개한다. 몇몇 컴퓨터 시뮬레이션 및 설계 도구, 방법론은 설계자에게 유용하다(e.g. Mayer et al., 1992; Sharma et al., 1995; Protogeropoulos & Pearce, 2000; Arab, 2004). 그러나 이들 중 일부를 사용할 때는 위치 조건 및 구성요소의 성능에 있어 높은 수준의 양수 지식과 적합한 자료가 필요하다. Thomas(1987)는 잠재적 소비자들을 지원하기 위해 계산 도표에 근거를 둔 정립 체계를 기술한다. Dankoff(1997)에 의한 것과 같은 태양광 양수를 위한 실제적인 안내서가 있다.

시스템 설계의 일반적인 접근 방법은 다음과 같이 요약할 수 있다.

1. 매일 어떤 헤드에서 양수될 물의 양을 결정
2. 일조 시간으로부터 양수율 산출
3. 펌프 유형 선택
4. 펌프의 토크-속도 특성으로부터 이에 맞는 토크-속도 특성을 가진 전동기를 선택
5. 적절한 태양광 모듈을 선택
6. 고정식이나 수동 추적식의 모듈 설치 방법 선택

배터리를 사용하는 시스템을 위해 5단계는 이전 장에서 설명한 '독립 시스템' 설계 원리의 사용을 간단히 포함한다.

그러나 이 지침을 따르기 전에 직접 결합된 시스템(배터리, 인버터, 전력 조절 회로가 없는 시스템)이 특정한 이용에 알맞은지를 확인하는 것이 유익하다. 만약 그렇다면, 시스템의 사용이 구성요소 및 시스템 형태에서 비록 융통성을 감소시킨다고 할지라도 최대 출력 추종(MPPT) 회로는 더 자유롭게 이용이 가능하며, 시스템은 바람직할 것이다. 그러나 직접 결합된 시스템이 부적합한 경우가 있는데, 다음과 같다.

1. 양수할 때 적당한 효율을 가진 원심 펌프를 사용하기에 양수 높이가 너무 클 때
2. 일부 큰 시스템들과 쓰일 때처럼, 적합한 직류 전동기를 이용할 수 없을 때
3. 많은 일조시 양수율이 수원 보충률을 초과할 때
4. 에너지 저장을 위해 사용되는 배터리가 필수적일 때(즉, 양수한 물의 '이용도'가 아주 높고 수조 저장은 부적당할 때-예를 들면 휴대용 장치)
5. 과도하게 흐린 날씨가 특징인 지역에서는 직접 결합된 시스템의 부하 효율을 떨어뜨려 불가능하게 한다.

많은 양수 이용에서 앞서 설명한 특징으로 되지는 않고, 직접 결합 시스템에도 사정에 따라 적당히 알맞다. 그러나, 최대 출력 추종(MPPT) 회로의 이용은 상업적으로 많이 공급된 펌프 시스템(von Aichberger, 2003)을 포함하여 펌프 제품에 있어 점점 일반화된다.

12.3 직접 결합 시스템의 설계

직접 결합 시스템은 원심 펌프와 같이 작은 기동 토크를 갖는 펌프가 태양전지판으로부터 직접 전력을 공급받는 직류 전동기에 의해 구동될 수 있다. 물의 높이, 유량 또는 압력 감지 변환기에 의해 작동되는 안전 컷아웃 릴레이 이외의 배터리, 인버터, 또는 전력 조절 회로는 사용되지 않는다. 태양이 충분히 밝게 비칠 때 시스템은 작동하고 물은 저장 또는 바로 사용되기 위해 역시 양수된다.

직접 결합된 태양광 양수 시스템의 설계를 위한 접근 방법은 부록 H에서 제공된다. 주요 고려사항은 다음과 같다.

1. 양수될 물의 양과 얼마간의 기간. 양수될 양은 그 해에 걸쳐 현저히 변화할지도 모르고, 사실 일부 관개 이용으로 인해서 그 해의 몇 달은 완전히 심각

해지지 않는다. 이것은 태양광 어레이의 경사각과 중요한 관련이 있다. 예를 들어:

- 약 수요 프로필이 일년 내내 비교적 일정하면(국내 물 공급을 위한 것과 같이) 위도 +20° 부근에서의 경사각이 일년에 걸쳐 태양전지판에 떨어지는 가장 균일한 일사 수준을 제공하기 위해 필요할 것이다.
- 양수된 물의 양이 일년 내내 비교적 일정해도 여름 무렵의 명확한 경향으로 인해(식용수로 쓰임과 같이) 위도 +10° 부근에서의 경사각이 아마 바람직할 것이다.
- 양수된 물의 연간 총량이 커지는 경우(큰 저장 저수지와 같이) 위도 −10°에 도달할 범위 부근에서 경사각이 사용되어야 한다.
- 여름철 몇 개월간 양수된 물이 최대가 되는 경우(일부 관개 이용을 위한 것과 같이) 정오에 여름 태양이 비칠 때 태양전지판의 지점을 더 정확하게 확보하기 위해 위도 −20° 부근에서의 경사각이 더 나을 것이다.

일반적으로, 경사각을 증가시킴으로써 그 해에 더 많은 양수가 일정하게 이루어질 것이다.

2. 반드시 양수 높이와 그것의 계절별 변화를 알아야 하고, 가능한 수원 보충 비율에 관련된 정보가 제공되어야 한다.
3. 물 저장을 계산에 포함시키는 것과 물 저장의 재정적인 면은 소비자의 필요에 따라 고려되어야 한다.
4. 어떠한 유효 일조 데이터이든지 얻어야 하며, 부록 B와 제1장에 있는 지침과 관련해 이용해야 한다. 그림 H.1은 정오에 각 β에서 태양전지판 위에 빛의 세기를 결정하기 위한 절차를 나타낸다.
5. 시동 토크의 필요 조건, 동작 헤드의 범위, 제품에 따른 어떠한 물리적 규모 제한에 적합한 펌프를 선택하고, 최대 효율로 동작시 물의 필요량을 양수한다. 시스템 매칭을 위해서는 선택된 펌프의 토크-속도 특성이 기본적으로 필요하다.
6. 펌프와 적합한 토크-속도 특성의 전동기를 선택하라. 설계 속도에 펌프를 조율하기 위해, 필요한 토크가 생성될 때 최대 효율 부근의 전동기가 동작하는 것이 중요하다. 다음 식을 살펴보면

$$V_m = I_a R_a + K\Phi N \tag{12.1}$$

여기서 V_m은 전동기 전압, I_a는 전기자 전류, R_a는 전기자 저항, K는 전동기 상수, Φ는 자속 밀도이고, N은 회전 속도이다.

식 (12.1)에서 전동기 전극에 걸린 전압(V_m)은 두 개의 구성으로, I_aR_a는 전기자 권선의 저항 $K\Phi N$에 의한 전압 강하이고, N은 생성된 역기 전력으로 회전 속도 Φ과 자속 밀도에 비례한다.

만약, 지금 영구 자석 직류 전동기를 고려하면, Φ는 거의 일정한데, 인가된 전압이나 소비되는 전류에 독립적이다. 그리고 계자 권선에 요구되는 전류가 없으므로 I_a는 전체 전동기 전류 I_m이 된다. 그래서, 식 (12.1)을 (12.2)로 다시 쓸 수 있다.

$$V_m = I_m R_a + K\Phi N \tag{12.2}$$

그러한 하나의 전동기에 의해 발생되는 전자기 토크는 전기자 전류(즉, I_m)에 비례하고 또한 자속 밀도 Φ(일정)에 비례한다. 이로부터 식 (12.3)을 얻을 수 있다.

$$\tau_e = K'\Phi I_m \tag{12.3}$$

K'는 전동기의 물리적 크기와 전기자의 권선 수와 관련된 상수이다(Hambley, 2002).

전동기가 물 펌프와 같은 부하 구동 시에, 정상 상태에 도달하기까지 전동기의 속도는 계속 가변한다. 즉, 식 (12.4)와 같을 때

$$\tau_e = \tau_l \tag{12.4}$$

여기서 τ_l는 특정 속도에서의 부하 구동 시 필요한 토크이다.

어떤 상업적인 펌프든지, 토크 대 속도(τ_l 대 N) 특성이 공급자로부터 제공되어야 한다. 각 속도(N) 값에 대하여 τ_l을 얻을 수 있고, I_m은 식 (12.3)과 (12.4)를 사용하여 산출할 수 있다. 식 (12.2)에서 I_m과 N의 연속적인 이용을 통해 V_m에 대응하는 값을 얻는다. 그 결과, 펌프의 각 N에서 태양광 전지판에 필요한 전동기 전압 및 전류가 결정된다. 그러나, 태양광 전지판에 의해 생성된 실제 전압은 배선에서의 저항 손실을 허용하기 위해 측정되는 것보다 약 2% 더 높게 할 필요가 있다.

7. 태양광 시스템의 적합한 크기로써 전체 시스템 효율성을 동시에 극대화하면서 해당하는 전체 시스템 설계를 가능하게 할 것이다. 이를 위해 최대 출력

점에서의 전압과 전류 모두 가장 적절한 값을 구할 필요가 있다. 불행히도, 표준 상업용 모듈에 유효한 전압과 관련된 선택권은 조금밖에 없다. 이것은 일반적으로 배터리 충전, 조절, 블로킹 다이오드를 위한 초과 전압 용량을 고려하여 12V 시스템을 위해 제작되고, 다수의 직렬 연결로 12V 시스템 전압을 증가시키는 형태로 연결될 수 있다. 이러한 제한은 직류-직류(DC-DC) 컨버터의 이용으로 극복할 수 있다. 비교하면, 다른 제조사에 의해 이용되는 태양전지 크기의 범위와 기술 때문에 단락 전류 상태에서 적절한 선택이 존재한다. 태양광 출력과 물펌프 서브시스템의 매칭 필요에 의한 최적의 태양광 구성의 접근법이 부록 H에 있다.

참/고/문/헌

Updated World Wide Web links can be found at www.pv.unsw.edu.au/apv_book_refs.

Arab, A. H., Chenlo, F. & Benghanem, M. (2004), 'Loss-of-load probability of photovoltaic water pumping systems', *Solar Energy*, **76**(6), pp. 713–723.

Dankoff, W. (1997) 'An Introduction to solar water pumping with Windy Dankoff', in *Renewable Energy with the Experts*, Scott S. Andrews, Sausalito, USA (NTSC videotape).

Halcrow, W. and Partners and the Intermediate Technology Development Group (1981), *Small-Scale Solar Powered Irrigation Pumping Systems—Phase 1 Project Report*, UNDP Project GLO/78/004, World Bank, London.

Hambley, A.R. (2002), *Electrical Engineering:Principles and Applications*, 2nd Edn., Prentice Hall, Upper Saddle River, New Jersey, pp. 728–729.

Mayer, O., Baumeister, A. & Festl, T. (1992), 'A novel PC software tool for simulation and design of photovoltaic pumping systems', Proc. 11th EC Photovoltaic Solar Energy Conference, Montreux, Switzerland, pp. 1395–1398.

Protogeropoulos, C. & Pearce, S. (2000), 'Laboratory evaluation and system sizing charts for a "second generation" direct PV-powered, low cost submersible solar pump', *Solar Energy*, **68**(5), pp. 453–474.

Sharma, V.K., Colangelo, A., Spagna, G. & Cornacchia, G. (1995), 'Photovoltaic water pumping system: Part II—Design methodology and experimental evaluation of some photovoltaic water pumping systems', *RERIC International Energy Journal*, **17**(2), pp. 121–144.

Thomas, M.G. (1987), *Water Pumping. The Solar Alternative*, Sandia National Laboratories, Report No. SAND87-0804, Albuquerque (www.prod.sandia.gov/cgi-bin/techlib/access-control.pl/1987/870804.pdf).

von Aichberger, S. (2003), 'Pump up the volume. Market survey on solar pumps', *Photon International*, December, pp. 50–57.

Appendix A

표준 AM0와 AM1.5 스펙트럼들

표 A.1은 표준 ASTM G173-02(ASTM, 2003)로부터 국가 재생 에너지 실험실에 의해 온라인에 올라온 것의 요약본이다. 표준 분광분포의 이러한 요약본은 단지 정보 제공용이다. 이는 더욱 확장되어 완성된 표의 한 예이기 때문에 응용을 위해 개발된 표본에서 요약본을 사용한다면 표본에 나온 완성된 표의 사용으로 얻은 것과 같은 결과를 얻지 못 할 것이다.

표본으로부터 이번 요약본에 대한 재제작 허가는 ASTM으로부터 받았다.

ASTM 표준 분광분포는 Gueymard(1995, 2001)의 SMARTS 분광 모델을 사용하여 계산되었다.

표 A.1 표준 AM 0, 전체 AM 1.5, 직사와 태양주변의 AM 1.5 분광(비교 태양광 분광 조사에 관한 G173-03 표준 표로부터 허가 하에 참고됨: 37° 정도 경사진 표면에 직사 또는 반구로, 저작권 국제 ASTM, 100 Barr harbor 거리, West Conshohocken, PA 19428)

wave-length (nm)	AM 0 (W/m²/nm)	global AM 1.5 (W/m²/nm)	direct and circumsolar AM 1.5 (W/m²/nm)
280	8.2000E–02	4.7309E–23	2.5361E–26
290	5.6300E–01	6.0168E–09	5.1454E–10
300	4.5794E–01	1.0205E–03	4.5631E–04
310	5.3300E–01	5.0939E–02	2.7826E–02
320	7.7500E–01	2.0527E–01	1.1277E–01
330	1.1098E+00	4.7139E–01	2.6192E–01
340	1.0544E+00	5.0180E–01	2.9659E–01
350	1.0122E+00	5.2798E–01	3.2913E–01
360	1.0890E+00	5.9817E–01	3.9240E–01
370	1.2934E+00	7.5507E–01	5.1666E–01
380	1.1520E+00	7.0077E–01	4.9751E–01
390	1.2519E+00	7.9699E–01	5.8457E–01
400	1.6885E+00	1.1141E+00	8.3989E–01
410	1.5370E+00	1.0485E+00	8.0910E–01
420	1.5990E+00	1.1232E+00	8.8467E–01
430	1.2120E+00	8.7462E–01	7.0134E–01
440	1.8300E+00	1.3499E+00	1.0993E+00
450	2.0690E+00	1.5595E+00	1.2881E+00
460	1.9973E+00	1.5291E+00	1.2791E+00
470	1.9390E+00	1.5077E+00	1.2749E+00
480	2.0680E+00	1.6181E+00	1.3825E+00
490	2.0320E+00	1.6224E+00	1.3968E+00
500	1.9160E+00	1.5451E+00	1.3391E+00
510	1.9100E+00	1.5481E+00	1.3497E+00
520	1.8600E+00	1.5236E+00	1.3349E+00
530	1.8920E+00	1.5446E+00	1.3598E+00
540	1.8000E+00	1.4825E+00	1.3096E+00
550	1.8630E+00	1.5399E+00	1.3648E+00
560	1.7860E+00	1.4740E+00	1.3118E+00
570	1.8280E+00	1.4816E+00	1.3240E+00
580	1.8340E+00	1.5020E+00	1.3455E+00
590	1.7218E+00	1.3709E+00	1.2316E+00
600	1.7700E+00	1.4753E+00	1.3278E+00
610	1.7240E+00	1.4686E+00	1.3237E+00
620	1.7110E+00	1.4739E+00	1.3299E+00
630	1.6650E+00	1.3924E+00	1.2589E+00
640	1.6130E+00	1.4340E+00	1.2962E+00
650	1.5260E+00	1.3594E+00	1.2299E+00
660	1.5580E+00	1.3992E+00	1.2668E+00
670	1.5340E+00	1.4196E+00	1.2853E+00
680	1.4940E+00	1.3969E+00	1.2650E+00
690	1.4790E+00	1.1821E+00	1.0746E+00
700	1.4220E+00	1.2823E+00	1.1636E+00
710	1.4040E+00	1.3175E+00	1.1954E+00
720	1.3487E+00	9.8550E–01	8.9940E–01
730	1.3357E+00	1.1285E+00	1.0294E+00
740	1.2830E+00	1.2195E+00	1.1119E+00
750	1.2740E+00	1.2341E+00	1.1273E+00
760	1.2590E+00	2.6604E–01	2.4716E–01
770	1.2146E+00	1.1608E+00	1.0646E+00
780	1.1930E+00	1.1636E+00	1.0687E+00
790	1.1704E+00	1.0910E+00	1.0045E+00
800	1.1248E+00	1.0725E+00	9.8859E–01
810	1.1100E+00	1.0559E+00	9.7488E–01
820	1.0740E+00	8.6188E–01	7.9899E–01
830	1.0563E+00	9.1601E–01	8.4930E–01
840	1.0500E+00	1.0157E+00	9.4124E–01
850	9.1000E–01	8.9372E–01	8.2900E–01
860	1.0000E+00	9.8816E–01	9.1764E–01
870	9.7700E–01	9.6755E–01	8.9933E–01
875	9.3562E–01	9.2687E–01	8.6204E–01
880	9.4856E–01	9.3957E–01	8.7434E–01
885	9.5469E–01	9.4423E–01	8.7913E–01
890	9.4236E–01	9.2393E–01	8.6078E–01
895	9.2600E–01	8.1357E–01	7.5956E–01
900	9.1378E–01	7.4260E–01	6.9429E–01
905	9.1800E–01	8.1709E–01	7.6337E–01
910	8.9496E–01	6.2467E–01	5.8553E–01
920	8.8540E–01	7.4414E–01	6.9657E–01
930	8.6866E–01	4.3210E–01	4.0679E–01
940	8.4000E–01	4.7181E–01	4.4411E–01
950	8.2867E–01	1.4726E–01	1.3944E–01
960	8.0627E–01	4.2066E–01	3.9685E–01
970	7.9140E–01	6.3461E–01	5.9689E–01
980	7.7512E–01	6.0468E–01	5.6941E–01
990	7.5694E–01	7.3227E–01	6.8843E–01

표 A.1 계속

wave-length (nm)	AM 0 (W/m²/nm)	global AM 1.5 (W/m²/nm)	direct and circumsolar AM 1.5 (W/m²/nm)	wave-length (nm)	AM 0 (W/m²/nm)	global AM 1.5 (W/m²/nm)	direct and circumsolar AM 1.5 (W/m²/nm)
1000	7.4255E–01	7.3532E–01	6.9159E–01	1500	3.0077E–01	2.5061E–01	2.4339E–01
1010	7.3055E–01	7.1914E–01	6.7695E–01	1510	2.9394E–01	2.7052E–01	2.6269E–01
1020	7.0127E–01	6.9896E–01	6.5839E–01	1520	2.8786E–01	2.6450E–01	2.5688E–01
1030	6.9208E–01	6.9055E–01	6.5092E–01	1530	2.6731E–01	2.5522E–01	2.4789E–01
1040	6.7440E–01	6.7170E–01	6.3366E–01	1540	2.6857E–01	2.6491E–01	2.5737E–01
1050	6.6117E–01	6.5463E–01	6.1802E–01	1550	2.6961E–01	2.6990E–01	2.6226E–01
1060	6.4831E–01	6.3585E–01	6.0073E–01	1560	2.6546E–01	2.6568E–01	2.5821E–01
1070	6.2165E–01	6.0469E–01	5.7178E–01	1570	2.6068E–01	2.4175E–01	2.3497E–01
1080	6.2250E–01	5.9722E–01	5.6519E–01	1580	2.6381E–01	2.4464E–01	2.3772E–01
1090	6.0442E–01	5.5573E–01	5.2656E–01	1590	2.4154E–01	2.4179E–01	2.3486E–01
1100	6.0000E–01	4.8577E–01	4.6113E–01	1600	2.5259E–01	2.3810E–01	2.3133E–01
1110	5.8700E–01	4.7899E–01	4.5496E–01	1610	2.3312E–01	2.1760E–01	2.1146E–01
1120	5.6850E–01	1.4189E–01	1.3562E–01	1620	2.3407E–01	2.3449E–01	2.2783E–01
1130	5.6401E–01	7.0574E–02	6.7568E–02	1630	2.3655E–01	2.3651E–01	2.2984E–01
1140	5.5573E–01	2.5599E–01	2.4447E–01	1640	2.2571E–01	2.1511E–01	2.0913E–01
1150	5.4623E–01	1.2164E–01	1.1648E–01	1650	2.2840E–01	2.2526E–01	2.1902E–01
1160	5.2928E–01	2.8648E–01	2.7371E–01	1660	2.2412E–01	2.2332E–01	2.1721E–01
1170	5.2875E–01	4.5873E–01	4.3731E–01	1670	2.2208E–01	2.2168E–01	2.1573E–01
1180	5.2199E–01	4.4069E–01	4.2052E–01	1680	2.0641E–01	2.0558E–01	2.0017E–01
1190	5.0583E–01	4.6239E–01	4.4124E–01	1690	2.0845E–01	2.0523E–01	1.9991E–01
1200	5.0005E–01	4.4825E–01	4.2789E–01	1700	2.0539E–01	1.9975E–01	1.9464E–01
1210	4.9225E–01	4.5336E–01	4.3267E–01	1710	1.9894E–01	1.8790E–01	1.8316E–01
1220	4.8433E–01	4.5805E–01	4.3724E–01	1720	1.9799E–01	1.8698E–01	1.8231E–01
1230	4.7502E–01	4.6003E–01	4.3928E–01	1730	1.9309E–01	1.7407E–01	1.6979E–01
1240	4.5968E–01	4.6077E–01	4.4011E–01	1740	1.9001E–01	1.6818E–01	1.6405E–01
1250	4.5860E–01	4.5705E–01	4.3684E–01	1750	1.8518E–01	1.6566E–01	1.6162E–01
1260	4.5018E–01	4.3110E–01	4.1235E–01	1760	1.8243E–01	1.5998E–01	1.5608E–01
1270	4.4212E–01	3.8744E–01	3.7087E–01	1770	1.7969E–01	1.4172E–01	1.3831E–01
1280	4.3543E–01	4.2204E–01	4.0387E–01	1780	1.7553E–01	1.0050E–01	9.8143E–02
1290	4.1851E–01	4.1285E–01	3.9522E–01	1790	1.7371E–01	8.8904E–02	8.6831E–02
1300	4.1537E–01	3.5312E–01	3.3855E–01	1800	1.6800E–01	3.1828E–02	3.1112E–02
1310	4.0714E–01	3.0114E–01	2.8908E–01	1810	1.6859E–01	9.6911E–03	9.4762E–03
1320	3.9875E–01	2.5872E–01	2.4864E–01	1820	1.6000E–01	9.8755E–04	9.6578E–04
1330	3.8548E–01	2.2923E–01	2.2052E–01	1830	1.5921E–01	5.2041E–06	5.0896E–06
1340	3.7439E–01	1.6831E–01	1.6216E–01	1840	1.5552E–01	6.2703E–08	6.1337E–08
1350	3.7081E–01	1.6025E–02	1.5488E–02	1850	1.5337E–01	2.9993E–06	2.9348E–06
1360	3.6464E–01	2.1404E–06	2.0706E–06	1860	1.4933E–01	1.1151E–05	1.0920E–05
1370	3.5912E–01	2.9200E–07	2.8266E–07	1870	1.4565E–01	2.6662E–10	2.6148E–10
1380	3.5682E–01	8.1587E–05	7.9042E–05	1880	1.4667E–01	7.7505E–05	7.6123E–05
1390	3.4736E–01	4.9328E–04	4.7836E–04	1890	1.4041E–01	2.2333E–04	2.1956E–04
1400	3.3896E–01	3.2466E–09	3.1513E–09	1900	1.4041E–01	8.6221E–07	8.4916E–07
1410	3.4046E–01	4.6653E–04	4.5332E–04	1910	1.3654E–01	2.3045E–05	2.2726E–05
1420	3.3270E–01	8.2718E–03	8.0437E–03	1920	1.3463E–01	4.5069E–04	4.4451E–04
1430	3.2277E–01	6.1601E–02	5.9912E–02	1930	1.3145E–01	5.5242E–04	5.4474E–04
1440	3.1269E–01	3.9601E–02	3.8547E–02	1940	1.2950E–01	3.2821E–03	3.2357E–03
1450	3.1774E–01	2.7412E–02	2.6699E–02	1950	1.2627E–01	1.6727E–02	1.6482E–02
1460	3.1367E–01	8.5421E–02	8.3161E–02	1960	1.2610E–01	2.1906E–02	2.1569E–02
1470	3.1010E–01	4.9678E–02	4.8397E–02	1970	1.2375E–01	4.8847E–02	4.8055E–02
1480	3.0626E–01	6.0637E–02	5.9063E–02	1980	1.1968E–01	7.5512E–02	7.4234E–02
1490	3.0093E–01	1.7478E–01	1.6993E–01	1990	1.1977E–01	8.5613E–02	8.4124E–02

표 A.1 계속

wave-length (nm)	AM 0 (W/m²/nm)	global AM 1.5 (W/m²/nm)	direct and circumsolar AM 1.5 (W/m²/nm)
2000	1.1673E–01	3.8156E–02	3.7491E–02
2010	1.1512E–01	3.9748E–02	3.9071E–02
2020	1.1192E–01	4.4981E–02	4.4239E–02
2030	1.0969E–01	8.4856E–02	8.3460E–02
2040	1.0720E–01	8.9781E–02	8.8344E–02
2050	1.0592E–01	6.7927E–02	6.6892E–02
2060	1.0320E–01	6.9193E–02	6.8157E–02
2070	1.0095E–01	6.5676E–02	6.4715E–02
2080	9.9330E–02	8.6812E–02	8.5528E–02
2090	9.7540E–02	8.9100E–02	8.7779E–02
2100	9.6240E–02	8.6133E–02	8.4869E–02
2110	9.4630E–02	8.9654E–02	8.8320E–02
2120	9.3140E–02	8.7588E–02	8.6281E–02
2130	9.2380E–02	8.9774E–02	8.8422E–02
2140	9.1050E–02	9.0767E–02	8.9390E–02
2150	8.9710E–02	8.4639E–02	8.3369E–02
2160	8.7890E–02	8.4170E–02	8.2912E–02
2170	8.5370E–02	8.1996E–02	8.0776E–02
2180	8.4640E–02	8.1808E–02	8.0597E–02
2190	8.3140E–02	7.9068E–02	7.7905E–02
2200	8.2790E–02	7.1202E–02	7.0175E–02
2210	8.0810E–02	7.9315E–02	7.8174E–02
2220	7.9990E–02	7.7730E–02	7.6631E–02
2230	7.8400E–02	7.5773E–02	7.4727E–02
2240	7.6510E–02	7.3118E–02	7.2140E–02
2250	7.5370E–02	7.1937E–02	7.1034E–02
2260	7.4090E–02	6.6929E–02	6.6143E–02
2270	7.3100E–02	6.4867E–02	6.4138E–02
2280	7.1390E–02	6.6288E–02	6.5551E–02
2290	7.1190E–02	6.3220E–02	6.2534E–02
2300	6.9640E–02	5.8824E–02	5.8193E–02
2310	6.8900E–02	6.3870E–02	6.3189E–02
2320	6.7630E–02	5.2031E–02	5.1489E–02
2330	6.6220E–02	5.6824E–02	5.6231E–02
2340	6.5220E–02	4.5836E–02	4.5366E–02
2350	6.4340E–02	4.1536E–02	4.1115E–02
2360	6.3070E–02	5.0237E–02	4.9724E–02
2370	6.2390E–02	3.0817E–02	3.0514E–02
2380	6.1810E–02	4.2552E–02	4.2128E–02
2390	6.0360E–02	3.7109E–02	3.6748E–02
2400	5.9740E–02	4.4150E–02	4.3726E–02
2410	5.9150E–02	3.3813E–02	3.3504E–02
2420	5.7820E–02	2.6590E–02	2.6358E–02
2430	5.7190E–02	4.5099E–02	4.4725E–02
2440	5.6270E–02	4.3249E–02	4.2926E–02
2450	5.4590E–02	1.3611E–02	1.3523E–02
2460	5.4510E–02	3.3363E–02	3.3157E–02
2470	5.3400E–02	1.6727E–02	1.6635E–02
2480	5.2100E–02	8.0395E–03	7.9996E–03
2490	5.2220E–02	3.5113E–03	3.4957E–03

wave-length (nm)	AM 0 (W/m²/nm)	global AM 1.5 (W/m²/nm)	direct and circumsolar AM 1.5 (W/m²/nm)
2500	5.1380E–02	7.0642E–03	7.0328E–03
2510	4.9600E–02	2.2163E–03	2.2063E–03
2520	4.8140E–02	3.7054E–04	3.6879E–04
2530	4.7700E–02	6.3593E–07	6.3279E–07
2540	4.6770E–02	3.7716E–07	3.7521E–07
2550	4.6260E–02	2.8222E–13	2.8066E–13
2560	4.5400E–02	3.1020E–11	3.0842E–11
2570	4.4850E–02	1.5258E–18	1.5151E–18
2580	4.4100E–02	3.8214E–22	3.7933E–22
2590	4.3410E–02	5.4793E–31	5.4369E–31
2600	4.2910E–02	4.4912E–28	4.4556E–28
2610	4.2500E–02	5.9447E–34	5.8970E–34
2620	4.1900E–02	5.6505E–29	5.6056E–29
2630	4.1160E–02	2.8026E–45	2.8026E–45
2640	4.0220E–02	1.1750E–16	1.1657E–16
2650	3.9960E–02	1.4295E–19	1.4186E–19
2660	3.9480E–02	2.6068E–25	2.5880E–25
2670	3.9100E–02	0.0000E+00	0.0000E+00
2680	3.8430E–02	0.0000E+00	0.0000E+00
2690	3.7790E–02	1.0226E–29	1.0178E–29
2700	3.7120E–02	0.0000E+00	0.0000E+00
2710	3.6680E–02	1.1250E–35	1.1239E–35
2720	3.6380E–02	5.6052E–45	5.6052E–45
2730	3.6010E–02	6.0734E–19	6.0929E–19
2740	3.5530E–02	2.3314E–27	2.3435E–27
2750	3.5180E–02	1.6648E–28	1.6758E–28
2760	3.4550E–02	0.0000E+00	0.0000E+00
2770	3.4260E–02	8.3791E–24	8.4528E–24
2780	3.3640E–02	4.8067E–34	4.8532E–34
2790	3.3200E–02	1.2170E–16	1.2295E–16
2800	3.2760E–02	1.6484E–12	1.6665E–12
2810	3.2420E–02	4.0233E–10	4.0695E–10
2820	3.2060E–02	2.0548E–11	2.0789E–11
2830	3.1700E–02	3.9008E–06	3.9475E–06
2840	3.1180E–02	1.9609E–07	1.9849E–07
2850	3.0680E–02	1.1566E–06	1.1708E–06
2860	3.0160E–02	2.5356E–05	2.5672E–05
2870	2.9600E–02	6.3129E–06	6.3922E–06
2880	2.9400E–02	2.4724E–04	2.5037E–04
2890	2.9070E–02	1.8623E–04	1.8860E–04
2900	2.8810E–02	8.1152E–04	8.2183E–04
2910	2.8500E–02	2.7220E–03	2.7566E–03
2920	2.8040E–02	2.8948E–03	2.9316E–03
2930	2.7570E–02	5.8858E–03	5.9606E–03
2940	2.7140E–02	1.6273E–03	1.6479E–03
2950	2.6680E–02	5.2276E–03	5.2935E–03
2960	2.6380E–02	4.5971E–03	4.6549E–03
2970	2.6120E–02	3.5233E–04	3.5676E–04
2980	2.5800E–02	1.3381E–03	1.3548E–03
2990	2.5540E–02	1.0280E–02	1.0407E–02

표 A.1 계속

wave-length (nm)	AM 0 (W/m^2/nm)	global AM 1.5 (W/m^2/nm)	direct and circumsolar AM 1.5 (W/m^2/nm)
3000	2.5250E–02	7.8472E–03	7.9442E–03
3010	2.4980E–02	6.8479E–03	6.9320E–03
3020	2.4660E–02	6.3369E–04	6.4143E–04
3030	2.4420E–02	6.0753E–03	6.1491E–03
3040	2.3930E–02	2.0242E–03	2.0487E–03
3050	2.3950E–02	1.0321E–03	1.0446E–03
3060	2.3760E–02	6.3012E–03	6.3761E–03
3070	2.3440E–02	1.7492E–03	1.7699E–03
3080	2.3150E–02	3.6224E–03	3.6646E–03
3090	2.2800E–02	2.3805E–03	2.4080E–03
3100	2.2430E–02	4.4010E–03	4.4513E–03
3110	2.2110E–02	8.4569E–04	8.5524E–04
3120	2.1740E–02	9.8197E–03	9.9294E–03
3130	2.1450E–02	5.7614E–03	5.8246E–03
3140	2.1180E–02	3.3241E–03	3.3603E–03
3150	2.0880E–02	6.6744E–03	6.7457E–03
3160	2.0730E–02	9.2320E–03	9.3294E–03
3170	2.0520E–02	1.2516E–02	1.2645E–02
3180	2.0320E–02	1.0621E–02	1.0730E–02
3190	2.0190E–02	4.2388E–03	4.2817E–03
3200	1.9940E–02	4.3843E–04	4.4280E–04
3210	1.9760E–02	1.3634E–04	1.3768E–04
3220	1.9540E–02	1.6089E–03	1.6245E–03
3230	1.9380E–02	3.4080E–04	3.4404E–04
3240	1.9210E–02	3.7464E–03	3.7816E–03
3250	1.9090E–02	2.6067E–03	2.6308E–03
3260	1.8800E–02	1.2248E–03	1.2360E–03
3270	1.8600E–02	1.2186E–03	1.2292E–03
3280	1.8370E–02	2.8644E–03	2.8890E–03
3290	1.8260E–02	8.7571E–03	8.8310E–03
3300	1.7920E–02	1.7794E–03	1.7944E–03
3310	1.7700E–02	3.9235E–03	3.9565E–03
3320	1.7300E–02	5.9987E–05	6.0496E–05
3330	1.7130E–02	4.6616E–03	4.7014E–03
3340	1.6850E–02	3.4602E–03	3.4903E–03
3350	1.6600E–02	8.0277E–03	8.0998E–03
3360	1.6360E–02	5.2402E–03	5.2892E–03
3370	1.6180E–02	3.9389E–03	3.9770E–03
3380	1.6010E–02	5.1115E–03	5.1624E–03
3390	1.5900E–02	9.8552E–03	9.9552E–03
3400	1.5640E–02	1.2509E–02	1.2638E–02
3410	1.5540E–02	7.0802E–03	7.1547E–03
3420	1.5430E–02	1.3165E–02	1.3305E–02
3430	1.5220E–02	8.6892E–03	8.7810E–03
3440	1.5050E–02	8.0348E–03	8.1181E–03
3450	1.4920E–02	1.1153E–02	1.1267E–02
3460	1.4800E–02	1.2530E–02	1.2657E–02
3470	1.4660E–02	1.2264E–02	1.2386E–02
3480	1.4480E–02	1.1224E–02	1.1335E–02
3490	1.4360E–02	1.0419E–02	1.0520E–02
3500	1.4230E–02	1.1917E–02	1.2032E–02
3510	1.4050E–02	1.1963E–02	1.2077E–02
3520	1.3930E–02	1.2122E–02	1.2226E–02
3530	1.3800E–02	1.1127E–02	1.1217E–02
3540	1.3670E–02	9.0310E–03	9.1011E–03
3550	1.3570E–02	1.0538E–02	1.0616E–02
3560	1.3360E–02	1.0795E–02	1.0872E–02
3570	1.3250E–02	8.3376E–03	8.3951E–03
3580	1.3080E–02	1.0187E–02	1.0255E–02
3590	1.2980E–02	9.4523E–03	9.5145E–03
3600	1.2850E–02	1.0262E–02	1.0328E–02
3610	1.2740E–02	9.4787E–03	9.5385E–03
3620	1.2640E–02	1.1614E–02	1.1686E–02
3630	1.2510E–02	9.9550E–03	1.0016E–02
3640	1.2400E–02	1.1480E–02	1.1549E–02
3650	1.2280E–02	1.0123E–02	1.0183E–02
3660	1.2150E–02	1.0914E–02	1.0978E–02
3670	1.2040E–02	7.9003E–03	7.9464E–03
3680	1.1890E–02	8.3312E–03	8.3789E–03
3690	1.1770E–02	9.6922E–03	9.7458E–03
3700	1.1550E–02	1.0878E–02	1.0937E–02
3710	1.1510E–02	9.3640E–03	9.4130E–03
3720	1.1440E–02	1.0376E–02	1.0429E–02
3730	1.1340E–02	9.2707E–03	9.3169E–03
3740	1.1080E–02	8.8494E–03	8.8923E–03
3750	1.1040E–02	9.2903E–03	9.3341E–03
3760	1.0940E–02	8.8633E–03	8.9041E–03
3770	1.0860E–02	9.1243E–03	9.1649E–03
3780	1.0740E–02	9.5746E–03	9.6158E–03
3790	1.0630E–02	7.7564E–03	7.7891E–03
3800	1.0530E–02	9.8592E–03	9.8988E–03
3810	1.0430E–02	8.2451E–03	8.2771E–03
3820	1.0340E–02	9.6550E–03	9.6908E–03
3830	1.0250E–02	9.5925E–03	9.6268E–03
3840	1.0150E–02	8.9756E–03	9.0066E–03
3850	1.0050E–02	8.8274E–03	8.8569E–03
3860	9.9400E–03	7.9940E–03	8.0197E–03
3870	9.8300E–03	7.3604E–03	7.3839E–03
3880	9.7500E–03	6.5340E–03	6.5543E–03
3890	9.7100E–03	6.8818E–03	6.9028E–03
3900	9.6000E–03	7.9254E–03	7.9487E–03
3910	9.5200E–03	7.1353E–03	7.1560E–03
3920	9.4100E–03	6.9466E–03	6.9665E–03
3930	9.3200E–03	7.0502E–03	7.0699E–03
3940	9.2300E–03	7.4027E–03	7.4228E–03
3950	9.1100E–03	7.6277E–03	7.6475E–03
3960	9.0200E–03	7.7482E–03	7.7679E–03
3970	8.9300E–03	7.6806E–03	7.6997E–03
3980	8.8400E–03	7.3872E–03	7.4049E–03
3990	8.7800E–03	7.3723E–03	7.3894E–03
4000	8.6800E–03	7.1043E–03	7.1199E–03

참/고/문/헌

www.pv.unsw.edu.au/apu_book_refs.에 게시되어 있음.

NREL(2004), *Reference Solar Spectral Irradiance: Air Mass 1.5*, (rredc.nrel.gov/solar/spectra/am1.5).

ASTM(2003), *G173-03 Standard Tables for Reference Solar Spectral Irradiances: Direct Normal and Hemispherical on 37° Tilted Surface* (www.astm.org/cgi-bin/SoftCart.exe/STORE/filtrexx40.cgi?U+mystore+eteh4957+-L+G173NOT:(STATUS:<NEAR/1>:REPLACED)+/usr6/htdocs/astm.org/DATABASE.CART/REDLINE_PAGES/G173.htm)

Gueymard, C.A.(1995), 'SMARTS, A simple model of the atmospheric radiative transfer of sunshine: Algorithms and performance assessment', Technical Report No. FSEC-PF-270-95, Cocoa, Florida Solar Energy Center (rredc.nrel.gov/solar/models/SMARTS).

Gueymard, C.A.(2001), 'Parameterised transmittance model for direct beam and circumsolar spectral irradiance', *Solar Energy*, 71(5), pp. 325-346.

Appendix B

태양위치 계산을 위한 수식들

Definitions

AZI = solar azimuth($0-360°$)

ALT = solar altitude(elevation), relative to horizontal(zenith=$90°$)

ZEN = zenith angle, relative to vertical=$90° - ALT$

ORI = orientation of surface normal relative to azimuth

HSA = horizontal shadow angle

VSA = vertical shadow angle on perpendicular normal plane

INC = angle of incidence relative to surface normal

LAT = geographical latitude of site(negative for South)

DEC = declination(between sun-earth line and equatorial plane)

HRA = hour angle from solar noon($15°$ per hour)

SRA = sunrise azimuth(i.e. azimuth at sunrise)

SRT = sunrise time

NDY = number of day of year

N = day angle

TIL = tilt angle of surface relative to horizontal

Expressions

$$DEC = 23.45° \sin\left[\frac{2\pi}{365}(284 + NDY)\right]$$

or more accurately

$$DEC = 0.33281 - 22.984\cos N + 3.7372\sin N - 0.3499\cos(2N) + 0.03205\sin(2N) - 0.1398\cos(3N) + 0.07187\sin(3N)$$

$$N = \frac{360°}{365} NDY$$

$$HRA = 15°(hour - 12)$$

$$ALT = \mathrm{asin}[\sin DEC \sin LAT + \cos DEC \cos LAT \cos HRA]$$

$$AZI' = \mathrm{acos}\left[\frac{\cos LAT \sin DEC - \cos DEC \sin LAT \cos HRA}{\cos ALT}\right]$$

$$AZI = \begin{cases} AZI', \text{ for } HRA < 0 \text{ (i.e. AM)} \\ 360° - AZI', \text{ for } HRA > 0 \text{ (i.e. PM)} \end{cases}$$

$$HSA = AZI - ORI$$

$$VSA = \mathrm{atan}\left[\frac{\tan ALT}{\cos HRA}\right]$$

$$INC = \mathrm{acos}[\sin ALT \cos TIL + \cos ALT \sin TIL \cos HSA]$$

$$= \begin{cases} \mathrm{acos}[\cos ALT \cos HSA], \text{ for vertical surfaces} \\ ZEN = 90° - ALT, \text{ for horizontal surfaces} \end{cases}$$

$$SRA = \mathrm{acos}[\cos LAT \sin DEC + \tan LAT \tan DEC \sin LAT \cos DEC]$$

$$SRT = 12 - \frac{\mathrm{acos}(-\tan LAT \tan DEC)}{15°}$$

다른 방법으로, US Naval Obserbatory(2003)의 "2000년의 두 세기 내에 약 1 arcminute의 정확도에 태양의 각 배치 계산을 위한 알고리즘"이 있다.

참/고/문/헌

*www.pv.unsw.edu.au/apv_book_refs*에 게시되어 있음.

US Naval obvervatory(2003), *Approximate Solar Coorinates* (aa.usno.navy.mil/faq/docs/SunApprox.html).

Appendix C

특성일과 감소량

태양 에너지 이용도 평가에 있어, 각 달을 대표하는 특정일과 편차값을 사용하는 것이 보통이다. 각 월별 특성 편차에 대해, 지구 밖 태양 조사는 그 월별 평균값과 동등하다. 표 C.1에 주어진 값은 Iqbal의 표 4.2.1로부터 재계산되었다(1983).

표 C.1 특정일과 편차

month	date	declination (°)	characteristic day number
January	17	−20.84	17
February	14	−13.32	45
March	15	−2.40	74
April	15	+9.46	105
May	15	+18.78	135
June	10	+23.04	161
July	18	+21.11	199
August	18	+13.28	230
September	18	+1.97	261
October	19	−9.84	292
November	18	−19.02	322
December	13	−23.12	347

참/고/문/헌

Iqbal, M.(1983), *An Introduction to Solar Radiation*, Academic, Toronto.

Appendix D

일사 데이터의 출처

Updated World Wide Web links can be found at www.pv.unsw.edu.au/ apv_book_refs.

D.1 지상 측정

World Radiation Data Centre

- wrdc.mgo.rssi.ru
- wrdc-mgo.nrel.gov

Baseline Surface Radiation Network(BSRN), World Radiation Monitoring Center(WRMC)

- bsrn.ethz.ch

National Climatic Data Center(USA)

- www.ncdc.noaa.gov/oa/ncdc.html

Meteonorm(commercial)

- www.meteotest.ch/en/mn_home?w=ber

International Solar Irradiation Database, University of Massachusetts-Lowell

- energy.caeds.eng.uml.edu/solbase.html

Other

- Censolar(1993), *Valores Medios de lrradiacion Solar sobre Suelo Horizontal(Mean Values of Solar Radiation on Horizontal Surface)*, International H-World Database, Sevilla, Spain, Progensa, ISBN 84-86505-44-5.

- Sandia National Laboratories(1991), *Stand-Alone Photovoltaic Systems. A Handbook of Recommended Design Practices*(SAND87-7023) (www.sandia.Gov/pv/docs/Programmatic.htm).
- SOLMET, 'Solar radiation-Surface meteorological observations', National Climatic Data Center, Asheville, NC, USA, Report TD-9724, 1979.

D.2 위성 공급 데이터

NASA Surface Meteorology and Solar Energy

- eosweb.larc.nasa.gov/sse

Interfaces to RETScreen free modeling program

- www.retscreen.net

SeaWiFS Surface Solar Irradiance

- www.giss.nasa.gov/data/seawifs

International Satellite Cloud Climatology Project:

- isccp.giss.nasa.gov

D.3 오스트레일리아와 뉴질랜드

Australian Solar Radiation Data Handbook

- anzses.sslaccess.com/Bookshop.html

Bureau of Meteorology

- www.bom.gov.au/sat/solrad.shtml
- www.bom.gov.au/climate/averages
- www.bom.gov.au/climate/averages/climatology/sunshine_hours/sunhrs.shtml
- *Catalogue of Solar Radiation Data Australia*, Australian Government Publishing Service, Canberra, 1979.(Lists type of information available Through the Bureau of Meteorology, measurement sites and types of measurements.)

Solar resource in Victoria

- www.sustainable-energy.vic.gov.au/renewable_energy/resources/solar/index.asp

ANUCLIM

- cres.anu.edu.au/outputs/climatesurfaces/creswww.pdf

UNSW Centre for Photovoltaic Engineering:

- www.pv.unsw.edu.ac/Research/i?.asp(Data for Canberra)

Other

- Paltridge, G.W. & Proctor, D.(1976), 'Monthly mean solar radiation statistics for Australia', *Solar Energy*, **18**, 235-243.
- Maunder, W.J.(1971), 'Elements of New Zealand's climate, in Gentilli, J. (Ed.), 'Climates of Australia and New Zealand', *World Survey of Climatology*, **13**, Elsevier, Amsterdam, pp. 229-264.
- Benseman, R.F. & Cook, F.W.(1969), 'Solar radiation in New Zealand-The standard year and radiation on inclined slopes', *New Zealand Journal of Science*, **12**, pp. 696-708.

D.4 유럽

General

- sunbird.jrc.it/pvgis/pvestframe.php

Satel-Light

- www.satel-light.com/core.htm

Hlioclim

- www.helioclim.net/index.html

SoDa

- www.soda-is.com

European Solar Radiation Atlas

- www.ensmp.fr/Fr/Services/PressesENSMP/Collections/ScTerEnv/Livres/atlas_tome1.htm
- www.ensmp.fr/Fr/Services/PressesENSMP/Collections/ScTerEnv/Livres/atlas_tome2.htm

Other

- Palz, W. & Greif, J.(1996), *European Solar Radiation Atlas*, Springer & Commission of the European Communities.
- Page, J., Albuisson, M. & Wald, L.(2001), 'The European Solar Radiation Atlas: A valuable digital tool', *Solar Energy*, **71**, pp. 81-83.
- Font, T.I.(1984), *Atlas de la Radiación solar en España*, Instituto Nacional de Meterorologia, Madrid.

- Insitut Catalá d' Energia(1996), *Atlas de radació solar a Catalunya*, Insitut Catalá d' Energia, Barcelona.

D.5 홍콩

- www.weather.gov.hk/wxinfo/climat/normals.htm
- Lam, J.C. & Li, D.H.W.(1996), 'Study of solar radiation data for Hon Kong', *Energy Conservation & Management*, **37**, pp. 343-351.

D.6 미국

University of Wisconsin Solar Energy Lab

- sel.me.wisc.edu/trnsys
- Solar and Meteorological Surface Observational Network CDROM ols.nndc.noaa.gov/plolstore/plsql/olstore.prodspecific?prodnum=C00115-CDR-S0002

NREL Renewable Resource Data Centre

- rredc.nrel.gov/solar

Integrated Surface Irradiance Study

- www.srrb.noaa.gov/isis/index.html

Florida Solar Energy Center, Photovoltaic Systems Data Network

- www.fsec.ucf.edu/pvt/Pvdb/index.htm

Other

- Hulstrom, R.L.(1988), *Solar Resources*, Cambridge, MIT Press

D.7 알제리아

- Capderou, M.(1988), *Atlas Solaire de l'Algerie*, Tome 2: Aspect énergétique, Office des publications Universitaires, Alger.

D.8 브라질

- Colle, S. & Pereira, E.(1988), *Atlas de Irradiacao Solar do Brasil*, INM, Labsolar EMC-UFSC.

D.9 회귀분석 상수들

Following are sources for regression constantsfor estimation of monthly average of daily global radiation incident on a horizontal surface from sunshine hours data

- Muirhead, I.J. & Kuhn, D.J.(1990), 'Photovoltaic power system design using available meteorological data', Proc. 4th International Photovoltaic Science and Engineering Conference, Sydney, 1989, pp. 947-953.(Regression data for Australia.)
- Rietveld, M.R.(1978), 'A new method for estimating the regression coefficients in the formula relating solar radiation to sunshine', *Agricultural Meteorology*, **19**, pp. 243-252.(Collects and reviews data from around the world.)
- Löf, G.O.G., Duffie, J.A. & Smith, C.O.(1966), 'World distribution of solar radiation', *Solar Energy*, **10**(1), pp. 27-37.(Collects and reviews data from around the world.)
- Hounam, C.E.(1963), 'Estimates of solar radiation over Australia', *Australian Meteorological Magazine*, **43**, pp. 1-14.(Six Australian sites and interpolated maps for average daily insolation across Australia for January and June.)
- Iqbal, M.(1983), *An Introduction to Solar Radiation*, Academic Press, Toronto.(Regression data for Canada.)
- Schulze, R. E.(1976), 'A physically based method of estimating solar radiation from sunshine records', *Agricultural Meteorology*, **16**, pp. 85-101.(Critical review.)
- Turton, S. M.(1987), *Solar Energy*, **38**, p. 353.(Tropical sites around the world.)

D.10 이론적 모델과 계산들

'Bird' clear sky and spectral insolation models

- www.nrel.gov/analysis/analysis_tools_tech_sol.html

National Renewable Energy Laboratory, Solar Technology Analysis Models and Tools. DISC and SMARTS models to estimate the direct beam component from hourly average measured global horizontal data

- www.nrel.gov/analysis/analysis_ tools_tech_sol.html

Building energy software tools directory

- www.eere.energy.gov/buildings/tools_directory/subjects.cfm/pagename =subjects/pagename_menu=other_applications/pagename_submenu= solar_climate_analysis

Sun_Chart solar position calculator

- www.esru.strath.ac.uk/Courseware/Design_tools/Sun_chart/sun-chart.htm

Sustainable Design software tools

- www.susdesign.com/design-tools.html

Maui Solar Energy Design Software Corporation

- www.mauisolarsoftware.com

D.11 GLOBAL GAZETTEER

The Global Gazetteer is an index of the world's cities and towns, including latitude, longitude and elevation.

- www.fallingrain.com

참/고/문/헌

Updated World Wide Web links can be found at www.pv.unsw.edu.au/apv_book_refs.

Chapman, R.N. (1990), 'The synthesis of solar radiation data for sizing stand-alone photovoltaic systems', Proc. IEEE Photovoltaics Specialists Conference, IEEE, pp. 965–970.

Garrison, J.D. (2002), 'A program for calculation of solar energy collection by fixed and tracking collectors', *Solar Energy*, **73**(4), pp. 241–255.

Lof, G.O., Duffie, J.A. & Smith, C.O. (1996), *World Distribution of Solar Radiation*, Solar Energy Laboratory, University of Wisconsin, Madison.

Marion, W. & George, R. (2001), 'Calculation of solar radiation using a methodology with worldwide potential', *Solar Energy*, **71**(4), pp. 275–283.

Nunez, M. (1990), 'Satellite estimation of regional solar energy statistics for Australian capital cities', *Meteorological Study No. 39*, Bureau of Meteorology.

Power, H. (2001), 'Estimating clear-sky beam irradiation from sunshine duration', *Solar Energy*, **71**, pp. 217–224.

Reddy, T.A. (1987), *The Design and Sizing of Active Solar Thermal Systems*,

Clarendon Press, Oxford.

Solarbuzz (2004), 'Solar energy links' (www.solarbuzz.com/Links/Technical.htm).

International Energy Agency Photovoltaic Power Systems Programme, Task 2 (2004), 'The availability of irradiation data', Report IEA-PVPS T2-04: 2004 (www.iea-pvps-task2.org).

Appendix E

STANDARDS

E.1 ASTM INTERNATIONAL

(See www.astm.org)

- BSR/ASTM Z8507Z-200x Measurement of electrical performance and sprctral response of nonconcentrator multijunction photovoltaic cells and modules.
- C1549-02 Standard test method for determination of solar reflectance near ambient temperature using a portable solar reflectometer.
- E1021-95(2001) Standard test methods for measuring spectral response of photovoltaic cells.
- E1036-02and E1036M-96e2 Standard test methods for electrical performance of nonconcentrator terrestrial photovoltaic modules and arrays using reference cells.
- E1038-98(2004) Standard test method for determining resistance of photovoltaic modules to hail by impact with propelled ice balls.
- E1040-98 Standard specification for physical characteristics of nonconcentrator terrestrial photovoltaic reference cells.
- E1125-99 Standard test method for calibration of primary non-concentrator terrestrial photovoltaic reference cells using a tabular spectrum.
- E1143-99 Standard test method for determining the linearity of a photovoltaic device parameter with respect to a test parameter.
- E1171-01 Standard test method for photovoltaic modules in cyclic temperature and humidity environments.

- E1175-87(1996) Standard test method for determining solar or photopic reflectance, transmittance, and absorptance of materials using a large diameter integrating sphere.
- E1328-03 Standard terminology relating to photovoltaic solar energy conversion.
- E1362-99 Standard test method for calibration of non-concentrator photovoltaic secondary reference cells.
- E1462-00 Standard test methods for insulation integrity and ground path continuity of photovoltaic modules.
- E1596-99 Standard test method for saltwater pressure immersion and temperature testing of photovoltaic modules for marine environments.
- E1597-99 Standard test method for saltwater pressure immersion and temperature testing of photovoltaic modules for marine environments.
- E1799-02 Standard practice for visual inspections of photovoltaic modules.
- E1802-01 Standard test methods for wet insulation integrity testing of photovoltaic modules.
- E1830-04 Standard test method for determining mechanical integrity of photovoltaic modules.
- E1918-97 Standard test method for measuring solar reflectance of horizontal and low-sloped surfaces in the field.
- E1980-01 Standard practice for calculating solar reflectance index of horizontal and low-sloped opaque surfaces.
- E2047-99 Standard test method for wet insulation integrity testing of photovoltaic arrays.
- E2236-02 Standard test method for measurement of electrical performance and spectral response of nonconcentrator multijunction photovoltaic cells and modules.
- E424-71(2001) Standard test method for solar energy transmittance and reflectance(terrestrial) of sheet materials.
- E434-71(2002) Standard test method for calorimetric determination of hemispherical emittance and the ratio of solar absorptance to hemispherical emittance using solar simulation.
- E490 Standard solar constant and air mass zero solar spectral irradiance tables.
- E772-87(2001) Standard terminology relating to solar energy conversion.
- E816-98(2002) Standard test method for calibration of pyrheliometers by

comparison to reference pyrheliometers.

- E824-94(2002) Standard test method for transfer of calibration from reference to field radiometers.
- E913-82(1999) Standard test method for calibration of reference pyranometers with axis vertical by the shading method.
- E927-04a Standard specification for solar simulation for terrestrial photovoltaic testing.
- E941-83(1999) Standard test method for calibration of reference pyranometers with axis tilted by the shading method.
- E948-95(2001) Standard test method for electrical performance of photovoltaic cells using reference cells under simulated sunlight.
- E971-88(1996) el Standard practice for calculation of photometric transmittance and reflectance of materials to solar radiation.
- E972-96(2002) Standard test method for solar photometric transmittance of sheet materials using sunlight.
- E973-02 Standard test method for determination of the spectral mismatch parameter between a photovoltaic device and a photovoltaic reference cell.
- E973M-96 Standard test method for determination of the spectral mismatch parameter between a photovoltaic device and a photovoltaic reference cell [Metric].
- G130-95(2002) Standard test method for calibration of narrow-and broadband ultraviolet radiometers using a spectroradiometer.
- G138-03 Standard test method for calibration of a spectroradiometer using a standard source of irradiance.
- G159-98 Standard tables for references solar spectral irradiance at air mass 1.5 : Direct normal and hemispherical for a 37° tilted surface.
- G167-00 Standard test method for calibration of a pyranometer using a pyrheliometer.
- G173-03 Standard tables for reference solar spectral irradiances: Direct normal and hemispherical on 37° titled surface.
- G177-03 Standard tables for reference solar ultraviolet spectral distributions : hemispherical on 37° tilted surface.
- WK3436 Standard test method for hot spot testing of photovoltaic modules.
- WK558 Reference solar spectral irradiances: Direct normal and hemispherical on 37° tilted surface.

E.2 호주– STANDARDS AUSTRALIA

- AS/NZS 1170.2:2002 Structural design actions – Wind actions.
- AS/NZS 1170.2.Supp 1:2002 Structural design actions – Wind actions – Commentary(Supplement to AS/NZS 1170.2:2002).
- AS4086.2-1997 Secondary batteries for use with stand-alone power systems – Installation and maintenance.
- AS 4509.1-2002 Stand-alone power systems – Safety requirement.(1999, first amendment 2000).
- AS 4509.2-2002 Stand-alone power systems – System design guidelines(2002)
- AS 4509.3-1999 Stand-alone power systems – Installation and maintenance(1999, first amendment 2000).
- AS 4777.1-2005 Grid connection of energy systems via inverters – Installation requirements.
- AS 4777.2-2002 Grid connection of energy systems via inverters – Inverter requirements
- AS 4777.3-2002 Grid connection of energy systems via inverters – Protection requirements.
- AS/NZS 3000 series, General electrical installation standards.
- AS/NZS 5033-2005 Installation of photovoltaic(PV) arrays.

E.3 캐나다–STANDARDS COUNCIL OF CANADA

- CAN/CSA-F382-M89 Characterization of storage batteries for photovoltaic systems.

E.4 중국–STANDARDIZSTION ADMINISTRATION OF CHINA(SAC)

- GB/T 11010-1989 Spectrum standard solar cell.
- GB/T 11011-1989 General rules for measurements of electrical characteristics of amorphous silicon solar cells.
- GB/T 12085.9-1989 Optics and optical instruments inverters – Environmental test methods inverters – Solar radiation.
- GB/T 12785-2002 Test methods for submersible motor-pumps.

- GB/T 1337.1-1991 Stationary acid spray-proof lead-acid batteries inverters—Technical conditions.
- GB/T 1337.2-1991 Stationary acid spray-proof lead-acid batteries inverters—Capacity specifictions and size.
- GB/T 13468-1992 Measurement and calculation methods of electric energy balance for pumps systems.
- GB/T 16750.1-1997 Thy types, general parameters and conjunction sizes of electrical submersible pumping equipment.
- GB/T 16750.2-1997 Electrical submersible pump inverters—Technical specifications.
- GB/T 16750.3-1997 The test method for electrical submersible pump units.
- GB/T 17386-1998 Recommended practice for sizing and selection of electric submersible pump installations.
- GB/T 17387-1998 Recommended practice for the operation, maintenance and troubleshooting of electric submersible pump installations.
- GB/T 17388-1998 Recommended practice for electric submersible pump installations.
- GB/T 17683.1-1999 Solar energy inverters—Reference solar spectral irradiance at the ground at different receiving conditions inverters—Part 1: Direct normal and hemispherical solar irradiance for air mass 1.5.
- GB/T 18050-2000 Recommended practice for testing of electric submersible pump cable systems.
- GB/T18051-2000 Recommended practice on electric submersible pump system- vibration tests.
- GB/T 18210-2000 Crystalline silicon photovoltaic(PV) array-on-site Measurement of I-V Characteristics.
- GB/T 18332.1-2001 Lead-acid batteries for electric vehicles.
- GB/T 18332.2-2001 Nickel-metal hydride batteries of electric road vehicles.
- GB/T 18479-2001 Terrestrial photovoltaic(PV) power generating systems inverters—General and guide.
- GB/T 18911-2001 Thin-film terrestrial photovoltaic(PV) modules inverters—Design qualification and type approval.
- GB/T 18912-2002 Salt mist corrosion testing of photovoltaic(PV) modules.
- GB/T 19115.1-2003 Off-grid type wind solar photovoltaic hybrid generate

electricity system of household-use-Part 1: Technology condition.

- GB/T 19115.1-2003 Off-grid type wind solar photovoltaic hybrid generate electricity system of household-use-Part 2: Test methods.
- GB/T 19393-2003 Rating of direct coupled photovoltaic(PV) Pumping systems.
- GB/T 2296-2001 Designation method of solar cells(photovoltaic device).
- GB/T 2297-1989 Terminology for solar photovoltaic energy system.
- GB/T 2816-2002 Submersible pumps for deep well.
- GB/T 2900.11-1988 Terminology of (secondary) cell or battery.
- GB/T 2900.62-2003 Electrotechnical terminology. Primary cells and batteries.
- GB/T 4797.4-1989 Environmental conditions appearing in nature for electric and electronic products-Solar radiation and temperature.
- GB/T 5170.9-1996 Inspection methods for basic parameters of environmental testing equipments for electric and electronic products—Solar radiation testing equipments.
- GB/T 6492-1986 Astronautic standard solar cell.
- GB/T 6494-1986 Measurement procedures for electrical characteristics of astronautic solar cells.
- GB/T 6495.1-1996 Photovoltaic devices—Part 1: Measurement of Photovoltaic current-voltage characteristics.
- GB/T 6495.2-1996 Photovoltaic devices—Part 2: Requirements for reference solar cells.
- GB/T 6495.3-1996 Photovoltaic devices—Part 3: Measurement principles for terrestrial photovoltaic(PV) solar devices with reference spectral irradiance data.
- GB/T 6495.4-1996 Photovoltaic devices—Part 4: Procedures for temperature and irradiance corrections to measured I-V Characteristics of crystalline silicon photovoltaic devices.
- GB/T 6495.5-1997 Photovoltaic devices—Part 5: Determination of the equivalent cell temperature(ECT) of photovoltaic(PV) devices by the open-circuit voltage method.
- GB/T 6495.8-2002 Photovoltaic devices—Part 8: Measurement of spectral response of a photovoltaic(PV) device.
- GB/T 6496-1986 The general rules of astronautic solar cell calibration.
- GB/T 6497-1986 The general rules of terrestrial solar cell calibration.
- GB/T 7021-1986 Glossary of terms for centrifugal pump.

- GB/T 9535-1998 Crystalline silicon terrestrial photovoltaic(PV) modules－Design Qualification and approval.
- GB/Z 18333.1-2001 Lithium-ion batteries for electric road vehicles.
- GB/Z 18333.2-2001 Zinc-air batteries for electric road vehicles.

E.5 EUROPEAN COMMITTEE FOR ELECTROTECHNICAL STANDARDIZATION(CENELEC)

(See www.cenelec.org/Cenelec/CENELEC+in+action/Web+Store/Standards/Default.htm)

- EN 50380 Datasheet and nameplate information for photovoltaic modules.
- EN 60891 Procedures for temperature and irradiance corrections to measured I-V Characteristics of crystalline silicon photovoltaic devices(IEC 891: 1978+ A1:1992)
- EN 60904-1 Photovoltaic devices－Part 1: Measurement of photovoltaic current-voltage characteristics(IEC 904-1:1987)
- EN 60904-2 Photovoltaic devices－Part 2: Requirements for reference solar cells. Includes amendment A1:1998(IEC 904－2:1989 +AI:1998).
- EN 60904-3 Photovoltaic devices－Part 3: Measurement principles for terrestrial photovoltaic(PV) solar-devices with reference spectral irradiance data(IEC 904-3:1989)
- EN 60904-5 Photovoltaic devices－Part 5: Determination of the equivalent cell temperature(ECT) of photovoltaic(PV) devices by the open-circuit voltage method(IEC 904-5:1993)
- EN 60904-6 Photovoltaic devices-Part 6: Requirements for reference solar modules. Includes amendment A1:1998(IEC 60904-6:1994+A1:1998).
- EN 60904-7 Photovoltaic devices－Part 7: Computation of spectral mismatch error introduced in the testing or a photovoltaic device(IEC 60904-7:1998).
- EN 60904-8 Photovoltaic devices－ Part 8: Measurement of spectral response of a photovoltaic(PV) device(IEC 60904-8:1998).
- EN 60904-10 Photovoltaic devices－Part 10: Methods of linearity Measurement(IEC 60904-10:1998)
- EN 61173 Overvoltage protection for photovoltaic(PV) power generating systems－Guide(IEC 1173:1992).
- EN 61194 Characteristic parameters of stand-alone photovoltaic(PV) sys-

tems(IEC 1194:1992, modified).

- EN 61215 Crystalline silicon terrestrial photovoltaic(PV) modules design qualification and type approval(IEC 1215:1993).
- EN 61277 Terrestrial Photovoltaic(PV) Power Generating Systems General and Guide(IEC 61277:1995).
- EN 61345 UV Test Photovoltaic(PV) Modules(IEC 61345:1998)
- EN 61427 Secondary Cells and Batteries for Solar Photovoltaic Energy Systems—General Requirements and Methods of Test(IEC 61427:1999).
- EN 61646 Thin-film terrestrial photovoltaic(PV) modules design qualification and type approval(IEC 1646:1996).
- EN 61683 Photovoltaic systems—Power conditioners—Procedure for measuring efficiency(IEC 61683:1999).
- EN 61701 Salt mist corrosion testing of photovoltaic(PV) modules(IEC 61701:1995).
- EN 61702 Rating of direct coupled photovoltaic(PV) Pumping systems(IEC 61702:1995).
- EN 61721 Susceptibility of a photovoltaic(PV) module to accidental impact Damage(Resistance to impact test)(IEC 61721:1995).
- EN 61724 Photovoltaic system performance monitoring guidelines for measurement, data exchange and analysis(IEC 61724:1998).
- EN 61727 Photovoltaic system characteristics of the utility interface(IEC 1727:1995)
- EN 61829 Crystalline silicon photovoltaic(PV) array on—site measurement of I-V Characteristics(IEC 61829:1995).
- PREN 50312-1 Photovoltaic systems—Solar home systems—Part 1: Safety—Test requirements and procedures.
- PREN 50312-2 Photovoltaic systems—Solar home systems—Part 2: Performance—Test requirements and procedures.
- PREN 50313-1 Photovoltaic systems—Solar modules—Part 1: Safety—Test requirements and procedures.
- PREN 50313-2 Photovoltaic systems—Solar modules—2: Performance—Test requirements and procedures.
- PREN 50314-1 Photovoltaic systems— Charge regulators— Part 1: Safety—Test requirements and procedures.
- PREN 50314-2 Photovoltaic systems—Charge regulators—Part 2: EMC—Test requirements and procedures.
- PREN 50314-3 Photovoltaic systems—Charge regulators—Part 3: Perfor-

mance−Test requirements and procedures.

- PREN 50315-1 Accumulators for use in photovoltaic systems−Part 1: Safety−Test requirements and procedures.
- PREN 50315-2 Accumulators for use in photovoltaic systems-Part 2: Performance−Test requirements and procedures.
- PREN 50316-1 Photovoltaic lighting systems− Part 1: Safety− Test requirements and procedures.
- PREN 50316-2 Photovoltaic lighting systems− Part 2: EMC− Test requirements and procedures.
- PREN 50316-3 Photovoltaic lighting systems−Part 3: Performance−Test requirements and procedures.
- PREN 50322-1 Photovoltaic systems−Part 1: Electromagnetic compatibility(EMC)−Requirements for photovoltaic pumping systems.
- PREN 50330-1 Photovoltaic semiconductor converters−Part 1: Utility interactive fail safe protective interface for PV-line commutated converters−Design qualification and approval.
- PREN 50331-1 Photovoltaic systems in buildings−Part 1: Safety requirements.

E.6 독일−DEUTSCHES INSTITUT FÜR NORMUNG(DIN)

(See www.dke.de/dke_en/)

- DIN 43539-1:1985 Storage cells and batteries; testing; general information and general test methods.
- DIN EN 50380:2003 Datasheet and nameplate information for photovoltaic modules; In German: EN 50380:2003.
- DIN EN 60891:1996 Procedures for temperature and irradiance corrections to measured I-V characteristics of crystalline silicon photovoltaic devices(IEC 60891:1987+A1:1992); In German: EN 60891:1994.
- DIN EN 60904-1:1995 Photovoltaic devices−Part 1: Measurement of photovoltaic current-voltage characteristics(IEC 60904-2:1989); In German: EN 60904-1:1993.
- DIN EN 60904-2:1995 and Amendment A1:1998-11 Photovoltaic devices− Part 2: Requirements for reference solar cells(IEC 60904-2:1989); In German: EN 60904-2:1993.
- DIN EN 60904-3:1995 Photovoltaic devices−Part 3: Measurement princi-

ples for terrestrial photovoltaic(PV) Solar devices with reference spectral irradiance data(IEC 60904-3:1989); In German: EN 60904:1993.

- DIN EN 60904-5:1996 Photovoltaic devices－Part 5: Determination of the equivalent cell temperature(ECT) of photovoltaic(PV) devices by the open circuit voltage method(IEC 60904-5:1993); In German: EN 60604-5:1995.
- DIN EN 60904-6:1996 and Amendment A1:1998-11 Photovoltaic devices－Part 6: Requirements for reference solar modules(IEC 60904-6:1994); In German: EN 60904-6:1994.
- DIN EN 60904-7:1998-11 Photovoltaic devices－Part 7: Computation of spectral mismatch error introduced in the testing of a photovoltaic device(IEC 60904-7:1998); In German: EN 60904-7: 1998.
- DIN EN 60904-8:1998 Photovoltaic devices－Part 8: Measurement of spectral response of a photovoltaic(PV)devices(IEC60904-8:1998); In German: EN 60904-8:1998.
- DIN EN 60904-10:1998 Photovoltaic devices－Part 10: Methods of linearity measurement(IEC 60904-10:1998); In German: EN 60904-10:1998.
- DIN EN 61173:1996 Overvoltage protection for photovoltaic(PV) power generating systems－Guide(IEC 61173:1992); In German: EN 61173: 1994.
- DIN EN 61194:1996 Characteristic parameters of stand-alone photovoltaic(PV)systems(IEC 61194:1992, modified); In German: EN 61194:1995.
- DIN EN 61215:1996 Crystalline silicon terrestrial photovoltaic(PV) modules—Design qualification and type approval(IEC 61215:1993); In German: EN 61215:1995.
- DIN EN 61277:1999 Terrestrial photovoltaic(PV) power generating systems-General and guide(IEC 61277:1995); In German: EN 61277:1998.
- DIN EN 61427 Secondary cells and batteries for solar photovoltaic energy systems—General requirements and methods of test(IEC 61427:1999); German version EN 61427:2001
- DIN EN 61646:1998 -03 Thin-film terrestrial photovoltaic(PV) modules －Design qualification and type approval(IEC 61646:1996); In German: EN 61646:1997.
- DIN EN 61683:2000 Photovoltaic systems－Power conditioners－Procedure for measuring efficiency(IEC 61683:1999); In German:EN 61683: 2000.
- DIN EN 61701:2000 Salt mist corrosion testing of photovoltaic(PV) modules(IEC 61701:1995); In German:EN 61701:1999.

- DIN EN 61702:2000 Rating of direct coupled photovoltaic(PV) Pumping systems(IEC 61702:1995); In German: EN 61702:1999.
- DIN EN 61721:2000 Susceptibility of a photovoltaic(PV) module to accidental impact damage(resistance to impact test)(IEC 61721:1995); In German: EN 61721:1999.
- DIN EN 61724:1999 Photovoltaic system performance monitoring－Guidelines for measurement, data exchange and analysis(IEC 61724:1998); In German: EN 61724:1998.
- DIN EN 61725:1998 Analytical expression for daily solar profiles(IEC 61725:1997); In German: EN 61725:1997.
- DIN EN 61727:1996 Photovoltaic(PV) systems－Characteristics of the utility interface(IEC 61727:1995); In German: EN 61727:1995.
- DIN EN 61829:1999 Crystalline silicon photovoltaic(PV) array—On-site measurement of I-V characteristics(IEC 61829:1995); In German:EN 61829:1998.
- DIN IEC 21(Sec)366:1996 Guidelines for the reduction of explosion hazards associated with secondary cells and batteries—Part 1: Lead-acid starter batteries(IEC 21(Sec)366:1994).
- DIN IEC 21A/163/CD:1995 Guide to the equipment manufacturers and users of alkaline secondary cells and batteries on possible safety and health hazards－Part 1: Nickel-cadmium(IEC 21A/163/CD:1994).
- DIN IEC 60050-482:2001 International electrotechnical vocabulary－Part 482: Primary and secondary cells and batteries(IEC 1/1848/CDV:2001).
- DIN IEC 60896-21:2001 Stationary lead-acid batteries－Part 21:Valve regulated types; Functional characteristics and methods of test(IEC 21/534/CD:2001).
- DIN IEC 60896-22:2003 Stationary lead-acid batteries－Part 22:Valve regulated types; Requirements and selection guidelines(IEC 21/580/CDV:2002); In German: pr EN 60896-22:2002.
- DIN IEC 61427:2002 Secondary cells and batteries for solar photovoltaic energy systems－General requirements and methods of test(IEC 21/548/CD:2001).
- DIN IEC 61727 Characteristics of the utility interface for photovoltaic (PV) systems(IEC 82/266/CD:2001).
- DIN IEC 62093 Balance-of system components for photovoltaic systems－Design qualification and type approval(IEC 82/257/CD:2001).
- DIN IEC 62124:2001 Photovoltaic(PV) stand－alone systems－Design

qualification and type approval(IEC 82/259/CD:2001).

- DIN IEC 61959-2:2001 Draft IEC 61959-2, Ed.1: Mechanical test for sealed portable secondary cells and batteries—Part 2: Secondary batteries(IEC 21A/321/CD:2001)
- DIN IEC 82/238/CD:2000 Certification and accreditation for photovoltaic(PV) components and systems(IEC 82/238/CD:2000).
- Draft DIN VDE 0126(VDE 0126):1999 with Authorization, Automatic disconnecting facility for photovoltaic installations with a rated output= 4,6 KVA and a single-phase parallel feed by means of an inverter into the public low-voltage mains.
- VDE V 0126 Part 17-1:2004 Solar cells—Part 17-1: Datasheet information and product data for crystalline silicon solar cells.

E. 7 GLOBAL APPROVAL PROGRAM FOR PHOTOVOLTAICS (PVGAP)

(See www.pvgap.org)

- PVRS1 Photovoltaic stand—alone systems—Design qualification and type approval(First edition 1997).
- PVRS2 Crystalline silicon terrestrial photovoltaic(PV) modules(Second edition 2003.)
- PVRS3 Thin-film terrestrial photovoltaic(PV) modules(First edition 1999).
- PVRS4 Photovoltaic(PV) Stand-alone systems, with a system voltage below 50V(Third draft 2002).
- PVRS5 Lead acid batteries for solar photovoltaic energy systems(modified automotive batteries).
- PVRS5A Lead acid batteries for solar photovoltaic energy systems—General requirements and methods of test for modified automotive batteries.
- PVRS6 Charge controllers for photovoltaic(PV) stand-alone systems with a nominal system voltage below 50V(First edition 2000).
- PVRS6A Annex—Specification and testing procedure(First edition 2000).
- PVRS7 Lighting systems with nominal system voltage below 24V(First edition 2003).
- PVRS7A Annex—Specification and testing procedure, to PVRS 7(First edition 2003).

- PVRS8 Inverters for photovoltaic(PV) stand-alone systems(First edition 2000).
- PVRS9 Procedures for determining the performance of stand-alone photovoltaic systems(First edition 2000).
- PVRS10 Code of practice for installation of photovoltaic systems.

E.8 인도네시아–BADAN STANDARDISASI NASIONAL(BSN)

- SNI 04-1934-1990 Photovoltaic solar energy system.
- SNI 04-3850.1-1995 Photovoltaic devices–Part 1: General.
- SNI 04-3850.2-1995 Photovoltaic devices–Part 2: Characteristics measurement.
- SNI 04-3871-1995 Procedures for temperature and irradiance correction of photovoltaic devices to measured voltage characteristics.
- SNI 04-6205.7-2000 Photovoltaic devices–Part 7: Computation of spectral mismatch error introduced in the testing of photovoltaic devices.
- SNI 04-6205.8-2000 Photovoltaic devices–Part 8: Guidance for measurement of spectral response of a photovoltaic device.
- SNI 04-6205.9-2000 Photovoltaic devices–Part 9: Solar simulator performance requirements.
- SNI 04-6206-2000 Terrestrial photovoltaic power generating system–General.
- SNI 04-6298-2000 Salt mist corrosion testing of photovoltaic modules.
- SNI 04-6300-2000 Thin-film terrestrial photovoltaic modules.
- SNI 04-6302-2000 Rating of direct coupled photovoltaic with pump systems.
- SNI 04-6391-2000 Battery charge regulator(BCR)–Testing procedure and electrical requirement.
- SNI 04-6392-2000 Cell and secondary battery to be utilise in photovoltaic generation system–General requirement and testing method.
- SNI 04-6393-2000 Fluorescent lamp system powered by photovoltaic module–Requirement and testing procedure.
- SNI 04-6394-2000 Procedures for determination of individual photovoltaic electric power generating system classification–General guidance.
- SNI 04-6533-2001 Ultraviolet test for photovoltaic(PV) modules.

E.9 INSTITUTION OF ELECTRICAL ANDELECTRONICS ENGINEERS(IEEE)

- ANSI/IEEE Std 928-1986 IEEE recommended criteria for terrestrial photovoltaic power systems.
- ANSI/IEEE Std 929-2000 IEEE recommended practice for utility interface of residential and intermediate photovoltaic(PV) systems.
- IEEE Std 937-2000 IEEE recommended practice for installation and maintenance of lead-acid batteries for photovoltaic(PV) systems.
- IEEE Std 1013-2000 IEEE recommended practice for sizing lead-acid batteries for photovoltaic(PV) systems.
- IEEE Std 1144-1996 IEEE recommended practice for sizing nickel-cadmium batteries for photovoltaic(PV) systems.
- IEEE Std 1145-1999 IEEE recommended practice for installation and maintenance of nickel-cadmium batteries for photovoltaic(PV) systems.
- IEEE Std 1262-1995 IEEE recommended practice for qualification of photovoltaic(PV) modules.
- IEEE Std 1361-2003 IEEE guide for selection, charging, test, and evaluation of lead-acid batteries used in stand-alone photovoltaic(PV) systems.
- IEEE Std 1374-1998 IEEE guide for terrestrial photovoltaic power system safety.
- IEEE Std 1513-2001 IEEE recommended practice for qualification of concentrator photovoltaic(PV) receiver sections and modules.
- IEEE Std 1526-2003 IEEE recommended practice for testing the performance of stand-alone photovoltaic systems.
- BSR/IEEE 1661-200x Guide for test and evaluation of lead-acid batteries used in photovoltaic(PV) hybrid power systems.

E.10 INTERNATIONAL ELECTROTECHNICAL COMMISSION(IEC)

- IEC 60364-7-712(Bilingual 2002) Electrical installations of buildings – Part 7-712: Requirements for special installations or locations – Solar photovoltaic(PV) power supply systems.
- IEC 60891: 1987 Procedures for temperature and irradiance corrections to measured I-V characteristics for crystalline silicon photovoltaic

devices(Amdt 1:June 1992).

- IEC 60904-1:1987 Photovoltaic devices. Part 1: Measurement of photovoltaic current-voltage characteristics.
- IEC 60904-2:1989 Photovoltaic devices. Part 2: Requirements for reference solar cells(Amdt 1: February 98)
- IEC 60904-3:1989 Photovoltaic devices. Part 3: Measurement principles for terrestrial photovoltaic(PV) solar devices with reference spectral irradiance data.
- IEC 60904-5:1993 Photovoltaic devices. Part 5: Determination of the equivalent cell temperature(ECT) of photovoltaic(PV) devices by the open circuit voltage method.
- IEC 60904-6:1994 Photovoltaic devices. Part 6: Requirements for reference solar modules(Amdt 1: February 98).
- IEC 60904-7:1998 Photovoltaic devices. Part 7: Computation of spectral mismatch error introduced in the testing of a photovoltaic device.
- IEC 60904-8:1998 Photovoltaic devices. Part 8: Measurement of spectral response of a photovoltaic(PV) device.
- IEC 60904-9:1995 Photovoltaic devices. Part 9: Solar simulator performance requirements.
- IEC 60904-10:1998 Photovoltaic devices. Part 10: Methods of linearity measurement.
- IEC 61173:1992 Overvoltage protection for photovoltaic(PV) power generating systems—Guide.
- IEC 61194:1992 Characteristic parameters of stand-alone photovoltaic (PV) systems.
- IEC 61215:1993 Crystalline silicon terrestrial photovoltaic(PV) modules—Design qualification and type approval.
- IEC 61277:1995 Terrestrial photovoltaic(PV) power generating systems—General and guide.
- IEC 61345:1998 UV tests on photovoltaic(PV) modules.
- IEC 61427 Ed. 1.0 B:1999 Secondary cells and batteries for solar photovoltaic energy systems—General requirements and methods of test.
- IEC 61646:1996 Thin-film terrestrial photovoltaic(PV) modules—Design qualification and type approval.
- IEC 61683:1999 Photovoltaic systems—Power conditioners—Procedure for measuring the efficiency.
- IEC 61701:1995 Salt mist corrosion testing of photovoltaic(PV) modules.

- IEC 61702:1995 Rating of direct coupled photovoltaic(PV) pumping systems.
- IEC 61721:1995 Susceptibility of a photovoltaic(PV) module to accidental impact damage(resistance to impact test).
- IEC61724:1998 Photovoltaic system performance monitoring—Guidelinesfor measurement, data exchange and analysis.
- IEC 61725:1997 Analytical expression for daily solar profiles.
- IEC 61727:1995 Photovoltaic(PV) systems—Characteristics of the utility interface.
- IEC 61730-1 Ed. 1.0 b:2004 Photovoltaic(PV) module safety qualification—Part 1: Requirements for construction.
- IEC 61730-2 Ed. 1.0 b:2004 Photovoltaic(PV) module safety qualification—Part 2: Requirements for testing.
- IEC 61829:1995 Crystalline silicon photovoltaic(PV) array—On-site measurement of I-V characteristics.
- IEC 62124 Ed. 1.0 b:2004 Photovoltaic(PV) stand-alone systems—Design verification.
- IEC PAS 62111:1999 Specifications for the use of renewable energies in rural decentralized electrification.
- IEC/TS 61836 Ed. 1.0 b:1997 Solar photovoltaic energy systems—Terms and symbols.
- IEC TR 61836:1997 Solar photovoltaic energy systems—Terms and symbols.

E.11 INTERNATIONAL ORGANIZATION FOR STANDARDS(ISO)

- ISO 9059:1990 Solar energy—Calibration of field pyrheliometers by comparison to a reference pyrheliometer.
- ISO 9060:1990 Solar energy—Specification and classification of instruments for measuring hemispherical solar and direct solar radiation.
- ISO 9488:1999 Solar energy—Vocabulary.
- ISO 9845-1:1992 Solar energy—reference solar spectra irradiance at the ground at different receiving conditions—Part 1: Direct normal and hemispherical solar irradiance for air mass 1.5.
- ISO 9846:1993 Solar energy— Calibration of a pyranometer using a

pyrheliometer.

- ISO 9847:1992 Solar energy—Calibration of field pyranometers by comparison to a reference pyranometer.
- ISO/TR9901:1990 Solar energy—Field pyranometers—Recommended practice for use.

E.12 일본–JAPANESE STANDARDS ASSOCIATION(JSA)

- JIS C 0118:1999 Classification of environmental conditions—Part 2: Environmental conditions appearing in nature. Solar radiation and temperature.
- JIS C 8905:1993 General rules for stand-alone photovoltaic power generating system.
- JIS C 8906:2000 Measuring procedure of photovoltaic system performance.
- JIS C 8910:2001 Primary reference solar cells.
- JIS C 8911:1998 Secondary reference crystalline solar cells.
- JIS C 8912:1998 Solar simulators for crystalline solar cells and modules.
- JIS C 8913:1998 Measuring method of output power for crystalline solar cells.
- JIS C 8914:1998 Measuring method of output power for crystalline solar PV modules.
- JIS C 8915:1998 Measuring methods of spectral response for crystalline solar cells and modules.
- JIS C 8916:1998 Temperature coefficient measuring methods of output voltage and output current for crystalline solar cells and modules.
- JIS C 8917:1998 Environmental and endurance test methods for crystalline solar PV modules.
- JIS C 8918:1998 Crystalline solar PV module.
- JIS C 8919:1995 Outdoor measuring method of output power for crystalline solar cells and modules.
- JIS C 8931:1995 Secondary reference amorphous solar cells.
- JIS C 8932:1995 Secondary reference amorphous solar submodules.
- JIS C 8933:1995 Solar simulators for amorphous solar cells and modules.
- JIS C 8934:1995 Measuring method of output power for amorphous solar cells.

- JIS C 8935:1995 Measuring method of output power for amorphous solar modules.
- JIS C 8936:1995 Measuring methods of spectral response for amorphous solar cells and modules.
- JIS C 8937:1995 Temperature coefficient measuring methods of output voltage and output current for amorphous solar cells and modules.
- JIS C 8938:1995 Environmental and endurance test methods for amorphous solar cell modules.
- JIS C 8939:1995 Amorphous solar PV modules.
- JIS C 8940:1995 Outdoor measuring method of output power for amorphous solar cells and modules.
- JIS C 8953:2006 On-site measurements of crystalline photovoltaic array I-V characteristics.
- JIS C 8954:2006 Design guide on electrical circuits for photovoltaic arrays.
- JIS C 8955:2004 Design guide on structures for photovoltaic array.
- JIS C 8956:2004 Structural design and installation for residential photovoltaic array(roof mount type).
- JIS C 8960:1997 Glossary of terms for photovoltaic power generation.
- JIS C 8961:1993 Measuring procedure of power conditioner efficiency for photovoltaic systems.
- JIS C 8962:1997 Testing procedure of power conditioner for small photovoltaic power generating systems.
- JIS C 8972:1997 Testing procedureof long discharge rate lead-acid batteries for photovoltaic systems.
- JIS C 8980:1997 Power conditioner for small photovoltaic power generating system.
- JIS C 8981:2006 Standard for safety design of electrical circuit in photovoltaic power generating systems for residential use
- JIS TR C 0020:2001 Crystalline solar cell module and array for residential use(roof mount type).

E.13 한국–KOREAN STANDARDS ASSOCIATION(KSA)

- KSB6276 Electric deep well pumps.
- KSB6301 Testing methods for centrifugal pumps, mixed flow pumps and

axial flow pumps.

- KSB6302 Measurement methods of pump discharge.
- KSB6320 Submersible motor pumps for deep wells.
- KSBISO9022-9 Optics and optical instruments – Environmental test methods – Part 9: Solar radiation.
- KSBISO9022-17 Optics and optical instruments – Environmental test methods – Part 17: Combined contamination, solar radiation.
- KSBISO9060 Solar energy; specification and classification of instruments for measuring hemispherical solar and direct solar radiation.
- KSC8524 Glossary of terms for photovoltaic power generation.
- KSC8525 Measuring methods of spectral response for crystalline solar cells.
- KSC8526 Measuring method of output power crystalline solar cell modules.
- KSC8527 Solar simulators used in measuring crystalline solar cells and modules.
- KSC8528 Measuring method of output power for crystalline solar cells.
- KSC8529 Temperature coefficient measuring methods for crystalline solar cells and modules.
- KSC8530 Environmental and endurance test methods for crystalline solar cell modules.
- KSC8531 Crystalline solar cell module.
- KSC8532 Measuring procedure of residual capacity for lead acid battery in photovoltaic system.
- KSC8533 Measuring procedure of power conditioner efficiency for photovoltaic systems.
- KSC8534 Crystalline silicon photovoltaic(PV) array – On site measurement of I-V characteristics.
- KSC8535 Measuring procedure of photovoltaic system performance.
- KSC8536 General rules for stand-alone photovoltaic power generating system.
- KSC8537 Secondary reference crystalline solar cells.
- KSC8539 Testing procedure of long discharge rate lead-acid batteries for photovoltaic systems.
- KSC8540 Testing procedure of power conditioner for small photovoltaic power generating systems.
- KSCIEC60068-2-5 Environmental testing – Part 2:Tests. Test Sa: Simulat-

ed solar radiation at ground level.

- KSCIEC60364-7-712 Electrical installations of buildings – Part 7-712: Requirements for special installations or locations – Solar photovoltaic (PV) power supply systems.
- KSCIEC60891 Procedures for temperature and irradiance corrections to measured I-V characteristics of crystalline silicon photovoltaic devices.
- KSCIEC60904-1 Photovoltaic devices. Part 1: Measurement of photovoltaic current-voltage characteristics.
- KSCIEC60904-2 Photovoltaic devices. Part 2: Requirements for reference solar cells.
- KSCIEC60904-3 Photovoltaic devices. Part 3: Measurement principles for terrestrial photovoltaic(PV) solar devices with reference spectral irradiance data.
- KSCIEC60904-5 Photovoltaic devices. Part 5: Determination of the equivalent cell temperature(ECT) of photovoltaic(PV) devices by the open circuit voltage method.
- KSCIEC60904-6 Photovoltaic devices. Part 6: Requirements for reference solar modules.
- KSCIEC60904-7 Photovoltaic devices. Part 7: Computation of spectral mismatch error introduced in the testing of a photovoltaic device.
- KSCIEC60904-8 Photovoltaic devices. Part 8: Measurement of spectral response of a photovoltaic(PV) device.
- KSCIEC60904-9 Photovoltaic devices. Part 9: Solar simulator performance requirements.
- KSCIEC60904-10 Photovoltaic devices. Part 10: Methods of linearity measurement.
- KSCIEC61173 Overvoltage protection for photovoltaic(PV) power generating systems – Guide.
- KSCIEC61194 Characteristic parameters of stand-alone photovoltaic(PV) systems.
- KSCIEC61215 Crystalline silicon terrestrial photovoltaic(PV) modules – Design qualification and type approval.
- KSCIEC61277 Terrestrial photovoltaic(PV) power generating systems – General and guide.
- KSCIEC61427 Secondary cells and batteries for solar photovoltaic energy systems-General requirements and methods of test.
- KSCIEC61646 Thin-film terrestrial photovoltaic(PV) modules – Design

qualification and type approval.

- KSCIEC61683 Photovoltaic systems – Power conditioners – Procedure for measuring the efficiency.
- KSCIEC61701 Salt mist corrosion testing of photovoltaic(PV) modules.
- KSCIEC61702 Rating of direct coupled photovoltaic(PV) pumping systems.
- KSCIEC61721 Susceptibility of a photovoltaic(PV) module to accidental impact damage(resistance to impact test).
- KSCIEC61724 Photovoltaic system performance monitoring – Guidelines for measurement, data exchange and analysis.
- KSCIEC61727 Photovoltaic(PV) systems – Characteristics of the utility interface.
- KSCIEC62730-1 Photovoltaic(PV) module safety qualification – Part 1: Requirements for construction.
- KSCIEC61730-2 Photovoltaic(PV) module safety qualification – Part 2: Requirements for testing.
- KSCIEC61829 Crystalline silicon photovoltaic(PV) array – On-site measurement of I-V characteristics.
- KSCIEC61836 Solar photovoltaic energy systems – Terms and symbols.
- KSCIEC62124 Photovoltaic(PV) stand-alone systems – Design verification.

E.14 멕시코–DIRECCIÓN GENERAL DE NORMAS(DGN)

- NOM-001-SEDE-1999 Electrical installations.

E.15 러시아–FEDERAL AGENCY FOR TECHNICAL REGULATION AND METROLOGY

- GOST 28202-89 Basic environmental testing. Part 2. Tests. Tests: Simulated solar radiation at ground level.
- GOST 28205-89 Basic environmental testing procedures. Part 2: Tests. Guidance for solar radiation testing.
- GOST 28976-91 Photovoltaic devices of crystalline silicon. Procedures for temperature and irradiance to measured current voltage characteristics.
- GOST 28977-91 Photovoltaic devices. Part 1. Measurement of photovoltaic current-voltage characteristics.

- GOST R 50705-94 Photovoltaic devices. Part 2. Requirements for reference solar cells.
- GOST R 51594-2000 Non-traditional power engineering. Solar power engineering. Terms and definitions.
- GOST R 51597-2000 Non-traditional power engineering. Solar photovoltaic modules. Types and basic parameters.
- GOST R 8.587-2001 State system for ensuring the uniformity of measurements. Instruments measuring the characteristics of optical radiation of solar simulators. Methods for verification.

E.16 스웨덴–STANDARDISERINGEN I SVERIGE(SIS)

- SS-EN 60904-6 Photovoltaic devices–Part 6: Requirements for reference solar modules.
- SS-EN 61 173 Overvoltage protection for photovoltaic(PV) power generating systems–Guide.
- SS-EN 61 194 Characteristic parameters of stand-alone photovoltaic(PV) systems.
- SS-EN 61 215 Crystalline silicone terrestrial photovoltaic(PV) modules–Design qualification and type approval.
- SS-EN 61 727 Photovoltaic(PV) systems–Characteristics of the utility interface.

E.17 타이완(ROC)–BUREAU OF STANDARDS, METROLOGY AND INSPECTION(BSMI)

- C5026000 Procedures for temperature and irradiance corrections to measured I-V characteristics of crystalline silicon photovoltaic devices.
- C6034601 Photovoltaic devices. Part 1: Measurement of photovoltaic current- voltage characteristics.
- C6034602 Photovoltaic devices. Part 2: Requirements for reference solar cells.
- C6034603 Photovoltaic devices. Part 3: Measurement principles for terrestrial photovoltaic(PV) solar devices with reference spectral irradiance data.

E.18 태국–THAI INDUSTRIAL STANDARDS INSTITUTE(TISI)

- TIS 1125-2535(1992) Vertical/inclined pumps.
- TIS 1434-2540(1997) Single suction centrifugal pumps.
- TIS 1843-2542(1999) Crystalline silicon terrestrial photovoltaic(PV) modules – Design qualification and type approval.
- TIS 1844-2542(1999) Terrestrial photovoltaic(PV) power generating systems – General and guide.
- TIS 2210-2548(2005) Thin-film terrestrial photovoltaic(PC) modules – Design qualification and type approval.
- TIS 2217-2548(2005) Secondary cells and batteries containing alkaline or other non-acid electrolytes – Safety requirements for portable sealed secondary cells, and for batteries made from them, for use in portable applications.

E.19 TÜV RHEINLAND

(See www.tuv.com)

- TUV-Spec 931/2.572.9 Safety test.
- Controlled nominal power ratings.

E.20 UNDERWRITERS LABORATORIES(UL)

(See www.ul.com/dge/photovoltaics)

- UL 1047:2003 Standard for isolated power systems equipment, new edition.
- UL 1703:2002 Standard for flat-plate photovoltaic modules and panels.
- UL 1741:2001 Inverters, converters, and controllers for use in independent power systems.
- UL 2054.1:2003 Household and commercial batteries.
- UL 2367.1 Solid state overcurrent protectors.
- UL 691 Electric-fence controllers.
- UL 778:2002 Standard for motor-operated wafer pumps, new edition.

E.21 짐바브웨-STANDARDS ASSOCIATION OF ZIMBABWE(SAZ)

- SAZS 322:1993 Photovoltaic modules.
- SAZS 522:1998 Batteries for use in photovoltaic systems.
- SAZS 523:1999 Fluorescent lights for use in photovoltaic systems.
- SAZS 524:1998 Charge controllers for photovoltaic systems using lead-acid batteries.
- SAZS 536:1998 Design, sizing and installation of battery based photovoltaic systems.

E.22 UNIVERSAL TECHNICAL STANDARD FOR SOLAR HOME SYSTEMS

- Egido, M.A., Lorenzo, E. & Narvarte, L.(1998), 'Universal technical standard for solar home systems', *Progress in photovoltaics*, **6**, pp. 315-324.
- In English:(1998), 'Universal technical standard for solar home systems', Instituto de Energia Solar, Ciudad Univeritaria, Madrid(www. taqsolre. ñet/doc/Stadnard_IngV2.pdf).
- In Spanish:(1998), 'Norma técnica universal para sistemas fotovoltaicos doméstícos', Instituto de Energia Solar, Ciudad Univeritaria, Madrid(www.taqsolre.net/doc/Standard_EspV2.pdf).
- In French:(1998), 'Norme technique universelle pour les systemes solaries domestiques', Ciudad Univeritaria, Madrid(www.taqsolre.net/doc/SHS_French.pdf).

E.23 BEST PRACTICE GUIDELINES AND ACCREDITATION

Training and accreditation standards are referenced by the Institute for Sustainable Power(Institute for Sustainable Power).

The Business Council for Sustainable Energy Australia(BCSE) lists relevant photovoltaics standards and carries out accreditation for designers and installers(Business Council for Sustainable Energy).

'BIPV Best Practice Guidelines' for Australiaare available at:htt://www.bcse.org.au/

default.asp?id=75&articleid=454

In September 2004 the U.S. Electrical Contracting Foundation commissioned a study to define best practices for installing photovoltaic systems in USA. The National Electrical Contractors Association is to develop a National Electrical Installation Standard(Solaraccess, 2004).

E.24 INTERNATIONAL SOLAR ENERGY SOCIETY(ISES) AND DEUTSCHE GESELLSCHAFT FÜR SONNENENERGIE EV(DGS)

These organizations and others announced in 2004 their intention to 'establish reliable quality assurance standards and best-practice guidelines for the integration of solar thermal and photovoltaics applications in engineering, energy and architecture applications' and create 'a reference system of technical standards for the financial community' (DGS/ISES, 2004; Solaraccess, 2004; Siemer, 2004).

참/고/문/헌

Updated World Wide Web links can be found at www.pv.unsw.edu.au/apv_book_refs.

Dashlooty, N., Wilmot, N.A., Sharma, H., Arteaga, O. & Pryor, T. L. (2004) 'ResLab performance testing of stand-alone inverters', Solar 2004, 1–3 December, ANZSES, Murdoch, WA.

Azzam, M., Jacquemart, C., Kay, R., Ossenbrink, H., Perujo, A. & Varadi, P. (2004), 'Raising the standard. Global PV standardization and specification', *Renewable Energy World*, **7**, July–August, pp. 138–151.

CENELEC (2004), Index to electrotechnical standards in European member countries (www.cenelec.org/Cenelec/CENELEC+in+action/Web+Store/Standards/default.htm).

DGS/ISES (2004), 'Quality assurance standards and guidelines for solar-technology', in *Final International* Action Programme (www.dke.de/DKE_en/Electrotechnical+Standardization+in+Germany/News+from+the+DKE+Technical+Committees/2004-Oeffentlich/The+State+of+Standards+Work+in+the+Field+of+Photovoltaics.htm).

DKE (2004*a*), 'The state of standards work in the field of photovoltaics' (www.dke.de/NR/rdonlyres/5D86B3AE-9ED2-4704-BCDA-87E3E3F74FDA/6340/Listofstandardsdraftsandspecificationsspeciallydev.pdf).

DKE (2004*b*), 'List of standards, drafts and specifications specially developed for PV applications' (www.dke.de/file/27847.pdfdatei/List+of+standards+drafts+and+specifications+specially+developed+for+PV+applications+-+Stand+April+2004.pdf).

Egido, M.A., Lorenzo, E. & Narvarte, L. (1998), 'Universal technical standard for solar home systems', Instituto de Energia Solar, Ciudad Univeritaria, Madrid (138.4.46.62:8080/ies/ficheros/102Standard_IngV2.pdf). This lists several pre-existing standards, additional to those listed above.

IEA-PVPS (2000), *Survey of National and International Standards, Guidelines & QA Procedures for Stand-Alone PV Systems*, IEA-PVPS Task 3 (www.oja-services.nl/iea-vps/products/download/rep3_07.pdf). This document mentions and discusses many more standards, guidelines and procedures than are listed above and should be referred to for further information.

Schmela, M. (2004), 'One world, one quality label', *Photon International*, August, p. 3.

Siemer, J. (2004), 'Quality in a double pack', *Photon International*, August, p. 20.

Solaraccess (2004), Online news item (www.solaraccess.com/news/story?storyid=7577&p=1).

Van Zolingen, R.J.C. (2004), 'Electrotechnical requirements for PV on buildings', *Progress in Photovoltaics*, **12**, pp. 409–414.

American National Standards Institute, 'Standards mall' (www.nssn.org/search.html).

Institute for Sustainable Power Inc., 'Quality standards in renewable energy' (www.ispq.org/index.html).

Business Council for Sustainable Energy, 'Solar accreditation' (www.bcse.org.au).

Appendix F

배수 펌프를 위한 동력의 대체 자원

F.1 소개

지역적 조건에 따라 여러 종류의 배수 펌프를 위한 동력자원이 사용되고 있다. 아래에 보였듯이 각각의 동력자원은 장 · 단점을 가지며, 각각 특별한 응용분야를 가지고 그에 따라 펌핑 기술이 결정된다(Halcrow & Partners, 1981).

F.2 인력을 사용하는 수동 펌프

장점:

- 대부분의 선진국에서 쉽게 사용
- 낮은 투자 비용
- 적절하게 전개됨
- 유지하기 쉬운 간단한 기술

단점:

- 높은 생산단가와 고임금
- 낮은 결과물, 인체의 힘이 약 10^3m/day로 제한
- 좀 더 생산적인 방법으로 전환되고 있음

F.3 가축

장점:

- 쉽게 이용 가능
- 적절한 투자 가격
- 작은 관개설비를 위한 편리한 동력 출력
- 적절한 전개

단점:

- 잉여 식품 생산과 관련된 높은 사료 가격
- 동력이 사용되지 않아도 먹이가 필요함

F.4 가솔린 또는 디젤 연료에 의한 작은 엔진

장점:

- 여러 분야에 가능한 기술
- 요구에 따라 높은 출력이 가능
- 운반 가능
- 출력당 낮은 초기 개발 투자 비용
- 사용하기 쉬움

단점:

- 연료 단가의 상승
- 개발도상국에서의 연료 부족
- 먼 지역에서 부품 구급의 어려움
- 개발도상국에서는 유지 보수가 어려움
- 상대적으로 짧은 내구성
- 고장이 자주 발생
- 개발도상국에서는 외화의 부족으로 수입의 어려움이 있음

F.5 집중화된 농촌에서의 전력 사용

장점:

- 변압기가 설치되어 있다면 최소의 투자비용

- 전원공급기가 있다면 펌프의 설치가 가능
- 전원 동력과 시스템에 따라 비용이 낮아질 수 있음

단점:

- 개발도상국에서는 순간적인 부하의 변화나 사용자 수의 한계에 의하여 전기 공급이 불안정할 수 있음
- 높은 초기 투자비용과 발전 단가
- 정전의 발생은 곡식의 손실을 야기
- 가장 가까운 곳으로부터 1km 이내에 있어야만 사용이 가능

F.6 풍력 펌프

장점:

- 댐을 사용하게 될 때 상대적으로 발전된 에너지 기술
- 적절한 바람이 있으면 상대적으로 낮은 비용이 들어감
- 화석 연료의 사용이 없음
- 국지적 발전에 적합
- 상대적으로 유지가 간단

단점:

- 관개를 위한 목적으로는 아직 발전되지 않았음
- 낮은 출력과 바람의 조건에 따라 출력이 많이 변동
- 위치 의존성이 매우 큼

F.7 물래 바퀴, 터빈, 램 펌프, 조류 터빈

장점:

- 낮은 단가, 긴 수명, 쉬운 유지보수, 화석연료의 사용이 없음(단, 위치적 조건이 수력 공급에 가능한 곳일 때)

단점:

- 적합한 조건을 만족하는 장소가 많지 않다는 것이 발전을 제한하는 요소임

F.8 증기 엔진

장점:

- 잠정적인 낮은 비용의 대체 에너지 기술, 특히 농업 폐기물을 연료로 쓸 수 있음

단점:

- 연료를 보관할 토지와 석탄을 운반할 필요가 있음
- 점점 진부한 기술이 되어가며, 현대적 장비들을 사용할 수 없음
- 보일러의 사용으로 인해 안전상 문제가 있음
- 지속적 또는 자주 관리가 필요함

F.9 바이오 가스를 연료로 하는 작은 엔진

장점:

- 위에서 말한 작은 엔진들의 장점을 가지지만, 화석 연료로부터 독립적이진 않음
- 바이오 가스의 생산기술이 아직 발전되지 않았지만 낮은 생산단가라는 잠정적 장점이 있음
- 발효의 부산물로 비료가 생산될 수 있음

단점:

- 소형 엔진에는 가장 큰 단점이 있음
- 발효를 위해 많은 물이 필요함
- 황무지 같은 곳에서는 발효를 위한 원자재 확보가 쉽지 않을 것임
- 발효 과정을 위해서 상대적으로 많은 노동력이 요구됨
- 발효와 저장 장비를 위한 대형 시스템 구축을 위해 상대적으로 높은 투자비용이 요구됨

F.10 광전지에 의한 태양광

장점:

- 에너지 자원이 무한대로 가능함
- 에너지 사용 빈칸 가능도와 요구에 대한 높은 상관관계

- 친환경적
- 신뢰성
- 화석연료의 사용이 없음
- 오랜 수명
- 낮은 유지 비용 및 운전 비용
- 비숙련자에 의한 작동이 가능
- 어떤 크기나 사용 가능

단점:

- 복잡한 기술, 국지적 발전에 적절하지 않음
- 응용과 각 요소들간의 균형이 아직은 개발단계임
- 높은 투자비용
- 분산된 에너지 자원
- 유지를 위해 숙련자가 요구됨
- 일광의 변화에 따른 출력의 변동

참/고/문/헌

Halcrow, W. and Partners and the Intermediate Technology Development Group Ltd (1981), *Small-Scale Solar Powered Irrigation Pumping Systems—Technical and Economic Review*, UNDP Project GLO/78/004, World Bank, London.

Appendix G

독립형 태양전지 시스템 설계

G.1 소개

독립형 태양전지 시스템을 설계할 때 다음과 같은 두 가지 접근 방법이 있다. 7장에서 논의했듯이 Australian Standard AS4509.2는 호주에서 공인된 사람들에 의하여 사용된다. 이 방법은 광전응용의 초창기에 호주의 Telecom이 널리 사용한 것으로, 매우 연속적인 접근 방법이다. 이 방법에서는 정렬 크기가 배터리 용량의 성능으로 최적화된다. 두 번째는 미국의 Sandia National Laboratories에 의해 개발된 것이며 매우 정교하고, 자동화되어 있을 뿐만 아니라 수년 동안 축적된 방법이다. 각 경우에 있어서의 예가 다음과 같다.

G.2 독립형 태양전지 시스템 설계 절차

다음 예는 마이크로파 중계국의 증폭을 위한 독립형 태양전지 시스템이다(based on Mack, 1979).

1단계) 부하 결정

마이크로파 중계국은 정형적으로 100W를 사용하며, 평균적으로 24±5V의 전압을 요구한다. 그러므로 이에 대응하는 평균 전류는 4.17A가 된다.

2단계) 배터리 용량 결정

위에 언급했던 부하와 15일 가량의 배터리 허용량을 만족시키려면 다음과 같이 요구된다.

$$4.17A \times 24h \times 15days = 1500Ah$$

3단계) 경사각의 근사

이것은 공간 정보에 기초한 것이고, 위도보다 20° 큰 경도각을 선택하는 것이다. 예를 들어, 위도 37.8°S인 멜버른 경사각의 근사값은 위도+20° =57.8° 이다.

4단계) 일광

유효한 일광 데이터로부터, 일광 계산된 경사각 어레이에 있어서의 일광 감소를 계산하면 다음과 같다.

표 G.1 Melbowne의 수평면에 쪼여지는 월평균 직사광과 분산 복사광 값

month	direct, S (mWh/cm^2)	diffuse, D (mWh/cm^2)
January	629	210
February	559	144
March	396	166
April	309	127
May	199	98
June	167	79
July	195	82
August	254	120
September	368	148
October	500	197
November	491	241
December	676	214

예 1) – 표 G.1의 January로부터

$$S = 629\text{mWh/cm}^2$$
$$D = 210\text{mWh/cm}^2$$

그러므로, 평면에 대한 경사각은 57.8°, 직접적인 요소는 식 (1.21)로부터

$$S_{57.8} = 629\frac{\sin(\alpha + 57.8°)}{\sin\alpha} \tag{G.1}$$

$$\alpha = 90° - 37.8° - \delta \quad \text{식 (1.6)에서}$$
$$\delta = 23.45° \times \sin[(15 - 81) \times 360 / 365]$$
$$= -21.3°$$

일년 중에 주어진 날 기울기 d=15. 그러므로

$$\alpha = 73.5°$$
$$S_{57.8} = 493\text{mWh/cm}^2$$

총 일광(직접+확산) 어레이에서의 감소는 그러므로

$$\begin{aligned} R_\beta &= S_{57.8} + D \\ &= 703\text{mWh/cm}^2 \end{aligned}$$

이 가정은 D가 경사각에 무관하다고 생각하고 계산되었다. 이것은 경사각이 너무 크지 않다는 합리적인 접근을 제공한다.

예 2) – June

$$\begin{aligned} d &= 166 \\ \delta &= 23.45° \times \sin[(166–81) \times 360°/365] \\ &= 23.3° \\ \alpha &= 28.9° \\ S_{57.8} &= 167 \times \sin(28.9° + 57.8°)/\sin(28.9°) \\ &= 345\text{mWh/cm}^2 \\ R_\beta &= 424 \end{aligned}$$

5단계) 어레이 크기의 근사

(a) 어레이 크기 5×4.17=20.9A_p의 첫 번째 근사

(b) 먼지가 뒤덮임으로 인해 생기는 10%의 손실을 감안하였을 때, 한 달 동안 Ah가 생성되는 것을 계산하라. 예를 들어, January: 703mWh/cm^2× 0.9× 31days×20.9A/100mWh/cm^2=4,100Ah

(c) 배터리가 자체 방전되어 3%의 추가 요소를 허용하였을 때 Ah에 해당되는 월 당 부하를 계산하라.

(d) (b)에서와 같이 생성되는 Ah와 (c)에서처럼 소비되는 것 사이의 차이로부터 월말의 배터리 용량을 계산하라.

(e) 다른 월도 마찬가지로 (b)-(d)를 계산하라.

6단계) 어레이 경사각 최적화

같은 어레이 크기를 유지하면서, 경사각의 작은 변화를 가지고 배터리의 용량이 고갈될 때까지 (4)와 (5)(b)-(e)를 반복하라.

7단계) 어레이 크기의 최적화

적절한 근사치를 이용하여 얻은 최적화된 경사각을 가지고, 다른 어레이 크기로 배터리의 최대 용량의 50±2% 범위가 되었을 때까지 (5)(b)-(e)를 다시 계산하라. 예를 들어, 1500Ah의 용량을 위해서 최대 용량깊이가 720~780Ah가 되어야 한다.

8단계) 설계의 요약

G.3 SANDIA 국가 연구소 접근법

지금 소개할 접근 방법은 Albuquerque(Chapman, 1987), Sandia 국가 연구소에서 고안한 방법으로 23년 이상의 일광 데이터를 자동화한 것이다.

이 연구에서 수행하는 모델 형성과 접근 방법의 흥미로운 점은 한 달 동안의 데이터를 기초로 설계함으로써 시스템에 손실이 발생하지 않게 하는 정확성에 있다. 이것은 설계하는 접근 방법을 최대한 간략화하고 있다. 또한, 위에서 언급했던 것과 유사한 계산법을 통해서 넓은 설계 범위를 가지고 적절한 평균 글로벌 일광 자료를 함께 활용하여 곡선이 생성되며 이러한 곡선은 다음을 용이하게 한다.

1. 특정화된 loss-of-load 확률을 위한 배터리의 용량 결정(*LOLP*)
2. 어레이 경사각 최적화
3. 적절한 경사각에서의 일광 자료 획득
4. (1)과 함께 어레이 크기 결정, 요구되는 *LOLP* 제공

곡선에는 네 가지 세트가 있으며, 각각은 특정한 *LOLP*에 대하여 각각 상이한 배터리 용량을 제공한다. 즉 각 곡선의 세트는 다른 시스템 설계(다른 어레이 크기/배터리 저장 조합)를 갖는 *LOLP*로 제공한다. 이 네 가지 세트는 가격적인 측면을 고려하여 시스템의 스팩을 만족할 수 있는 최소 비용을 결정할 수 있도록 분석할 수 있다.

1단계) Site-specific 정의와 특정 파라미터의 응용

- 위도
- 가장 안좋은 수평 일조량(호주의 경우 6월, 북반구에서는 12월)
- 일당 에너지 요구량
- *LOLP* 요구량

예를 들면,

- 위도—30°N
- 12월에 평균 수평 일조량—3kWh/m^2
- 일당 요구량—5kWh$_{ac}$
- *LOLP*—0.001(백신 냉장고와 같이 임계 로드)

만약 일일 평균 여름 요구량이 겨울 요구량보다 10% 이상 많다면, 여름에 배터리의 방전 가능성에 대해 관심을 더 가져야 할 것이다(경사각을 재조정해야 하는 등의 조절).

2단계) 각 네 가지 설계를 위한 배터리 저장 용량 결정

이것은 도표로부터 직접적으로 *LOLP*에 대하여 저장할 수 있는 일수를 얻는 방법이다. 그림 G.1은 설계 2를 위한 도표로 0.001의 *LOLP*이면 저장 일수(*S*)는 5.80일 임을 보여준다.

유사하게 설계 1, 3, 4는 각각 3.49, 8.13, 10.19일의 저장 일수를 보여준다. *S*값으로부터 실제 배터리 용량은 다음 식으로부터 계산할 수 있다.

$$CAP = \frac{S \times L}{DOD \times \eta_{out}} \tag{G.2}$$

여기서 *S*는 저장 일수, *L*은 일당 평균 부하, *DOD*는 배터리의 방전 허용량이고 η_{out}는 저장-수요의 경로 효율이다.

η_{out}를 구하기 위해는 AC 로드를 사용하고 있기 때문에 변환기가 필요하다. 만약 1000W_{ac}의 부하 피크값을 허용한다면, 변환기는 대략 20% 높게 계산된다. 변환기 효율은 부하와 매일 예상되는 부하의 경우에 따라 결정될 필요성이 있다. 전형적인 일일 평균 변환기 효율은 0.76으로 예상된다.

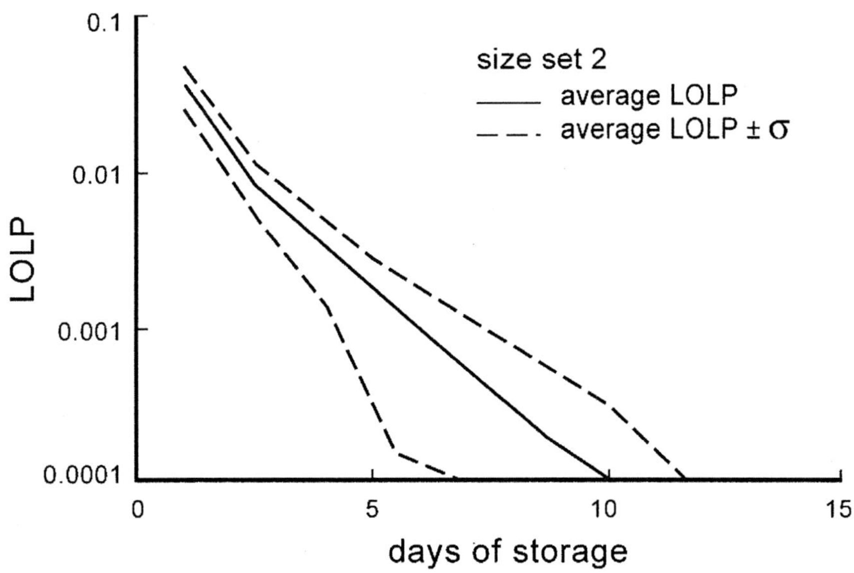

그림 G.1 설계 2를 위한 loss-of-load prohability(LOLP)와 배터리 저장 일수와의 관계 그래프(@1987 IEEE, Chapman)

η_{out}값에 기여하는 다른 요소는 95% 근처의 효율을 보이는 플라스틱 전원 드레인이 발생하는 배터리 컨트롤러이다. 배터리 용량의 평가는 배터리로부터 얻어지는 전하에만 관련되기 때문에 배터리에서 나가는 전하량의 손실을 고려하지는 않는다. 그러므로 배터리의 비효율을 오로지 배터리 내에 저장되어 있는 전하로만 설명할 것이다.

$$\begin{aligned} \eta_{out} &= 0.95 \times 0.76 = 0.72 \\ L &= 5\text{kWh/day} \\ S &= 5.80(\text{for design 2}) \\ DOD &= 0.8(\text{using a deep-cycle type battery}) \end{aligned}$$

그러므로,

$$\begin{aligned} CAP &= 5.80 \times 5 \,/\, (0.8 \times 0.72) \\ &= 50\text{kWh} \end{aligned}$$

3단계) 각 네 가지 설계에 대한 어레이 크기 결정

'평판 어레이에 대한 일광 설계' (*POA*)는 도표로부터 결정될 수 있다. 서로 다른 경사각에 대한 *POA*를 알면(하나의 도표는 각각의 경사각에 대한 것임) 최대 *POA* 값을 주는 하나를 선택함으로써 경사각을 손쉽게 최적화할 수 있다. 물론, 이

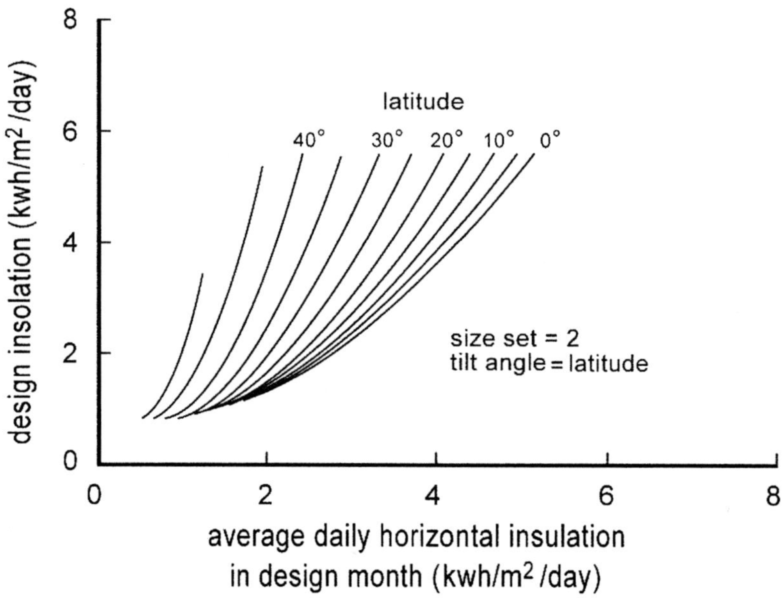

그림 G.2 계획한 달의 평균 수평일광과 일광설계의 관계 그래프

값은 위도의 함수이다. 그림 G.2는 설계 2에 대하여 경사각과 위도가 같아지는 경우의 도표를 보여준다.

하나의 예로, 수평 일광은 3kWh/m^2/day, 위도 30° 로 *POA* 값은 4.3kWh/m^2/day가 된다.

이에 대응하는 어레이 면적(*A*)은 다음과 같이 계산된다.

$$A = \frac{L}{POA \times \eta_{in} \times \eta_{out}} \tag{G.3}$$

*L*은 평균 일당 부하(kWh/day), *POA*는 설계 일광치(kWh/m^2/day), η_{in}는 일광부터 저장까지의 경로 효율이고, η_{out}는 저장-부하의 효율이다.

면적을 기본으로 하여 어레이 크기를 결정할 때에는 전류-전압의 배열을 걱정하지 않아도 된다. 하지만 전류(또는 전압)에 대한 사항이나 기본조건에 대한 전원율 등이 고려된 솔라페널을 구매해야 한다.

만약 최대 전력점 추적(MPPT)이 사용되지 않으면, 어레이 전압은 배터리와 최대 전류 지점에서 작동될 수 있는 각 태양전지 모듈에 의해 결정된다(과잉 전압은 온도 영향에 대해 허용된 각 모듈에 걸리기 때문임). 이에 따라, 어레이 크기는 가장 편리하게 피크 전류(I_p)에 의해 정의된다. 피크 전류(I_p)는

$$I_p = \frac{L \times I_0}{POA \times \eta_{bat} \times DF \times V_{bat} \times SD \times \eta_{out}} \tag{G.4}$$

여기서 I_0는 공칭 배터리 전압 V_{bat}에서 어레이가 전류 I_p를 생성할 때 피크에서 빛의 세기(1kW/m^2) 이고, *POA*는 일광설계값이다. 또한 η_{bat}은 배터리의 정전기적 효율(일반적으로 가장 작은 달의 일광은 85%임)이며, *DF*는 먼지손실인자(dust factor, 보통 0.90; 10% loss owing to dust), *L*은 일일 평균 부하, *SD*는 배터리의 자기방전인자, η_{out}은 배터리로부터 부하까지의 효율을 뜻한다.

Deep cycle 배터리의 경우, 최악의 달에 *LOLP* 값이 매우 작을지라도 자기방전은 일반적으로 매우 적은 양의 전하가 남음으로써 무시될 수 있다. 24V_{dc} 배열에서

$$\begin{aligned} I_p &= 5000 \times 1 \,/\, (4.3 \times 0.85 \times 0.90 \times 24 \times 0.72) \\ &= 88.0\text{A rated current (at nominally 24V).} \end{aligned}$$

표준 시험조건(25℃)을 사용하여 제작자에 의한 전원율이 위와 같으며, 이것은 일반적으로 다음과 같다.

$$\begin{aligned} &88\ \text{A} \times 24\ \text{V}\ (25°\text{C}) \\ &= 2.1\text{kW} \end{aligned}$$

그러나 만약 MPPT가 사용되면 어레이의 작동 전압에 대한 가정을 할 수 없기 때문에, MPPT는 이 전압을 최대 전력점으로 조절한다. 따라서 제작자에 의해 주어진 어레이의 셀 온도(T_c)와 어레이 효율(η_{mp})의 함수인 최대 전력점에서 어레이의 효율을 보아야 한다.

$$\eta_{mp} = \eta_r\left[1 - C_r\left(T_c - T_r\right)\right] \tag{G.5}$$

여기서 C_r은 다양한 온도에서의 최대 전력 상수(일반적으로 0.005℃$^{-1}$)이고, T_r은 기준 온도이다.

장소에 의존하여, 북위 30도, 겨울의 일반적인 대기온도는 10℃이고 어레이는 대략 대기보다 20℃ 높게 작동한다. 25℃의 기준온도에서 10% 어레이 효율로 가정하면,

$$\begin{aligned} \eta_{mp} &= 10.0 \times (1 - 0.005 \times (30.0 - 25.0)) \\ &= 9.75\% \end{aligned}$$

요구되는 어레이 면적은 식 (G.3)에 의해 주어지고, 여기서 η_{in}(the insolation-to-storage efficiency)은 다음 식에서 주어진다.

$$\eta_{in} = \eta_{mp} \times \eta_{bat} \times \eta_{mppt} \times D \times SD \tag{G.6}$$

그러므로

$$\begin{aligned} \eta_{in} &= 0.0975 \times 0.85 \times 0.95 \times 0.90 \\ &= 0.071 \end{aligned}$$

이고, 식 (G.3)으로부터

$$\begin{aligned} A &= 5000/(4300 \times 0.071 \times 0.72) \\ &= 22.8\text{m}^2 \end{aligned}$$

이거나, 또는 25℃에서 제조업자의 전원율은 다음과 같다.

$$\begin{aligned} \text{array rating} &= 1000\text{W/m}^2 \times 0.10 \times 22.8\text{m}^2 \\ &= 2.28\text{kW}_\text{p}. \end{aligned}$$

표 G.2 저장 용량과 평판 어레이에 대한 일광설계의 관계

Design	plane-of array insolation (kWh/m²/day) tilt angle = latitude + −20°	−10°	0°	10°	20°	S (days)
1	3.00	3.23	3.37	3.44	3.45	3.59
2	3.53	3.93	4.28	4.50	4.46	5.80
3	3.73	4.21	4.61	4.84	4.71	8.13
4	3.85	4.38	4.79	4.99	4.79	10.19

이것은 MPPT가 없을 때 요구되는 전력율 3.0kW$_p$과 비교되는 값이다. 가격, 시스템 복합도, 시스템 효율, 그리고 안정성 간에 상각이 있다.

이러한 계산수치는 설계 2에 기초하여 행해졌으며, 적합한 도표(*POA*와 *S*에 대해 다른 값을 준다)를 사용하여 설계 1, 3, 4에서 간단히 반복될 수 있다.

표 G.2로부터 최적 기울기는 위도+10° 로 볼 수 있다. 이것은 요구되는 *LOLP*를 제공할 수 있는 잠제적인 어레이의 크기와 저장 용량의 조합을 줄 수 있다. 이중에서 최소 비용이 사용되는 것을 선택한다. 전체 가격은 순수하게 초기 비용을 기초로 하거나 소비자 선호에 의존하는 사용가능 기간을 기초로 결정한다. 이때 방전깊이(depth-of-discharge, *DOD*)에 의해 달라지는 배터리 수명은 반드시 고려되어야 한다.

Flooded lead acid batteries 경우의 수명은 다음 식으로부터 예측 가능하다.

$$CL = (89.59 - 194.29T)\exp(-1.75 \times DOD) \qquad \text{(G.7)}$$

여기서 *CL*은 배터리 수명이고, *T*는 배터리 온도, *DOD*는 방전깊이이다.

PV-storage 시스템에서, 방전깊이는 사이클마다 다르며, 각 사이클은 하루이고, *DOD*는 그 날의 최대 방전깊이로 정의한다.

통계적으로 볼 때, 모든 배터리 사이클에 대한 *DODs*의 분포는 *LOLP*와 하루에 저장 가능한 함수로 일반화할 수 있다. 그러므로 식 (G.7)를 이용하여 실제 배터리 수명을 근접하게 예측하는 것이 가능하다.

25℃의 0.001 *LOLP* 조건에서 설계 1-4의 예상되는 배터리 수명은 각각 10.7, 10.9, 10.9, 10.9년이다. *LOLP* 0.001에서 수명이 매우 긴 이유는 대부분의 시간동안 배터리가 잘 충전된 상태로 남아 있기 때문이다.

참/고/문/헌

Mack, M. (1979), 'Solar power for telecommunications', *The Telecommunication Journal of Australia*, **29**(1), pp. 20–44.

Chapman, R.N. (1987), 'A simplified technique for designing least cost stand-alone PV/storage systems', Proc. 19th IEEE Photovoltaic Specialists Conference, New Orleans, pp. 1117–1121.

Appendix H

태양광 전력을 사용하는 양수 펌프의 시스템 설계

H.1 소개

수집된 자료를 다루는 방법은 태양광 전력을 단독으로 사용하는 양수 펌프의 설계를 위한 준비에서 논의될 예정이고, 이어서 전형적인 PV 모듈 특징과 결과 그리고 양수 펌프 시스템 설계와의 관련성에 대한 분석과 토의가 따르게 될 것이다. 또한 전체과정의 각 부분에 대한 내용을 포함한 시스템 설계의 예도 보일 것이다.

H.2 일사 데이터 조작

설계월의 각각에 대한 경사각 β에서 어레이 위로 입사하는 최대 일광 세기를 맑은 날에서의 세기(I_s)와 흐린 날의 세기(I_c)에 대하여 결정한다. 그리고 1장의 일사 데이터에 관한 자세한 내용을 참조하고, 이러한 계산을 수행할 수 있는 다양한 컴퓨터 프로그램들을 사용한다(Silvestre, 2003). 이러한 목적을 위해 맑은 날과 흐린 날의 차이를 구분할 수 있는 근사법을 사용한다(1장, 1.8.3.2 참조). 1장의 식 (1.19)(Hu&White, 1983)과 그림 H.1을 이용하여 맑은 날에 대한 식 (H.1)을 얻을 수 있다.

$$I_{si} = 1.353 \times 0.7^{AM^{0.678}} \times 1.10 \times \sin(\alpha + \beta) \tag{H.1}$$

여기서 단위는 kW/m^{2}이고, α는 월 i의 정오에 태양과 지면간의 각이며, 식 (1.22)로 표현된다. β는 어레이로 입사된 빛 I_{si}의 경사각이다. AM은 대기 질량

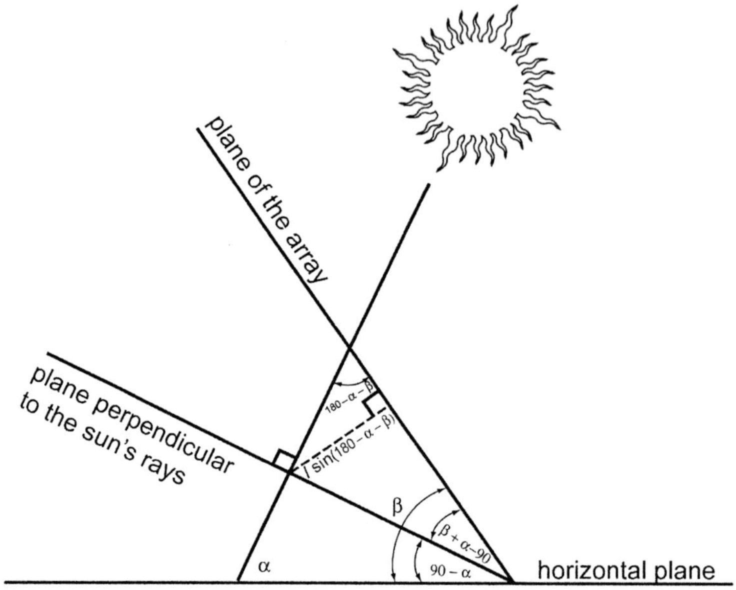

그림 H.1 각도 β를 갖는 정오에 솔라패널에 입사하는 광세기를 결정하는 과정

($1/\sin\alpha$)이고 1.10의 수치는 구름 없는 날의 확산 정도이다.

비슷하게 month i때 흐린 날에서의 최대 광세기 I_{ci}는 다음과 같이 나타낼 수 있다.

$$I_{ci} = 1.353 \times 0.7^{AM^{0.678}} \times 0.20 \tag{H.2}$$

여기서 0.20은 확산 빛 세기를 가정한 것이고, β와 무관한 값이다.

1. 각각의 month i에 대한 I_{si}와 I_{ci} 값으로부터 그림 H.2를 사용하여 맑은 날과 흐린 날 각각의 경사각 β로 어레이에 입사하는 광세기를 예측한다. 그리고 이것으로 그림 H.2의 N에 의해 주어진 시간 축에서 근사한 값을 이용하여 맑은 날과 흐린 날 각각의 kWh/m^2/day를 계산할 수 있다.
2. 각 달에 대한 I_{si}와 I 값과 함께 그림 H.2에서 맑은 날의 비율을 결정한다. 이것은 식 (H.3)에서 구할 수 있다. 식 (H.3)으로부터 맑은 날과 흐린 날의 일광 부분의 합으로 정해진 기간에서의 각 달(i)에서 경사각 β로 어레이에 떨어지는 평균 일광 평균 전체 복사에너지(G_i) 양을 구할 수 있다.

$$G_i = X_i \times 6.76 \times N_i \times I_{si} + Y_i \times 6.76 \times N_i \times I_{ci} \tag{H.3}$$

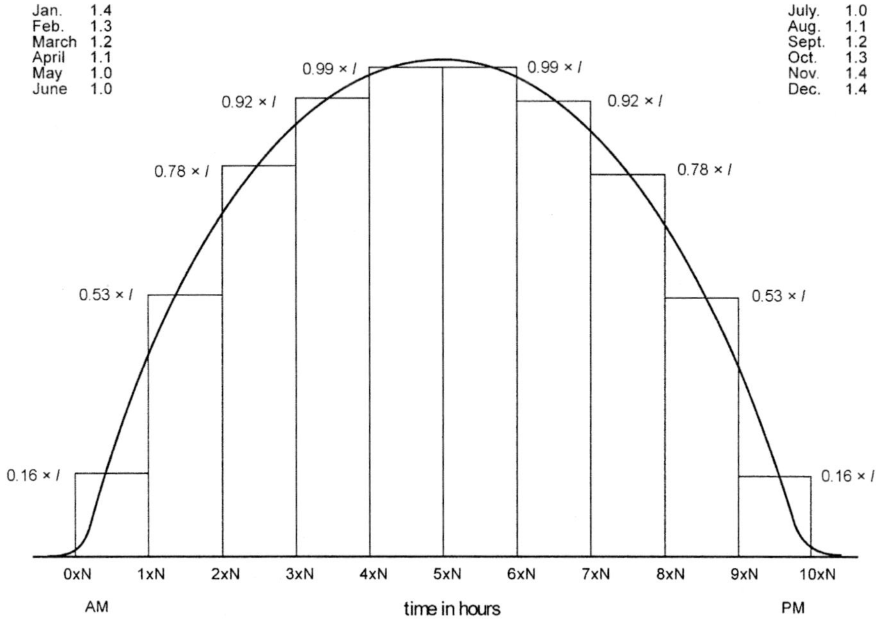

그림 H.2 일일 최고 일광 강도의 함수로 나타낸 맑은 날 동안의 일광 강도 분포도. 도수 분포도의 두께, N은 일일 일광 강도의 근사치이며, 연중 어느 시기인지에 따라서 결정된다.

여기서 X_i와 Y_i는 맑은 날과 흐린 날의 비율을 상대적으로 나타낸다.

흐린 날에는 구동 전류가 크게 감소하므로 각 하부 시스템의 동작이 좋지 않다. 따라서 이 경우에는 펌프가 구동이 되지 않는다고 가정할 수 있다. 따라서 식 (H.3)은 $(X \times N \times 6.76 \times I_s)$에서의 맑은 날에 해당하는 부분을 실제로 태양전지 패널에 도달하는 지구 일광 강도(R_u)로 간주하여 사용한다.

3. 연간(또는 계획간 기간 동안의) 평균 계산 값 I_{si}를 통해서 I_{sa} 값을 얻을 수 있다. 이는 각각의 I_s값에 특정 i번째 달의 일수(M_i)와 예상되는 맑은 날의 비율을 곱하여 얻을 수 있다. 예를 들어 i가 특정 달이나 특정 기간을 의미할 때,

$$I_{sa} = \frac{\sum_i (X_i M_i I_{si})}{\sum_i (X_i M_i)} \tag{H.4}$$

이때 그림 H.2에 주어진 것처럼 각각의 맑은 날(각 달에 해당하는)을 그에 해당하는 햇살이 비치는 시간으로 바꿀 수 있다.

$$E_i = \frac{6.76 N_i I_{si}}{I_{sa}} \tag{H.5}$$

최대 일광 강도가 I_s인 맑은 날의 일광 강도는 I_{sa}의 일광 강도가 E 시간 동안 지속되는 것과 같다. 이러한 공식에 따른 특정 달의 일광 시간을 구하기 위해서 다음과 같은 식을 이용할 수 있다.

$$E_{mi} = X_i M_i E_i \tag{H.6}$$

필요에 따라서는 이러한 조건을 만족하는 연간 일광 시간(E_y) 또한 다음과 같은 공식을 통해서 구할 수 있다.

$$E_y = \sum_i E_{mi} \tag{H.7}$$

하지만 $I_{sa}/2$의 일광 강도 하에서 두 시간 동안 소자를 작동시키는 것이 I_{sa}의 일광 강도 하에서 한 시간 동안 소자를 작동시키는 것과는 다르다는 것을 알아야 한다. I_{sa}의 일광 강도 하에서는 원심력 펌프의 작동 성능이 저하되고, 태양광 패널의 전류-전압 성질과 부하 간의 관계가 최적화되지 않기 때문이다. 그러므로 위에서 말한 맑은 날에 일광 시간을 0.80×Isa kW/m^{2}에 해당한다고 가정하고 이에 따라서 이 일광 강도에 대해서 효율을 최적화하기 위한 디자인을 해야 한다. 그림 H.2에 소개되어 있는 날짜에 따른 대부분의 빛의 강도에서 더 낮은 일광 강도의 빛도 이러한 고려가 허용될 때, 좀 더 신중한 시스템 구상이 요구되며 일상적인 동작 효율은 매우 증가할 것이다.

4. 적절한 저장 장치를 갖춘 시스템의 경우에는 연간 퍼 올려지는 물의 양에 맞는 디자인을 할 수 있게 된다. 제한적인 저수량을 갖췄거나 저수장치가 없는 시스템들의 경우에는 수량 요구량과 퍼 올려지는 물의 양이 디자인되는 기간 전체를 통틀어 맞아야 한다. 어떠한 경우라도 맑은 날마다 퍼 올려져야 하는 물의 부피 V를 결정해야 한다(저수 능력에 따라 절대량 또는 평균량을 계산). 이 부피 V는 $0.80 \times I_{sa}$의 빛의 강도에서 필요한 전력을 제공할 수 있는 태양전지 패널을 통해서 E 시간동안 퍼 올려지는 부피이어야 한다.
   저수장치 없이 디자인하는 경우에 비트는 각도를 조절함으로써 연간 E_i와 V_i 값과의 차이가 최소화되어야 한다. 비트의 각도를 달리하는 것은 각각의 달에 해당하는 상대적인 E_i의 값을 바꾸게 된다. 이상적으로 E_i값은 디자인되는 달에 한해서는 V_i에 비례하는 결과를 가져야 한다.

H.3 태양전지 모듈의 특징

일반적으로 모듈은 36개의 셀이 직렬로 연결되어 있으며, 각각의 셀은 보통 다음과 같은 특징을 가지고 있다.

$$\begin{aligned} V_{oc} &= 600\text{mV } (25°\text{C}) \\ FF &= 75\% \\ V_{mp} &= 475\text{mV } (25°\text{C}) \\ V_{mp} &= 430\text{mV } (45°\text{C}) \\ I_{mp}/I_{sc} &= 0.95 \end{aligned}$$

또한 각각의 셀은 다음과 같은 식에 대해 비교적 잘 맞는다.

$$V = \left(\frac{nkT}{q}\right)\ln\left(\frac{I_L - I}{I_0}\right) - IR_s \tag{H.8}$$

V는 말단 전압, I는 전류, I_L은 빛에 의해 유도된 전류, n은 이상값과의 차이를 나타내주는 수치(1.3으로 가정), R_S는 직렬저항, q는 전자의 전하, k는 볼츠만 상수 (1.38×10^{-23}J/K), T는 절대온도(외야에서 구동 시 318K로 가정), 그리고 I_0는 다음과 같은 식으로 나타내어지는 암전류를 의미한다.

$$\begin{aligned} I_0 &= \frac{I_L}{\exp\left(\dfrac{qV_{oc}}{nkT}\right)} \\ &= 2.17 \times 10^{-7} \times I_L \quad (\text{at } 45°\text{C}) \end{aligned} \tag{H.9}$$

V_{OC}는 개방 회로 전압이며, 상용화된 태양전지의 경우 25℃에서 보통 600mV 정도의 값을 가지지만 45℃에서는 555mV로 떨어진다.

상업화된 태양전지의 경우에는 R_S는 단축회로 전류에 반비례하기 때문에 직렬 저항으로 인하여 잃어버리는 전력은 대략 다음과 같이 셀의 크기에 의해서 결정된다(보통 셀 크기의 2.5%).

$$R_s \approx \frac{1}{40I_{sc}} \tag{H.10}$$

여기서, I_{SC}는 단축 회로 전류이며, 1kW/m^2 이하이다.

빛의 강도에 따른 변화량을 계산하기 위해서 다음과 같은 공식을 이용한다.

$$I_L = L \times I_{sc} \tag{H.11}$$

이 식에서 L은 빛의 강도를 나타내 주는 수치이다. $L=1$일 때는 $1kW/m^2$에 해당하며, $L=0.5$일 때는 $500W/m^2$에 해당한다. 식 (H.8)을 $T=318$ K일 때 다음과 같은 식으로 다시 나타낼 수 있다.

$$V = 0.0361 \times \ln\left(\frac{L \times I_{sc} - I}{2.17 \times 10^{-7} \times I_{sc}}\right) - \frac{I}{40 \times I_{sc}} \tag{H.12}$$

많은 수의 태양전지가 직렬로 연결되어 있다. 어떠한 전류 I에 해당하는 전압은 식 (H.12)를 통해서 구할 수 있으며, 전체 모듈의 전압의 경우에는 직렬로 연결되어 있는 셀의 개수를 곱해주면 구할 수 있다.

다음 단계는 식 (H.12)를 통해서 그림 H.2에 그려진 다섯 종류의 빛의 강도에 따라서(다섯 개의 L값을 취함) 그에 해당되는 다섯 개의 전류-전압 곡선을 얻어내는 것이다. 이러한 곡선들은 평균화를 거쳐서 그림 H.3에 나타나 있으며 그 값들은 표 H.1에 나타나 있다. 수직축과 표에 나타나 있는 전류에 대해서는 후에 설명할 것이다. 수평축의 각각의 전압은 수치 m을 곱한 값이며, 이 수치는 각 열에 직렬로 연결된 12V 수에 해당된다.

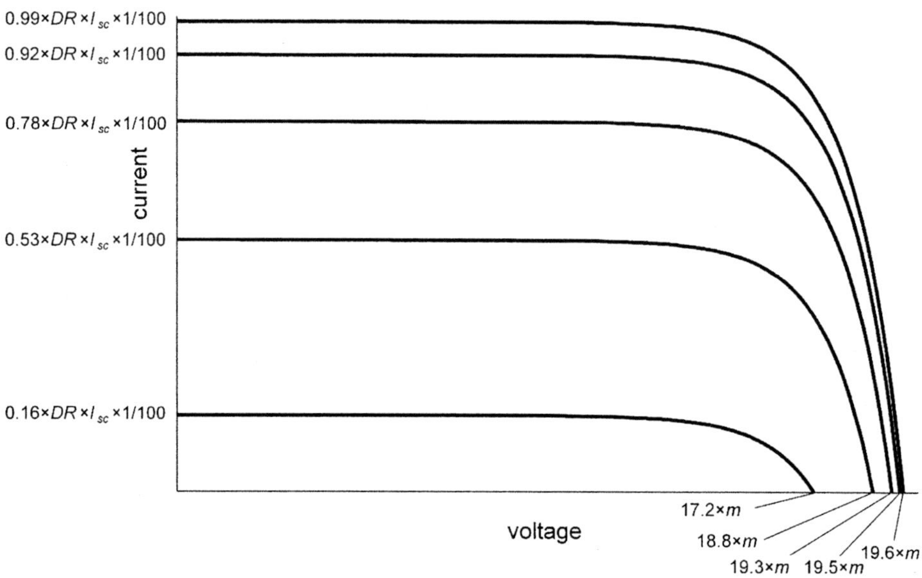

그림 H.3 그림 H.2에 주어진 일광 강도 하에서 작동하는 보통의 상업적 태양전지의 전류-전압 특성, 이 곡선은 식 (H.12)를 계산함으로써 얻을 수 있다.

표 H.1 그림 H.3에 나타난 다섯 개의 곡선상의 전류와 전압값을 평균화한 수치

curve 1		curve 2		curve 3		curve 4		curve 5	
current	voltage	current	voltage	current	voltage	current	voltage	current	voltage
0.000	19.6	0.000	19.5	0.000	19.3	0.000	18.8	0.000	17.2
0.113	19.4	0.113	19.3	0.113	19.1	0.113	18.5	0.034	16.8
0.226	19.3	0.226	19.1	0.226	18.8	0.226	18.0	0.066	16.5
0.339	19.0	0.339	18.9	0.339	18.5	0.283	17.7	0.090	16.1
0.451	18.8	0.451	18.6	0.451	18.1	0.339	17.4	0.113	15.5
0.564	18.5	0.564	18.2	0.508	17.9	0.395	16.9	0.124	15.2
0.678	18.1	0.678	17.7	0.564	17.6	0.429	16.6	0.135	14.7
0.734	17.8	0.734	17.4	0.598	17.3	0.451	16.2	0.141	14.3
0.790	17.5	0.791	16.9	0.632	17.1	0.474	15.8	0.147	13.8
0.847	17.0	0.824	16.5	0.654	16.8	0.485	15.5	0.152	13.2
0.881	16.7	0.847	16.1	0.678	16.6	0.497	15.1	0.154	12.8
0.903	16.4	0.858	15.9	0.702	16.2	0.508	14.5	0.157	11.8
0.925	16.0	0.869	15.6	0.722	15.8	0.512	14.2	0.158	11.3
0.937	15.7	0.880	15.3	0.734	15.5	0.514	14.1	0.159	10.4
0.949	15.3	0.892	14.8	0.745	15.1	0.517	13.8	0.160	9.5
0.960	14.9	0.903	14.2	0.750	14.9	0.519	13.6	0.160	0.0
0.965	14.7	0.909	13.6	0.756	14.6	0.521	13.3		
0.971	14.3	0.914	12.8	0.762	14.2	0.523	13.0		
0.976	13.9	0.916	12.2	0.765	14.0	0.525	12.5		
0.981	13.3	0.917	11.8	0.768	13.7	0.526	12.2		
0.987	11.8	0.919	10.4	0.770	13.5	0.527	11.8		
0.989	10.4	0.920	8.4	0.772	13.2	0.528	11.3		
0.990	8.0	0.920	0.0	0.773	13.0	0.529	10.4		
0.990	0.0			0.776	12.2	0.530	0.0		
				0.777	11.8				
				0.778	11.3				
				0.780	0.0				

각 모듈들은 특별히 최고 전력 지점에서 필요로 되어지는 정확한 전압에 맞춰져 있으며, 이 전압은 물론 다른 개수의 셀을 직렬 연결함으로써 얻을 수 있다. 하지만 이것은 추가 비용이 발생하여 수요가 특별히 많지 않은 이상 특수 제작된 모듈을 사용하는 것은 비경제적이다.

45℃에서 표준 모듈을 고려하면:

- 단일 모듈(36개의 셀로 구성)은 V_{mp}=15.5V
- 두 개가 직렬로 연결된 경우(72개의 셀로 구성)는 V_{mp}=31.0V
- 세 개가 직렬로 연결된 경우(108개의 셀로 구성)는 V_{mp}=46.5V
- 네 개가 직렬로 연결된 경우(144개의 셀로 구성)는 V_{mp}=62.0V

가 되어야 한다.

그림 H.3에 나타나 있는 것처럼 빛의 세기에 따라서 최대 전력 전압은 거의 변하지 않는다.

따라서 최대 전력 전압(45℃에서)을 얻기 위해서 하위 시스템이 최대 구동 효율을 보이는 값에 최대한 가깝도록 적절한 직렬연결 모듈의 개수를 정해야 한다

(연결선을 통해서 2% 정도의 전압 하강이 허용됨).

디자인을 하는데 있어서 마지막 단계는 태양전지 패널에 필요한 전류를 통해서 유도되는 축전량을 정하는 것이다. 상호작용에 의한 접근은 가장 단순하며, 컴퓨터를 통해 해결하기에 좋다. 초기 단계에서 결정된 배열 크기(전류의 순위에 따른)는 H.2절에서 소개된 (4)단계와 (5)단계의 유도지표를 통해서 결정된다. 하위 시스템은 다음의 식으로 주어지는 빛의 세기(L_{mp}) 하에서 최대 효율로 구동된다.

$$L_{mp} = 0.80I_{sa} \tag{H.13}$$

따라서 최대 전력 지점의 전류(I_{mp})는 1kW/m^{2}에서 다음과 같이 표현될 수 있다.

$$I_{mp} = \frac{100I_m}{0.80I_{sa}} \tag{H.14}$$

I_m은 하부시스템이 최대의 효율을 보일 때의 모터 전류이다.

한 번 I_{mp}의 값이 결정되면 실제로 태양전지 패널이 I_{mp}의 전류를 생산하는지를 확인해야 한다. 이에 영향을 주는 요소들은 다음과 같다.

- 표면의 먼지(Halcrow & Partners, 1981; Hammond, 1997)
- 예상보다 적은 일사량
- 태양전지 패널의 출력 변동치
- 태양전지 패널의 손상

이러한 요소들은 태양전지 배열 디자인을 크게 함으로써 상쇄시킬 수 있다. 보통 먼지가 있으면 위치에 따라서 6% 정도, 태양전지 패널의 손상에 의해서 10% 정도(판매자의 보장이 없는 한) 태양전지 패널의 출력 변동치와 일사량의 변화에 의해서 총 10% 정도의 전류 감소가 있다. 총 26%의 전류 감소를 태양전지 배열의 크기로 환산하면 35% 정도의 크기가 더 필요하다(1/0.74). 이것을 경감요인, DR이라고 하며 이번 경우에는 0.74가 된다. 다시 말해서, 필요한 것으로 계산되어진 전류보다 1.35배 더 많은 전류를 최대 전력 전류로 가지는 태양전지 패널을 선택하는 것이다. 이것을 단축 회로 전류로 환산하려면 단순히 0.95를 나눠주면 된다.

이제 다시 그림 H.3로 돌아가서 수직축을 고려해보자. 만약 생산자가 I_{sc}를 단축 회로 전류로 규정한다면 다음과 같은 과정을 시행해야 한다.

1. 그림 H.2를 이용하여 가장 높은 곡선으로부터 ($0.99 \times I/100$)을 곱하여 1kW/m^2 만큼 빛의 세기가 다른 전류를 계산한다. I는 식 (H.1)을 통하여 주

어진다.

2. 경감요인, DR을 곱하여 준다(이 경우 0.74로 주어짐).

결론적으로 가장 높은 곡선에 대해서 다음과 같은 단축 회로 전류를 얻을 수 있다.

$$0.99 \times 0.74 \times I \,/\, 100 \times I_{sc}$$
$$(0.0073 \times I) \times I_{sc}$$

I의 단위는 mW/cm^{2}이다.

선택된 태양전지 배열의 크기에 따라서 그림 H.3의 수직축과 수평축들이 결정될 수 있다. 그리고 부하 곡선(효율의 크기에 따라서)이 겹쳐진다. 이것은 그림 H.2와 결합되어 펌프로 끌어올려지는 물의 양과 전체 디자인되는 기간을 통틀어 맑은 날과 흐린 날에 시스템의 평균 효율을 계산하기 용이하게 만들어 준다. 이 과정이 컴퓨터에 의해서 수행된다면 최대 효율과 선호되는 펌핑 방식을 결정하기 위해 반복적으로 시스템의 디자인을 변경하기 위해서 다양한 전류값에 대한 계산을 수행하는 것이 단순한 작업이 될 것이다.

펌핑 시간(E)을 I_{sa}의 일광량을 가지는 해가 내리쬐는 시간으로 정의할 때 일정 부분의 보수작업이 (4)단계와 (5)단계에서 행해진다는 사실을 숙지해야 한다. 하지만 결론적으로 그에 따른 하부 시스템의 최대 효율로서 $0.80I_{sa}$가 일광 강도로 사용된다. 보수작업은 다음과 같은 두 가지 이유에서 필요하다. 첫째, 디자인된 값인 $0.80I_{sa}$보다 낮거나 큰 일광 강도 하에서 작동될 때 감소되는 하부 시스템의 작동 효율을 고려할 수 있다. 둘째, 다음과 같은 결과로써 하부 시스템의 구동 성능이 기대보다 못미치는 것을 상쇄시킬 수 있다.

- 실제로 측정한 곡선과 판매자가 제공한 곡선의 어긋남
- 하부 시스템 구성 요소의 손상
- 정전 상부 부분 등의 예상치 못한 변화

이러한 작업들을 고려하면 설계도에 있는 것보다 결과적으로 총 10~20%의 물이 더 펌프를 통해 끌어 올려져야 한다. 어떠한 개선작업이 판매자와의 협의에 의해서 이루어졌다 하더라도 이러한 현상은 요구에 따라서 증가되거나 감소될 수 있다.

H.4 직접 결합 시스템 설계의 예

상세설명

Melbourne(위도 37.8°S) 근처에 용수 공급을 위한 직접 결합 펌프 시스템을 설계하라(배터리나 전력공급회로는 없다). 관심 있는 달은 오직 12월과 1월인데, 그 기간 중 2.5백만 리터의 공급이 요구된다. 관련된 자료가 표 H.2에 있다. 총 공급부분은 8.8m이며, 이 수치는 공급 동안과 계절 내내 거의 일정하게 유지된다. 수자원의 재저류 속도에는 아무런 문제가 없다. 연중 다른 달은 문제되지 않는 것으로 간주한다.

표 H.2 수평면에서 설계한 달의 일일 평균 일광 자료

month	direct, S	diffuse, D	global, R
	(mWh/cm^2)	(mWh/cm^2)	(mWh/cm^2)
December	676	214	890
January	629	210	839

설계 과정

1단계 – 부하의 상세설명

모든 필요한 것이 위에 설명되어 있다.

2단계 – 경사각 설정과 태양 관련 자료 적용

설계 기간이 단지 12월과 1월이므로, 경사각은 최적화하기에 간단하고, 그 달에 해당하는 정오의 태양에 직접적으로 패널을 위치시킨다. 1장에서 식 (1.7)로부터, 12월에 해당하는 태양의 편차를 최대 23.4°로 계산하고, 반면 1월 중순에는 크게 다르지 않은 약 21.8°로 계산하였다. 22.8°의 값을 사용하여 정오의 태양 고도를 계산해서 1장의 식 (1.6)을 통해 75°를 얻었다. 그 결과로, 우리의 경사각은 15°이다. 유사하게, 1장 식 (1.5)로부터, 표 H.3처럼 태양 기판에 태양의 분리된 입사를 얻기 위해 경사각을 조정하였다.

표 H.3 솔라 패널에 입사하는 태양광과 경사각 β로 보정된 값.

month	tilt angle, β	altitude, α	direct, S	diffuse, D	$S_{15°}$	$R_{15°}$
	(°)	(°)	(mWh/cm^2)	(mWh/cm^2)	(mWh/cm^2)	(mWh/cm^2)
December	15	75.6	676	214	698	912
January	15	73.5	629	210	656	866

3단계 – 편차 자료 조작

(a) I_s와 I_c 값 결정

12월, 식 (H.1)과 (H.2)를 사용하여

$$I_{s1} = 135.3 \times 0.7^{AM^{0.678}} \times 1.1 \times \sin(75.6° + 15°) \qquad (\text{in mW/cm}^2)$$

이때 $AM=1/\sin(75.6°)$, 주어진

$$I_{s1} = 103\text{mW/cm}^2$$
$$I_{c1} = 18.8\text{mW/cm}^2$$

1월($\alpha=73.6°$)

$$I_{s2} = 103\text{mW/cm}^2$$
$$I_{c2} = 18.8\text{mW/cm}^2$$

(b) 맑은 날과 흐린 날에 대한 mWh/cm²/day 값 계산

그림 H.2를 이용하여 'sunny day' mWh/cm²/day 값은 아래와 같이

$$6.76 \times N_i \times I_{si}$$

이때 12월과 1월에 대해 $N_i=1.4$이며, I_{si} 값은 (c)에 주어진 것과 같다.
결과적으로, '흐린 날' 의 mWh/cm²/day는 다음과 같이 주어진다.

$$6.76 \times N_i \times I_{ci}$$

그리고 각각의 달에 계산한다.

(c) 맑은 날과 흐린 날의 비율 결정

12월에 대해, 그림 H.2와 식 (H.3)을 사용하여

$$R_{15°} = X_1 \times 6.76 \times 1.4 \times 103 + Y_1 \times 6.76 \times 1.4 \times 18.8$$

이때 $R_{15}=912$, X과 Y는 각각 맑은 날과 흐린 날의 비율이며, $X+Y=1$(또는 $Y=1-X$) 이를 통해

$$912 = 975 \times X_1 + 178 \times (1 - X_1)$$

그리고

$$X_1 = 0.92,\ Y_1 = 0.08$$

다시 말하면, 그 기간 동안, 맑은 날은 93%이며, 흐린 날은 7%라는 것이다.
1월에

$$\begin{aligned} 866 &= 975 \times X_2 + 178 \times (1 - X_2) \\ X_2 &= 0.86 \\ Y_2 &= 0.14 \end{aligned}$$

이는, 맑은 날이 89%라는 것이다.
흐린 날은 펌핑할 수 없으므로 무시하면, 태양 기판에 사용 가능한 복사 입사량은

$$\begin{aligned} R_{u1} &= 0.92 \times 912 \\ &= 839\,\text{mWh/cm}^2\text{/day}\ (12\text{월}) \\ R_{u2} &= 0.86 \times 866 \\ &= 745\,\text{mWh/cm}^2\text{/day}\ (1\text{월}) \end{aligned}$$

(d) 빛의 세기 I_{sa}에서 공급시간(E)의 시간당 양의 결정
식 (H.4)를 사용하여

$$\begin{aligned} I_{sa} &= (103 \times 31 \times 0.92 + 103 \times 31 \times 0.86) / \\ &\quad\ (31 \times 0.92 + 31 \times 0.86) \\ &= 103\text{mW/cm}^2 \end{aligned}$$

식 (H.5)를 사용하여

$$\begin{aligned} E_1 &= 6.76 \times 1.4 \times 103 / 103 \\ &= 9.5\text{hours} \\ E_2 &= 9.5\text{hours} \end{aligned}$$

그리고 식 (H.6)를 사용하여, 1개월당 시간은

$$\begin{aligned} E_{m1} &= 9.5 \times 31 \times 0.92 \\ &= 271\text{hours} \\ E_{m2} &= 9.5 \times 31 \times 0.86 \\ &= 253\text{hours} \end{aligned}$$

또한, 설계기간 동안에

$$\begin{aligned} E_y &= E_{m1} + E_{m2} \\ &= 524\,\text{hours (of equivalent sunshine at } I_{sa}\text{).} \end{aligned}$$

4단계 – 펌프 선택

12월과 1월을 합쳐 연 평균 공급되어야 하는 양은 2.5백만 리터이다. 이를 공급속도로 계산하면,

$$Q = 2.5 \times 10^6 / (524 \times 60 \times 60)$$
$$= 1.3\text{L/s}$$

이 경우, 12월과 1월에 더 많은 물이 공급될 것이라는 것은 고려하지 않아도 되는데, 단순히 12월에 평균적으로 맑은 날이 더 많을 것이라는 결과에 의한 것이며, 더욱이 필요한 증가분의 물은 그 달에 공급될 것이다.

배송관에서 마찰로 인한 손실에 대해 전체에 2%를 추가한다고 가정하면 이 경우 전체 9m가 된다. 그림 H.4는 원심력 펌프의 성능 곡선이 9m의 입구와 1.30L/s의 펌핑 속도로 작동이 잘 맞는다는 것을 보여준다.

5단계 – 회전속도 특성이 적절한 모터 선택

그림 H.4로부터, 원심 펌프가 9m의 입구와 1.3L/s의 펌핑 속도로 작동하기 위해서는 2700rpm의 속도를 가질 것이다. 이는 약 230W의 입력 전력(P_{in})에 잘 대응된다. 결과적으로, 회전(τ)값은 직접 주어지지 않기 때문에, 이는 전력(P_{in})과 각속도로부터 다음과 같이 계산될 수 있다.

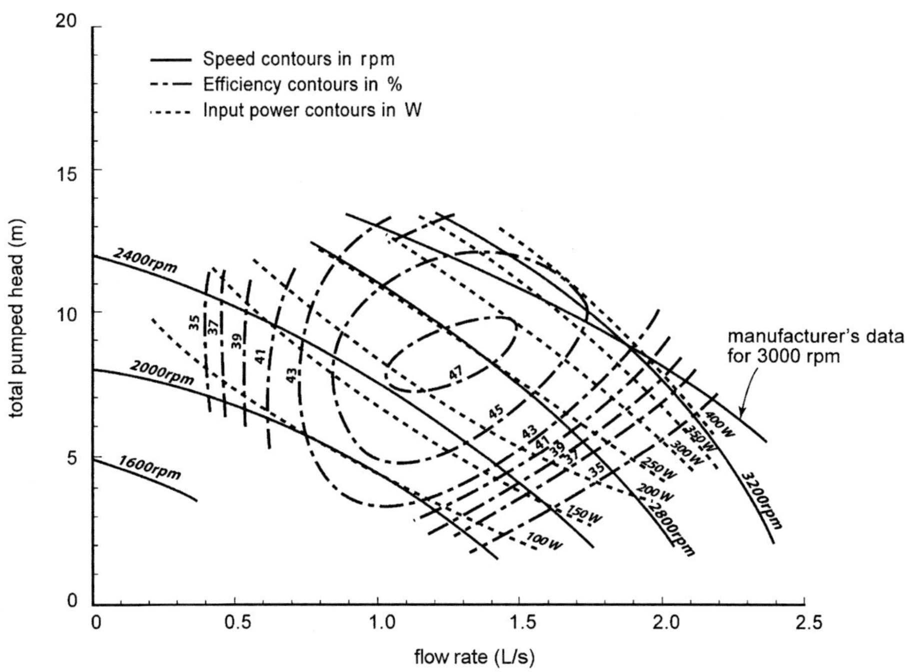

그림 H.4 설계 명세서에 부합하는 성능지표와 펌핑비를 갖는 원심 펌프

$$\begin{aligned}\tau &= P_{in} / \omega \\ &= 230 / (2\pi \times 2700 / 60) \\ &= 0.814\text{Nm}\end{aligned} \qquad \text{(H.15)}$$

그림 H.5에서 DC 모터의 성능 곡선은 설계된 값에 대해 76%의 효율을 보이며, 선택된 펌프에 대해 잘 일치함을 보여준다.

6단계 - 효율로 측정하는 하위 시스템에 대한 부하량 결정

그림 H.4는 필수 펌프 특성들을 보여주고 있지만 물론 제일 요구되는 형식은 아니다. 그러나, 제공된 곡선에서 식 (H.15)로부터 펌프로의 입력 전력을 통해 회전(τ_l)은 각각의 속도에 대해 결정될 수 있다. 각각의 τ_l 값을 선택한 모터에 대해 11장 그림 11.11에서 참조하자. 곡선이 주어졌고, 비록 주어진 식을 사용하기에 매우 간단하고, 정밀하지만 아래의 값을 주기 위해서 재배열될 수 있다.

$$I_m = \frac{\tau + 0.0674}{0.136} \qquad \text{(H.16)}$$

$$\tau_l = \frac{P_{in}}{\omega}$$

$$V_m = \frac{N + 69.2 I_m + 16.6}{70.4} \qquad \text{(H.17)}$$

마지막으로, 곡선으로부터 값을 구해 펌프와 모터 효율을 포함하고 하위 시스템 효율이 적용된 모터와 펌프 작업량 라인에 필요한 모든 정보를 포함한 표를 작성할 수 있다. 마지막 열의 V_a는 배열로부터 얻은 필요 전압이다. 이 값은 모터 전압보다 2% 높지만 전선을 통해 손실될 수 있다.

7단계 - 광전 시스템 측정

사용한 PV 기판에 대한 I-V 곡선이 그림 H.3에 있다. 우리가 할 일은 모터와 펌프의 요구량에 PV 출력값을 잘 일치시키기 위해 측정기준을 재배치하는 것이다.

전압 측정

최대 출력점 전압이 빛의 세기 변화에 따라 대략 상수로 유지되기 때문에 하위 시스템이 최대 효율을 달성하는 전압에 대응시킬 필요가 있다. 표 H.4로부터 이는 47V의 정렬 전압일 때 발생한다. 그림 H.3과 표 H.1에 있는 상용 모듈에 대해 우리의 표준화된 곡선으로부터 최대 전력점 전압을 45℃에서 46V가 될 것이며, 적

표 H.4 부하선을 결정하기 위해 계산된 값

N	$\omega=\pi N/30$	P_{in}	$\tau_l = P_{in}/\omega$	η_m	η_p	η_{sub}	$I_m = I_a$	V_m	V_a
(rpm)	(rad/s)	(W)	(Nm)	(%)	(%)	(%)	(A)	(V)	(V)
3200	335	400	1.19	75.5	41.0	31.0	9.20	55	56
3000	314	300	0.96	76.0	45.0	34.2	7.60	50	51
2800	293	250	0.85	75.5	47.5	36.0	6.75	46	47
2600	272	220	0.81	75.0	47.5	35.6	6.45	43	44
2400	251	170	0.68	74.0	45.0	33.3	5.50	40	41
2200	230	110	0.48	73.0	35.0	25.5	4.03	35	36
2120 [1]	222	89	0.40	73.0	21.4	15.6	3.44	34	35
2100	220	50	0.23	0	0	0	2.19	32	33

Note
1. At $N = 2120$ rpm, $\eta_p = (0.22 \text{ kg/s} \times (10.1 - 0.2) \text{ m} \times 9.8 \text{ m/s}^2) / 100 \text{ J/s} = 21.4\%$. Therefore, at a 9 m head on the same efficiency line, $P_{in} = (0.22 \text{ kg/s} \times (9 - 0.2) \times 9.8) / 0.214 = 89$ W.

용이 가능할지라도 이상적인 것보다 다소 낮다. 그러므로 이 선택은 그림 H.3의 m =3일 때의 행을 나타내는 것이다.

전류 측정

꼭지점 하위 시스템 성능에 대해 표 H.4는 6.75A의 모터 전류가 필요함을 말해준다. 그러나 빛세기가 오직 $0.80\times I_{sa}$일 때만 이 전류값을 원하므로 그 때 100mW/cm^{2}에서 상향 조정한 최대 전력점 전류는 식 (H.14)에 의해 주어진 것처럼 될 필요가 있다.

$$\begin{aligned} I_{mp} &= 6.75 \times 100 / (0.80 \times 103) \\ &= 8.2\text{A} \end{aligned}$$

그리고 단락전류 값으로 아래와 같이 변환하기 위해 0.74의 하향 조정값을 주고 0.95로 나눈다.

$$\begin{aligned} I_{sc} &= 8.2 / (0.74 \times 0.95) \\ &= 11.6\text{A} \end{aligned}$$

즉 우리가 확신해야 하는 것은 이것이 제조업자의 조절된 전류이고, 장기적으로 빛의 세기가 $0.80\times I_{sa}$일 때 6.75A의 최대 전력점 전류를 여전히 갖게 될 것이다.

이제 각 달에 대해 그림 H.3의 열을 지정할 수 있으며, 12월에는 맨 위 곡선에 대해 단락전류가 아래와 같이 된다.

$$\begin{aligned} I_{sc} &= (0.99 \times 0.74 \times 103 / 100) \times 11.6 \\ &= 8.75\text{A} \end{aligned}$$

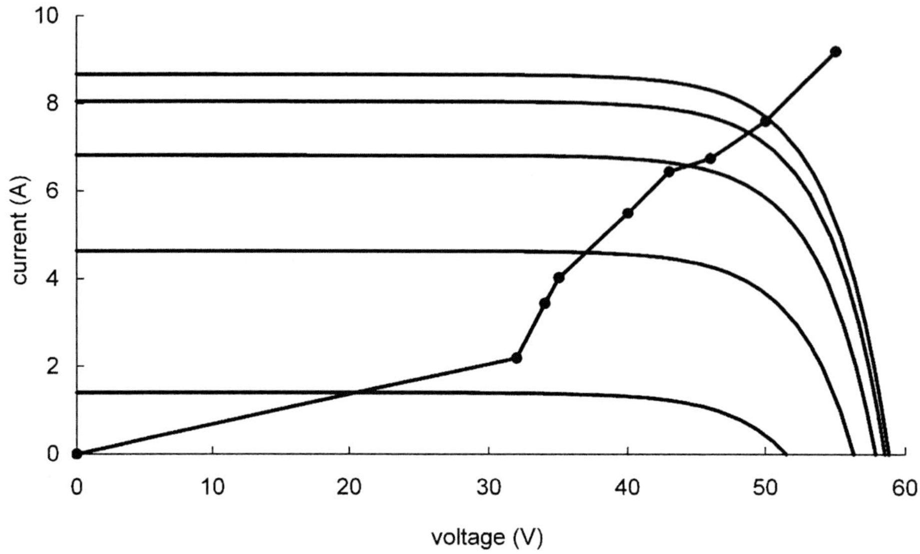

그림 H.5 일광 프로파일에 일치하는 I–V 곡선(표 H.4로부터 얻어진 전동펌프 부하선을 12월에 대한 그림 H.2에 겹쳐서 얻어짐)

이는 12월에는 그림 H.5의 곡선을 얻게 한다. 또한 표 H.4로부터 각 빛의 세기에 대한 가동점을 결정하기 위해 I-V곡선 위에 하위 시스템 작업량 라인을 겹쳐 놓을 수 있다. 이는 그림 H.5에 있다.

이제 각 달에 대해 더 나아가 설계 기간을 통해 일별, 월별 물 공급량을 결정할 시기이다.

참고

1. 흐린 날에 대해 식 (H.2)에 주어진 것처럼, 9.4mW/cm^{2}의 꼭지점 빛 세기는 어느 공급도 초기화하거나 유지하는 데에 불충분하다.
2. 설계 기간을 통해 공급된 전체 물은 상세 설계된 것보다 약 10~20% 정도 증가 되어야 하는데, 신중히 생각한 안전 제일주의가 제조자의 상세 설계를 맞추지 못하거나 무력화시키는 등의 하위 시스템 같은 것을 허용하기 위해서 설계에 포함하여 건축한다. 만일 계산된 부피가 범위를 벗어나면, 정열 규모의 최적화(전류 상향)가 생성되도록 할 필요가 있다.
3. 만일 한 해 동안 계산되어 공급된 물의 양이 요구량과 맞지 않는다면 경사각이 재설정될 필요가 있다.

참/고/문/헌

Silvestre, S. (2003), 'Review of system design and sizing tools', in Markvart, T. & Castañer, L. (Eds.), *Practical Handbook of Photovoltaics: Fundamentals and Applications*, Elsevier.

Hu, C. & White, R.M. (1983), *Solar Cells: From Basics to Advanced Systems*, McGraw-Hill, New York.

Halcrow, W. and Partners and the Intermediate Technology Development Group (1981), *Small-Scale Solar Powered Irrigation Pumping Systems—Technical and Economic Review,* UNDP Project GLO/78/004, World Bank, London.

Hammond, R., Srinivasan, D., Harris, A., Whitfield, K. & Wohlgemuth, J. (1997), 'Effects of soiling on PV module and radiometer performance', Proc. 26th IEEE Photovoltaic Specialists Conference, Anaheim, 30 September–3 October, IEEE, New York, pp. 1121–1124.

찾아보기

정가 27,000원

응용 태양전지 공학 2판

2012년 2월 20일 초판 인쇄
2012년 2월 29일 초판 발행

역자와의 협의하에 인지생략

저　자 : S.R. Wenham · M.A. Green · M.E. Watt · R. Corkish
역　자 : 정재학 · 김동희 · 김우경 · 박진호 · 박태호 · 전찬욱
발행자 : 우명찬 · 송준
발행처 : 홍릉과학출판사
주　소 : ㉾ 142-885 서울시 강북구 인수동 455-60
등　록 : 1976년 10월 21일 제5-66호
전　화 : (02)999-2274~5, 996-8341, 903-7037
팩　스 : (02)905-6729
ISBN : 978-89-7283-966-8
e-mail : hongpub@hongpub.co.kr
http://www.hongpub.co.kr